"十四五"时期国家重点出版物出版专项规划项目

非线性发展方程动力系统丛书 6

可积湍流

郭柏灵　张晓恩　闫振亚　凌黎明　编著

科学出版社

北　京

内 容 简 介

本书主要探讨可积湍流、孤立子气体等可积系统的最新进展. 内容涵盖可积湍流的概念、不同背景下可积湍流的统计描述, 孤立子气体的黎曼-希尔伯特渐近分析方法、湍流和孤子气体的谱理论, 以及物理信息神经网络在孤子方程求解中的应用等内容. 当前, 该领域多数理论仍处于发展阶段, 具体研究方法与方向尚未完全明确. 为此, 本书重点研究: 可积非线性薛定谔方程的平面波背景和椭圆余弦波背景生成的可积湍流、孤立子气体的动力学方程和谱理论、KdV 方程的本原势和孤立子气体的黎曼-希尔伯特问题分析方法. 期望通过这些初期研究成果, 为其他可积模型中可积湍流与孤立子气体问题的研究提供参考与助力.

本书适合高校数学、物理专业的研究生、教师, 以及相关领域科研工作者参考阅读.

图书在版编目 (CIP) 数据

可积湍流 / 郭柏灵等编著. -- 北京: 科学出版社, 2025.9. -- (非线性发展方程动力系统丛书). -- ISBN 978-7-03-082726-5

I. O357.5

中国国家版本馆 CIP 数据核字第 20258DB228 号

责任编辑: 李 欣 李 萍 / 责任校对: 彭珍珍
责任印制: 张 伟 / 封面设计: 无极书装

科学出版社 出版
北京东黄城根北街 16 号
邮政编码: 100717
http://www.sciencep.com
北京九州迅驰传媒文化有限公司印刷
科学出版社发行 各地新华书店经销

*

2025 年 9 月第 一 版 开本: 720×1000 1/16
2025 年 11 月第二次印刷 印张: 18
字数: 350 000
定价: 138.00 元
(如有印装质量问题, 我社负责调换)

"非线性发展方程动力系统丛书"编委会

主　编：郭柏灵

编　委：（以姓氏拼音为序）

　　　　郭　岩　　江　松　　李　勇　　李海梁

　　　　苗长兴　　王　术　　王保祥　　王亚光

　　　　辛周平　　闫振亚　　杨　彤　　殷朝阳

　　　　庚建设　　曾崇纯　　赵会江　　朱长江

"非线性发展方程动力系统丛书"序

科学出版社出版的"纯粹数学与应用数学专著丛书"和"现代数学基础丛书"都取得了很好的效果,因此广大青年学子和专家学者受益匪浅.

"非线性发展方程动力系统丛书"的内容是针对当前非线性发展方程动力系统取得的最新进展,由该领域处于第一线工作并取得创新成果的专家,用简明扼要、深入浅出的语言描述该研究领域的研究进展、动态、前沿,以及需要进一步深入研究的问题和对未来的展望.

我们希望这一套丛书能得到广大读者,包括大学数学专业的高年级本科生、研究生、青年学者以及从事这一领域的各位专家的喜爱. 我们对于撰写丛书的作者表示深深的谢意,也对编辑人员的辛勤劳动表示崇高的敬意,我们希望这套丛书越办越好,为我国偏微分方程的研究工作作出贡献.

郭柏灵

2023 年 3 月

前　言

湍流是出现在非线性科学不同分支领域的常见的动力学行为之一. 通常来说, 湍流的运动是不规则的紊流, 容易受到外部扰动的影响, 是一种不稳定的流动状态, 难以通过简单的数学方程描述. 而基于相互作用波的多重性的波湍流理论提供了对完全发展的湍流的部分非线性描述. 这是现代理论物理学中一个具有挑战性的问题. 波湍流理论处理的是不可积系统中非平衡统计的非相干、弱非线性色散波. 波湍流理论的早期和最重要的成果之一是由 Zakharov 给出的 Kolmogorov 谱的模拟. 这些谱被称为 Kolmogorov-Zakharov 谱, 它们是多维不可积系统中随机弱非线性色散波的傅里叶谱演化动力学方程的解. 波湍流理论已被应用于很多方面, 包括非线性光学、海洋学、等离子体物理和凝聚态物理.

最近, 湍流理论中出现了一个新的主题, 与由一维可积系统 (例如 Korteweg-de Vries(KdV) 和一维非线性薛定谔方程描述的) 强非线性随机波的动力学有关. 在非线性保守系统中描述这种随机波运动的行为称为"可积湍流". 对可积湍流的兴趣源于许多自然或实验观察到的非线性波现象的复杂性, 即使一些基本的物理模型可以通过相对成熟的可积系统理论的方法来分析, 如反散射方法或有限带解理论, 但是这些现象通常需要根据统计学来描述. 事实上, 可积湍流理论特别适用于描述调制不稳定系统, 这些系统在随机噪声的作用下可能表现出高度复杂的非线性行为, 可以用湍流理论的概念来充分描述, 如概率分布函数、集合平均、功率谱等.

局部非线性孤立波是非线性色散波传播的普遍特征, 其发现可以追溯到 1834 年 Russell 对浅水波的观察. 如果波动力学由完全可积方程描述, 孤立波将表现出类似粒子的特性, 例如弹性的、成对的相互作用, 伴随着一定的相位/位置偏移. 这样的孤立波被称为孤子. 孤子可以形成有序的宏观相干结构, 如调制的孤子列和色散激波. 此外, 孤子还可以形成不规则的、统计的集合, 可以解释为孤子气体. 在这种气体中的非线性波场代表了可积湍流的一个特殊情况, 通常被称为孤子湍流. 总体而言, 孤子气体和孤子湍流代表同一物理对象的两个互补方面, 是单个孤子波粒二象性的自然对应物. 在孤子气体描述中, 重点放在孤子的集体动力学上, 将其视为相互作用的 (准) 粒子, 具有特定的振幅 (或速度) 分布函数, 而孤子湍流则强调了与孤子气体相关的随机非线性波场的特性, 如概率密度函数、功率谱等.

本书主要从可积湍流定义及其统计特性. 本原势、孤子气体、波湍流、物理信息神经网络以及可积模型等方面进行介绍. 第 1 章概述可积湍流, 重点阐述平面波与椭圆余弦波背景下可积湍流的产生机制. 第 2 章系统介绍 KdV 方程本原解相关的核心方法, 包括黎曼-希尔伯特方法、Dbar 方法 (∂-问题方法) 和代数几何方法. 第 3 章介绍孤子气体的动力学方程、双向色散流体动力学中的孤子气体、孤子气体与呼吸子气体的谱理论, 以及孤子气体的特殊形式——N 孤子极限. 第 4 章介绍一维波湍流的基本方程与数值结果. 第 5 章则阐述物理信息神经网络在可积方程中的应用. 本书的部分结果得到国家自然科学基金 (NSFC12471236, 12471237, 12471242)、广东省自然科学基金 (2025A1515011868)、广州市科技计划 (2024A04J6245)、山东省高等学校青创团队计划 (2023KJ090) 的支持.

本书旨在为从事可积湍流与孤立子气体研究的学者及研究生提供一套系统性的参考资料. 鉴于该领域的研究目前仍处于初期阶段, 书中在撰写与理解层面难免存在疏漏或偏颇, 恳请各位读者不吝指正.

郭柏灵 (北京应用物理与计算数学研究所)
张晓恩 (山东科技大学)
闫振亚 (中原工学院/中国科学院数学与系统科学研究院)
凌黎明 (华南理工大学)
2025 年 8 月

目 录

"非线性发展方程动力系统丛书"序
前言
第 1 章 可积湍流定义及其统计特性 ·······1
1.1 可积系统中的湍流 ·······1
1.1.1 弱非线性系统的统计学描述 ·······3
1.1.2 动力学方程的导出 ·······7
1.1.3 KP-I 方程的动力学方程 ·······8
1.1.4 缺少高阶项的动力学方程 ·······11
1.1.5 强可积系统的湍流 ·······13
1.2 可积湍流和怪波 ·······15
1.2.1 可积湍流-渐近态 ·······18
1.2.2 调制不稳定性的非线性阶段: 向渐近状态演化 ·······21
1.3 由椭圆余弦波的调制不稳定性生成的可积湍流 ·······26
1.3.1 数值方法 ·······33
1.3.2 渐近稳定状态的演化 ·······34
1.3.3 椭圆余弦波参数的依赖性 ·······42

第 2 章 本原势 ·······49
2.1 KdV 方程的本原势和有界解 ·······49
2.1.1 简介 ·······49
2.1.2 通过穿衣法找 Bargmann 势 ·······51
2.1.3 对称的黎曼-希尔伯特问题 ·······54
2.1.4 周期单带势 ·······58
2.1.5 可积系统的解 ·······61
2.1.6 数值实验 ·······61
2.1.7 讨论和展望 ·······68
2.2 作为本原解的 KdV 方程的代数几何有限带解 ·······69
2.2.1 相关背景介绍 ·······69
2.2.2 本原势的有限带解 ·······70
2.2.3 k-平面上的 Baker-Akhiezer 函数 ·······73

2.2.4　从 Baker-Akhiezer 函数到本原势 ·· 77
　　2.2.5　数值本原解 ·· 81
　　2.2.6　讨论和公开问题 ·· 84
2.3　KdV 方程的本原解的一些主要结果 ·· 84
　　2.3.1　作为一个 $\bar{\partial}$-问题的反散射的重述 ··· 85
　　2.3.2　极点变换和本原解 ··· 87
　　2.3.3　无反射本原势的代数几何势 ··· 91
　　2.3.4　对称情形 ··· 93

第 3 章　孤子气体 ··· 95
3.1　致密孤子气体的动力学方程 ·· 95
3.2　双向色散流体动力学中的孤子气体 ··· 101
　　3.2.1　双向孤子气体的动力学方程 ··· 103
　　3.2.2　多组分双向孤子气体: 黎曼问题 ··· 110
3.3　聚焦非线性薛定谔方程孤子和呼吸气体的谱理论 ·· 115
　　3.3.1　热力学谱尺度化 ·· 121
　　3.3.2　呼吸子和孤子气体的非线性色散关系 ·· 122
　　3.3.3　孤子或呼吸子在气体中的传播 ·· 128
　　3.3.4　稀薄呼吸子、孤子气体和孤子凝聚体 ·· 131
　　3.3.5　呼吸子气体和孤子气体的动力学方程 ·· 138
3.4　孤子气体——N-孤子解的极限 ·· 142
　　3.4.1　当 $x \to -\infty$ 时势函数 $u(x,0)$ 的渐近性 ·· 150
　　3.4.2　当 $t \to +\infty$ 时 $u(x,t)$ 的渐近性 ··· 175

第 4 章　波湍流 ·· 194
4.1　一维模型的色散波湍流 ·· 194
　　4.1.1　一维模型 ·· 194
　　4.1.2　四波共振方程 ·· 195
　　4.1.3　聚焦和耗散的无量纲化 ·· 196
　　4.1.4　为什么会有级联? ··· 198
　　4.1.5　显式可解的弱湍流理论 ·· 199
　　4.1.6　动力学方程的推导 ··· 200
　　4.1.7　动力学方程的显式解 ·· 201
　　4.1.8　Zakharov 的原始推导 ·· 206
　　4.1.9　一种新的惯性范围缩放理论 ·· 209
4.2　一维波湍流 ··· 210
　　4.2.1　MMT 模型方程中的弱湍流 ··· 212

4.2.2　孤子和准孤子之间的区别 ·················· 225
　　　4.2.3　聚焦 MMT 模型中的孤子和爆破 ·············· 227
　　　4.2.4　散焦 MMT 模型中的准孤子 ················ 230
　　　4.2.5　数值方法的简要描述 ··················· 233
第 5 章　物理信息神经网络与可积模型 ················ 236
　5.1　偏微分方程的数据驱动解与解的 AI 修复 ············ 237
　5.2　多阶段预固定物理信息神经网络算法及其在耦合系统中的应用 ···· 247
　5.3　物理信息神经网络在其他方程中的应用 ············· 254
参考文献 ································ 258
"非线性发展方程动力系统丛书"已出版书目 ············ 273

第 1 章 可积湍流定义及其统计特性

在可积系统中, 我们可以通过反散射方法研究非线性波系统中需要统计描述的复杂行为. 这种理论在波湍流理论中开辟了新篇章——可积湍流. 在非线性薛定谔方程的框架下, 数值研究了平面波解的调制不稳定性的非线性阶段. 调制不稳定的发展导致了 "可积湍流" 的形成[8,10,243]. 本章共包含三部分, 首先整体介绍了可积波系统的统计性质, 其次主要研究了由怪波的调制不稳定性生成的可积湍流, 最后又进一步分析了由椭圆余弦波的调制不稳定性产生的可积湍流.

1.1 可积系统中的湍流

本节讨论可积波系统的统计性质. 首先我们从聚焦非线性薛定谔方程开始:

$$i\Psi_t + \Psi_{xx} + |\Psi|^2\Psi = 0, \quad -\infty < x < \infty. \tag{1.1}$$

当边界条件为如下两种情形时, 方程 (1.1) 有许多经典的研究成果:

- 当 $x \to \pm\infty$ 时, $|\Psi| \to 0$, 可利用反散射方法等得到多孤子解.

- 当边界非零时, Ψ 是拟周期函数, 对应的 Lax 算子 L 的谱有一些间隙. 此情形下的解可以通过某些超椭圆代数曲线上的黎曼 Θ 函数给出, 通常也称作代数几何解.

尽管两种条件下的解都可以给出, 但是目前还没有找到两种方法之间的联系. 而我们准备跳出这两种类型的框架, 不妨假设初条件 $\Psi = \Psi_0(x)$ 是空间均匀的随机场, 且相关函数

$$\langle \Psi_0(x)\Psi_0^*(x-\xi) \rangle = F(\xi) \tag{1.2}$$

是存在的, 其中 $\langle \cdot \rangle$ 是指测度的平均值, * 表示复共轭. 也就意味着我们可以在有界光滑复函数 $\Psi(x)$ 上定义一个特定的概率测度. 如果定义的测度是不变的, 那么它将不随时间而变化. 如果选取一种一般的测度, 那么函数 $F(\xi)$ 将会随时间演化, 可以调整到给定的度量值. 然而我们可以试图通过一种特殊的方式选取此种度量, 使得 $F(\xi)$ 不随时间而演化, 也就是说函数 $F(\xi)$ 满足

$$\langle \Psi(x,t)\Psi^*(x-\xi,t) \rangle = F(\xi), \quad \frac{dF}{dt} = 0, \tag{1.3}$$

那么我们需要如何选取满足上述条件的 F? 为了进一步分析, 我们给出如下的傅里叶逆变换:

$$\Psi(x,t) = \int_{-\infty}^{\infty} \Psi(k,t) \mathrm{e}^{\mathrm{i}kx} dk. \tag{1.4}$$

对于任意的齐次随机场, 都有

$$\langle \Psi(k,t)\Psi^*(k',t)\rangle = N(k,t)\delta(k-k'). \tag{1.5}$$

根据初始数据, 我们有

$$\langle \Psi_0(k)\Psi_0^*(k')\rangle = N_0(k)\delta(k-k'). \tag{1.6}$$

根据 $F(\xi)$ 的定义可知

$$F(\xi) = \int_{-\infty}^{\infty} N(k) \mathrm{e}^{\mathrm{i}k\xi} dk. \tag{1.7}$$

那么是否可以选取合适的测度使得 $N(k) = N_0(k)$? 为了解决此问题, 首先考虑线性薛定谔方程

$$\mathrm{i}\Psi_t + \Psi_{xx} = 0. \tag{1.8}$$

在线性薛定谔方程中, 对于任意的 $F(\xi)$, 不变测度的存在性是显而易见的, 其度量满足高斯分布. 也就意味着任意高阶的相关函数都可以通过一种特殊的密度函数 $N(k)$ 来表示. 任意齐次随机场为

$$\begin{aligned}&\langle \Psi^*(k)\Psi^*(k_1)\Psi(k_2)\Psi(k_3)\rangle\\ &= N_k N_{k_1}(\delta_{k-k_2}\delta_{k_1-k_3} + \delta_{k-k_3}\delta_{k_1-k_2}) + I_{kk_1k_2k_3}\delta_{k+k_1-k_2-k_3},\end{aligned} \tag{1.9}$$

其中 $I_{kk_1k_2k_3}$ 是一个累积量. 对于高斯场来说, 此累积量等于零. 而对于非线性薛定谔方程来说, 相应的不变测度一定不是高斯分布的. 那么能否构造方程 (1.8) 中四阶相关函数的累积量, 并使得所有的高阶累积量均可以表示为 N_k 的幂级数? 答案是肯定的. 在一阶非线性项中, 有

$$\begin{aligned}I_{kk_1k_2k_3} &= 2\frac{R(kk_1k_2k_3)}{\Delta(kk_1k_2k_3)},\\ R_{kk_1k_2k_3} &= N_{k_1}N_{k_2}N_{k_3} + N_k N_{k_2} N_{k_3} - N_k N_{k_1} N_{k_2} - N_k N_{k_1} N_{k_3},\\ \Delta_{kk_1k_2k_3} &= k^2 + k_1^2 - k_2^2 - k_3^2.\end{aligned} \tag{1.10}$$

若 $k = k_2, k_1 = k_3$ 或者 $k = k_3, k_1 = k_2$, 方程 (1.10) 的分母为零. 但是其分子也是零. 并且此种运算可以延拓到无穷远处. 所有的累积量均可以找到, 它们都是像方程 (1.10) 一样是有限的且实的.

不可否定的是, 这是非线性薛定谔方程可积性的一种结果. 类似地, 这种结果也可以适用于其他聚焦和散焦非线性薛定谔方程族以及可积 KdV 方程族. 但是对于三波方程来说, 这种完美的结果却不再适用. 从这个角度来说, 三波方程更像是一种不可积方程.

在不可积的弱非线性系统中, 谱方程 $N(k,t)$ 满足如下的动力学方程

$$\frac{dN}{dt} = Snl, \tag{1.11}$$

所有不变测度都由稳态谱生成, 而稳态谱满足方程

$$Snl = 0. \tag{1.12}$$

这种类似的结果也出现在可积系统中. 因此可积系统本质上可以分为两类: 强可积系统和弱可积系统.

强可积系统类似于非线性薛定谔方程, 它们具有无限多的不变测度, 可以保留所有任意光谱函数. 波的动力学方程中的任意阶碰撞项都可以消去. 更主要的是, 它们具有更多的基本特性[73,244,254,255,257,259].

以零边界条件为例研究方程 (1.1). 它的傅里叶变换将会趋向于一个极限值, 即

$$\Psi(k) \to \Psi^{\pm}(k). \tag{1.13}$$

可以很容易证明

$$|\Psi^+(k)|^2 = |\Psi^-(k)|^2. \tag{1.14}$$

此种结果同样适用于其他强可积系统.

除了强可积系统之外, 还有一种所谓的弱可积系统, 代表方程是三波方程. 此种系统中相应的散射是非平凡的, 并且场的渐近平方振幅也不重合. 三波动力学方程是非平凡的. 这种系统仍然有很多不变测度, 但是它们是只含有一个变量的参数化方程.

强可积系统和弱可积系统的差别是很微妙的. 例如, KP-II 方程是强可积系统, 而 KP-I 就是弱可积方程. 在此基础上, 以一些简单的例子来阐述强可积系统以及弱可积系统.

1.1.1 弱非线性系统的统计学描述

下面将讨论空间中均匀的弱非线性波. 对于此系统, 存在一种标准的方法用于描述此系统的统计学分布, 因此产生了波的动力学方程. 首先从下面的问题开

始讨论: 如果原始的动态方程在某种意义上是 "可积的", 那么相应的动力学方程会发生什么样的变化? 以下面的动态方程为例进行分析

$$\frac{\partial \Psi_j(k)}{\partial t} = \mathrm{i}\frac{\delta H}{\delta \Psi_j^*(k)}, \quad j = 1, \cdots, N, \tag{1.15}$$

其中 H 是哈密顿函数, k 属于 K 空间, 且不同的系统中, K 是不同的. 空间维数 $d = 1, 2$. 列举前几个哈密顿量为

$$H = H_2 + H_4, \quad N = 1,$$
$$H_2 = \int \omega(k)|\Psi_k|^2 dk, \tag{1.16}$$
$$H_4 = \frac{1}{2}\int T_{kk_1k_2k_3}\Psi_k^*\Psi_{k_1}^*\Psi_{k_2}\Psi_{k_3}\delta_{k+k_1+k_2+k_3}dkdk_1dk_2dk_3.$$

此时, 方程 (1.15) 转化为

$$\frac{\partial \Psi}{\partial t} = \mathrm{i}\omega(k)\Psi_k + \mathrm{i}\int T_{kk_1k_2k_3}\Psi_{k_1}^*\Psi_{k_2}\Psi_{k_3}\delta_{k+k_1-k_2-k_3}dkdk_1dk_2dk_3. \tag{1.17}$$

其中 $T_{kk_1k_2k_3}$ 满足对称性条件

$$T_{kk_1k_2k_3} = T_{k_1kk_2k_3} = T_{kk_1k_3k_2} = T_{k_2k_3kk_1}^*, \tag{1.18}$$

并且 k 要么在整个实轴 $-\infty < k < \infty$ 上, 要么 $k = (p, q)$ 在整个实平面

$$-\infty < p < \infty, \quad -\infty < q < \infty. \tag{1.19}$$

若哈密顿函数 H 可以表示成如下形式

$$H = H^{(1)} + aH^{(2)}, \tag{1.20}$$

则当 $d = 1$ 时, 方程 (1.15) 是可积方程, 其中 a 是任意常数, 且

$$\omega_k^{(1)} = k^2, \quad \omega_k^{(2)} = k^3, \quad T_{kk_1k_2k_3}^{(1)} = \alpha, \quad T_{kk_1k_2k_3}^{(2)} = \frac{3}{4}\alpha(k+k_1+k_2+k_3). \tag{1.21}$$

因此, 可知

$$H^{(1)} = \int k^2|\Psi_k|^2 dk + \frac{\alpha}{2}\int \Psi_k^*\Psi_{k_1}^*\Psi_{k_2}\Psi_{k_3}\delta_{k+k_1-k_2-k_3}dkdk_1dk_2dk_3,$$
$$H^{(2)} = \int k^3|\Psi_k|^2 dk + \frac{3}{4}\alpha\int(k+k_1+k_2+k_3) \tag{1.22}$$
$$\times \Psi_k^*\Psi_{k_1}^*\Psi_{k_2}\Psi_{k_3}\delta_{k+k_1-k_2-k_3}dkdk_1dk_2dk_3.$$

1.1 可积系统中的湍流

对于方程(1.15)来说,

$$\omega(k) = k^2 + ak^3,$$
$$T_{kk_1k_2k_3} = \alpha \left[1 + \frac{3}{4}a\left(k + k_1 + k_2 + k_3\right)\right]. \tag{1.23}$$

经过傅里叶变换之后, 有

$$\frac{\partial \Psi}{\partial t} = -\mathrm{i}\Psi_{xx} + a\Psi_{xxx} - \mathrm{i}\alpha|\Psi|^2\Psi + 3a\alpha|\Psi|^2\Psi_x. \tag{1.24}$$

若 $a=0, \alpha=-1$, 那么其是聚焦非线性薛定谔方程. 若 $a=0, \alpha=1$, 那么就是散焦非线性薛定谔方程.

当 $d=2$ 时, 若 $k=(p,q), \omega(k)=p^2-q^2$, 且

$$T_{kk_1k_2k_3} = \frac{\alpha}{4}\left\{\frac{(p_1-p_2)^2-(q_1-q_2)^2}{(p_1-p_2)^2+(q_1-q_2)^2} + \frac{(p_1-p_3)^2-(q_1-q_3)^2}{(p_1-p_3)^2+(q_1-q_3)^2}\right\}, \tag{1.25}$$

那么方程 (1.17) 是可积的. 其中耦合系数 T 并不是完全对称的, 事实上, 它可以由

$$T_{kk_1k_2k_3} \to \frac{1}{2}\left[T_{kk_1k_2k_3} + T_{k_1kk_2k_3}\right] \tag{1.26}$$

代替. 经过傅里叶变换之后, 方程 (1.17) 转化为 Davey-Stewartson 方程

$$\begin{aligned}\frac{\partial \Psi}{\partial t} &= \mathrm{i}\left(-\frac{\partial^2}{\partial x^2} + \frac{\partial^2}{\partial y^2}\right)\Psi + \alpha U\Psi, \\ \left(\frac{\partial^2}{\partial x^2} + \frac{\partial^2}{\partial y^2}\right)U &= \left(\frac{\partial^2}{\partial x^2} - \frac{\partial^2}{\partial y^2}\right)|\Psi|^2,\end{aligned} \tag{1.27}$$

其中 α 是任意常数, 这里可以取 $\alpha = \pm 1$.

另一种情形为

$$\begin{aligned}H &= H_2 + H_3, \quad N=1, \\ H_2 &= \int \omega(k)|\Psi_k|^2 dk, \\ H_3 &= \int V_{kk_1k_3}\left(\Psi_k^*\Psi_{k_1}\Psi_{k_2} + \Psi_k\Psi_{k_1}^*\Psi_{k_2}^*\right)\delta_{k-k_1-k_2}dkdk_1dk_2.\end{aligned} \tag{1.28}$$

此时方程 (1.15) 转化为

$$\frac{\partial \Psi_k}{\partial t} = \mathrm{i}\omega_k \Psi_k + \mathrm{i} \int \left\{ V_{kk_1k_2} \Psi_{k_2} \delta_{k-k_1+k_2} + 2V_{k_1kk_2} \Psi_{k_1} \Psi_{k_2}^* \delta_{k-k_1+k_2} \right\} dk_1 dk_2. \tag{1.29}$$

当 $d = 1$, $k = p$, $0 < p < \infty$, $V_{kk_1k_2} = (pp_1p_2)^{1/2}$ 时, 此种情形下的可积方程都很经典, 例如

$$\begin{aligned} \omega(p) &= p^3, & \text{KdV方程}, \\ \omega(p) &= p^2, & \text{Benjamin-Ono方程}, \\ \omega(p) &= p^2 \coth(pa), & \text{中间波方程}. \end{aligned} \tag{1.30}$$

若 $d = 2$, 那么 K 空间是半平面的, 即 $p > 0, -\infty < q < \infty$. 类似地, 仍然假设 $V_{kk_1k_2}$ 为 $V_{kk_1k_2} = (pp_1p_2)^{1/2}$. 对于 $\omega(k)$, 通常有两种不同的选取方式:

$$\begin{aligned} \omega(p,q) &= p^3 + \frac{3q^2}{p}, \\ \omega(p,q) &= p^3 - \frac{3q^2}{p}. \end{aligned} \tag{1.31}$$

根据变换

$$U = \int_0^\infty dp \int_{-\infty}^\infty dq \sqrt{p} \left(\Psi_{p,q} + \Psi_{-p,-q}^* \right) \mathrm{e}^{\mathrm{i}(px+qy)} dpdq, \tag{1.32}$$

方程 (1.29) 可以导出 KP 方程

$$\frac{\partial}{\partial x}\left(\frac{\partial u}{\partial t} + \frac{\partial^3 u}{\partial x^3} + u\frac{\partial u}{\partial x}\right) = \alpha \left(\frac{\partial^2 u}{\partial y^2}\right) \quad (\alpha = \pm 1). \tag{1.33}$$

当 $N = 3$ 时, 相应的哈密顿函数为

$$\begin{aligned} H &= H_2 + H_3, \\ H_2 &= \sum \int \omega_i(k) |\Psi_i(k)|^2 dk, \\ H_3 &= \int V_{kk_1k_2} \left[\Psi_1^*(k_1) \Psi(k_2) \Psi(k_3) \right. \\ &\quad \left. + \Psi_1(k_1) \Psi^*(k_2) \Psi^*(k_3) \right] \delta_{k_1-k_2-k_3} dk_1 dk_2 dk_3. \end{aligned} \tag{1.34}$$

此时方程 (1.15) 转化为

$$\frac{\partial \Psi_1}{\partial t} = i\omega_1(k)\Psi_1 + i\int V_{kk_1k_2}\Psi(k_1)\Psi(k_2)\delta_{k-k_1-k_2}dk_1dk_2,$$
$$\frac{\partial \Psi_2}{\partial t} = i\omega_2(k)\Psi_2 + i\int V_{k_1kk_2}\Psi_1(k_1)\Psi_3^*(k_2)\delta_{k+k_1-k_2}dk_1dk_2, \quad (1.35)$$
$$\frac{\partial \Psi_3}{\partial t} = i\omega_3(k)\Psi_3 + i\int V_{k_1kk_2}\Psi_1(k_1)\Psi_2^*(k_2)\delta_{k-k_1+k_2}dk_1dk_2.$$

方程 (1.35) 即为著名的三波方程. 当 $V_{kk_1k_2} = V = $ 常数, 且 $\omega_i(k)$ 是线性函数时, 方程即为维数为 $d = 1, 2$ 的可积方程. 不失一般性, 假设

$$\omega_1(k) = 0, \quad \omega_2(k) = (\vec{A}\vec{k}), \quad \omega_3(k) = (\vec{B}\vec{k}), \quad (1.36)$$

其中 $\vec{A}, \vec{B}$ 是二维向量. 如果它们不共线, 可以借助变量变换, 并假设

$$\omega_2(u) = p, \quad \omega_3(u) = q. \quad (1.37)$$

如果 $\vec{A}, \vec{B}$ 是共线的, 那么三波方程的性质依赖于 $(\vec{A}\vec{B})$ 的符号. 如果 $(\vec{A}\vec{B}) = -1$, 可以设 $\omega_2 = p, \omega_3 = -p$. 如果 $(\vec{A}\vec{B}) = 1$, 可以设 $\omega_2 = ap, \omega_3 = p/a, a \neq 1$. 若 $a = 1$, 则为退化情形, 此时三波方程将不能够再用反散射方法求解.

1.1.2 动力学方程的导出

当 $\alpha = 1$ 时, 方程 (1.33) 是 KP-I 方程; 当 $\alpha = -1$ 时, 方程 (1.33) 是 KP-II 方程. 由于 $u(x, y, t)$ 代表任意 t 时刻的一个齐次随机场, 且 $\langle u^2 \rangle = I_1(t) \neq 0$, 这意味着 $\Psi(p, q)$ 是一个广义函数, 使得

$$\langle \Psi(k)\Psi^*(k') \rangle = N(k)\delta_{k-k'},$$
$$\langle \Psi(k_1)\Psi^*(k_2)\Psi^*(k_3) \rangle = I(k_1, k_2, k_3)\delta_{k_1-k_2-k_3}. \quad (1.38)$$

对于四阶相关系数, 假设

$$\langle \Psi(k)\Psi^*(k_1)\Psi^*(k_2)\Psi^*(k_3) \rangle = 0,$$
$$\langle \Psi(k)\Psi(k_1)\Psi^*(k_2)\Psi^*(k_3) \rangle = N(k)N(k_1)\left[\delta_{k-k_3}\delta_{k_1-k_3} + \delta_{k-k_2}\delta_{k_1-k_3}\right]. \quad (1.39)$$

上述截断项 (1.39) 可以对 $N_k, I_{kk_1k_2}$ 构造一个封闭方程, 即

$$\frac{\partial N_k}{\partial t} = 2\int V_{kk_1k_2}\mathrm{Im}I_{kk_1k_2}dk_1dk_2 - 4\int V_{k_1kk_2}\mathrm{Im}I_{k_1kk_2}\delta_{k-k_1+k_2}dk_1dk_2, \quad (1.40)$$

$$\frac{\partial}{\partial t}I_{kk_1k_2} = i\left(\omega_k - \omega_{k_1} - \omega_{k_2}\right)I_{kk_1k_2} + 2iV_{kk_1k_2}\left(N_{k_1}N_{k_2} - N_kN_{k_1} - N_kN_{k_2}\right). \quad (1.41)$$

方程 (1.41) 是线性非齐次方程. 假设

$$I_{kk_1k_2}\big|_{t=0} = I^0_{kk_1k_2}, \quad N(k)\big|_{t=0} = N_0(k), \tag{1.42}$$

那么有

$$I_{kk_1k_2} = 2\mathrm{i}V_{kk_1k_2}\int_0^t \mathrm{e}^{\mathrm{i}\Delta_{kk_1k_2}(\tau-t)}R_{kk_1k_2}(\tau)d\tau + I^0_{kk_1k_2},$$
$$R_{kk_1k_2} = N_{k_1}N_{k_2} - N_kN_{k_1} - N_kN_{k_2}, \tag{1.43}$$
$$\Delta_{kk_1k_2} = \omega_k - \omega_{k_1} - \omega_{k_2}.$$

当时间 $t \to \infty$ 时, 问题的关键转化为如下的基本方程

$$\Delta_{kk_1k_2} = \omega_k - \omega_{k_1} - \omega_{k_2} = 0, \quad \vec{k} = \vec{k_1} + \vec{k_2}, \tag{1.44}$$

那么是否可以找到上述方程的实解?

对于 KP-II 方程来说, $\omega_k = p^3 - 3q^2/p$, 不能找到实解. 当时间 $t \to \infty$ 时, N_k 趋向于一个渐近表达式

$$N_k \to N^\infty(k), \tag{1.45}$$

其中

$$I^\infty_{kk_1k_2} \to 2\pi\frac{2V_{kk_1k_2}\left[N^\infty(k_1)N^\infty(k_2) - N^\infty(k)N^\infty(k_1) - N^\infty(k)N^\infty(k_2)\right]}{\omega(k) - \omega(k_1) - \omega(k_2)}. \tag{1.46}$$

需要注意的是, $I^\infty_{kk_1k_2}$ 是实的, 对于 $N^\infty(k)$, 猜测可以通过选取一个合适的初始条件 $N_0(k)$, 使得函数 $N^\infty(k)$ 转化为关于 k 的任意实函数.

1.1.3 KP-I 方程的动力学方程

KP-I 方程中的小振幅波可以通过标准的三波动力学方程来描述

$$\begin{aligned}\frac{\partial N_k}{\partial t} &= 4\pi\bigg\{\int |V_{kk_1k_2}|^2\delta_{k-k_1-k_2}\delta_{\omega_k-\omega_{k_1}-\omega_{k_2}}(N_{k_1}N_{k_2} - N_kN_{k_1} - N_kN_{k_2})\,dk_1dk_2 \\ &\quad + 2\int |V_{k_1,k,k_2}|^2\delta_{k-k_1+k_2}\delta_{\omega_k-\omega_{k_1}+\omega_{k_2}}(N_{k-1}N_{k_2} - N_kN_{k_2} + N_kN_{k_1})\,dk_1dk_2\bigg\} \\ &= Snl. \end{aligned} \tag{1.47}$$

然而, 该方程具有一些特殊的特点, 使其完全不同于一般的不可积系统. 为了跟踪这些特性, 注意到色散关系

$$\omega(p,q) = p^3 + \frac{3q^2}{p} \tag{1.48}$$

可以由如下的参数化方程表示

$$\begin{aligned} p &= \xi - \eta, \quad \eta < \xi, \\ q &= \xi^2 - \eta^2, \\ \omega &= 4\left(\xi^3 - \eta^3\right). \end{aligned} \tag{1.49}$$

对于变量 ξ, η 来说, 共振条件

$$\begin{aligned} k &= k_1 + k_2, \\ \omega_k &= \omega_{k_1} + \omega_{k_2} \end{aligned} \tag{1.50}$$

有如下形式

$$\begin{aligned} \xi_1 - \eta_1 + \xi_2 - \eta_2 &= \xi - \eta, \\ \xi_1^2 - \eta_1^2 + \xi_2^2 - \eta_2^2 &= \xi^2 - \eta^2, \\ \xi_1^3 - \eta_1^3 + \xi_2^3 - \eta_2^3 &= \xi^3 - \eta^3. \end{aligned} \tag{1.51}$$

显然地, 方程 (1.51) 有非平凡的解

$$\begin{aligned} \xi_1 &= \eta_2, \quad \xi_2 = \xi, \quad \eta_1 = \eta, \\ \xi_2 &= \eta_1, \quad \xi_1 = \eta, \quad \eta_2 = \eta. \end{aligned} \tag{1.52}$$

通过上述变量变换, 方程 (1.47) 转化为

$$\begin{aligned} \frac{\partial}{\partial t} N(\xi, \eta) &= Snl \\ &= \frac{\pi}{3} \Bigg\{ \int_\eta^\xi (\xi-\lambda)(\lambda-\eta) \left[N(\xi,\lambda)N(\lambda,\eta) - N(\xi,\eta)N(\xi,\lambda) - N(\xi,\eta)N(\lambda,\eta)\right] d\lambda \\ &+ \int_{-\infty}^\eta (\eta-\lambda)(\xi-\lambda) \left[N(\xi,\lambda)N(\eta,\lambda) + N(\xi,\eta)N(\xi,\lambda) - N(\xi,\eta)N(\lambda,\eta)\right] d\lambda \\ &+ \int_\xi^\infty (\lambda-\eta)(\lambda-\xi) \left[N(\lambda,\xi)N(\lambda,\eta) + N(\xi,\eta)N(\lambda,\eta) - N(\xi,\eta)N(\lambda,\xi)\right] d\lambda \Bigg\}. \end{aligned} \tag{1.53}$$

方程 (1.53) 有无穷多运动常数 I_n,

$$\frac{dI_n}{dt} = 0, \quad I_n = \int_{-\infty}^\infty d\xi \int_\infty^\xi (\xi^n - \eta^n)(\xi - \eta) N(\xi, \eta) d\eta. \tag{1.54}$$

那么静态方程

$$Snl = 0 \tag{1.55}$$

有无穷多精确解. 可以很容易验证函数

$$N(\xi,\eta) = \frac{T}{f(\xi) - f(\eta)} \tag{1.56}$$

满足方程 (1.55), 其中 T 为常数. 而方程 (1.56) 有清晰的物理意义. 其中 KP-I 方程是此可积方程族中的一个例子. 已知每个方程的线性部分均可以表示为

$$\frac{\partial \Psi_k}{\partial t} = \mathrm{i}\omega(k)\Psi_k + \cdots . \tag{1.57}$$

色散项 $\omega(k) = \omega(p, q)$ 可以通过如下的参数化方程表示

$$\begin{aligned} p &= \xi - \eta, \\ q &= \xi^2 - \eta^2, \\ \omega(p,q) &= f(\xi) - f(\eta). \end{aligned} \tag{1.58}$$

方程 (1.56) 是色散项 (1.58) 的一种特殊的 Rayleigh-Jeans 解. 它在 $\xi = \eta$ 处有奇点. 而在 $p = 0, q = 0$ 处, 若 $F(\xi)$ 在 $-\infty < \xi < \infty$ 上是单调递增函数, 并且代表热力学方程的解, 那么这种类型的解将不再有其他类型的奇点. 通常来说, 波的动力学方程也有柯尔莫哥洛夫型的解, 可以用于描述谱的能量再分配. 而方程 (1.54) 却还没有发现这种形式的解. KP-I 方程族中的高阶方程也有三波动力学方程, 它们也有类似的运动常数 (1.54) 以及类似的精确解 (1.56).

当

$$\omega_1 = 0, \quad \omega_2 = p, \quad \omega_3 = q, \quad V = 1 \tag{1.59}$$

时, 三波方程 (1.35) 也可以用动力学方程的统计学特征描述. 假设

$$\langle \Psi_i(k)\Psi_i^*(k') \rangle = N_i(k)\delta(k - k'). \tag{1.60}$$

通过计算, 可以得到如下的方程组

$$\begin{aligned}
\frac{\partial N_1(k)}{\partial t} &= 4\pi \int \{N_2(k_1)N_3(k_2) - N_1(k)N_2(k_1) - N_1(k)N_3(k_2)\} \\
&\quad \times \delta_{k-k_1-k_2}\delta(p_1 + q_2)dk_1 dk_2, \\
\frac{\partial N_2(k)}{\partial t} &= 4\pi \int \{N_1(k_1)N_3(k_2) - N_2(k)N_1(k_1) - N_2(k_1)N_3(k_2)\} \\
&\quad \times \delta_{k-k_1-k_2}\delta(p - q_2)dk_1 dk_2, \\
\frac{\partial N_3(k)}{\partial t} &= 4\pi \int \{N_1(k_1)N_2(k_2) - N_3(k)N_1(k_1) - N_3(k)N_2(k_2)\} \\
&\quad \times \delta_{k-k_1-k_2}\delta(q - p_1)dk_1 dk_2.
\end{aligned} \tag{1.61}$$

方程 (1.53) 和方程 (1.61) 有无穷多精确的热力学解. 这里不再详细讨论.

1.1.4 缺少高阶项的动力学方程

在以前的介绍中,我们已经知道许多可积系统 (如 KP-I 方程, 三波方程) 的统计学特征均可以用三波动力学方程来描述. 如果在某种情况下, 三波共振方程不适用, 那么将尝试构造更高阶的动力学方程, 在构造过程中, 将不可避免地失败. 这里给出一些例子.

首先看一下方程 (1.16). 和 (1.1.2) 导出方程类似, 可以很容易地构造出关于 N_k 的一个封闭系统以及一个四阶累积量, 如下所示

$$\text{Im}\langle \Psi_{k_1}^* \Psi_{k_2}^* \Psi_{k_3} \Psi_{k_4} \rangle = I_{k_1 k_2 k_3 k_4} \delta_{k_1 + k_2 - k_3 - k_4}. \tag{1.62}$$

$I_{k_1 k_2 k_3 k_4}$ 方程的解可以通过标准方式求得, 现在给出一个标准的动力学方程

$$\frac{\partial N(k)}{\partial t} = 4\pi \int |T_{k k_1 k_2 k_3}|^2 \delta(k + k_1 - k_2 - k_3) \delta(\omega_k + \omega_{k_1} - \omega_{k_2} - \omega_{k_3})$$
$$\times (N_{k_1} N_{k_2} N_{k_3} + N_k N_{k_2} N_{k_3} - N_k N_{k_1} N_{k_2} - N_k N_{k_1} N_{k_3}) dk_1 dk_2 dk_3$$
$$= Snl. \tag{1.63}$$

接下来, 尝试构造广义非线性薛定谔方程 (1.24) 的动力学方程. 此时有

$$\omega_k = k^2 + ak^3. \tag{1.64}$$

那么共振流形 (关系)

$$\omega_k + \omega_{k-1} = \omega_{k_2} + \omega_{k_3}, \quad k + k_1 = k_2 + k_3 \tag{1.65}$$

能够约化为一个代数方程. 假设

$$k = P + p, \quad k_1 = P - p, \quad k_2 = P + q, \quad k_3 = P - q, \tag{1.66}$$

那么方程 (1.65) 可以等价于

$$(p^2 - q^2)(1 + 3aP) = 0. \tag{1.67}$$

当 $q = \pm p$ 时, 可以得到一种平凡的共振关系

$$q = p: \quad k_2 = k, \quad k_1 = k_3; \quad q = -p: \quad k_3 = k, \quad k_1 = k_2. \tag{1.68}$$

显然地, 有 $Snl = 0$. 而当 $1 + 3aP = 0$ 时, 会产生非平凡非弹性的共振作用. 进一步地, 将方程 (1.66) 代入方程 (1.23) 中, 有

$$T_{k k_1 k_2 k_3} = \alpha(1 + 3aP) \equiv 0. \tag{1.69}$$

类似的结果也出现在 Davey-Stewartson 方程 (1.27) 中, 此时

$$\omega(p,q) = p^2 - q^2. \tag{1.70}$$

若

$$\begin{aligned} p = P + \xi_1, \quad p_1 = P - \xi_1, \quad p_2 = P + \xi_2, \quad p_3 = P - \xi_2, \\ q = Q + \eta_1, \quad q_1 = Q - \eta_1, \quad q_2 = Q + \eta_2, \quad q_3 = Q - \eta_2, \end{aligned} \tag{1.71}$$

那么共振流形转化为

$$\begin{aligned} \omega(p,q) + \omega(p_1,q_1) &= \omega(p_2,q_2) + \omega(p_3,q_3), \\ p + p_1 &= p_2 + p_3, \\ q + q_1 &= q_2 + q_3. \end{aligned} \tag{1.72}$$

将方程 (1.71) 代入方程 (1.72) 中, 可以导出如下方程

$$\xi_1^2 + \xi_2^2 - \eta_1^2 - \eta_2^2 = 0. \tag{1.73}$$

将方程 (1.71) 代入方程 (1.25) 中, 我们可以得到

$$T_{kk_1k_2k_3} \sim \left(\xi_1^2 + \xi_2^2 - \eta_1^2 - \eta_2^2\right)^2 = 0. \tag{1.74}$$

在此情形中, 平凡的共振关系将不能够从非平凡的关系中分离. 它们组成连通的流形, 其中 $T_{kk_1k_2k_3} \simeq 0$.

正如我们所知道的那样, 对于 KP-II 方程来说, 三波共振关系是不可行的. 而四波共振是可行的. 那么我们可以根据经典的规范变换, 将哈密顿方程中的三次非线性项排除. 四波共振方程为

$$\begin{aligned} p^2 - \frac{3q^2}{p} + p_1^2 - \frac{3q_1^2}{p_1} &= p_2^2 - \frac{3q_2^2}{p_2} + p_3^2 - \frac{3q_3^2}{p_3}, \\ p + p_1 &= p_2 + p_3, \\ q + q_1 &= q_2 + q_3. \end{aligned} \tag{1.75}$$

而事实上四波方程耦合系数 $T_{kk_1k_2k_3}$ 的表达式是相当复杂的, 可以从文献 [259] 中找到. 并且此文献中直接说明在流形 (1.75) 的意义下, 有 $T_{kk_1k_2k_3} \simeq 0$.

对于更高阶的过程, 结果和四波方程一样不好. 在文献 [259] 中, 已经说明六阶过程的共振流形是恒等于 0 的. 而 KdV 方程以及 Benjamin-Ono 方程的第一个非平凡的过程是五波相互作用. 可以很容易证明它相应的振幅为 0.

1.1.5 强可积系统的湍流

以强可积系统中的非线性薛定谔方程为例来研究可积湍流. 认为此方程有无穷多个统计平稳状态, 它可以由单变量 $N(k)$ 给出的任意正函数进行参数化. 相应的条件

$$\frac{dN}{dt} = 0 \tag{1.76}$$

至少在原则上可以找到所有的高阶相关方程, 并且重新构造函数空间的不变测度. 其稳定状态在空间上是一致的. 这也就意味着可以引入一系列常数

$$\begin{aligned} I_1 &= \lim_{L\to\infty} \frac{1}{L} \int_{-L/2}^{L/2} |\Psi|^2 dx, \\ I_2 &= \lim_{L\to\infty} \frac{1}{L} \int_{-L/2}^{L/2} \left\{ |\Psi_x|^2 - \frac{1}{4}|\Psi|^4 \right\} dx, \\ I_3 &= \cdots . \end{aligned} \tag{1.77}$$

这些常数是运动积分的密度函数. 不变谱 $N(k)$ 的存在意味着不变测度的存在. 我们可以猜测此测度不是别的, 就是 Gibb 的测度

$$\rho[\Psi] = \frac{1}{z} e^{-\sum_{i=1}^{\infty} \mu_i I_i}, \tag{1.78}$$

其中 μ_i 代表相应运动常数的化学势, z 是由泛函积分给出的统计和函数

$$z = \int e^{-\sum_{i=1}^{\infty} \mu_i I_i} d\Psi(x) d\Psi^*(x). \tag{1.79}$$

每一个稳定状态均可以由概率分布函数来刻画

$$\rho(\xi) = \rho(|\Psi|^2), \quad \int_0^\infty \rho(\xi) d\xi. \tag{1.80}$$

我们可以推测任何稳定状态都完全是由所设置的运动常数 $I_1, I_2, \cdots$ 定义的. 由于非线性薛定谔方程是尺度不变方程, 在一般情况下, 都有 $I_1 = 1$, 那么稳定状态的基本物理性质在很大程度上是由 I_2 的值所决定的. 如果 $I_2 \to \infty$, 这是一种接近弱相互作用的叠加状态, 几乎是线性波. 反之, 若 $I_2 \to -\infty$, 这种状态是完全分离的弱相互作用的孤子气体的叠加态. 这两种状态都可以被研究, 但需要不同的方法. 尽管此问题的理论相对简单, 但是还有很多重要的问题没有解决.

其中最重要的一个问题便是调制不稳定性. 玻色凝聚体的一个稳定态为

$$N(k) = \delta(k). \tag{1.81}$$

在散焦非线性薛定谔方程中, 凝聚体是稳定的, 但是在聚焦情形中它却是不稳定的. 这种不稳定性的发展产生了介于弱湍流和孤子气体之间的某种东西. 凝聚体不稳定理论是纯粹的动力学问题, 是比较简单的.

更为困难的问题是更一般的凝聚体的稳定性问题

$$N(k) = \frac{1}{\pi}\frac{\gamma}{(k^2+\gamma^2)}. \tag{1.82}$$

不妨假设 $\langle N(k) \rangle = 1$. 我们可以在平均场近似的框架内研究这种分布的稳定性. 这种近似可用于研究特征波数远远小于 γ 的长尺度扰动. 尽管齐次动力学方程不存在, 但非齐次动力学方程是有意义的. 如果假设 N 是关于慢变量 x 和 t 的函数, 那么我们可以得到 Vlasov 型的方程

$$\frac{\partial N}{\partial t} + k\frac{\partial N}{\partial x} - \frac{\partial N}{\partial k}\frac{\partial n}{\partial x} = 0, \quad n = -\int_{-\infty}^{\infty} N(k)dk. \tag{1.83}$$

进一步可以假设

$$N = N(k) + \delta N \mathrm{e}^{-\mathrm{i}\omega t + \mathrm{i}\rho x} \tag{1.84}$$

且有特征方程

$$\int_{-\infty}^{\infty}\frac{1}{s-k}\frac{\partial N}{\partial k}dk = -1, \tag{1.85}$$

其中 $s = \omega/p$. 将方程 (1.82) 代入特征方程 (1.85) 中, 计算积分可得

$$s = -\mathrm{i}(\gamma - 1). \tag{1.86}$$

换句话说, 当 $\gamma > 1$ 时, 分布是稳定的, 而当 $\gamma < 1$ 时分布则是不稳定的. 这种考虑方式很好但是有缺憾的地方. 根据方程 (1.86) 可知

$$\mathrm{Im}(\omega) = -(1-\gamma)p + qp^2 + \cdots, \tag{1.87}$$

其中 $q > 0$ 是依赖于 γ 的正数. 此参数的选择在理论和实践上都是非常重要的. 显然, 这不能在平均场近似的框架内完成.

接下来给出更高阶动量的结构和间歇度

$$I_n(y) = |\Psi(x+y) - \Psi(x)|^{2n}. \tag{1.88}$$

当

$$I_2 < 0, \quad |I_2| \gg 1 \tag{1.89}$$

时, 问题很有意义. 此时, 稳定态是由孤子振幅分布函数定义的孤子气体. 对于高阶矩, 由方程 (1.80) 定义的概率分布函数可以直接表示孤子的分布函数. 孤子气体理论是一个非常有趣的课题, 值得特别关注[73,91]. 下一节将以非线性薛定谔方程为例, 详细讨论可积湍流和怪波之间的关系.

1.2 可积湍流和怪波

近年来, 怪波的理论和实验研究相继出现在各个领域, 例如玻色-爱因斯坦凝聚体、流体力学、等离子体、金融学等[66,122,158,173,206]. 从理论上来说, 描述怪波最简单的模型为非线性薛定谔方程, 相应的调制不稳定性 (modulational instability, MI) 是产生怪波的主要原因. 不失一般性, 设非零边界薛定谔方程为

$$\mathrm{i}\Psi_t + \Psi_{xx} + \left(|\Psi|^2 - 1\right)\Psi = 0, \tag{1.90}$$

不妨假设方程解的扰动为

$$\Psi = 1 + \kappa \exp\left(\mathrm{i}kx + \mathrm{i}\Omega t\right), \quad |\kappa| \ll 1, \tag{1.91}$$

将方程 (1.91) 代入非线性薛定谔方程 (1.90) 中, 那么线性部分满足

$$\Omega^2 = k^4 - 2k^2. \tag{1.92}$$

于是当 $k \in (-\sqrt{2}, \sqrt{2})$ 时, 波为调制不稳定的, 当 $k = \pm 1$ 时, 不稳定性的最高增长率为

$$\gamma_0 = \max_k \mathrm{Im}(\Omega) = 1. \tag{1.93}$$

那么不稳定性长度的特征为 $\ell = 2\pi$, 时间特征为 $1/\gamma_0 = 1$.

为了研究调制不稳定性的非线性阶段的特性, 我们可以在初值为

$$\Psi_{t=0} = 1 + \epsilon(x), \quad |\epsilon(x)| \ll 1 \tag{1.94}$$

的情况下对方程 (1.90) 进行求解. 需要注意的是, 一般初值条件

$$\Psi_{t=0} = C + \epsilon(x), \quad |\epsilon(x)| \ll 1 \tag{1.95}$$

的聚焦非线性薛定谔方程

$$\mathrm{i}\Psi_t + B\Psi_{xx} + G|\Psi|^2\Psi = 0, \quad B > 0, \quad G > 0 \tag{1.96}$$

都可以规范化为初值条件为 (1.94) 的标准非线性薛定谔方程 (1.90).

当边界条件满足 $|x| \to \infty, |\epsilon(x)| \to 0$ 时, 根据初值条件 (1.94), 方程 (1.90) 可以根据反散射方法进行分析[66,122,158,173,206]. 此时, MI 会导致多种类型的解. MI 基本上取决于初始扰动参数 $\epsilon(x)$. 纯实数扰动可以产生 Peregrine 型的同宿轨道解[182], 而纯虚的扰动则会产生超正则孤子解[89,249]. 然而对于一般的既含有实部也含有虚部的扰动, 目前还没有相关的研究.

尽管这些结果有很重要的意义, 但是并没有真正给出问题的本质, 即在非局域 $\epsilon(x)$ 的扰动下, 方程的动力学特征会发生怎样的变化? 为了对此问题进行分析, 我

们通过数值方法给出当 $x \in [-L/2, L/2]$ 且边界条件为周期时方程的解. 从理论上来讲, 方程 (1.90) 是存在解析解的. 在一定的超椭圆曲线上, 非线性薛定谔方程的任何周期解都可以用雅可比函数显式表示[167]. 然而在现实计算中, 这种完美的结果很难给出. 在数值实验中, $\epsilon(x)$ 是一种小的随机噪声扰动, 相应谐波的阶数达到 10^5. 因此, 为了将方程的演化过程通过雅可比函数表示出来, 我们不得不选取曲线亏格的阶数为 10^5. 到目前为止, 要用精确的分析方法来刻画这种演变是不现实的.

我们从两个方面对 MI 进行分析. 首先, 我们期望 MI 在长时间演化之后, 可以演化为可积湍流. 在实验中, 我们确实观察到系统在长时间演化之后变成湍流状态. 由于研究的可积系统是通过无穷个运动积分来反映初始状态的, 所以其渐近湍流状态与文献 [231] 的渐近湍流状态不同就不足为奇了. 其次, 为了聚焦非线性薛定谔方程的框架下理解怪波出现的特征, 从 MI 的开始阶段进行分析直到演化状态接近湍流态.

值得注意的是, 由于上面的讨论是在有界的 $L < +\infty$ 时进行的, 因此经过长时间演化之后, 会遇到 Fermi-Pasta-Ulam(FPU) 问题重复现象. 这也意味着在某一时刻, 将停止向静态可积湍流转化, 取而代之的是, 系统将会重回平面波. 因此对于固定的 L, 系统不具备向静态可积湍流转化的条件. 然后, 系统存在着拟渐近状态, 此状态即为 MI 的演化和 FPU 重复的混合态. 当空间大小为 L 时, 由于 FPU 递归时间趋向无穷, 因此当 $L \to \infty$ 时, 拟渐近性会转化为静态的可积湍流.

根据方程 (1.142) 及相应的傅里叶变换可知, 当 $\Psi = 1$ 时, 凝聚体的所有波作用集中在零次谐波 $k = 0$ 中, 即

$$I_k(t) = \langle |\Psi_k(t)|^2 \rangle = \begin{cases} 1, & k = 0, \\ 0, & k \neq 0. \end{cases} \tag{1.97}$$

在 MI 演化过程中, 我们观察到波的相互作用在其他谐波中扩散. 这是以波作用的振荡交换的形式在零次谐波 $S_0(t)$ 和其他的谱之间发生. 在这一过程中, 波作用谱趋于渐近谱. 在 MI 开始时, 频谱在 $k = 0$ 处出现了不连续, 表现为只占据零次谐波的高峰, 此峰值是出现在初始数据 (1.94) 中的. 我们实验得到的显著结果是, 峰值不会随着 MI 的非线性阶段的到来而消失, 而是以振荡的方式衰减, 并且在非线性阶段开始后很长一段时间内仍可被检测到. 当峰值最后消失后, $k = 0$ 处的谱奇点转化为更低的幂指数行为 $\sim |k|^{-\alpha}$, 其中 $|k| \leqslant 0.15$, 指数项 α 接近 $2/3$. 相应的模态在物理空间中具有非常大的尺度, 可以称为 "准凝聚体", 即在渐近湍流状态下大约有 40% 的波作用, 小于 1% 的动能和 10% 的势能. 渐近谱随 $|k| \to +\infty$ 单调衰减, 衰减率在 $0.4 \lesssim |k| \lesssim 1$ 时最低, 而在 $|k| = 0$ 和 $|k| = \sqrt{2}$ 时达到最大, 并且在 $|k| > 1.5$ 时呈现指数形态.

湍流的另一个重要特征是空间相关函数

1.2 可积湍流和怪波

$$g(x,t) = \left\langle \frac{1}{L}\int_{-L/2}^{L/2} \Psi(y,t)\Psi^*(y-x,t)dy \right\rangle.$$

根据后面的方程 (1.141), 它通过如下这种关系与波作用谱联系起来

$$g(x,t) = \mathscr{F}^{-1}\left[I_k(t)\right].$$

在 $x = 0$ 处, 因为

$$g(0,t) = \langle N \rangle = \sum_k I_k(t), \quad N = \frac{1}{L}\int_{-L/2}^{L/2} |\Psi(x,t)|^2 dt,$$

所以空间相关函数为 $g(0,t) \approx 1$. 对于初始数据集合 (1.95), 波作用 $\langle N \rangle$ 几乎与 1 一致 (在我们实验中有 $[\langle N \rangle - 1] \sim 10^{-9}$).

在 MI 的非线性阶段, 我们观察到空间相关函数也以接近渐近相关函数的振荡方式演化. 当波作用谱中存在 $k = 0$ 处的峰值时, $g(x,t)$ 随 $|x| \to +\infty$ 衰减到某个非零值, 这是由峰值的大小决定的. 当峰值消失时, 相关函数以 $\frac{1}{|x|}$ 速率衰减, 在长度 $|x| < x_{\text{cor}}/2$ 时, 空间相关函数的渐近性接近高斯分布. 这里 $x_{\text{corr}} \approx 4$ 是最大值一半处的全宽. 我们还测量了振幅 $P(|\Psi|,t)$ 的概率密度函数. 假设一个系统由许多不相关的线性波组成,

$$\Psi(x) = \sum_k |\Psi_k|\mathrm{e}^{\mathrm{i}(kx+\phi_k)}.$$

如果相位 ϕ_k 是随机且不相关的, 波数 $|k|$ 足够大, 且振幅 $|\Psi_k|$ 满足中心极限定理条件, 则 $\Psi(x)$ 的实部 $\mathrm{Re}\,\Psi(x)$ 和虚部 $\mathrm{Im}\,\Psi(x)$ 是高斯分布的, 振幅的概率密度函数满足瑞利 (Rayleigh) 分布 (图 1.1)

$$P_{\mathrm{R}}(|\Psi|) = \frac{2|\Psi|}{\sigma^2}\mathrm{e}^{-|\Psi|^2/\sigma^2}. \tag{1.98}$$

对于波作用守恒且具有瑞利分布的概率密度函数, 参数 σ 等于

$$\langle N \rangle = \langle |\Psi|^2 \rangle = \int_0^{+\infty} |\Psi|^2 P_{\mathrm{R}}(|\Psi|)d|\Psi| = \sigma^2.$$

此时 $\langle |\Psi|^2 \rangle$ 是振幅平方空间平均值的集合. 根据初始数据的集合 (1.95) 可知 $\sigma \approx 1$.

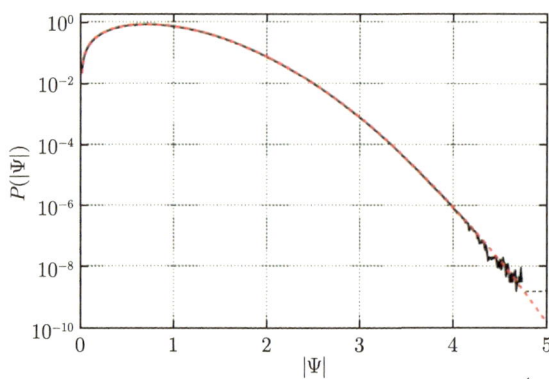

图 1.1 瑞利概率密度函数的分布. 黑色实线为线性波 $\Psi(x) = \left(\sqrt{8\pi}/\theta L\right)^{1/2} \times \mathscr{F}^{-1}\left[A_0 \mathrm{e}^{-k^2/\theta^2 + \mathrm{i}\xi_k}\right]$, $\theta = 5, A_0 = 1$, 其对应的计算是在周期空间 $x \in [-L/2, L/2]$, $L = 256\pi$. 平均平方振幅为 $\overline{|\Psi|^2} \approx A_0^2 = 1$. 红色虚线为方程 (1.98) 的瑞利分布 [①]

由于 $\int F(x)x dx = (1/2)\int F(x)dx^2$, 如果概率密度函数的振幅 $P(|\Psi|,t)$ 是瑞利的, 那么平方振幅的 $P\left(|\Psi|^2,t\right)$ 是指数的, 反之亦然. 根据 $\sigma = 1$ 可知

$$P_{\mathrm{R}}\left(|\Psi|^2\right) = \mathrm{e}^{-|\Psi|^2}. \tag{1.99}$$

研究指数型相关性比研究瑞利型相关性更方便, 因此我们测量平方振幅的概率密度函数, 并将结果与指数型 (1.99) 相关性进行比较, 为简单起见, 称它为瑞利方程. 我们测量整场 $\Psi(x,t)$ 的概率密度函数 $P(|\Psi|^2,t)$, 并和概率密度函数的局部最大值或绝对最大值做对比, 在分析过程中用到了如下形式的规范化方程

$$\int_0^\infty P(|\Psi|^2)d|\Psi|^2 = 1. \tag{1.100}$$

根据概率密度函数的定义, 我们知道波 $W(Y,t)$ 超过某一阈值 $|\Psi|^2 > Y$ 发生的概率为

$$W(Y,t) = \int_Y^\infty P(|\Psi|^2,t)d|\Psi|^2. \tag{1.101}$$

对于瑞利概率密度函数 (1.99), 这种概率可以转化为简单形式

$$W_{\mathrm{R}}(Y,t) = \mathrm{e}^{-Y}. \tag{1.102}$$

1.2.1 可积湍流-渐近态

在 MI 的线性阶段, 当对平面波的扰动较小时, 波作用谱 I_k 与平面波 (1.97) 的谱几乎一致, 空间相关函数与 $g(x) \approx 1$ 类似, 概率密度函数值非常高并且最窄

[①] 图 1.1 引用文献: Agafontsev D, Zakharov V. Integrable turbulence and formation of rogue waves. Nonlinearity, 2015, 28: 2791-2821.

的峰值大约为 $|\Psi|^2 = 1$. 所有的运动量 (1.145) 都是单位的, 即 $M^{(n)} \approx 1$, 动能为 $\langle H_d \rangle \approx 0$, 相应的势能等于 $\langle H_4 \rangle \approx -0.5$.

随着 MI 的发展, 这种情况发生了变化. 根据初始数据, 系统大约在 $t \sim 10$ 时到达非线性阶段 (不稳定的特征时间为 $1/\gamma_0 = 1$). 在非线性阶段, 我们观察到指数为 $n \neq 2$ 的矩 $M^{(n)}(t)$, 以及动能和势能在其渐近值附近随时间振荡, 并且这些振荡的振幅随着时间的增加而衰减. 波作用谱、空间相关函数和概率密度函数的演化更为复杂, 因为除了振荡之外, 它们还会同时改变形态. 这些函数在后期也会演化为其对应的渐近态. 因此, 可以说在 MI 的非线性阶段, 系统从凝聚体向渐近的湍流状态演化. 渐近状态的特征是由独立于时间的波作用谱、空间相关函数、概率密度函数、矩, 以及动能和势能来刻画的. 我们在本节中研究这些渐近特性, 而在下一节中研究向渐近状态的时间演化.

我们通过对相应的函数在时间 $t \in [950, 1000]$ 上取平均来找到渐近特性, 并且这些函数随时间的偏差足够小. 然而, 当时间 $t = 1000$ 时, 它们随时间的演化仍然可见, 并且这种演化类似于振荡的, 它们在一个足够长的时间间隔内的平均应该可以用于近似描述相应的渐近性. 需要强调的是, 这种时间平均过程其实在时间 $t \in [150, 200]$ 时就已经有了类似的结果. 因此, 即使空间 L 很大, 当时间 t 大于 1000 时, 相应的积分也不会产生显著不同的结果.

接下来我们给出空间相关函数的渐近性, 其可以定义为最大值一半处的全宽, 即 $x_{\text{corr}} \approx 4.016$. 当长度满足 $|x| < x_{\text{corr}}/2$ 时, 其类似于高斯分布

$$g(x) \approx \exp\left[-4\ln 2 \left(\frac{x}{x_{\text{corr}}}\right)^2\right]. \tag{1.103}$$

当 $|x| > x_{\text{corr}}/2$ 时, 渐近相关函数当 $|x| \to L/2$ 时很缓慢地衰减到 $g(L/2) \approx 0.01$. 而在区域 $|x| \in [100, 1500]$, 这种衰减可以渐近地表示为

$$g(x) \approx \frac{b_1}{|x| + b_2}, \tag{1.104}$$

其中系数 $b_1 \approx 16.1, b_2 \approx 82.7$. 在区域 $|x| \in [1500, L/2] = [1500, 512\pi]$ 里面, 衰减甚至更慢. 这主要是由计算盒范围有限导致的. 实际上, 通过构造一个周期性的偶函数型的空间相关函数, 即 $g(L/2) = g(-L/2), g(x) = g(-x)$, 可知它在计算框边界处的导数等于 0, $g_x(\pm L/2) = 0$. 因此, 在边界附近, 相关函数应该偏离方程 (1.104) 给出的形式. 振幅平方的渐近概率密度函数 $P(|\Psi|^2)$ 与瑞利概率密度函数 (1.99) 重合. 因此, 可得出一个结论: 尽管非线性薛定谔方程是非线性方程, 但是它的渐近概率密度函数却和线性方程描述的波场是一样的. 进一步地, 我们还通过计算矩 $M^{(n)}(t)$ (1.145) 的渐近值 $M_A^{(n)}$ 来验证这一结论, 并发现这些值与它们的瑞利

预测值 (1.147) 至少当指数 $n = 1, 2, \cdots, 10$ 时是一致的, 别的指数也可能有类似的情况. 根据渐近矩 $M_A^{(4)} \approx 2$, 可以计算渐近状态下的系综平均势能 $\langle H_4 \rangle$, 即

$$\langle H_4 \rangle = -\frac{M_A^{(4)}}{2} \approx -1. \tag{1.105}$$

根据总能量守恒特征 $\langle H_d + H_4 \rangle \approx -0.5$, 我们可以得到系综平均动能 $\langle H_d \rangle$ 为

$$\langle H_d \rangle \approx 0.5. \tag{1.106}$$

此外, 也独立计算了平均动能 $\langle H_d \rangle$, 可以得到相同的结果. 因此, 在渐近状态下, 我们有 $Q = |\langle H_4 \rangle|/|\langle H_d \rangle| \approx 2$ 的 "中等强" 湍流. 因此瑞利统计量关于振幅 $|W(x,t)|$ 的结论更加令人惊讶.

不难看出关系式 (1.105) 本身就很出人意料. 根据 (1.141), 有

$$-\langle H_4 \rangle = \frac{1}{2} \sum_{k_1, k_2, k_3, k_4} \langle \Psi_{k_1} \Psi_{k_2} \Psi_{k_3}^* \Psi_{k_4}^* \rangle \delta_{k_1 + k_2 - k_3 - k_4}, \tag{1.107}$$

其中 δ_k 是 Kronecker δ-函数, 即

$$\delta_k = \begin{cases} 1, & k = 0, \\ 0, & k \neq 0. \end{cases}$$

方程 (1.107) 的四波运动量可以表示为

$$\langle \Psi_{k_1} \Psi_{k_2} \Psi_{k_3}^* \Psi_{k_4}^* \rangle = I_{k_1} I_{k_2} \left(\delta_{k_1 - k_3} \delta_{k_2 - k_4} + \delta_{k_1 - k_4} \delta_{k_2 - k_3} \right) + J_{k_1, k_2, k_3, k_4}, \tag{1.108}$$

其中 J_{k_1, k_2, k_3, k_4} 都是累积量. 由于 $\sum I_k = \langle N \rangle \approx 1$, 我们可以得到

$$-\langle H_4 \rangle \approx 1 + \frac{1}{2} \sum_{k_1, k_2, k_3, k_4} J_{k_1, k_2, k_2, k_4} \delta_{k_1 + k_2 - k_3 - k_4}. \tag{1.109}$$

通过关系式 (1.105) 可以得到

$$\left| \sum_{k_1, k_2, k_3, k_4} J_{k_1, k_2, k_3, k_4} \delta_{k_1 + k_2 - k_3 - k_4} \right| \ll 1. \tag{1.110}$$

后一结果可能意味着渐近湍流状态下的累积量为零. 因此, 关系式 $\langle H_4 \rangle \approx -1$ 可以看作稳态可积湍流是纯高斯分布.

除此之外, 研究系综平均动能和势能的谱分布是很有意义的. 动能的谱密度 $k^2 I_k$ 可由式 (1.137) 和 (1.141) 求得. 为了方便起见, 除以波数 Δk 之间的距离, 将其写成如下形式:

$$T(k) = \frac{k^2 (I_k + I_{-k})}{\Delta k}. \tag{1.111}$$

在 $|k| \leqslant k_0$ 内的动能可表示为

$$\langle H_d(k_0) \rangle = \sum_{|k| \leqslant k_0} k^2 I_k = \Delta k \sum_{0 \leqslant k \leqslant k_0} T(k). \tag{1.112}$$

而势能谱分布的计算比较复杂. 为了分析它, 引入新的函数 $\widetilde{\Psi}(x,t)$, 即

$$\widetilde{\Psi}(x,t) = \mathscr{F}^{-1}\left[\widetilde{\Psi}_k(t)\right], \tag{1.113}$$

它只包含非线性薛定谔方程 $\Psi(x,t)$ 的原始解中参数 $|k| \leqslant k_0$ 的模态, 即

$$\widetilde{\Psi}_k(t) = \begin{cases} \Psi_k(t), & |k| \leqslant k_0, \\ 0, & |k| > k_0, \end{cases} \tag{1.114}$$

其中 $\Psi_k(t) = \mathscr{F}[\Psi(x,t)]$ 是原始解的傅里叶变换. 然后找到集中在这些模态中的势能, 并对初始数据进行平均,

$$\langle H_4(k_0) \rangle = -\left\langle \frac{1}{2L} \int_{-L/2}^{L/2} |\tilde{\Psi}(x,t)|^4 \, dx \right\rangle. \tag{1.115}$$

因此, 势能的谱密度可表示为

$$U(k) = \frac{\langle H_4(k+\Delta k) \rangle - \langle H_4(k) \rangle}{\Delta k}. \tag{1.116}$$

当 $k_0 \to +\infty$ 时, (1.112) 和 (1.115) 分别与系统的平均动能和势能 (1.147) 重合.

动能谱密度 $T(k)$ 在零级谐振子 $k=0$ 处从 0 开始单调递增, 在 $k=1.2$ 处达到最大值 $T(k) \approx 0.4$. 随后在 $k \approx \sqrt{2}$ 时急剧下降, 然后从 $k > 1.5$ 开始衰减到零. 势能模数 $|U(k)|$ 的谱密度在 $k=0$ 时有一个严格的极大值, 在 $k \approx 0.5$ 点单调减小到 $|U(k)| \approx 0.3$, 达到局部最小值, 然后类似于 $T(k)$, 在 $k \approx 1.2$ 时达到另一个极大值 $|U(k)| \approx 0.5$.

有趣的是, $|U(k)|$ 总是大于 $T(k)$. 因此在渐近湍流状态下, 所有模态本质上都是非线性的. "最非线性的模态" 是拟凝聚体 $|k| \leqslant 0.15$, 它包含小于 1% 的动能、约 10% 的势能、约 40% 的波作用. 当 $0.15 \leqslant |k| \leqslant 1.5$ 时, 模型会包含约 60% 的动能和势能, 以及约 55% 的波作用; 而当 $|k| > 1.5$ 时, 模型包含约 5% 的波作用、约 40% 的动能和约 30% 的势能.

1.2.2 调制不稳定性的非线性阶段: 向渐近状态演化

以系综平均动能 $\langle H_d \rangle$ 和势能 $\langle H_4 \rangle$, 以及矩 $M^{(n)}(t)$ 为例, 研究向渐近湍流状态的演化. 在 $t \sim 10$ 之前, 对凝聚体的扰动很小, 因此矩和能量分别与它们的初始值 $M^{(n)} \approx 1, \langle H_d \rangle \approx 0$ 和 $\langle H_4 \rangle \approx -0.5$ 相差不大. 当 $t \sim 10$ 时, MI 进入非线性阶段; 矩开始围绕其渐近瑞利值 (1.147) 振荡, 动能在 0.5 附近, 势能在 -1 附近. 矩 $M^{(1)}(t)$ 与势能 $\langle H_4 \rangle$ 同相振荡, 与矩 $M^{(n)}(t)(n \geqslant 3)$、动能 $\langle H_d \rangle$ 反相振荡, 使

$M^{(1)}(t)$, $\langle H_4 \rangle$ 的局部极值和局部极值时刻的位置分别与 $M^{(n)}(t)(n \geqslant 3)$, $\langle H_d \rangle$ 的局部极值和局部极值时刻的位置重合.

振荡的周期从 $t \sim 20$ 时 $\Delta T \sim 4$ 变化到 $t \sim 200$ 时 $\Delta T \sim 3$. 这是类似于非线性相移的效应. 事实上, 可以通过如下形式来探索 $M^{(1)}(t)$ 的近似值

$$M^{(1)}(t) \approx M_A^{(1)} + \frac{p}{t^{3/2}} \sin(\Phi(t)), \quad \Phi(t) = st + \phi_{nl}(t) + \Phi_0, \tag{1.117}$$

其中 $\Phi(t)$ 为相位, s 为常数频率, Φ_0 为常数相位, 非线性相移 $\phi_{nl}(t)$ 与振荡 $p/t^{3/2}$ 乘以时间 t 成正比, 或者说 $\phi_{nl}(t) = q/\sqrt{t}$, 其中 q 为常数. 那么, 在 $M^{(1)}(t)$ 的局部最大值 $t_{\max}$ 处的相位 Φ 应该等于

$$\Phi(t_{\max}) = st_{\max} + \frac{q}{\sqrt{t_{\max}}} + \Phi_0 = \frac{\pi}{2} + 2\pi m. \tag{1.118}$$

在局部最小值 $t_{\min}$ 处的相位为

$$\Phi(t_{\min}) = st_{\min} + \frac{q}{\sqrt{t_{\min}}} + \Phi_0 = \frac{3\pi}{2} + 2\pi m,$$

其中 m 是整数. 一方面找到 $M^{(1)}(t)$ 的所有其他极值 $t_{\max}$ 和 $t_{\min}$, 另一方面通过设置 $m = 0$ 为第一个最大值, $m = 1$ 为第二个最大值, 从而找到它们的相位 Φ, 以此类推. 然后, 利用最小二乘方法确定了系数 $s \approx 1.99$, $q \approx 57.7$ 和 $\Phi_0 \approx -44.1$. 在此之后, 我们验证了非线性相移

$$\Phi(t) - st - \Phi_0. \tag{1.119}$$

在 $M^{(1)}(t)$ 处的极值事实上可以很好地通过函数 $q/\sqrt{t}$ 估计.

我们观察到拟设 (1.117) 很好地拟合矩对时间依赖性, 同样这种拟合也适用于动能和势能. 相位 Φ_0 的矩 $M^{(1)}(t)$ 和势能 $\langle H_4 \rangle$ 是重合的, 而相位 Φ_0 对应的矩 $M^{(n)}(t)(n \geqslant 3)$ 和动能 $\langle H_d \rangle$ 差 π. 方程 (1.117) 里面我们验证了没有非线性相移或者非线性相移指数同 -0.5 有明显的不同的拟设 (1.117), 结果发现它们与实验数据的拟合差很多. 值得注意的是, 振荡周期 $2\pi/s \approx 3.16$ 几乎等于 π, 其频率 s 几乎等于 MI 的两倍最大增长速率, 即 $s \approx 2\gamma_0$. 我们认为频率 s 应与 2 相一致, 周期也应与 π 相一致, 并且在不考虑初始噪声统计量的情况下, 我们在所有的实验中都测量出了 $s \approx 2$. 然而, 这种对应性的本质还有待进一步研究.

波作用谱、空间相关函数和振幅平方的概率密度函数值也随时间呈振荡演化, 在后期趋于渐近形式. 这些函数演化的 "转折点" 即固定 k, x 和 $|\Psi|^2$, 函数 $I_k(t)$, $g(x, t)$ 和 $P(|\Psi|^2, t)$ 运动方向发生反转的时刻, 大约与矩以及动能和势能的局部最大值和最小值重合. 为了更好地分析, 下面我们将以势能模 $|\langle H_4 \rangle|$ 的极值为例. 这

个选择也具有直接的物理意义: 在 $|\langle H_4 \rangle|$ 的局部极大值处, 非线性的影响最大, 而在局部极小值处, 非线性的影响最小. 注意, 频谱、相关函数和概率密度函数并不完全类似于 $|\langle H_4 \rangle|$ 的演化, 因为这些函数随着时间增长还会改变它们的形态.

与 (1.91) 完全对应, 我们观察到, 在 MI 的线性阶段, 从不稳定带 $|k| < \sqrt{2}$ 开始的模的波数呈指数增长, 最快增长速度出现在 $|k| = 1$ 时, 在不稳定带 $|k| > \sqrt{2}$ 之外的模态随时间变化不大. 非线性相互作用产生多重谐波, 因此从不稳定带消失的某一时刻开始, 除零次谐波外的整个谱带都随着整数波数模态的增长而上升. 我们从 $t \sim 5$ 开始观察这种效应.

在 MI 的线性阶段, 以及很长一段时间的非线性阶段, 波作用谱在 $k = 0$ 处出现不连续, 仅在零次谐波处出现一个高峰. 当我们将凝聚体的奇异谱 (1.97) 加入到噪声的连续谱 $\epsilon(x) = A_0 \left(\dfrac{\sqrt{8\pi}}{\theta L} \right)^{1/2} \mathscr{F}^{-1}\left[e^{-k^2/\theta^2 + i\xi_k} \right]$ 中时, 根据初始数据(1.94), 可以产生这种类型的峰. 我们观察到这个峰值在非线性阶段并没有完全消失, 而是以振荡的方式衰减. 我们测量的峰值为零次谐波 $k = 0$ 和两个相邻谐波 $k = \pm 2\pi/L$ 的差值

$$h(t) = I_0(t) - \frac{1}{2}\left[I_{2\pi/L}(t) + I_{-2\pi/L}(t) \right]. \tag{1.120}$$

谱峰 $h(t)$ 和零次谐波 $I_0(t)$ 在势能模数 $|\langle H_4 \rangle|$ 的局部最大值处都有极小值, 在 $|\langle H_4 \rangle|$ 的局部最小值处都有 (局部) 极大值. 频谱 $I_k(t), |k| > 0$ 的其余部分, 与 $I_0(t)$ 的反相位相似, 所以我们观察到随时间衰减的波作用在零次谐波和所有其他谐波之间振荡交换. 当时间 $t \sim 150$ 时, 谱峰消失, $k = 0$ 处的不连续转变为 $\sim |k|^{-\alpha}$ 类型的奇点, 指数 α 接近 $2/3$.

在 $t \lesssim 10$ 的线性 MI 阶段, 由于 $\Psi(x,t) = 1 + \zeta(x,t), |\zeta(x,t)| \ll 1$, 因此相关函数接近于单位 1, $g(x,t) \approx 1$. 在非线性阶段 $g(x,t)$ 以振荡的方式演化, 在后期趋于其渐近形式. 由于波作用的守恒, 我们将相关函数在 $x = 0$ 处的最大值设为单位 1, $g(0,t) \approx 1$. 而当 $|x| > 0$ 时, 相关函数和随势能模量 $|\langle H_4 \rangle|$ 的反相位变化类似.

空间相关函数的显著性质是, 它在 $|x| \to L/2$ 处衰减到非零值, 这种情况不仅发生在 MI 的线性阶段, 而且在非线性阶段也会持续很长一段时间. 这种行为是波作用谱中零次谐波处的峰值存在的结果. 我们通过从相关函数中减去计算框 $|x| = L/2$ 边缘的值来验证这一事实, 设

$$\tilde{g}(x,t) = g(x,t) - \frac{1}{2}\left[\lim_{x \to L/2} g(x,t) + \lim_{x \to -L/2} g(x,t) \right],$$

相应的新的波作用谱为

$$\tilde{I}_k(t) = \mathscr{F}[\tilde{g}(x,t)].$$

由 (1.141) 可知, 这种变换只改变了波作用谱中的零次谐波, 因此对于所有 $|k| > 0$, 都有 $\tilde{I}_k(t) = I_k(t)$. 结果表明, 新谱 $\tilde{I}_k(t)$ 在零次谐波处的峰值非常小, 并且其符号随时间的变化而变化. 因此, 原始波作用谱中的峰值直接对应于空间相关函数在 $|x|$ 很大时衰减的非零能级, 反之亦然. 在 $t \lesssim 10$ 的线性 MI 阶段, 概率密度函数在 $|\Psi|^2 = 1$ 处是一个非常窄的峰值, 并随着时间的推移逐渐变宽.

在非线性阶段, 概率密度函数以振荡的方式演化, 在 $t \sim 100$ 时, 与瑞利概率密度函数 (1.99) 几乎无法区分. 概率密度函数的时间依赖性与势能模 $|\langle H_4 \rangle|$ 非常相似, 特别是当 $|\Psi|^2 \in (0.5, 1.5)$ 和 $|\Psi|^2 \in (4, 6)$ 时, 其中, 在固定 $|\Psi|^2$ 时, 根据拟设 (1.117), 概率密度函数分别与 $|\langle H_4 \rangle|$ 的反相位和同相位振荡.

概率密度函数的演化表明, 在 MI 非线性开始阶段, 存在两个振幅平方区域 $3 \lesssim |\Psi|^2 \lesssim 7$ 和 $10 \lesssim |\Psi|^2 \lesssim 15$, 其中概率密度函数 $P(|\Psi|^2, t)$ 显著超过瑞利概率密度函数 (1.99). 与瑞利概率密度函数相比, 在势能模 $|\langle H_4 \rangle|$ 的局部最大值和局部最小值对应的时间点上, 波在这些区域分别出现了最大的增长. 因此, 在 $|\langle H_4 \rangle|$ 的局部最大值处, 大约是第一个区域的中心处, 出现 $|\Psi|^2 > 4$ 波的概率大约是瑞利概率密度函数 (1.102) 的 3 倍. 下面我们将把这些波称为 "不完美的" 怪波, 因为它们不符合标准 $|\Psi|^2 > 8$.

"不完美" 怪波是 MI 的典型结果, 在 $|\Psi(x)|$ 的前几个局部极值处可以观察到这种怪波. 在空间中, 这些波形成一个大波的调制晶格, 它们之间的距离接近 MI 的特征长度 $\ell = 2\pi$. 由于 $|\text{Re}\,\Psi| \ll |\text{Im}\,\Psi|$, 因此 "不完美" 怪波的波峰主要由波场的虚部组成. 在第一个、第三个等奇数个怪波处, 由于 $\text{Im}\,\Psi > 0$, 因此 $|\langle H_4 \rangle|$ 的局部最大值是正的, 在第二个、第四个等偶数个时, 局部极值是负的. 为了观察到这个事实, 我们需要足够长的时间, 至少要到 $t \sim 50$. 我们直接验证了这些事实, 并进一步通过测量波场中实部以及虚部 ($\text{Re}\,\Psi$ 和 $\text{Im}\,\Psi$) 的概率密度函数的演化来验证这些事实.

与 MI 最大增长率相对应的 Akhmediev 呼吸子中也有类似的场景. Akhmediev 呼吸子是非线性薛定谔方程的解[11-13], 它在空间上是周期性的, 在时间上是局域的,

$$\Psi_{AB}(x,t) = e^{-2i\phi} \frac{\cosh(\omega t - 2i\phi) - \cos(\phi)\cos(bx)}{\cosh(\omega t) - \cos(\phi)\cos(bx)}, \quad (1.121)$$

其中 $0 < \phi < \pi/2$ 是自由参数, 并且

$$\omega = \sin(2\phi), \quad b = \sqrt{2}\sin\phi.$$

这些解在 $t \to -\infty$ 时为背景解 $\Psi = 1$, 随增长率 ω 而变化, 在 $t = 0$ 时达到最大值, 然后当 $t \to +\infty$ 时, 变为凝聚体解 $\mathrm{e}^{-4\mathrm{i}\phi}$. 在 $t = 0$ 时, 这些解在其最大振幅处的相位为 $(-1) \times \mathrm{e}^{-2\phi}$.

因此, 当 $\phi = \pi/4$ 时, 增长率 ω 和 Akhmediev 呼吸周期 $2\pi/b$ 分别等于 MI 的最大增长速率 $\gamma_0 = 1$ 和特征长度 $\ell = 2\pi$. 在 $t = 0$ 时, 这个解是纯虚数, 当 $x = 2\pi n$ 时, 它可以达到最大值, 其中 n 是整数, 虚部为 $\mathrm{Im}\,\Psi > 0$. 经过衰减后, 这个解将凝聚体的相位变为 $\mathrm{e}^\pi = -1$. 因此, 后面的 Akhmediev 呼吸子如果出现, 那么它在最大值 $\mathrm{Im}\,\Psi < 0$ 处有负的虚部, 第三个 Akhmediev 呼吸子为正的虚部, 以此类推.

然而, 从随机统计齐次空间噪声来看, 这些解如何在短时间间隔内相继出现尚不清楚. 这些解的最大高度之间的间隔必须等于势能模 $|\langle H_4 \rangle|$ 的振荡周期, 在非线性阶段开始时它的值接近 4, 随着时间的演化逐渐接近 π.

相位 $\phi = \pi/4$ 的 Akhmediev 呼吸子和 "不完美的" 怪波之间也有显著的区别. 因此, Akhmediev 呼吸子的空间相关函数具有周期性, 相应的周期为 2π, 在 $x = 2\pi n$ 时达到最大, 其中 n 为整数, 在这些最大值处空间相关函数等于 1. 对于带有小扰动的 Akhmediev 呼吸子, 很自然地期望相应的空间相关函数应该在相同的点上有明显的峰值, 并且这些峰的大小应该随着距离 $|x|$ 缓慢地衰减. 在我们的实验中, 我们观察到在 $n = 0, \pm 1, \pm 2$, $x = 2\pi n$ 时, $|\langle H_4 \rangle|$ 的相关函数的第一个局部极大值只有 5 个明显的峰值, 而在第二个局部最大值处, 仅出现 3 个峰, 对应于 $n = 0, \pm 1$ 位置. 这些峰值的大小随着距离 $|x|$ 的增加而迅速衰减, 然后空间相关函数很快变成常数, 约等于 0.1. 有趣的是, $|\langle H_4 \rangle|$ 的空间相关函数在局部最大值 (局部时间) 处是最小的.

当 $\phi = \pi/4$ 时, Akhmediev 呼吸子的波作用谱是由整数波数的谐波组成的. 因此这种解的谱在一个小扰动邻域中应该在整数波数处具有明显的峰值. 然而, 在我们的实验中, 我们只观察到在 $|\langle H_4 \rangle|$ 的第一个局部最大值处有 5 个峰 $k = 0, \pm 1, \pm 2$, 而在 $|\langle H_4 \rangle|$ 的第二个局部最大值处只有 3 个峰 $k = 0, \pm 2$(在后一种情况下, 在 $k = \pm 1$ 处时, 频谱取局部最小值). 有趣的是, 在波作用谱的局部极值处 (在局部时间上), 第零次谐波最小, 而其余的谱则被极大地激发.

在 MI 非线性开始阶段以及势能模 $|\langle H_4 \rangle|$ 的局部极小值处, 我们观察到 $|\Psi|^2 > 12$ 的波, 它大约在振幅平方为 $10 \lesssim |\Psi|^2 \lesssim 15$ 的第二个区域的中心, 出现的频率大约是瑞利概率密度函数 (1.102) 预测的两倍. 这些波就是怪波. 值得注意的是, "标准" 怪波 $|\Psi|^2 > 8$ 在非线性阶段刚开始时出现的频率甚至低于瑞利概率密度函数预测 (1.102).

这些 "大" 怪波 $10 \lesssim |\Psi|^2 \lesssim 15$ 在空间上代表了一个奇异的高峰, 在最大值一半处的全宽为 $x_\mathrm{FW} \sim 1$, 持续时间为 $\Delta T \sim 1$.

这些波峰是非常罕见的, 通常出现在振幅小于 $|\Psi| < 1.5$ 的扰动波场背景上. 在这个时间点上, 波场是紧密相关的, 空间相关函数具有 (局部时间) 最大值, 波作用谱具有 (局部时间) 最大零次谐波, 其余谱则被最小激发.

"大" 怪波的波峰主要由波场 $\Psi(x), |\text{Im}\,\Psi| \ll |\text{Re}\,\Psi|$ 的实部组成. 在第一个、第三个等奇数个时, $|\langle H_4 \rangle|$ 的局部最小值为负的, 相应的值为 $\text{Re}\,\Psi < 0$, 在第二个、第四个等偶数个时, 局部最小值为正的, 即 $\text{Re}\,\Psi > 0$.

为了观察到上述特征, 我们需要足够长的时间, 至少需要 $t \sim 50$. 有趣的是, 非线性薛定谔方程的 Peregrine 解[182] 也具有类似的性质. 我们已知 Peregrine 解为

$$\Psi_P(x,t) = 1 - \frac{4(1+2\mathrm{i}t)}{1+2x^2+4t^2},$$

在 $t \to -\infty$ 处, 它会接近背景波 $\Psi = 1$. 当 $t = 0$ 时, Peregrine 解是纯实的, 其最大振幅为 $|\Psi_P(0,0)| = 3$, 随后随着时间的演化又衰减到背景波 $\Psi = 1$. 然而, "大" 怪波 $10 \lesssim |\Psi|^2 \lesssim 15$ 的振幅略大于 Peregrine 孤子的最大振幅 $\max |\Psi_P|^2 = 9$.

我们还观察到振幅高达 $|\Psi| \sim 6$ 的特大波的出现. 这些波在空间上表现为一个单高峰, 全宽约为 $x_{\text{FW}} \sim 1$, 持续时间约为 $\Delta T \sim 0.5$. 有趣的是, 我们经常观察到彼此非常相似的这种类型的波, 尽管它们是在不同的时间由不同的初始数据而产生的. 这些非常大的波浪是非常罕见的. 鉴于模拟的准确度, 我们无法确定概率密度函数的演变和这种波浪随时间发生的概率. 我们观察这些波对概率密度函数影响的唯一方法是在足够长的时间间隔内对概率密度函数进行平均处理. 根据这一现象, 我们可知在渐近湍流状态下, 这些波服从瑞利分布 (1.99).

1.3 由椭圆余弦波的调制不稳定性生成的可积湍流

近年来, 人们对不同非线性系统波的统计特性进行了深入的研究, 见参考文献 [8,9,38,90,100,158,195,211,214,231], 特别是第一次实验观测光学怪波以来[206]. 怪波是一种短脉冲波, 可能危及海洋导航和光纤通信[66,122,173]. 这些脉冲波是从原始的光滑波中随机出现的, 它们的统计数据可能远远超过由线性方程控制的随机波场近似所预测的结果.

由上节知道, 假设波场 ψ 是不相关的线性波的随机叠加

$$\psi(x) = \sum_k |\psi_k| \mathrm{e}^{\mathrm{i}(kx+\phi_k)}. \tag{1.122}$$

假设相位 ϕ_k 随机不相关, 波数 $|k|$ 很大, 振幅 $|\psi_k|$ 符合中心极限定理的条件, 那么实部 $\text{Re}\,\psi(x)$ 和虚部 $\text{Im}\,\psi(x)$ 是高斯分布的, 波振幅的概率密度函数为瑞利分布[161]

$$\mathcal{P}_{\mathrm{R}}(|\psi|) = \frac{2|\psi|}{\sigma^2} \mathrm{e}^{-|\psi|^2/\sigma^2}, \tag{1.123}$$

其中 $\sigma^2 = \langle|\psi|^2\rangle$ 是振幅平方的平均值, 将概率密度函数规范化为 $\int \mathcal{P}(|\psi|)d|\psi| = 1$. 为方便起见, 下面研究一个规范化的平方振幅的概率密度函数 $I = |\psi|^2/\langle|\psi|^2\rangle$, 其代表相对密度: 小振幅的波对应 $I \ll 1$, 中等振幅的波对应 $I \sim 1$, 大振幅的波对应 $I \gg 1$. 那么瑞利分布(1.123)的概率密度函数转化为

$$\mathcal{P}_{\mathrm{R}}(I) = \mathrm{e}^{-I}. \tag{1.124}$$

其为指数型的概率密度函数 (在文献 [8] 中也有相同的瑞利分布的概率密度函数). 如果演化是由线性方程控制的, 那么线性波的叠加仍然是不相关的, 其概率分布函数仍然是指数型 (1.124). 而非线性演化方程或许需要引入相关性, 而相关性又有可能导致大振幅波的出现增强.

在一定的精确度下, 许多物理系统可以用完全可积 (非线性) 数学模型来描述. 与不可积模型相比, 可积模型表现出显著不同的统计学性质. 为了研究这些性质, 2009 年, Zakharov 在非线性科学领域中引入了可积湍流的概念 (详见 1.1 节). 一维非线性薛定谔方程 (1.1) 可以用来描述光学和流体力学中的怪波. 方程 (1.1) 最简单的解 $\psi = \mathrm{e}^{it}$ 是调制不稳定的, 由初始小扰动所引起的不稳定性的发展可能导致怪波的产生.

然而, 正如文献 [8] 所说的那样, 对于非线性薛定谔方程和凝聚体的调制不稳定性情况, 波强度的概率分布函数、初始扰动的平均值, 都没有超过指数型的概率密度函数 (1.124). 调制不稳定的发展导致了可积湍流, 它以振荡的方式渐近于稳定状态. 这种状态下的概率密度函数是指数型的 (1.124). 在向稳定状态演化的过程中, 概率密度函数明显偏离方程 (1.124), 但没有超过指数概率密度函数的几倍.

另外, 文献 [211, 231] 研究了初始条件为不相干波时非线性薛定谔方程的怪波. 对于非相干波, 可积湍流可以很快地达到稳定状态, 此时, 在高强度时, 概率密度函数的尾部超过了指数分布 (1.124) 的数量级.

对于不同的初始条件产生不同结果的事实并不奇怪, 可积系统可以通过无穷级数不变量的守恒 (也就是所谓的运动积分) 来 "记住" 初始时刻. 这些不变量对于不同类型的初始条件是不同的, 因此稳定状态及其演化也不同. 然而, 到目前为止, 还没有解释为什么在一种情况下, 可积湍流在经过很长一段时间就可以达到稳定状态, 怪波出现的概率很小, 而在另一种情况下, 可积湍流可以很快地达到稳定状态, 怪波出现得反而更加频繁.

我们研究另外一种情形, 即椭圆余弦波调制不稳定下的可积湍流. 椭圆余弦波是非线性薛定谔方程的一种精确的周期波解, 这种解本质上依赖于两个参数 ω_0

和 ω_1, 我们称它们为实半周期和虚半周期. 通常有 dn 和 cn 两种类型的椭圆周期波. dn 椭圆余弦波的解可以写作

$$\psi_{\mathrm{dn}}(x,t) = \mathrm{e}^{\mathrm{i}\Omega t}\sqrt{2}\nu\mathrm{dn}(\nu x; s^2), \tag{1.125}$$

其中, $\mathrm{dn}(\nu x; s^2)$ 是相应的雅可比椭圆函数, $\Omega = 3\wp(\omega_0)$, $\nu = (e_1 - e_3)^{1/2}$ 和 $s = (e_2 - e_3)^{1/2}/\nu$ 由外氏椭圆函数 $\wp(z)$ 的半周期 $\omega_0 \in \mathbb{R}$ 和 $\omega_1 \in \mathrm{i}\mathbb{R}$ 定义, $\wp(\omega_0) = e_1$, $\wp(\omega_0 + \mathrm{i}\omega_1) = e_2$, $\wp(\mathrm{i}\omega_1) = e_3$. 解(1.125)是以 $2\omega_0$ 为周期的, 在时间 $t = 0$ 时它是正实数, $\psi_{\mathrm{dn}}(x,0) > 0$. 当 $\omega_0 = \pi, \omega_1 = 1.6$ 时, 相应的解见图 1.2 中的 (a).

cn 椭圆余弦波可以写作

$$\psi_{\mathrm{cn}}(x,t) = \mathrm{e}^{\mathrm{i}\Omega t}\sqrt{2}s\nu\mathrm{cn}(\nu x; s^2), \tag{1.126}$$

其中, $\mathrm{cn}(\nu x; s^2)$ 是相应的雅可比椭圆函数, $\Omega = 3\wp(\omega_0 + \mathrm{i}\omega_1)$. 这种类型的解是以 $4\omega_0$ 为周期的, 当时间 $t = 0$ 时, 它是纯实的, 符号随 x 周期变化. 当 $\omega_0 = \pi, \omega_1 = 1.6$ 时, 相应的解见图 1.2 中 (b).

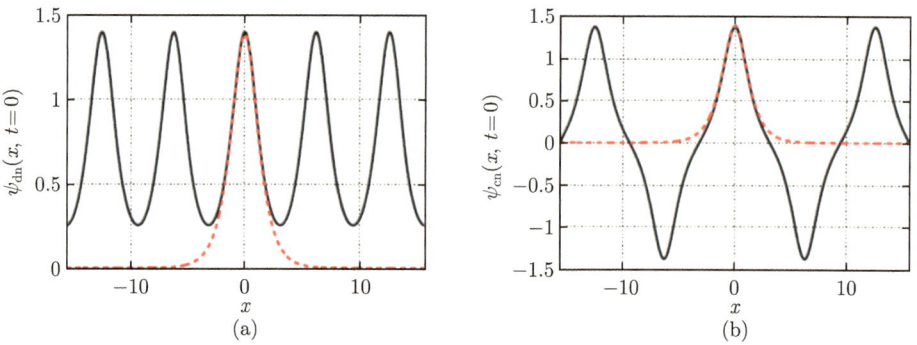

图 1.2 (a) 和 (b) 分别为 dn 椭圆余弦波 (1.125) 以及 cn 椭圆余弦波 (1.126), 其中参数为 $\omega_0 = \pi, \omega_1 = 1.6$. 在时间 $t = 0$ 时, 解是纯实的. 红色虚线代表方程 (1.127) 在参数 $\lambda = \pi/2\omega_1$ 时的解 [①]

两种类型的椭圆余弦波都可以看作非线性薛定谔孤子的无限晶格的重叠

$$\psi_s(x,t) = \mathrm{e}^{\mathrm{i}\lambda^2 t}\frac{\sqrt{2}\lambda}{\cosh \lambda x}, \quad \lambda = \pi/2\omega_1, \tag{1.127}$$

孤子的宽度正比于 ω_1, 孤子之间的距离等于 $2\omega_0$. 对于孤子之间的弱重叠现象 $\omega_1/\omega_0 \ll 1$, 椭圆余弦波转化为非线性薛定谔方程孤子的和

$$\psi(x,t) \to \mathrm{e}^{\mathrm{i}\lambda^2 t}\sum_{m=-\infty}^{+\infty}\frac{(-1)^{\rho m}\sqrt{2}\lambda}{\cosh \lambda(x - 2m\omega_0)}, \tag{1.128}$$

---

① 图 1.2—图 1.23 引用文献: Agafontsev D, Zakharov V. Integrable turbulence generated from modulational instability of cnoidal waves. Nonlinearity, 2016, 29: 3551-3578.

当 $\rho = 0$ 时对应的是 dn 椭圆波, 当 $\rho = 1$ 时对应的是 cn 椭圆波. 对于孤子之间的强重叠现象 $\omega_1/\omega_0 \gg 1$, dn 椭圆余弦波转化为平面波

$$\psi_{\rm dn}(x,t) \to \sqrt{2}\kappa {\rm e}^{2{\rm i}\kappa^2 t}. \tag{1.129}$$

但是 cn 椭圆波转换成指数型的小振幅的余弦波

$$\psi_{\rm cn}(x,t) \to \left[4\sqrt{2}\kappa \exp(-\kappa\omega_1)\right] {\rm e}^{-{\rm i}\kappa^2 t} \cos(\kappa x), \tag{1.130}$$

其中 $\kappa = \pi/(2\omega_0)$. 这两种类型的椭圆余弦波都是调制不稳定的. 对于 dn 椭圆余弦波, 在文献 [131] 中给出了调制不稳定性的最大增长率

$$\gamma_{\max} = 2\nu \left(e_1 - e_2\right)^{1/2}. \tag{1.131}$$

对于给定的 ω_0, 当 ω_1 很小时, $\psi_{\rm cn}$ 也很小, 随 ω_1 单调递增, 当 $\omega_1 \to +\infty$ 时, $\psi_{\rm cn}$ 接近 $2\kappa^2$. 到目前为止, cn 椭圆余弦波的 $\gamma_{\max}$ 还未找到.

本节仅仅给出了 dn 椭圆余弦波的调制不稳定性的统计学特征. 为方便起见, 我们研究如下形式的椭圆余弦波

$$\Psi_{\rm dn} = \sqrt{2}\nu {\rm dn}(\nu x; s^2). \tag{1.132}$$

它是如下修正非线性薛定谔方程

$${\rm i}\Psi_t - \Omega\Psi + \Psi_{xx} + |\Psi|^2\Psi = 0 \tag{1.133}$$

的解, 其中 ψ 和 Ψ 满足规范变换 $\psi = {\rm e}^{{\rm i}\Omega t}\Psi$. 为了研究椭圆余弦波 (1.132) 的调制不稳定性的统计学特征, 我们首先需要求解方程 (1.133), 设它的初始条件为

$$\Psi|_{t=0} = \Psi_{\rm dn}(x) + \epsilon(x), \quad |\epsilon(x)| \ll |\Psi_{\rm dn}(x)|, \tag{1.134}$$

并且对不同的初始噪声 $\epsilon(x)$ 进行平均. 不失一般性, 我们仅仅研究半周期 $\omega_0 = \pi$ 时的椭圆余弦波. 事实上, 非线性薛定谔方程可以通过三个非独立的变量 χ, η, μ 进行尺度变换 $t \to \chi t, x \to \eta x, \Psi \to \mu\Psi$. 其中两个参数可以将色散项和非线性项通过尺度变换进行统一, 而剩下的最后一个参数可以用于将 ω_0 尺度变换为 π. 在极限状态 (1.129) 和 (1.130) 下, 常数 $\kappa = \pi/(2\omega_0)$ 等价于 $1/2$, 那么 dn 椭圆余弦波转化为平面波, 当 $\omega_1 \to +\infty$ 时, 其振幅为 $1/\sqrt{2}$.

从形式上来说, 具有初始条件 (1.134) 的方程 (1.133) 有解析解, 由于非线性薛定谔方程的任何周期解都可以用特定 (超) 椭圆曲线上的 θ 函数显式表示, 可以参照文献 [17, 144, 167]. 然而, 为了研究一般情形下的调制不稳定性, 我们不得不

应用具有很多激发态的初始噪声 $\epsilon(x)$, 这种初始数据同样也使得曲线的亏格数变得很大 (目前的研究, 我们采用至少 10^4 次的谐波). 到目前为止, 用精确的解析方法来分析这种演变是不现实的.

因此, 在区间 $x \in [-L/2, L/2]$ 上, 根据周期边界条件我们完全通过数值方法来求解方程 (1.133). 可积性意味着运动积分无穷多级数的守恒. 前三个不变量是波作用量

$$N = \frac{1}{L} \int_{-L/2}^{L/2} |\Psi|^2 dx, \tag{1.135}$$

动量

$$P = \frac{\mathrm{i}}{2L} \int_{-L/2}^{L/2} \left(\Psi_x^* \Psi - \Psi_x \Psi^* \right) dx, \tag{1.136}$$

以及能量

$$E = H_d + H_4, \quad H_d = \frac{1}{L} \int_{-L/2}^{L/2} |\Psi_x|^2 dx, \quad H_4 = -\frac{1}{2L} \int_{-L/2}^{L/2} |\Psi|^4 dx, \tag{1.137}$$

其中 H_d 是动能, H_4 是势能. 其他不变量

$$c_n [\Psi] = \frac{1}{L} \int_{-L/2}^{L/2} \phi_n dx \tag{1.138}$$

可以通过如下的递推关系求出[2,4,167]

$$\phi_{n+1} = \Psi \frac{\partial}{\partial x} \left(\frac{\phi_n}{\Psi} \right) + \sum_{l+m=n} \phi_l \phi_m, \quad \phi_1 = |\Psi|^2/2. \tag{1.139}$$

后面提供的数值模拟方法可以很好地保证前十个不变量.

我们希望通过分析此种类型的解来提高对可积湍流的理解. 文献 [8, 211, 231] 分别研究了初始非零条件和非相干波条件两种情况下的可积湍流. 借助尺度变换, 对于所有色散系数和非线性系数以及所有平面波, 平面波的调制不稳定性的问题重新规范了方程 (1.1) 以及平面波 $\psi = \mathrm{e}^{\mathrm{i}t}$. 因此除了噪声中含有参数外, 其他项均不含有参数. 文献 [211, 231] 中不相干波的演化在本质上是依赖于一个自由参数的, 初始势和动能的比值也可以这样分析. 然而到目前为止, 可积湍流对参数依赖性的推广性研究还未有结果. 椭圆余弦波是非线性薛定谔方程的一类不稳定性波. 若固定参数 $\omega_0 = \pi$, 那么解的性质本质上依赖于参数 ω_1, 这个参数是决定椭圆余弦波中孤子之间重叠程度的量. 因此, 我们可以断定由这些波的调制不稳定性生成的可积湍流也会在很大程度上依赖参数 ω_1.

当 ω_1 比较小时, 椭圆余弦波非常接近非线性薛定谔方程等间距细高孤子 (1.128) 的算术和. 由这种类型波的调制不稳定性产生的湍流接近于可积系统中的孤子湍流 (对于不可积系统中的孤子湍流, 可以参照文献 [61]). 当 ω_1 比较大时, 我们可以得到类似平面波初始条件的结果, 此时椭圆余弦波接近于平面波 (1.129). 通过改变 ω_1 的值, 我们可以研究可积湍流是如何从可积孤子湍流转变为平面波时的湍流.

正如我们在这里所说的一样, 目前的很多结果都没有从理论上很好地解释此现象. 文献 [8, 211, 231] 中平面波以及不相干初始条件下的研究可以有效地促进可积湍流理论的发展. 除此之外, 本节给出的研究也有现实意义. 孤子是作为光纤通信中的信息字节而提出的, 它可以通过非线性薛定谔方程很好地进行描述. 为了提高通信比特率, 必须将这些孤子压缩到足够近的位置 (见文献 [102, 147]). 本节的结果展示了大振幅的波出现在某些通信系统中的频率.

在这里, 考虑了以下几种湍流的平均特性: ① 动能 $\langle H_d(t) \rangle$ 和势能 $\langle H_4(t) \rangle$; ② 波运动的谱 $S_k(t)$ 及空间相关函数 $g(x, t)$; ③ $M^{(n)}(t)$ 振幅的片刻性质以及相关密度 $\mathcal{P}(I, t)$ 的概率密度函数. 其中符号 $\langle \cdot \rangle$ 代表一个系综初始条件的算术平均值. 定义波运动谱为

$$S_k(t) = \langle |\Psi_k(t)|^2 \rangle, \tag{1.140}$$

其中 $\Psi_k(t)$ 是 $\Psi(x, t)$ 的傅里叶变换

$$\begin{aligned}\Psi_k(t) &= \mathscr{F}[\Psi(x,t)] = \frac{1}{L}\int_{-L/2}^{L/2} \Psi(x,t)\mathrm{e}^{-\mathrm{i}kx}dx, \\ \Psi(x,t) &= \mathscr{F}^{-1}[\Psi_k(t)] = \sum_k \Psi_k(t)\mathrm{e}^{\mathrm{i}kx},\end{aligned} \tag{1.141}$$

其中 $k = 2\pi m/L$ 是波数, $m \in \mathbb{Z}$ 是整数. 波作用的谱就是波作用 $\langle N \rangle$ 的谱密度, 即

$$\langle N \rangle = \langle |\Psi|^2 \rangle = \sum_k S_k(t), \tag{1.142}$$

其中 $\langle |\Psi|^2 \rangle$ 是振幅平方空间平均值的一个集合. 空间相关函数

$$g(x,t) = \left\langle \frac{1}{L}\int_{-L/2}^{L/2} \Psi(y,t)\Psi^*(y-x,t)dy \right\rangle \Big/ \langle N \rangle \tag{1.143}$$

和波作用谱的联系为

$$g(x,t) = \mathscr{F}^{-1}[S_k(t)]/\langle N \rangle. \tag{1.144}$$

根据这种定义, 当 $x=0$ 时, 相关函数为固定的幺元, 即 $g(0,t)=1$.

振幅矩

$$M^{(n)}(t) = \left\langle \frac{1}{L} \int_{-L/2}^{L/2} |\Psi(x,t)|^n dx \right\rangle \tag{1.145}$$

和波振幅 $|\Psi|$ 的概率密度函数 $\mathcal{P}(|\Psi|,t)$ 的联系为

$$M^{(n)}(t) = \int_0^{+\infty} |\Psi|^n \mathcal{P}(|\Psi|,t) \, d|\Psi|, \tag{1.146}$$

其中第二矩量是和波作用一致的, $M^{(2)}(t) = \langle|\Psi|^2\rangle = \langle N \rangle$, 因此它不随时间变化. 而势能是和第四矩有关的, $\langle H_4(t)\rangle = -M^{(4)}(t)/2$(参照文献 [172]). 对于指数型的概率密度函数 (1.124), 相应的矩等价于

$$M_E^{(n)} = \langle N \rangle^{n/2} \Gamma(n/2+1), \tag{1.147}$$

其中 $\Gamma(m)$ 是标准的伽马函数. 我们称方程 (1.147) 为指数型的矩.

本节将证明在调制不稳定之后, 所产生的可积湍流的所有特征随时间演化以振荡方式存在, 最终渐近为稳定状态. 因此, 我们可以说椭圆余弦波的调制不稳定性可以导致可积湍流, 它以振荡的方式渐近到由无穷级数的不变量 (1.138) 和 (1.139) 定义的稳定状态. 接下来数值模拟证实在向渐近性转化的过程中, 动能 $\langle H_d(t)\rangle$、势能 $\langle H_4(t)\rangle$ 以及矩函数 $M^{(n)}(t)$ 随时间以振荡的方式渐近为稳定状态. 这些振荡项的振幅以 $t^{-\alpha}(1 < \alpha < 1.5)$ 进行衰减, 其中相位项包含非线性相位偏移, 衰减率为 $t^{-1/2}$, 振荡的频率等于调制不稳定性最大增长率的两倍, 即 $s = 2\gamma_{\max}$. 在平面波的情况下也存在非常类似的振荡现象. 值得注意的是, 对于所有的 dn 椭圆余弦波, 势能与动能的渐近比等于 $Q_A = \langle H_4\rangle/\langle H_d\rangle = -2$. 波作用谱、空间相关函数以及概率密度函数都随势能振荡进行演化, 在势能 $|\langle H_4(t)\rangle|$ 取得局部最大值和最小值处, 它们的演化方向相反.

对于小 ω_1 的椭圆余弦波, 我们观察到波场函数在不同的位置以不同的相位始终和孤子 (1.127) 的聚集态很接近, 即使当系统接近渐近态的时候, 也会如此. 因此, 由此椭圆余弦波的调制不稳定性产生的可积湍流事实上是很接近细高孤子(1.127) 的孤子湍流. 在达到渐近稳定态时, 概率密度函数是典型的非指数型的, 此系统的动力学特征约化为二孤子解的碰撞. 这些碰撞产生了高达两倍的振幅, 其以小指数级 $e^{-\pi\omega_0/\omega_1}$ 的小概率发生. 势能和动能的比值 $Q(t) = \langle H_4(t)\rangle/\langle H_d(t)\rangle$ 始终保持很接近 -2, 这种现象同样也出现在单孤子 (1.127) 中. 而对于大 ω_1 的椭圆余弦波, 概率密度函数的渐近态和指数型的概率密度函数一致.

可积湍流的性质是随 ω_1 逐渐发生变化的. 中间态 ω_1 的椭圆余弦波的调制不稳定导致中间态的可积湍流的性质, 其是介于 $\omega_1 \to 0$ 和 $\omega_1 \to \infty$ 中间的. 据我们所研究的椭圆余弦波理论可知所有的怪波都和 Peregrine 解性质类似, 在最大振幅处具有拟有理函数的轮廓.

1.3.1 数值方法

通过数值方法研究周期边界条件下 $x \in [-L/2, L/2]$ 的可积方程 (1.133). 尽管有时候, 需要更大的空间 L 或者更长的时间 t, 此节中, 选择 $L = 256\pi$、时间 $t = 200$ 进行研究. 时间 $t \geqslant 200$ 的研究是很有必要的, 因为我们初始条件需要经过很长一段时间的演化才可以达到渐近状态. 并且空间 L 很大时的研究也是必要的, 因为我们需要从某个时间 T 开始进行递归运算, 此问题的研究是和 Fermi-Pasta-Ulam 问题紧密联系的. 递归时间是和初始盒子尺寸 L 成正比的, $T \propto L$. 为了避免它影响我们的结果, 我们使用了足够大尺寸 L 的盒子, 并在两倍大的 $2L$ 的盒子上进行我们的实验, 以确保我们的结果不依赖于 L.

文献 [8] 运用龙格-库塔四阶方法, 选取合适的网格大小 Δx, 采取不同网格间的傅里叶插值进行分析. 为了避免数值插值的不稳定性, 我们这里令时间间隔 Δt 随空间间隔 Δx 变化, $\Delta t = h \Delta x^2, h \leqslant 0.1$. 数值模拟方法使得方程 (1.138) 和 (1.139) 的前十个量的误差达到了 10^{-6} 次幂的精度. 需要注意的是, 我们选取奇数阶 $\mathrm{mod}(n, 2) = 1$ 测量积分 $c_n[\Psi]$ 的相对误差, 选取 $\mathrm{mod}(n, 2) = 0$ 来测量绝对误差, 因为对于非扰动的椭圆余弦波 (1.132) 来说, 绝对误差为 0. 前三个不变量即波作用量 (1.135)、动量 (1.136) 以及能量 (1.137) 的误差级可以达到 10^{-10} 次幂.

首先选取网格 $M = 16384$ 个节点 (当盒子尺寸 L 比较大时, 相应的 M 也比较大), 初始数据为 (1.134), 实半周期为 $\omega_0 = \pi$ 来进行数值模拟研究. 对于每一个被虚半周期 ω_1 刻画的椭圆余弦波, 我们选用 1000 个随机初始噪声 $\epsilon(x)$ 样本的平均值. 为方便起见, 使用空间中统计均匀的噪声

$$\epsilon(x) = A_0 \left(\frac{\sqrt{8\pi}}{\theta L}\right)^{1/2} \sum_k \mathrm{e}^{-k^2/\theta^2 + \mathrm{i}\xi_k + \mathrm{i}kx}, \tag{1.148}$$

其中 A_0 是噪声振幅, $k = 2\pi m/l, m \in \mathbb{Z}$ 是波数, θ 是 k 空间的噪声宽度, ξ_k 是初始条件下噪声的相位项. 正如在文献 [8] 中叙述的一样, 在 x 空间中, 噪声振幅平方的平均值为 $\langle |\epsilon|^2 \rangle = A_0^2$. 接下来设参数 $A_0 = 10^{-5}, \theta = 5$ 来给出我们的结果. 并且我们还对其他参数 A_0, θ 进行了实验分析, 但是结果并没有很大的差别. 此外, 还根据统计方案的样本大小和参数检查了统计结果, 并没有发现任何差异.

1.3.2 渐近稳定状态的演化

在本节中, 选取 $\omega_1 = 1.6$ 为例, 给出了椭圆余弦波 (1.132) 的调制不稳定性, 此种情形是介于两种极限 $\omega_1 \to 0$ 和 $\omega_1 \to \infty$ 的一种中间态, 见图 1.2. 相应的数值结果选取 $L = 1024\pi$, 可以达到最大时间 $t = 2000$. 当 ω_1 取其他值时, 有类似的结果, 随后将详细叙述参数 ω_1 对结果的影响.

当 $\omega = 1.6$ 时, 椭圆余弦波 (1.132) 的调制不稳定性的最大增量 $\gamma_{\max} = 0.356$, 当时间 $t \sim 30$ 时, 其进入到非线性阶段. 因此研究的所有的统计学特征都是以振荡的方式开始演化的, 随着时间的推移达到渐近状态. 其中动能、势能以及矩的简单的演化过程见图 1.3. 因此可以推断在调制不稳定性演化之后, 系统以振荡的方式渐近到它的稳定状态, 这种性质反过来也可以用方程 (1.138) 和 (1.139) 的无穷多不变量的级数来定义. 为了分析这种渐近态的特征 (例如: 动能、势能、矩以及概率分布函数等), 我们将初始条件演化到渐近态 $t \in [1800, 2000]$ 的函数进行平均化.

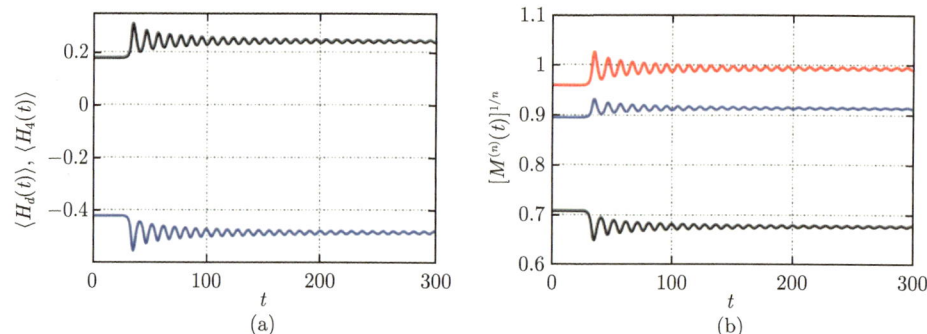

图 1.3 (a) 为平均动能 $\langle H_d(t) \rangle$ (黑色) 和势能 $\langle H_4(t) \rangle$ (蓝色) 的演化. 在渐近稳定态中, 它们的比值等于 $Q_A = \langle H_4 \rangle / \langle H_d \rangle = -2$; (b) 是动能 $M^{(1)}(t)$ (黑色), $\left[M^{(3)}(t) \right]^{1/3}$ (蓝色), $\left[M^{(4)}(t) \right]^{1/4}$ (红色) 的演化

势能与动能比率函数 $Q(t) = \langle H_4(t) \rangle / \langle H_d(t) \rangle$ 由 $t = 0$ 时刻的 $Q(t) = -2.3$ 到达渐近状态 $Q_A = -2$. 类似的渐近势能比率 $Q_A = -2$ 可以在平面波的调制不稳定性中观察到. 参照文献 [8], 我们知道演化矩 $M^{(n)}(t)$ 的调制不稳定性的非线性阶段可以近似通过下面的函数表示

$$M^{(n)}(t) \approx M_A^{(n)} + [p/t^\alpha] \sin\left(st + q/\sqrt{t} + \Phi_0 \right), \quad (1.149)$$

其中 $M_A^{(n)}$ 是渐近矩, α, p, s, q, Φ_0 都是常数. 在图 1.4 中列举了一阶矩 $M^{(1)}(t)$ 的近似值. 由于势能 $\langle H_4(t) \rangle = -M^{(4)}(t)/2$, 通过方程 (1.149) 以及能量守恒, 可知

动能 $\langle H_d(t)\rangle$ 和势能 $\langle H_4(t)\rangle$ 也是振荡的. 而二阶矩 $M^{(2)}(t)=\langle N\rangle$ 却不是振荡的. 一阶矩 $M^{(1)}(t)$ 和势能 $\langle H_4(t)\rangle$ 是同相位振荡的, 其中参数为 $s=0.71, q=74.6, \Phi_0=-1.23$. 而动能 $\langle H_d(t)\rangle$ 和更高阶的矩 $M^{(n)}(t)$ 则在 $s=0.71, q=74.6, \Phi_0=1.91$ 时是振荡的, 它们是同相位的, 但是和势能以及一阶矩是反相位的. 这些振荡项的振幅是以正比于 $t^{-\alpha}$ 次幂衰减的, 从一阶矩到十阶矩依次指数衰减. 在一阶矩时, $\alpha=1.23$; 在十阶矩时, $\alpha=1.08$. 渐近矩 $M_A^{(n)}$ 和指数矩 (1.147) 有略微的差别, 见图 1.5.

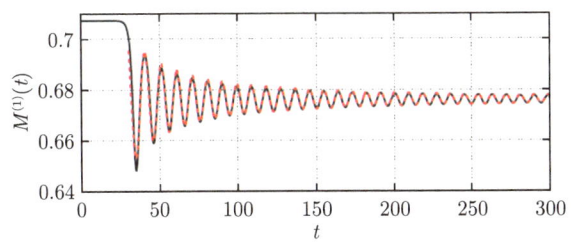

图 1.4　动能 $M^{(1)}(t)$ (黑色实线) 以及它的拟合函数 $f(t)=M_A^{(1)}+[p/t^\alpha]\sin\left(st+q/\sqrt{t}+\Phi_0\right)$ 的演化过程, 其中参数为 $M_A^{(1)}=0.676, \alpha=1.23, p=1.82, s=0.71, q=74.6, \Phi_0=-1.23$ (红色虚线)

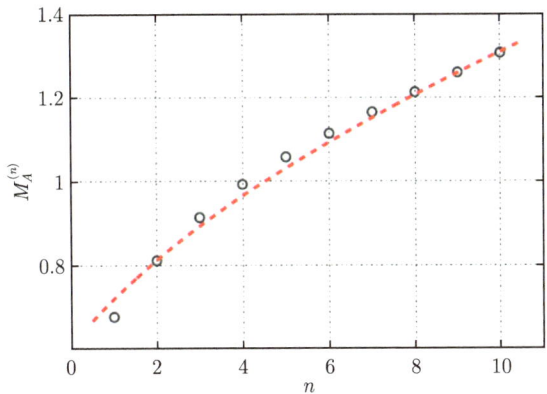

图 1.5　动能 $\left[M_A^{(n)}\right]^{1/n}, n=1,2,\cdots,10$ (黑色圆圈) 以及指数动量 $\left[M_E^{(n)}\right]^{1/n}$ (红色虚线)

原始椭圆余弦波的波作用谱代表整数波数 $k_0\in\mathbb{Z}$ 处的波峰的集合. 对于所有的椭圆余弦波 (1.132), 下列式子是有效的

$$\Psi_{k=0}=\frac{1}{L}\int_{-L/2}^{L/2}\Psi_{\mathrm{dn}}(x)\mathrm{d}x=\pi/\sqrt{2}\omega_0, \qquad (1.150)$$

零次谐波的峰值为 $S_0=|\Psi_{k=0}|^2=0.5$. 非零波数 $|k_0|>0$ 处的振幅是随 $|k_0|$ 指

数衰减的. 对于未扰动的椭圆余弦波, 其空间相关函数是周期的, 相应的周期和原始椭圆余弦波的周期相同, 为 2π, 每一个正函数 $g(x) > 0$ 在 $x = 2\pi m$ 处达到最大值 $g(x) = g(0) = 1$, 在 $x = 2\pi(m + 1/2)$ 处达到最小值.

在调制不稳定的线性阶段, 波作用谱 $S_k(t)$ 在非整数波数处开始上升, 在接近半整数波数的地方增长最快, 见图 1.6. 此时空间相关函数没有发生明显的变化, 如图 1.6(b). 在非线性阶段, 谱和相关函数随时间振荡演化, 在后期趋于渐近态. 振荡的演化过程发生的转折点, 也就是说演化过程是完全相反的两个状态的转折点, 就是矩 $M^{(n)}(t)$, 或者说动能 $\langle H_d(t) \rangle$、势能 $\langle H_4(t) \rangle$ 达到最大或者最小值的点. 为了明确起见, 下面我们以势能模 $|\langle H_4(t) \rangle|$ 的局部最大值和最小值为例来说明这些点. 在 $|\langle H_4(t) \rangle|$ 的局部最大值处, 频谱 $S_k(t)$ 中位于整数波数 k_0 处的峰值最小, 其余频谱被最大限度地激发, 如图 1.7 和图 1.8, 然而相关函数 $g(x,t)$ 在 $|x| > 0$ 处取得最小值, 如图 1.9.

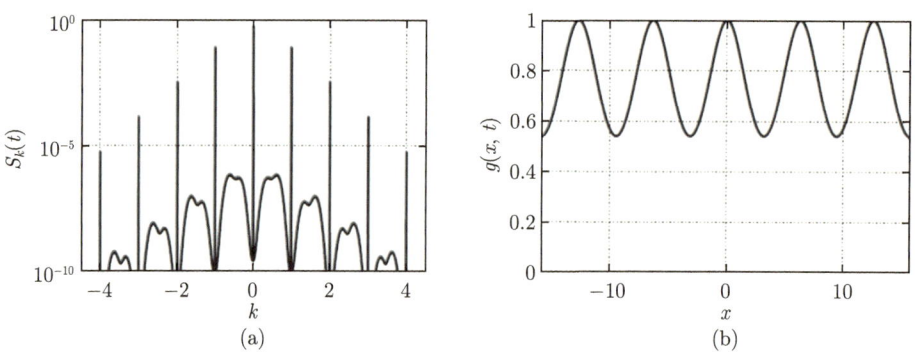

图 1.6 (a) 波作用光谱 $S_k(t)$, (b) 为 $t = 20$ 时 MI 线性阶段的空间相关函数

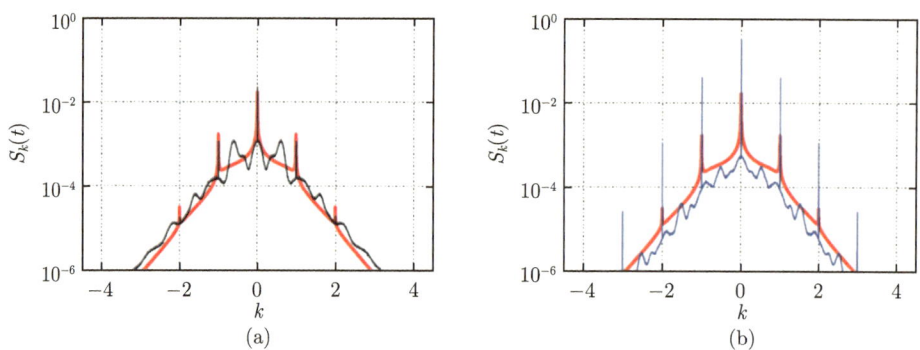

图 1.7 波作用光谱 $S_k(t)$, (a) 是势能模 $|\langle H_4(t) \rangle|$ 在 $t = 34.8$ 处达到的局部最大值 (黑色线条), (b) 是在时间 $t = 40.6$ 处达到的局部最小值. 细红色线条为光谱的渐近态

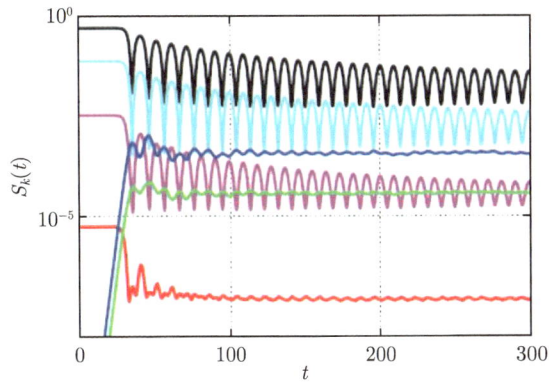

图 1.8 波作用光谱 $S_k(t)$ 随时间的演化,其中参数为 $k=0$ (黑色), $k=0.5$ (蓝色), $k=1$ (青色), $k=1.5$ (绿色), $k=2$ (粉色), $k=0$ (红色)

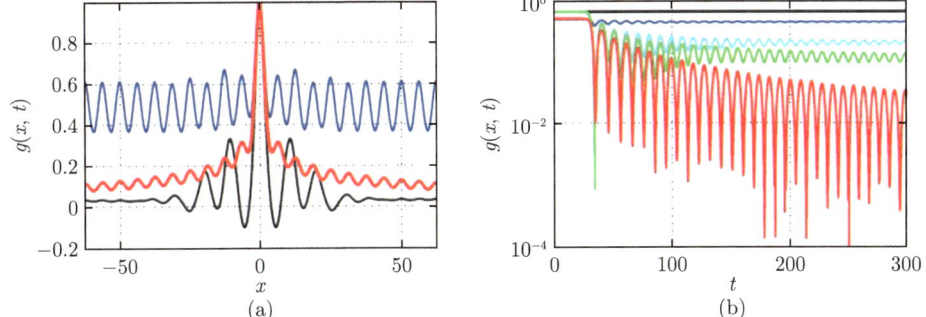

图 1.9 (a) 为势能 $|\langle H_4(t)\rangle|$ 在局部最大值以及局部最小值时的空间相关函数 (黑色),其相应的渐近函数如红色所示. (b) 是 $g(x,t)$ 随时间的演化,其中 $x=0$(黑色), $x=\pi/2$(蓝色), $x=2\pi$(青色), $x=8\pi$(绿色),最下面的为 $x=L/2$(红色)

在 $|\langle H_4(t)\rangle|$ 的局部最小值处,在整数波数 k_0 处的峰值最大,其余频谱被最小限度地激发,如图 1.7 和图 1.8,然而相关函数 $g(x,t)$ 在 $|x|>0$ 处取得最大值,如图 1.9(b). 因此,可以说,在向渐近状态演化过程中,波作用在整波数的峰值和频谱的其余部分之间以振荡的方式被"打气",而相关函数"形成"的尾巴长度很长.

渐近波作用谱在 k 很大时呈指数衰减形态 $\propto e^{-\rho|k|}$, $\rho=1.15$,其中包含 $k_0=0,\pm1,\pm2,\pm3$ 时的波峰,如图 1.10. 与原来的椭圆余弦波相反,这些波峰现在不仅占据了整数波数 k_0,而且还占据了它们周围的小区域. 图 1.10(b) 中展示了在零次谐波附近的一个这样的区域. 和平面波情形类似[8],该区域的频谱正比于幂次律 $S_k \propto |k|^{-\beta}$,其中 $\beta=0.61$. 当 $k=0$ 时,渐近谱是有限的, $S_0=1.72\times10^{-2}$. 这些谱的其他峰值也呈现出幂次律 $S_k \propto |k-k_0|^{-\beta}$ 特征,其中不同的峰值有不同的 β (当 $k_0=\pm1$ 时, $\beta=0.56$;当 $k_0=\pm2$ 时, $\beta=0.25$;当 $k_0=\pm3$ 时, β 变得很小. 因此很难分析);在 k_0 处,谱是有限的. 峰的幂律行为意味着波的作用集

中在相应的模态中. 零次谐波处的峰值是足够宽的, 幂律在模 $|k| \leqslant \delta k, \delta k = 0.15$ 下展开. 其他的峰值相对来说更窄, 当 $k_0 = \pm 1$ 时, $\delta k = 0.02$; 当 $k_0 = \pm 2$ 时, $\delta k = 0.01$. 对于零次谐波来说, 模 $|k - k_0| \leqslant \delta k$ 包含大概 39% 的波作用 $\langle N \rangle$, 而当 $k_0 = \pm 1$ 时, 则包含大概 4%, 当 $k_0 = \pm 2$ 时, 则包含不到 1%. 总的来说, 这七个高峰包含了大约 43% 的波作用 $\langle N \rangle$. 包含大部分这种波作用的模数 $|k| \leqslant 0.15$ 在物理空间中具有非常大的尺度 $\ell \gg 2\pi$, 被称为准凝聚体[8].

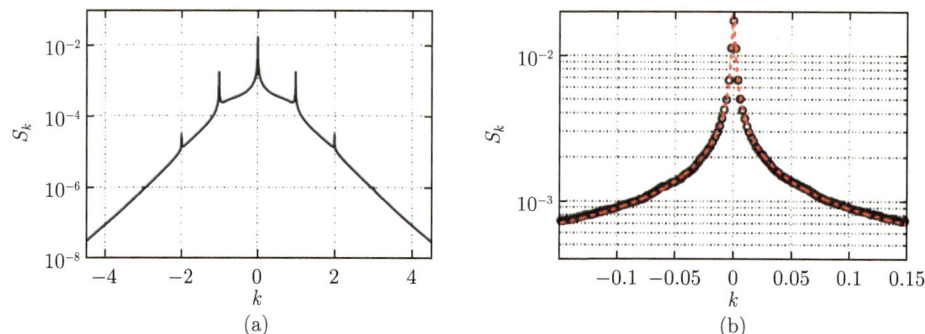

图 1.10 (a) 是光谱 S_k 的渐近态, (b) 是光谱 S_k 在 $k = 0$ 附近的渐近态 (黑色圆圈) 以及它的拟合函数 $f(k) = b|k|^{-\beta}, b = 2.2 \times 10^{-4}, \beta = 0.61$ (红色虚线). 在 $k = 0$ 时, 渐近态是有限的, $S_0 = 1.72 \times 10^{-2}$, (a) 和 (b) 分别包含了大约 6400 和 150 个简谐波, 之间的间隔为
$$\Delta k = 2\pi/L = 1/512$$

图 1.11 给出了空间相关函数的渐近态. 它的尺度特征被定义为最大宽度的一半, $x_{\rm corr} = 4.4$. 在长度比较小的时候, 当 $|x| < x_{\rm corr}/2$ 时, 相关函数可以很好地用高斯函数来估计

$$g(x) \approx \exp\left[-\ln 2 \left(\frac{2x}{x_{\rm corr}}\right)^2\right]. \tag{1.151}$$

在长度比较大的时候, 当 $|x| \gg x_{\rm corr}$ 时, 它以接近指数的振荡方式进行衰减, 如图 1.11(b), 这些振荡的周期等于 2π.

正如图 1.5 中呈现的一样, 渐近矩 $M_A^{(n)}$ 和指数型的矩 (1.147) 是不一样的. 这也意味着渐近态的概率密度函数 $\mathcal{P}_A(I)$ 和指数型的概率密度函数 (1.124) 是不一样的. 如图 1.12 (a) 所示, 这也是确实存在的. 对于相对强度 $I < 0.22, I \in [1.9, 4.2]$ 和 $I \in [8.7, 14.4]$ 来说, 渐近概率密度函数是超过指数型的概率密度函数的. 对于怪波来说, 即 $|\Psi|^2 > 8\langle|\Psi|^2\rangle$ 或者说 $I > 8$, 只有后面的区域包含怪波. 在区域 $I \in [8.7, 14.4]$ 中, 渐近的概率密度函数在 $I = 12$ 处, 最大可超过指数型概率密度函数 2.5 倍. 需要注意的是, 在区域 $I \in [0, 2]$ 中, 渐近概率密度函数非常接近于初始的概率密度函数 $\mathcal{P}(I, 0)$, 如图 1.12 (a) 所示.

1.3 由椭圆余弦波的调制不稳定性生成的可积湍流

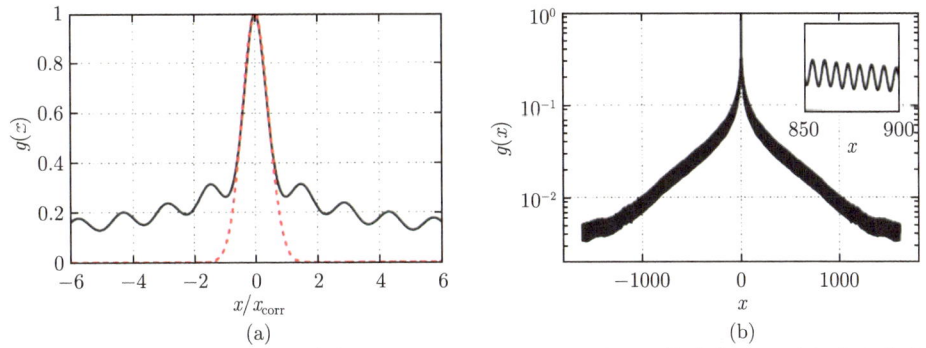

图 1.11 空间相关函数 $g(x)$ 随变量 $x/x_{\text{corr}}, x_{\text{corr}} = 4.4$ 以及 x 的演化. (a) 中红色虚线为高斯分布 (1.151), (b) 中展示了 $g(x)$ 的振荡, 其周期为 2π

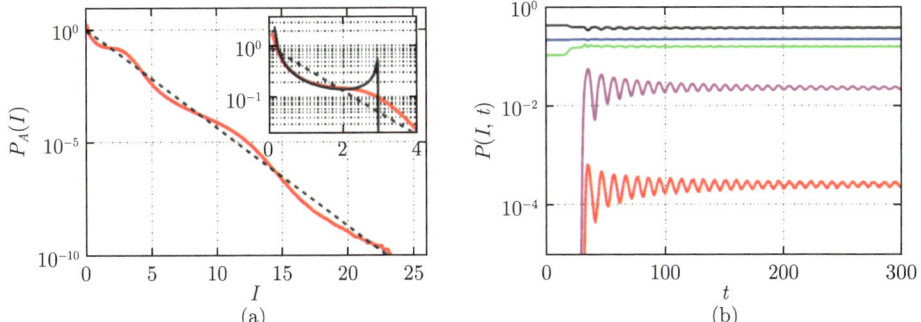

图 1.12 (a) 是概率密度函数 $\mathcal{P}_A(I)$(红色细线) 的渐近态和方程 (1.1) 指数概率密度函数 (黑色虚线). 小图是相同的概率密度函数以及概率密度函数 $\mathcal{P}(I,t)$ 在 $t=0$ 的值 (黑色实线). (b) 是概率密度函数随时间的演化, 其中 $I=0.5$(黑色), $I=1$(蓝色), $I=2$(绿色), $I=4$(粉色), $I=8$(红色)

经过调制不稳定性之后, 概率密度函数 $\mathcal{P}(I,t)$ 以振荡的方式一致性地接近其渐近态, 如图 1.12(b) 和图 1.13 (a),(b) 所示. 这种一致性类似于波作用谱和空间相关函数, 并且类似的转折点也是出现在 $\langle H_4(t)\rangle$ 的极大、极小值处. 在 $|\langle H_4(t)\rangle|$ 的局部最大值处, 当密度足够大, 即 $4 \lesssim I \lesssim 12$ 时, 概率密度函数有局域的最大值, 如图 1.13 (a), (b) 所示. 在相同的密度区域内, 在 $|\langle H_4(t)\rangle|$ 的局部最小值处, 概率密度函数有局域的最小值. 当 $t=34.8, T=11.5$ 时, 观察到概率密度函数 $\mathcal{P}(I,t)$ 以大约 6 倍的最大限度超过指数型的概率密度函数(1.124).

图 1.14 和图 1.15 分别展示了两种怪波现象, 其中图 1.14 是一个典型的怪波, 图 1.15 是观测到有最大振幅的波. 图 1.14 中的怪波存在一个持续的时间 $\Delta T \sim 1$, 当时间 $t_0 = 34.9$ 时, 可以达到的最大振幅为 $|\Psi| = 2.8$, 此最大振幅是非常接近在时间 $t = 34.8$ 时刻 $|\langle H_4(t)\rangle|$ 的局部最大值的. 在平均平方振幅为 $\langle|\Psi|^2\rangle = 0.66$ 时, 波峰相对密度为 $I = 12$. 而图 1.15 中的最大的波的持续时间为 $\Delta T \sim 0.5$, 可

以在 $t=1361.4$ 时刻达到最大振幅 $|\Psi|=4.4$, 此振幅是很接近于渐近稳定态的. 波峰的相对密度为 $I=29$.

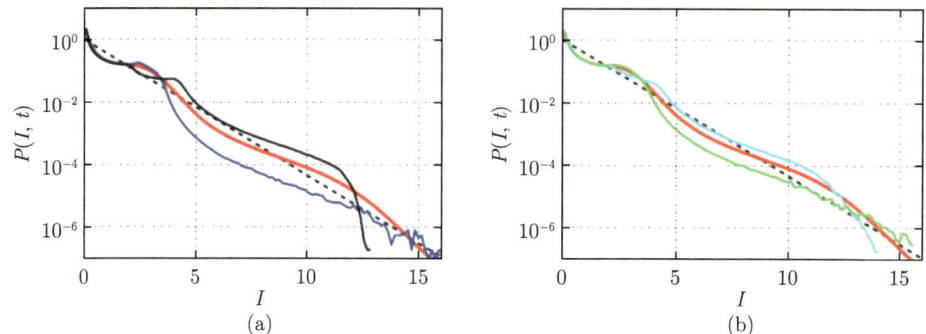

图 1.13 势能模 $|\langle H_4(t)\rangle|$ 极值在不同时刻的概率密度函数, 在 (a) 中, 黑色线代表第一个局部最大值, $t=34.8$; 蓝色线代表第一个局部最小值, $t=40.6$. 在 (b) 中, 绿色线代表第二个局部最大值, $t=46.2$; 蓝色线代表第一个局部最小值, $t=40.6$. 粗红线表示渐近的概率密度函数, 黑色虚线表示指数概率密度函数

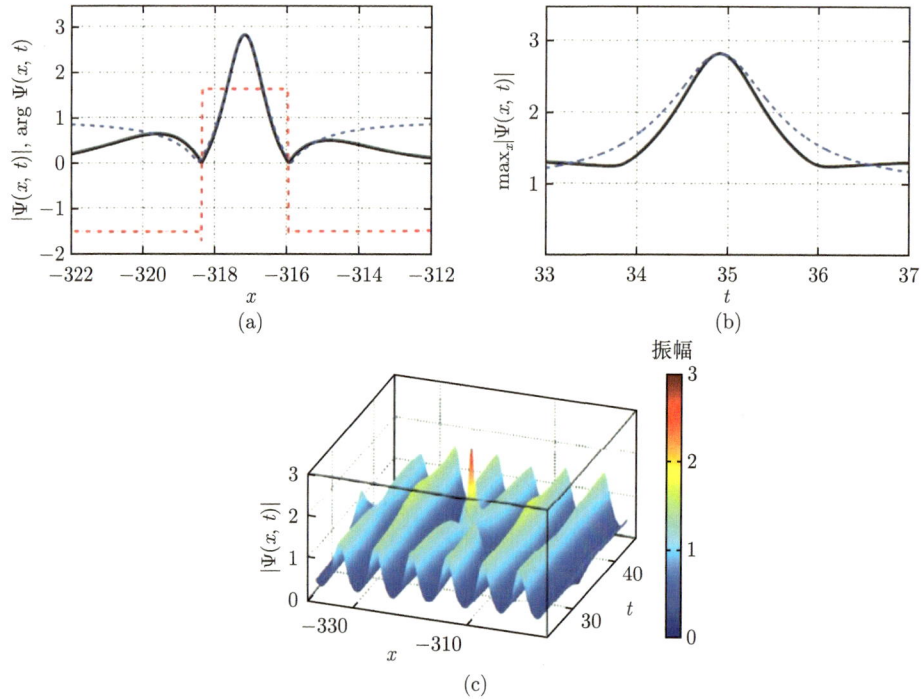

图 1.14 (a) 是怪波振幅 $|\Psi(x,t)|$ (黑色实线) 以及相位 $\arg\Psi(x,t)$ (红色点线) 在特殊极值点 $t=38.9$ 的演化. 蓝色虚线是 Peregrine 孤子 (1.153) 在 $A=-0.94$ 以及 $x=-317.2$ 的拟合. (b) 是怪波最大振幅 (黑色实线) 以及 Peregrine 孤子随时间的演化 (蓝色实线). (c) 是振幅 $|\Psi(x,t)|$ 在怪波附近的三维图

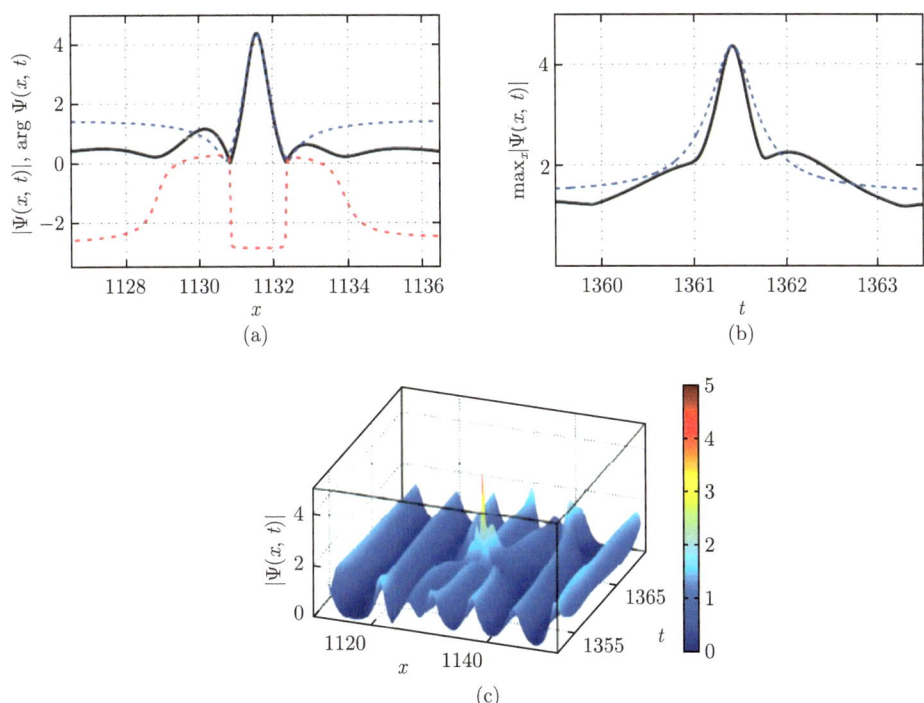

图 1.15 (a) 是怪波振幅 $|\Psi(x,t)|$ (黑色实线) 以及相位 $\arg\Psi(x,t)$ (红色点线) 在 $t=1361.4$ 时刻的分布. 蓝色虚线是 Peregrine 孤子 (1.153) 在 $A=-1.46$ 以及 $t=1131.6$ 的拟合. (b) 是怪波最大振幅 (黑色实线) 以及 Peregrine 孤子随时间演化 (蓝色实线). (c) 是振幅 $|\Psi(x,t)|$ 在怪波附近的三维图

通过分析近百种实验中观察到的怪波, 发现所有的怪波在最大高度时都呈现出拟有理形式, 其是非常类似于 Peregrine 解的 (文献 [211] 中非相干波初始条件下具有类似的结果, 文献 [9] 中考虑六波相互作用、抽排效应和损耗项的广义非线性薛定谔方程的相关结论). Peregrine 解是非线性薛定谔方程 (1.1) 在时间和空间上都是代数型的一种解

$$\psi_{\mathrm{P}}(x,t) = \mathrm{e}^{it}\left[1 - \frac{4(1+2it)}{1+2x^2+4t^2}\right]. \tag{1.152}$$

可以看出 $A\psi_{\mathrm{P}}(X,T)$ (其中 $X=|A|(x-x_0), T=|A|^2(t-t_0)$) 也是非线性薛定谔方程的解, 此解在 $x=x_0, t=t_0$ 处达到最大值. 图 1.14(a) 中给出了怪波和 Peregrine 孤子在最大振幅 $t=t_0$ 时的相同之处,

$$|\Psi(x,t_0)| \approx A\psi_{\mathrm{P}}(X,0) = A\left[1 - \frac{4}{1+2|A|^2(x-x_0)^2}\right]. \tag{1.153}$$

需要注意的是, 怪波的相位在接近最大振幅处几乎为常数, 这和 Peregrine 解在最大振幅处的情形是一样的. 更进一步地, 根据样本初始条件, 我们验证了几乎所有的超过原始椭圆余弦波 1.5 倍甚至更高倍数的波, 在达到最大振幅处的时候, 几乎所有的波都可以用 Peregrine 解的振幅的这种拟设 (1.153) 来表示. 然而, 对于大振幅波来说, 最大振幅随时间的演化却和 Peregrine 解是不一样的, 如图 1.14(b) 和图 1.15(b),

$$A|\psi_{\rm P}(0,T)| = A\left|1 - 4\frac{1 + 2{\rm i}|A|^2(t-t_0)}{1 + 4|A|^4(t-t_0)^2}\right|. \tag{1.154}$$

出现在 $|\langle H_4(t)\rangle|$ 的前几个局部最大值附近的怪波的相位近似于 $\arg\Psi \approx \pi/2 + \pi(m-1)$, 其中 m 是局部最大值的指标数 (也就是说在第一个局部最大值 $t = 34.8$ 时, $\arg\Psi \approx \pi/2$, 在第二个局部最大值 $t = 46.2$ 时, $\arg\Psi \approx 3\pi/2$). 出现在 $|\langle H_4(t)\rangle|$ 的前几个局部最小值附近的怪波的相位近似于 $\arg\Psi \approx \pi + \pi(m-1)$, 其中 m 是局部最小值的指标数. 我们观察到势能模 $|\langle H_4(t)\rangle|$ 约十个局部最大值和最小值的这种行为. 我们通过直接观察以及测量波场函数 Ψ 的实部和虚部的概率密度函数来证实这一结论. 在平面波的情况下也存在相同的 "相位旋转" 现象[261].

正如图 1.14(c) 和图 1.15(c) 中展示的一样, 怪波看起来像两三个脉冲的碰撞. 在目前的对椭圆余弦波背景下的怪波的研究中, 图 1.14 中的波或许是椭圆余弦集中态怪波, 然而图 1.15 中的波却可能是聚合型的二阶椭圆余弦波①. 还有另外一种可能, 图 1.14 和图 1.15 中的波是呼吸子的碰撞, 这种呼吸子是从椭圆余弦波背景下的超正则孤子分解而来的. 最近在平面波背景下从理论上和实验中发现了类似的波. 这种类型的解是以椭圆余弦波为背景的, 可以分解为呼吸子, 这些呼吸子的碰撞可能使得在最大振幅处产生拟有理函数的动力学行为 (文献 [13] 中给出了 Akhmediev 呼吸子是如何产生这种现象的).

1.3.3 椭圆余弦波参数的依赖性

下面主要讨论可积湍流是如何依赖于椭圆余弦波参数 ω_1 的, 此参数可以决定椭圆余弦波下不同孤子之间的重叠效应. 为了实现这个目标, 我们重复上节中的数值实验, 对其他十种不同的椭圆余弦波进行研究, 相应的虚周期从 $\omega_1 = 0.8$ 到 $\omega_1 = 5$, 那么调制不稳定性 (1.131) 的最大增量 $\gamma_{\max}$ 从 0.065 到 0.5. 这些实验选择的盒子尺寸为 $L = 256\pi$, 开始时间为 $t = 200(\omega_1 = 5)$, 最终时间为 $t = 1000(\omega_1 = 0.8)$. 从本质上来说, 所产生的可积湍流的性质和上节中讨论的性质是类似的. 因此下面着重讨论不同初始椭圆余弦波条件下这些可积湍流的差别.

---

① 此部分内容引自文献: Feng B F, Ling L, Takahashi D A. Multi-breather and high-order rogue waves for the nonlinear Schrödinger equation on the elliptic function background. Studies in Applied Mathematics, 2020, 144(1): 46-101.

当 ω_1 很小时, 椭圆余弦波非常接近于孤子 (1.128) 的代数和, 图 1.16 列举了 $\omega_1 = 0.8$ 时的情形. 这种波经过调制不稳定性之后, 波场函数接近于不同相位和位置的孤子 (1.127) 的组合, 即使经过很长一段时间之后也是如此, 系统接近于渐近状态, 如图 1.17 所示. 此外, 这些孤子的位置通常非常接近于原始椭圆余弦波的 "孤子" 的位置. 注意到相位 $\arg\Psi(x, t)$ 在孤子上几乎是常数, 并在它们之间随机跳跃. 因此, 当 ω_1 很小时, 由椭圆余弦波产生的湍流转化为可积系统中的孤子湍流. 此种湍流的势能和动能之比一直接近于 -2, 对于相应的孤子也是如此.

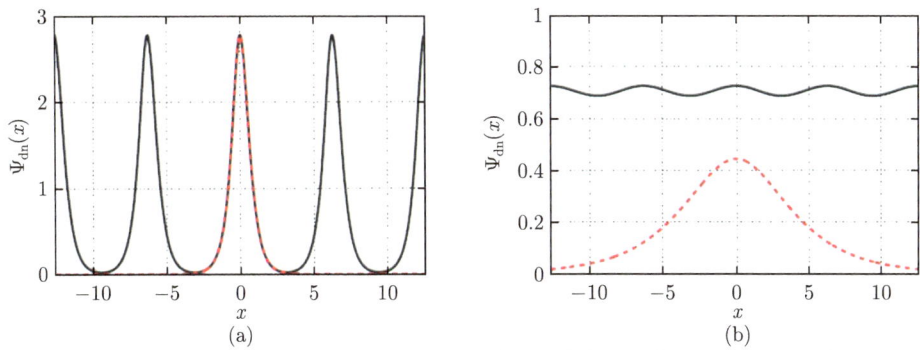

图 1.16 椭圆余弦波 (1.125) 在 $t = 0$ 时刻的轮廓图, 其中 (a) 中 $\omega_1 = 0.8$, (b) 中 $\omega_1 = 5$. 红色虚线代表孤子解在参数 $\lambda = \pi/2\omega_1$ 时的轮廓图

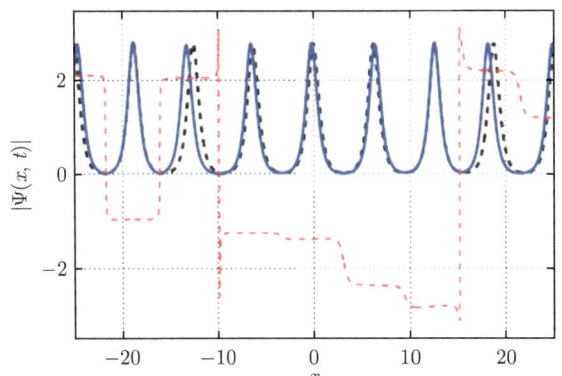

图 1.17 椭圆余弦波 (1.125) 在参数 $\omega_1 = 0.8$ 时的振幅图, $t = 0$ (黑色虚线), $t = 1000$ (蓝色实线) 是渐近态, 红色虚线是 $\Psi(x, t)$ 在 $t = 1000$ 时的相位

当 ω_1 很大时, 椭圆余弦波调制不稳定性的发展是类似于平面波的, 这些波本身就很接近于平面波. 这种类型的波初始能量的比率是很大的, $-Q(0) \gg 1$, 如图 1.18(a). 渐近态的比率是 $Q_A = -2$, 是和平面波的情形类似的, 如图 1.19(b). 进一步地, 渐近态的能量比率 $Q_A = -2$ 等价于我们所研究的所有 dn 椭圆余弦波, 尽管我们还不知道这种完美匹配的本质, 见图 1.18(a).

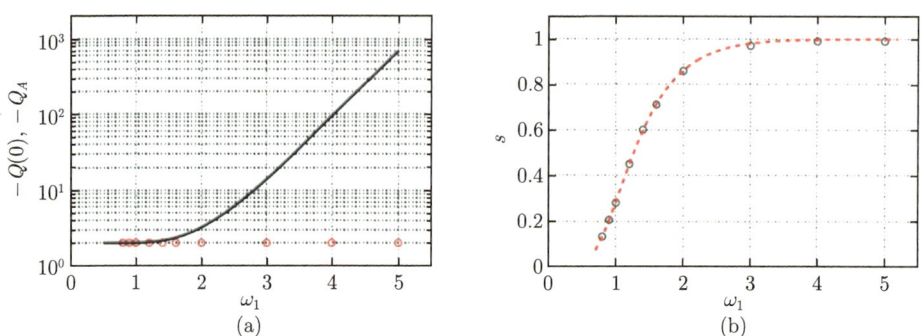

图 1.18　(a) 是动能比率的初始值 $-Q(0)$ (黑色实线) 以及渐近态 $-Q_A$ (红色圆圈) 随 ω_1 的变化. (b) 是振荡频率 s 随 ω_1 的变化. 红色虚线是 MI 最大增长率的 2 倍

在调制不稳定性的非线性阶段, 动能、势能以及矩都以振荡的方式到达渐近态. 研究的所有的椭圆余弦波的振荡可以用函数 (1.149) 来很好地估计. 然而, 当 $\omega_1 \leqslant 1$ 时, 由于振荡很小, 因此我们只能核对前四个矩, 如图 1.19(a) 和 (b) 的比较. 这些振荡的振幅若以正比于指数幂次 $t^{-\alpha}$ ($1 < \alpha < 1.5$) 衰减, 那么对于不同的椭圆余弦波以及矩 $M^{(n)}(t)$, 振荡是不同的. 结果表明, 振荡的频率等于调制不稳定性最大增长率的两倍, 即 $s = 2\gamma_{\max}$. 当 ω_1 很小时, 调制不稳定性的最大增长率是指数小的, 即

$$\gamma_{\max} \to 8\left(\frac{\pi}{\omega_1}\right)^2 \exp\left(-\frac{\pi\omega_0}{\omega_1}\right), \tag{1.155}$$

当 ω_1 比较大时, 它接近于平面波 (1.129), 相应的振幅为 $1/\sqrt{2}, \gamma_{\max} \to 1/2$.

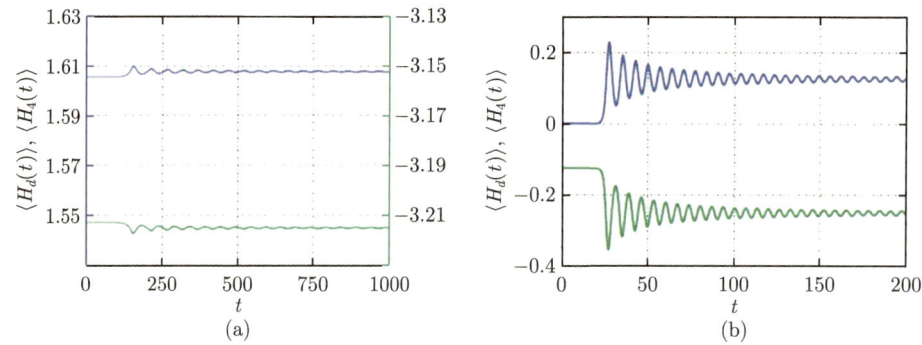

图 1.19　平均动能 $\langle H_d(t) \rangle$ (蓝色) 以及势能 $\langle H_4(t) \rangle$ (绿色) 在参数 (a) $\omega_1 = 0.8$ 和 (b) $\omega_1 = 5$ 下随时间的演化. 注意图 (a) 和 (b) 之间的比例尺差异以及不同的 Oy 轴 (左侧为 $\langle H_d(t) \rangle$, 右侧为 $\langle H_4(t) \rangle$)

同样的振荡频率和调制不稳定性的最大增长率之间的关系对平面波也是可行的. 为了研究清楚这些完美的匹配, 还需要进一步研究.

渐近波作用谱在波数很大时呈指数衰减 $S_k \propto \mathrm{e}^{-\rho|k|}$. 指数项 ρ 随 ω_1 递增, 因此当 ω_1 很大时, 谱很窄, 如图 1.20(a), (b). 当 $\omega_1 = 5$ 时, $\rho = 1.42$, 经过尺度变换后, 这种情况正是和平面波情形相对应的. 只有一个零次谐波峰值 "幸存" 在渐近谱的椭圆余弦波中, 然而当 ω_1 很小时, 在整数波数 k_0 处, 却会有很多此种波峰. 这些波峰的谱可以用幂次函数表示, $S_k \propto |k-k_0|^{-\beta}$, 对于不同的椭圆余弦波和不同的峰值 $|k_0|$, 指数项 β 是不同的. 对于所研究的椭圆余弦波, 峰值聚集了大约 40% 的波作用 $\langle N \rangle$. 当 ω_1 比较大时, 这部分波作用集中在准凝聚模式 $|k| \leqslant \delta k, \delta k \sim 0.1$. 当 ω_1 比较小时, 零次谐波的峰值变窄, 其他峰值变宽, 这样它们的宽度和集中在其中的波作用分量就可以比较了. 因此, 准凝聚体被 "准椭圆波" 所取代, 这是由一组幂律型峰值构成的波形. 峰值位置与原始椭圆余弦波位置完全一致.

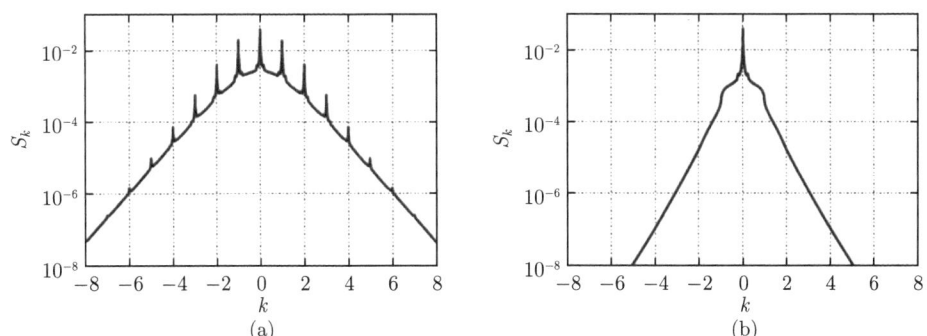

图 1.20 椭圆余弦波的波作用渐近谱, 其中 (a) 中参数为 $\omega_1 = 0.8$, (b) 中参数为 $\omega_1 = 5$. 山峰底部小的不规则现象在后来消失了. 当 k 很大时, S_k 满足 $S_k \propto \mathrm{e}^{-\rho|k|}$, 其中当 $\omega_1 = 0.8$ 时, 有 $\rho = 0.81$, 当 $\omega_1 = 5$ 时, 有 $\rho = 1.42$

当长度 $|x| < x_{\mathrm{corr}}/2$ 比较小时, 空间相关函数的渐近态非常接近于高斯分布 (1.151). 它在最大值一半位置的宽度是随 ω_1 增长的, 例如当 $\omega_1 = 0.8$ 时, $x_{\mathrm{corr}} = 2.2$, 当 $\omega_1 = 5$ 时, $x_{\mathrm{corr}} = 5.6$. 经过尺度变换后, 后者的值是和平面波的情形一致的. 当 ω_1 比较小时, 相关函数的渐近态是以振荡的方式随 $|x|$ 衰减的, 振荡的周期等价于 2π. 对于椭圆余弦波来说, ω_1 越小, 振荡效应越明显. 我们认为它们的振幅是随 $|x|$ 指数衰减的, 如图 1.11(b), $\omega_1 = 1.6$. 遗憾的是, 当 $\omega_1 \leqslant 1.2$ 时, 我们无法用目前所知道的知识验证这种结果. 周期为 2π 的振荡项在渐近谱中是与非零整数波数 $|k_0| > 0$ 的峰值有关的, 因为如果我们 "擦除" 对应模附近的频谱, 振荡会剧烈变化. 当 ω_1 很大时, 在 $|k_0| > 0$ 处的渐近谱的峰值以及渐近相关函数的振荡都会消失, 如图 1.20(b) 和图 1.21(b), 且相关函数的衰减是和 $|x|$ 成反比的, $g(x) \propto |x|^{-1}$, 这和平面波的情况是类似的. 当 ω_1 比较小时, 概率密度函数的渐近性不是指数型的, 如图 1.22(a). 特别地, 当 $\omega_1 = 0.8$ 时, 在 $I = 24.2$ 处, 与指数型概率密度函数偏移最大, 此时渐近概率密度函数 $\mathcal{P}_A(I) \approx 7.8 \times 10^{-9}$ 超过指

数型概率密度函数大约 250 倍. 然而, 对于这些 ω_1, 一个典型的特征就是平方振幅 $|\Psi|^2$ 大于均值 $\langle|\Psi|^2\rangle$, 如图 1.17. 因此研究平方振幅 $I_m = |\Psi|^2/\max|\Psi_{\rm dn}|^2$ 的概率密度函数也是很有意义的, 其中这里的平方振幅在原始椭圆余弦波 $|\Psi_{\rm dn}|$ 的最大振幅处是规范的. 在这种情况下, $I_m = 1$ 意味着最初的椭圆余弦波的最大振幅 $|\Psi| = |\Psi_{\rm dn}|$, $I_m = 4$ 意味着最大振幅比初始振幅增长了两倍, $|\Psi| = 2\max|\Psi_{\rm dn}|$. 如图 1.23(a) 所示, 当 ω_1 很小时, 渐近的概率密度函数在 $I_m = 1$ 和 $I_m = 4$ 处是快速下降的, 直到 $I_m = 4$ 停止. 图 1.22(a) 也阐释了概率密度函数在 $I_m \in [0,1]$ 中是几乎不随时间发生变化的 (这种情况对应于图中的 $I \in [0,6]$), 在此区域中, 概率密度函数几乎和初始数据的概率密度函数一致. 这些事实证明了我们观察到的结论, 当 ω_1 比较小时, 经过椭圆余弦波调制不稳定之后, 波场接近于孤子 (1.128) 的组合. 图 1.23(a) 中的第一部分 $I_m \in [0,1]$ 的概率密度函数代表孤子的组合, 第二部分 $I_m \in [1,4]$ 的概率密度函数是指非常罕见的二孤子碰撞. 在碰撞过程中, 波的振幅最大程度上超过初始椭圆余弦波最大振幅的两倍.

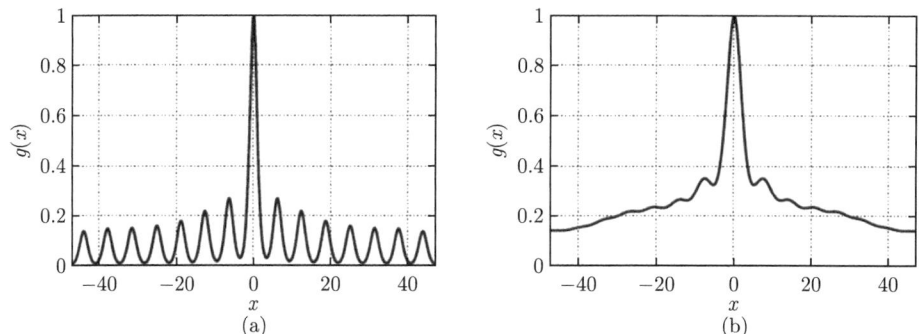

图 1.21　空间相关函数的渐近态, 其中, (a) 中参数为 $\omega_1 = 0.8$, (b) 中参数为 $\omega_1 = 5$.
(a) 中振荡周期为 2π

这类碰撞的速率应与最大生长速率 $\gamma_{\max}$ 成正比, 当 ω_1 比较小时, 最大增长率 (1.155) 是指数小的. 如图 1.23(b) 所示那样, 在二孤子碰撞区域 $I_m \in [1,4]$, 重新规范化的概率密度函数 $\mathcal{P}_A(I_m) \times {\rm e}^{\pi\omega_0/\omega_1}$ 的渐近性在 ω_1 很小时几乎与指数型概率密度函数是完全重合的 (对比发现, $\mathcal{P}_A(I_m)$ 的重合度比较差). 因此当 ω_1 比较小时, 二孤子碰撞的比率以及发生的概率是原始椭圆余弦波大小的两倍, 正比于 ${\rm e}^{-\pi\omega_0/\omega_1}$. 可以认为三孤子碰撞也应该有相应的概率密度函数, 但它们极其罕见, 在实验中没有发现它们. 观察到的第一个怪波看起来像三脉冲在参数 $\omega_1 = 1.6$ 时的碰撞, 如图 1.15(c).

当 ω_1 非常大时概率密度函数的渐近态是和指数型概率密度函数一致的, 如图 1.22(b). 当 $\omega_1 = 3$ 时, 这种一致性就已经很准确了. 在调制不稳定性的非

线性阶段,概率密度函数可能会严重偏离指数型的概率密度函数. 如果限制怪波仅仅在 $I>8$ 时,那么 $\omega_1=5$ 的椭圆余弦波的概率密度函数的最大值超过指数型概率密度函数 2.5 倍,这种现象出现在势能 $|\langle H_4(t)\rangle|$ 的第一个局部最小值处, $t=31.05$,相应的密度为 $I=12.5$. 这些结果都和平面波相吻合.

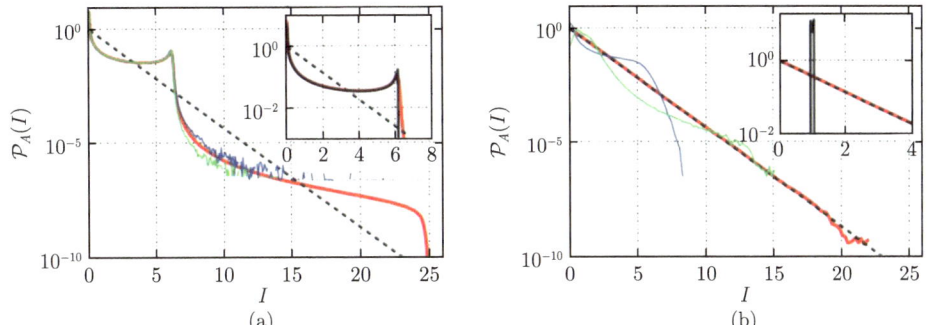

图 1.22　概率密度函数 $\mathcal{P}_A(I)$ 的渐近态以及方程 (1.1) 的指数概率密度函数,其中 (a) 中参数为 $\omega_1=0.8$, (b) 中参数为 $\omega_1=5$. 小图中黑色实线为概率密度函数的初值. 蓝色实线是势能达到第一个最大值 $t=151.4$ (a), $t=26.85$ (b) 处的演化. 绿色实线是相应的局部最小值处的演化, (a) 中 $t=179.8$, (b) 中 $t=31.05$

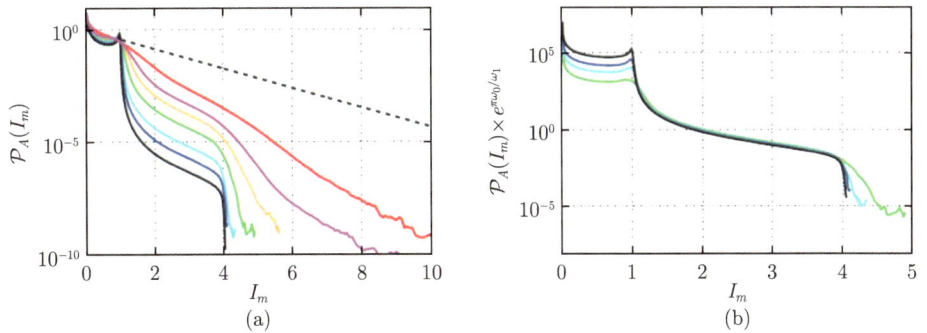

图 1.23　(a) 为概率密度函数 $\mathcal{P}_A(I_m)$ 的渐近态, (b) 为规范化的概率密度函数 $\mathcal{P}_A(I_m)\times \mathrm{e}^{\pi\omega_0/\omega_1}$ 的渐近态,其中规范化的平方振幅为 $I_m=|\Psi|^2/\max|\Psi_{\mathrm{dn}}|^2$, $\omega_1=0.8$ (黑色), $\omega_1=0.9$ (蓝色), $\omega_1=1$ (青色), $\omega_1=1.2$ (绿色), $\omega_1=1.4$ (黄色), $\omega_1=1.6$ (粉色), $\omega_1=2$ (红色), 这里 $\max|\Psi_{\mathrm{dn}}|$ 是指原始椭圆波的最大振幅

因此对于 $\omega_1\gtrsim 1.5$ 的椭圆余弦波,怪波发生的概率并不比线性方程控制的随机波场大得多. 当 $\omega_1\lesssim 1.5$ 时,波场接近孤子的集合,孤子之间几乎没有相互作用. 这些孤子的振幅都要大于平均振幅. 因此,在这个系统中可能出现强度远远大于平均值的怪波,并且其概率函数超过指数型概率密度函数数量级就不是那么奇怪了. 然而,这些怪波的振幅几乎不超过原始椭圆余弦波最大振幅的两倍.

对于这 10 组 ω_1 对应取椭圆余弦波, 从实验中检测到了几个最大的怪波. 当 $\omega_1 \geqslant 1.6$ 时, 大部分的怪波都类似于三个脉冲的碰撞, 和图 1.15(c) 中的结果是类似的, 然而当 $\omega_1 < 1.6$ 时, 大部分的怪波类似于两个脉冲的碰撞, 和图 1.14(c) 类似. 对于势能模的前几个极值, 怪波的相位项在极大值处接近 $\arg\Psi \approx \pi/2 + \pi(m-1)$, 在极小值处接近 $\arg\Psi \approx \pi + \pi(m-1)$, 其中 m 是极大值或者极小值的指标. 此外, 研究了 10 个椭圆余弦波初始条件集合的一个演化过程, 测量了所有超过原始椭圆余弦波最大振幅 1.5 倍或更多的波. 当 $\omega_1 = 0.8$ 时, 在 $t \in [0, 1000]$ 时发现 14 个这种大振幅的波, 当 $\omega_1 = 5$ 时, 在 $t \in [0, 200]$ 时就有多于 1500 个这种类型的波. 所有这些波, 以及所有由初始条件的系综产生的怪波, 在其最大振幅处都是类似 Peregrine 解 (1.153) 的准有理型解, 如图 1.14(a) 和图 1.15(a). 这些波最大振幅的演化是不同于 Peregrine 解的, 如图 1.14(b) 和图 1.15(b).

第 2 章 本 原 势

本章主要研究本原势. 以 KdV 方程为例, 给出本原势的定义. 它是与周期有界间隙势具有相同的谱结构的广义一维薛定谔算子的有界势, 但是它既不是周期的也不是准周期的. 这样的势由一对定义在允许带上的正 Hölder 连续函数非唯一参数化构成[63,64,160]. 本章共包含三个部分: 首先提出了构造 KdV 方程的有界非周期解的一个有效方法; 其次从代数几何解角度研究了本原势; 最后, 证明了周期有限带解是无反射本原势的特殊情况.

2.1 KdV 方程的本原势和有界解

2.1.1 简介

Korteweg-de Vries (KdV) 方程[84]

$$u_t - 6uu_x + u_{xxx} = 0, \tag{2.1}$$

是一个经典的 Lax 可积方程, 其 Lax 对的谱问题为一维薛定谔方程

$$-\psi_{xx} + u(x)\psi = E\psi, \quad -\infty < x < \infty, \tag{2.2}$$

时间演化部分为

$$\psi_t + \psi_{xxx} + 6u\psi_x + 3u_x\psi = 0. \tag{2.3}$$

若方程 (2.1) 的 Lax 表示存在[134], 则当 $|x| \to \infty$ 时, 势函数 $u(x,t)$ 快速衰减, 即

$$\int_{-\infty}^{\infty} |u(x)|(1+|x|)dx < \infty. \tag{2.4}$$

可以通过反散射方法求解 KdV 方程 (2.1) 的初值问题. 在这种情况下, 薛定谔算子 (2.2) 在正半轴 $E > 0$ 上有连续谱, 且可能存在有限多个负离散谱.

关于 KdV 方程的第二个重要进展是 20 世纪 70 年代由菲尔兹奖得主 Novikov 等创立的有限带解 (又称为代数几何解) 理论[107,166,167]. N-有限带解对应的薛定谔算子的谱由 $N+1$ 个容许带和 N 个禁止带构成. 这些有限带解可以通过代数曲线上的黎曼 θ 函数具体构造出来. 当代数曲线的亏格大于 1 时, 对应的解是拟

周期的; 当亏格等于 1 时, 对应的解是周期的. 周期有限带解构成周期势函数的一个稠密子集, 这是构造本原势的理论基础.

尽管 KdV 方程的研究取得了一些重要进展, 但 KdV 方程理论的实际应用还有待研究. 人们可能会问: 如果 KdV 方程中的初始数据既不在无穷远处衰减, 也不是周期的, 那么会发生什么? 假设初始数据是一个有界的函数

$$u(x) = u(x,0), \quad |u(x)| < c,$$

能否将反散射方法应用到这个情形中? 此外, 如果 $u(x)$ 是一个随机的统计均匀场, 会发生什么? 在这种情况下, KdV 方程描述了所说的可积湍流[243], 能否可以给出一些与这种湍流相关的函数和谱?

这些问题很难回答, 且涉及另一个基本的数学问题. 如果势函数是一个有界函数, 算子 (2.2) 的谱是什么? 根据定义, 如果存在满足下列条件的一个或两个独立的有界波函数 $\psi(x,E)$ 满足

$$|\psi(x,E)| < 1, \quad -\infty < x < \infty,$$

那么 E 属于 $u(x)$ 的谱. 这个谱是 $-\infty < E < \infty$ 的一个子集, 且有一个相当复杂的结构. 我们知道谱是勒贝格可测的, 但它的测度可以为零、有限或无限. 当测度为零时, 集合可以是可数的, 也可以是不可数的. 所以上面提出的问题是很难回答的.

本节给出一个反问题. 假设谱已知, 那么势函数 $u(x)$ 是什么? 这个问题要容易得多. 首先注意到, 对 KdV 方程族的任何方程去演化势函数, 并不会改变谱集. 因此, 我们需要对给定谱集的势进行讨论. 这个问题需从最简单的非平凡情况考虑, 即考虑具有非衰减势的薛定谔算子的谱由整个正半轴 $E > 0$ 和负半轴上的一个容许带组成的这种情形:

$$-k_2^2 < E < -k_1^2, \quad k_2 > k_1 > 0.$$

如下所示, 给定一个具有周期性的单带势

$$u(x) = u_0(x) = 2\wp\left(x + \mathrm{i}\omega' - x_0\right) + e_3, \tag{2.5}$$

其中 $\wp(x)$ 是周期为 2ω 和 $2\mathrm{i}\omega'$ 的 Weierstrass 椭圆函数. 我们有

$$e_1 - e_3 = k_2^2, \quad e_2 - e_3 = k_1^2, \quad e_1 + e_2 + e_3 = 0, \tag{2.6}$$

其中 $e_1 > e_2 > e_3$.

谱是双重退化且无反射的, 在容许带内, 量子粒子在两个方向上自由移动. 我们构造了具有相同频谱且在无限带内无反射的势函数, 但它们不具有周期性. 一般的单带无反射势由定义在允许带内的两个正 Hölder 连续函数 $R_1(\kappa)$ 和 $R_2(\kappa)$ 决定. 对于一个偶函数类型的势 $u(-x) = u(x)$, 我们有 $R_1 = R_2$.

为了构造这些势, 考虑了当 $N \to \infty$ 时的一组无反射 Bargmann 势 (也称为 N-孤子势) 的闭包. 此问题已经被提出并解决[142,149], 但得到的结果并不理想. 这里基于 "transplanting poles" (极点移值) 思想考虑了一种新的构造 Bargmann 势的方法, 并且证明了这种方法是相当有效的. 特别地, 我们构造了 N-孤子解的极限情形, 即周期势 (2.5).

2.1.2 通过穿衣法找 Bargmann 势

作为一维薛定谔算子 (2.2) 的一类势, Bargmann 势在 1948 年被首次构造, 这类势具有 N 个负能量的束缚态且所有正能量的反射系数均为零. 从 KdV 方程的角度来看, Bargmann 势对应于固定时刻的 N-孤子解, 因此可以用算子 (2.2) 的逆谱变换将其明确地构造出来. 在本节中, 我们基于 Zakharov 和 Manakov 的方法[253], 采用所谓的穿衣法给出了 Bargmann 势的另一种构造方法. 与反散射方法相比, 这种方法更加灵活, 可以更好地将其推广到黎曼-希尔伯特问题.

考虑复 k-平面上的 $\bar{\partial}$-问题[6]:

$$\frac{\partial \chi}{\partial \bar{k}} = \mathrm{i} \mathrm{e}^{2\mathrm{i}kx} T(k) \chi(-k, x), \tag{2.7}$$

其中, $T(k)$ 是一个被称为 $\bar{\partial}$-问题的穿衣函数的紧支集分布. 方程 (2.7) 的解可以乘以任意一个 x 的函数. 因此, 如果解存在, 则当 $|k| \to \infty$ 时可以通过条件 $\chi \to 1$ 将其规范化. 该解满足积分方程:

$$\chi(k, x) = 1 + \frac{\mathrm{i}}{\pi} \iint \frac{\mathrm{e}^{-2\mathrm{i}qx} T(-q) \chi(q, x)}{k + q} dq d\bar{q}, \tag{2.8}$$

可用下列方法对积分进行规范化:

$$\frac{1}{k} = \lim_{\varepsilon \to 0} \frac{\bar{k}}{|k|^2 + \varepsilon^2}, \quad \frac{\partial}{\partial \bar{k}}\left(\frac{1}{k}\right) = \pi \delta(k), \tag{2.9}$$

其中 $\delta(k)$ 是一个二维 δ-函数.

此外, 假设

$$\bar{T}(\bar{k}, k) = T(k, \bar{k}).$$

需要注意的是穿衣函数是不解析的.

下面证明由 $\bar{\partial}$-问题 (2.7) 的解可以得到薛定谔方程 (2.2) 的解. 假设穿衣函数具有以下性质: 积分方程 (2.8) 在区间 $x_2 < x < x_1$ 上关于 x 有唯一解, 那么有

$$\chi(k,x) = 1 + \frac{\mathrm{i}\chi_0(x)}{k} + \mathcal{O}\left(k^{-2}\right), \quad u(x) = 2\frac{d}{dx}\chi_0(x). \tag{2.10}$$

定义

$$\xi(k,x) = \chi_{xx} - 2\mathrm{i}k\chi_x - u(x)\chi. \tag{2.11}$$

显然 ξ 也满足 $\bar{\partial}$-问题 (2.7), 并且 $u(x)$ 可以确保当 $|k| \to \infty$ 时有 $\xi \to 0$. 根据唯一性知 ξ 恒等于零, 因此 $\chi(k,x)$ 是下列微分方程的一个解

$$\chi_{xx} - 2\mathrm{i}k\chi_x - u(x)\chi = 0, \tag{2.12}$$

那么函数 $\psi(x,k) = \chi(x,k)\mathrm{e}^{-\mathrm{i}kx}$ 是薛定谔方程 (2.2) 在 $E = k^2$ 时的解, 证明完成.

通过考虑一个 $\bar{\partial}$-问题, 得到了一类无反射 Bargmann 势. 这个 $\bar{\partial}$-问题的解 χ 是关于 k 的一个有理函数, 它沿虚轴存在单极点.

设 $\kappa_1, \cdots, \kappa_N$ 及 $c_1, \cdots, c_n$ 是满足下列性质的非零实数的集合:

(1) $|\kappa_m| < |\kappa_n|$, $\forall m < n$;
(2) $c_n/\kappa_n > 0$, $\forall n$.

考虑穿衣函数

$$T(k) = \pi \sum_{n=1}^{N} c_n \delta\left(k - \mathrm{i}\kappa_n\right). \tag{2.13}$$

当 $|k| \to \infty$ 时, $\bar{\partial}$-问题 (2.7) 的唯一解 χ 满足规范化条件 $\chi \to 1$. 这个解是关于 k 的有理函数, 它在点 $k = \mathrm{i}\kappa_n$, $n = 1, \cdots, N$ 处有单极点, 且有以下形式:

$$\chi(k,x) = 1 + \mathrm{i}\sum_{n=1}^{N} \frac{\chi_n(x)}{k - \mathrm{i}\kappa_n}, \tag{2.14}$$

其中, $\chi_n(x)$ 是实值函数. 对应的势函数

$$u(x) = 2\frac{d}{dx}\sum_{n=1}^{N} \chi_n(x)$$

是一个具有有限离散谱 $-\kappa_1^2, \cdots, -\kappa_N^2$ 的无反射 Bargmann 势, $\psi_n(x) = \chi_n(x)\mathrm{e}^{\kappa_n x}$ 是这些谱对应的特征函数.

2.1 KdV 方程的本原势和有界解

给定一个具有有限负离散谱 $-\kappa_1^2,\cdots,-\kappa_N^2$ 的无反射 Bargmann 势 $u(x)$, 通过正谱变换构造薛定谔方程 (2.2) 的一个在 k-上半平面解析的解 $\psi(k,x)$. 在 k-下半平面中, 函数 $\psi(k,x)$ 及函数 $\chi(k,x) = \psi(k,x)\mathrm{e}^{\mathrm{i}kx}$ 在负虚轴上有极点 $-\mathrm{i}|\kappa_1|,\cdots,-\mathrm{i}|\kappa_N|$, 这些极点正好对应于离散谱. 为了使用穿衣法构造 $u(x)$, 我们可以令 χ 的极点在正虚轴和负虚轴上, 只要极点的绝对值不同, 每个 N-孤子 Bargmann 势就都可以通过任意选择 κ_n 的符号而产生的 2^N 种不同的方法来构造.

可以放宽条件, 即设对每个 n, c_n 和 κ_n 具有相同的符号, 但相应的势 $u(x)$ 是关于 x 的有奇性的函数.

给定穿衣函数 (2.13) 之后, 恒等式 (2.7) 意味着解 χ 仅仅在点 $k=\mathrm{i}\kappa_n$ 处有单极点, 在其他点处没有奇性. 当 $|k|\to\infty$ 时, 条件 $\chi\to 1$ 意味着 χ 的形式如方程 (2.13) 所示. 将其代入积分方程 (2.8) 中, 我们得到了一个关于留数 $\chi_n(x)$ 的线性方程组:

$$\chi_n(x) = \mathrm{e}^{-2\kappa_n x} c_n \chi(-\mathrm{i}\kappa_n, x). \tag{2.15}$$

将此系统写成显式形式, 并作变换 $\chi_n(x) = \psi_n(x)\mathrm{e}^{\kappa_n x}$, 我们得到了下面的系统:

$$\psi_n(x) + c_n \sum_{m=1}^{N} \frac{\mathrm{e}^{-(\kappa_n+\kappa_m)x}}{\kappa_n+\kappa_m}\psi_m(x) = c_n \mathrm{e}^{-\kappa_n x}. \tag{2.16}$$

这个系统的矩阵

$$A_{nm} = \delta_{nm} + \frac{c_n \mathrm{e}^{-(\kappa_n+\kappa_m)x}}{\kappa_n+\kappa_m}$$

是一个单位矩阵和一个类柯西矩阵的和, 因此其行列式是类柯西矩阵的主余子式的和. 这个和是由指标集 $\{1,\cdots,N\}$ 的子集 $I=\{i_1,\cdots,i_n\}$ 索引的, 并可以通过如下表达式计算出:

$$A = \det A_{nm} = \sum_{I\subset\{1,\cdots,N\}}\left[\prod_{\{i,j\}\subset I, i<j}\frac{(\kappa_i-\kappa_j)^2}{(\kappa_i+\kappa_j)^2}\prod_{i\in I}\frac{c_i}{2\kappa_i}\mathrm{e}^{-2\kappa_i x}\right].$$

根据假设可知 c_i/κ_i 和 $(\kappa_i-\kappa_j)^2$ 都是正的, 因此所有的 A 都是正的, 那么系统 (2.16) 存在唯一解. 根据我们前面的陈述可知 χ 满足等式 (2.15), 对应的势 $u(x)$ 为

$$u(x) = 2\frac{d\chi_0}{dx} = 2\frac{d}{dx}\sum_{n=1}^{N}\chi_n(x). \tag{2.17}$$

根据克拉默法则计算 $u(x)$, 可以得到

$$u(x) = 2\frac{d}{dx}\sum_{n=1}^{N}\chi_n(x) = 2\frac{d}{dx}\sum_{n=1}^{N}\psi_n(x)\mathrm{e}^{\kappa_n x}$$
$$= 2\frac{d}{dx}\left[-\frac{1}{A}\frac{d}{dx}A\right] = -2\frac{d^2}{dx^2}\ln A. \tag{2.18}$$

当所有的 κ_n 都为正时, 这正是 N-孤子无反射势的公式 (见 [167], 公式 (1.5)).

为完成证明, 我们考虑当改变其中一个 κ_n 的符号时, 公式 (2.18) 将会有什么变化. 直接计算可得
$$A = \frac{c_n}{2\kappa_n}\mathrm{e}^{-2\kappa_n x}\widetilde{A},$$
其中 $\widetilde{A}$ 是矩阵 A_{nm} 中元素为 $(\widetilde{\kappa}_i, \widetilde{c}_i)$ 时的行列式,

$$\widetilde{\kappa}_i = \begin{cases} \kappa_i, & i \neq n, \\ -\kappa_n, & i = n, \end{cases} \quad \widetilde{c}_i = \begin{cases} \left(\dfrac{\kappa_i - \kappa_n}{\kappa_i + \kappa_n}\right)^2 c_i, & i \neq n, \\ -4\kappa_n^2/c_n, & i = n. \end{cases}$$

根据公式 (2.17), 可知数据 (κ_i, c_i) 和 $(\widetilde{\kappa}_i, \widetilde{c}_i)$ 可以决定相同的势函数 $u(x)$. 因此, 从一个任意的 (κ_i, c_i) 出发, 假设所有的 κ_i 都为正的, 通过改变数据 c_i 可以保持 $u(x)$ 不变. 事实上我们以这种方式获得的所有势都是无反射的 Bargmann 势.

最后, 考虑方程 (2.12) 中在极点附近的领头项, 可以看到 ψ_n 正是薛定谔算子的势 $u(x)$ 对应于特征值 $-\kappa_n^2$ 时的特征函数.

2.1.3 对称的黎曼-希尔伯特问题

在本节中, 考虑一个黎曼-希尔伯特问题, 它是有限 $\bar{\partial}$-问题产生 Bargmann 势问题的连续情形.

设 $0 < k_1 < k_2$ 为实数, R_1 和 R_2 为区间 $[k_1, k_2]$ 上的两个非负连续函数, 且均满足 Hölder 条件. 考虑穿衣函数

$$T(k) = \pi\int_{k_1}^{k_2} R_1(p)\delta(k - \mathrm{i}p)dp - \pi\int_{k_1}^{k_2} R_2(p)\delta(k + \mathrm{i}p)dp. \tag{2.19}$$

则相应的 $\bar{\partial}$-问题 (2.7) 的唯一解 χ 在 $|k| \to \infty$ 时满足规范化条件 $\chi \to 1$. 这个函数在除了 k-平面虚轴上的两个区间 $[\mathrm{i}k_1, \mathrm{i}k_2]$ 和 $[-\mathrm{i}k_2, -\mathrm{i}k_1]$ 都是解析的. 用 χ^+ 和 χ^- 表示 χ 沿这两个区间的左右边界值:

$$\chi^+(x, \mathrm{i}p) = \lim_{\varepsilon \to 0}\chi(x, \mathrm{i}p + \varepsilon),$$
$$\chi^-(x, \mathrm{i}p) = \lim_{\varepsilon \to 0}\chi(x, \mathrm{i}p - \varepsilon),$$

其中 $k_1 < |p| < k_2$. 很容易验证函数 $\chi(x, \mathrm{i}p)$ 在上述两个区间中满足

$$\frac{\chi^+(\mathrm{i}p) - \chi^-(\mathrm{i}p)}{\mathrm{i}\pi} = R_1(p)\mathrm{e}^{-2px}\left[\chi^+(-\mathrm{i}p) + \chi^-(-\mathrm{i}p)\right], \tag{2.20}$$

$$\frac{\chi^+(-\mathrm{i}p) - \chi^-(-\mathrm{i}p)}{\mathrm{i}\pi} = -R_2(p)\mathrm{e}^{2px}\left[\chi^+(\mathrm{i}p) + \chi^-(\mathrm{i}p)\right]. \tag{2.21}$$

这里忽略了 $\chi(x, \mathrm{i}p)$ 对变量 x 的依赖性.

这是一个标量非局域黎曼-希尔伯特问题, 它等价于一个向量局域黎曼-希尔伯特问题. 定义 $\Xi(k) = [\chi(k)\ \chi(-k)]^\mathrm{T}$, 设 Ξ^+ 和 Ξ^- 是 Ξ 在支割线左右两侧的极限值, 那么方程 (2.20)-(2.21) 等价于

$$\Xi^+(\mathrm{i}\kappa) = M(\kappa)\Xi^-(\mathrm{i}\kappa), \quad \Xi^+(-\mathrm{i}\kappa) = M^T(\kappa)\Xi^-(-\mathrm{i}\kappa), \quad \kappa \in [k_1, k_2], \tag{2.22}$$

其中转移矩阵为 $M(x, \kappa) = \dfrac{1}{1 + R_1 R_2}\begin{bmatrix} 1 - R_1 R_2 & 2\mathrm{i}R_1 \mathrm{e}^{-2\kappa x} \\ 2\mathrm{i}R_2 \mathrm{e}^{2\kappa x} & 1 - R_1 R_2 \end{bmatrix}$.

在 k-平面上解析, 且沿着支割线 $[\mathrm{i}k_1, \mathrm{i}k_2]$ 和 $[-\mathrm{i}k_2, -\mathrm{i}k_1]$ 有一个跳跃, 当 $|k| \to \infty$ 时满足规范化条件 $\chi \to 1$ 的函数 χ 可以表示为以下形式

$$\chi(x, k) = 1 + \mathrm{i}\int_{k_1}^{k_2} \frac{f(x, p)}{k - \mathrm{i}p}dp + \mathrm{i}\int_{k_1}^{k_2} \frac{g(x, p)}{k + \mathrm{i}p}dp, \tag{2.23}$$

其中 $f(x, p)$ 和 $g(x, p)$ ($x \in \mathbb{R},\ p \in [k_1, k_2]$) 是两个实值函数. 薛定谔算子 (2.2) 对应的势为

$$u(x) = 2\frac{d}{dx}\int_{k_1}^{k_2}[f(x, p) + g(x, p)]dp.$$

给定 R_1 和 R_2 之后, 寻找一个形如方程(2.23) 的 $\bar{\partial}$-问题 (2.7) 的解, 其中 f 和 g 是关于 x 和 $p \in [k_1, k_2]$ 的未知函数. χ 沿着支割线的跳跃等于

$$\chi^+(x, \mathrm{i}p) - \chi^-(x, \mathrm{i}p) = 2\pi\mathrm{i}f(x, p),$$

$$\chi^+(x, -\mathrm{i}p) - \chi^-(x, -\mathrm{i}p) = 2\pi\mathrm{i}g(x, p).$$

将方程(2.23) 代入 (2.7) 中, 可以看到, 如果 f 和 g 满足奇异积分方程组:

$$f(x, p) + R_1(p)\mathrm{e}^{-2px}\left[\int_{k_1}^{k_2} \frac{f(x, q)}{p + q}dq + \fint_{k_1}^{k_2} \frac{g(x, q)}{p - q}dq\right] = R_1(p)\mathrm{e}^{-2px}, \tag{2.24}$$

$$g(x,p) + R_2(p)\mathrm{e}^{2px} \left[\fint_{k_1}^{k_2} \frac{f(x,q)}{p-q} dq + \int_{k_1}^{k_2} \frac{g(x,q)}{p+q} dq \right] = -R_2(p)\mathrm{e}^{2px}, \qquad (2.25)$$

那么 χ 满足黎曼-希尔伯特问题 (2.20)-(2.21).

黎曼-希尔伯特问题 (2.20)-(2.21) 是方程 (2.15) 的一个连续推广. 需要证明系统 (2.24)-(2.25) 在整个实轴上有唯一解. 下面阐述一下证明的思路.

我们用黎曼和来近似求解这些方程. 固定整数 N, 设 $\Delta = (k_2 - k_1)/2N$, 将区间 $[k_1, k_2]$ 进行 $2N$ 等分, 并设

$$\lambda_1 = k_1, \quad \mu_1 = k_1 + \Delta, \quad \lambda_2 = k_1 + 2\Delta, \quad \mu_2 = k_1 + 3\Delta, \cdots.$$

定义

$$f_n(x) = f(x, \lambda_n), \quad g_n(x) = g(x, \mu_n),$$
$$\alpha_n = \Delta R_1(\lambda_n), \quad \beta_n = -\Delta R_2(\mu_n).$$

通过将包含 f 和 g 的积分分别替换为在 λ_n 处和 μ_n 处的黎曼和来近似黎曼-希尔伯特问题(2.20)-(2.21), 也就是说:

$$f_n(x) + \alpha_n \mathrm{e}^{-2\lambda_n x} \left(\sum_{m=1}^{N+1} \frac{f_m(x)}{\lambda_n + \lambda_m} + \sum_{m=1}^{N} \frac{g_m(x)}{\lambda_n - \mu_m} \right) = \alpha_n \mathrm{e}^{-2\lambda_n x}, \qquad (2.26)$$

$$g_n(x) + \beta_n \mathrm{e}^{2\mu_n x} \left(\sum_{m=1}^{N+1} \frac{f_m(x)}{-\mu_n + \lambda_m} + \sum_{m=1}^{N} \frac{g_m(x)}{-\mu_n - \mu_m} \right) = \beta_n \mathrm{e}^{2\mu_n x}. \qquad (2.27)$$

此系统等价于具有 $2N+1$ 个孤子的 Bargmann 势特征函数的系统 (2.15), 其中孤子解对应的极点为 $(\lambda_1, \cdots, \lambda_{N+1}, -\mu_1, \cdots, -\mu_N)$ 和 $(\alpha_1, \cdots, \alpha_{N+1}, -\beta_1, \cdots, -\beta_N)$.

根据上述结果, 该系统对所有 x 都有唯一解, 并且给出了一个具有 $2N+1$ 孤子解的 Bargmann 势, 它在 N 中一致有界. 我们可以根据迭代方法求解这些方程:

$$\tilde{f}_n(x) = 1 + \tilde{f}_n^{(1)}(x) + \cdots, \quad \tilde{g}_n(x) = 1 + \tilde{g}_n^{(1)}(x) + \cdots. \qquad (2.28)$$

我们得到

$$\tilde{f}_n^{(1)}(x) = \sum_{m=1} \frac{\alpha_m \mathrm{e}^{-2\alpha_m x}}{\lambda_n + \lambda_m} + \sum_{m=1} \frac{\beta_m \mathrm{e}^{2\beta_m x}}{\lambda_n - \mu_m}, \qquad (2.29)$$

$\tilde{g}_n^{(1)}(x)$ 可以类似地给出. 接下来的问题在于: 我们能否把等式 (2.29) 中的和形式转化成积分的形式? 需要注意的是, 方程 (2.26), (2.27) 中的 x 是一个参数, 我们

假设它包含在某个区间内. 当 $-L < x < L$ 时,可以把表达式 (2.29) 转化成积分,其中

$$2\Delta Re^{\kappa_2 L} \ll 1, \quad R = \max\left(R_1(p), R_2(p)\right). \tag{2.30}$$

要使 L 变大,我们需要使 N 以指数形式变大:

$$N \simeq e^{\kappa_2 L}. \tag{2.31}$$

然而,足够大的 N 可能会包括实轴上区间为 $(-L, L)$ 中的任何一个点. 由于系统 (2.20)-(2.21) 描述了 $(2N+1)$-孤子解,因此 (2.26)-(2.27) 对任意的 x 都只有唯一解. 由此产生的势在两个方向上都是有界的. 根据 Shabat 在文献 [203] 中得到的结果,势函数 $u(x)$ 严格为负,并满足条件

$$-2k_2^2 < u(x) < 0. \tag{2.32}$$

和之前一样,我们假定特征函数

$$\varphi(x,\kappa) = f(x,\kappa)e^{\kappa x}, \quad \psi(x,\kappa) = g(x,\kappa)e^{-\kappa x} \tag{2.33}$$

是有界且正交的:

$$\int_{-\infty}^{\infty} \varphi(x,\kappa)\varphi(x,\kappa')\,dx = R_1(\kappa)\delta(\kappa-\kappa'), \tag{2.34}$$

$$\int_{-\infty}^{\infty} \psi(x,\kappa)\varphi(x,\kappa')\,dx = 0, \tag{2.35}$$

$$\int_{-\infty}^{\infty} \psi(x,\kappa)\psi(x,\kappa')\,dx = R_2(\kappa)\delta(\kappa-\kappa'). \tag{2.36}$$

函数 $f(x,\kappa)$ 和 $g(x,\kappa)$ 分别在 $x \to -\infty$ 和 $x \to \infty$ 时呈指数增长. 然而,函数 $\varphi(x,\kappa), \psi(x,\kappa)$ 在 $-\infty < x < \infty$ 上是保持有界的.

函数 $\chi_0(x)$ 在两个方向上都呈线性增长:

$$\chi_0 = -c_1 x + \chi_0(x), \quad x \to -\infty, \tag{2.37}$$

$$\chi_0 = -c_2 x + \chi_0(x), \quad x \to +\infty, \tag{2.38}$$

其中当 $-\infty < x < \infty$ 时,$|\chi_0(x)| <$ 常数.

我们注意到在 κ-区域,函数 $R_1(\kappa)$ 和 $R_2(\kappa)$ 都是严格正的,谱是双重退化的,势是本原势. 所有这些陈述都得到了数值实验的支持.

如果我们假设 $R_1(\kappa) = R_2(\kappa)$,那么

$$g(x,\kappa) = -f(-x,\kappa), \qquad (2.39)$$

且势是对称的 $u(-x) = u(x)$. 我们注意到, 对于 $R_1(\kappa) = R_2(\kappa)$, 每个有限逼近只给出一个近似的对称势, 然而, 对称的精度随着 $N \to \infty$ 呈指数增长.

现在我们假设 $R_2(\kappa) \equiv 0$. 则等式 (2.25) 不再是奇异的, 而是第二类正则 Fredholm 方程:

$$f(x,\kappa) + R_1(\kappa)\mathrm{e}^{-2\kappa x}\int_{k_1}^{k_2}\frac{f(x,q)}{x+q}dq = R_1(\kappa)\mathrm{e}^{-2\kappa x}. \qquad (2.40)$$

由上可得

$$f(x,\kappa) \to R_1(\kappa)\mathrm{e}^{-2\kappa x}, \quad x \to +\infty. \qquad (2.41)$$

然而, 研究 $x \to -\infty$ 时的渐近性是一个非常困难的问题, 因为取极限 $x \to -\infty$ 时会得到第一类 Fredholm 方程

$$\int_{k_2}^{k_1}\frac{f(x,q)}{x+q}dq = 1, \qquad (2.42)$$

这种方程是没有解的. 因此, 在 $x \to \infty$ 时我们不能舍弃项 $f(x,\kappa)\mathrm{e}^{2\kappa x}$, 因为它可能不是很小.

现在假设在区间 $k_1 < \kappa < k_2$ 内的 N 个子区间集上有 $R_1 = R_2 = 0$. 在这种情况下, 谱包括正半轴在内, 由 $N+1$ 个容许带组成, 由 N 个禁止带隔开. 我们假设所有的 N-有限带解都可以用这种方法得到, 并且我们对 $N=1$ 情形进行了证明.

2.1.4 周期单带势

在本节中, 我们证明了薛定谔算子的周期单带势可以由对称的黎曼-希尔伯特问题构造出来.

设 ω 和 ω' 为正实数, 考虑椭圆曲线 $E = \mathbb{C}/\Lambda$, 其中 Λ 是由 2ω 和 $2\mathrm{i}\omega'$ 生成的周期格. 用 $\wp(z)$ 表示与晶格 Λ 相关的 Weierstrass 椭圆函数 (见图 2.1). 它满足微分方程

$$\begin{aligned}[\wp'(z)]^2 &= 4\wp(z)^3 - g_2\wp(z) - g_3 \\ &= 4(\wp(z)-e_1)(\wp(z)-e_2)(\wp(z)-e_3),\end{aligned}$$

其中零点 e_1, e_2, e_3 是实数, 满足 $e_1 + e_2 + e_3 = 0$, 并且我们假设 $e_3 < e_2 < e_1$.

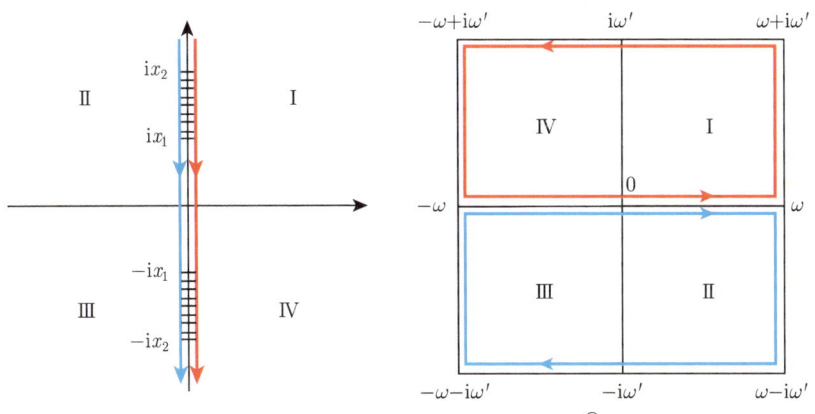

图 2.1 (左) k-平面和 (右) z-平面 [①]

函数
$$u(x) = 2\wp(x - \omega - i\omega') + e_3 \tag{2.43}$$
是周期为 2ω 的薛定谔算子 (2.2) 的实值函数. 我们的目标是构造方程 (2.2) 的解, 从而给出对称的黎曼-希尔伯特问题的解.

考虑下面的函数 $\varphi(x, z)$, 其中 x 是实数, z 定义在曲线 E 上:
$$\varphi(x, z) = \frac{\sigma(x - \omega - i\omega' + z)\sigma(\omega + i\omega')}{\sigma(x - \omega - i\omega')\sigma(\omega + i\omega' - z)} \exp[-\zeta(z)x]. \tag{2.44}$$
这里的 σ 和 ζ 是 Weierstrass 椭圆函数. 直接计算可以得到 φ 满足 Lamé 方程
$$\varphi'' - [2\wp(x - \omega - i\omega') + \wp(z)]\varphi = 0.$$
因此, 我们可以看到, 如果参数 z 满足关系式
$$k^2 = e_3 - \wp(z), \tag{2.45}$$
则 φ 是薛定谔方程 (2.2) 的解, 其中势满足方程 (2.44). Weierstrass 函数 $\wp$ 是二阶的, 因此对于一般的复数 k, E 上有两个 z 值满足 (2.45). 为使函数 (2.44) 是关于 k 的单值函数, 我们需要选择 z 的一个分支. 我们选择 (2.45) 的解 $z(k)$ 满足如下渐近性
$$z(k) = \frac{i}{k} + \mathcal{O}\left(\frac{1}{k^2}\right), \quad |k| \to \infty. \tag{2.46}$$
此分支定义了一个单值映射, 即从虚轴上有两个支割线的复平面映射到以 0 为中心的晶格 Λ 的周期矩形. 虚轴上的支割线是 $[-ik_2, -ik_1]$ 和 $[ik_1, ik_2]$, 其中

[①] 图 2.1—图 2.11 引用文献: Dyachenko S, Zakharov D, Zakharov V. Primitive potentials and bounded solutions of the KdV equation. Physica D: Nonlinear Phenomena, 2016, 333: 148-156.

$$k_1 = \sqrt{e_2 - e_3}, \quad k_2 = \sqrt{e_1 - e_3}.$$

上方支割线 $[ik_1, ik_2]$ 的左右两端分别映射到连接 ω 和 $\omega + i\omega'$, $\omega - i\omega'$ 的线段上. 下方支割线 $[-ik_2, -ik_1]$ 的左右两端分别映射到连接 $-\omega$ 和 $-\omega + i\omega'$, $-\omega - i\omega'$ 的线段上.

函数 φ 满足以下性质:
$$\varphi(x, z + 2\omega) = \varphi(x, z), \quad \varphi(x, z + 2i\omega') = \varphi(x, z),$$
$$\bar\varphi(x, z) = \varphi(x, z), \quad \bar z = z, \quad \bar x = x.$$

对于所有实部为 ω 的 z, 都有
$$\bar\varphi(x, z) = \varphi(x, \bar z).$$

设 $z(k)$ 是方程 (2.45) 满足 (2.46) 的解分支. 设 $f(k)$ 为
$$f(k) = \sqrt{\frac{k + ik_1}{k + ik_2}},$$

当 $|k| \to \infty$ 时, 有 $f(k) \to 1$. 在虚轴上存在两个支割线 $[ik_1, ik_2]$ 和 $[-ik_2, -ik_1]$ 的复 k-平面上, 定义函数
$$\xi(x, k) = f(k)\varphi(x, z(k))e^{-ikx}.$$

则函数 $\xi(x, k)$ 满足方程
$$\xi'' + 2ik\xi' - u(x)\xi = 0,$$

当 $|k| \to \infty$ 时, $\xi \to 1$, 且 $u(x)$ 由 (2.43) 给出. 在支割线上, 函数 $\xi(x, k)$ 满足黎曼-希尔伯特问题
$$\frac{\xi^+(iq) - \xi^-(iq)}{i\pi} = R_1(q)e^{2qx}\left[\xi^+(-iq) + \xi^-(-iq)\right],$$
$$\frac{\xi^+(-iq) - \xi^-(-iq)}{i\pi} = -R_2(q)e^{-2qx}\left[\xi^+(iq) + \xi^-(iq)\right],$$

其中, 为提高可读性, 省略了 ξ 对其第一个变量的依赖性. 其中 $q \in [k_1, k_2]$, $\xi^+(x, \pm iq)$ 和 $\xi^-(x, \pm iq)$ 分别是两个支割线的右侧极限和左侧极限值. 函数 R_1 和 R_2 为
$$R_1(q) = \frac{1}{\pi}h(q), \quad R_2(q) = \frac{1}{\pi h(q)},$$
$$h(q) = \sqrt{\frac{(q - k_1)(q + k_2)}{(k_2 - q)(q + k_1)}}. \tag{2.47}$$

2.1.5 可积系统的解

假设薛定谔方程 (2.2) 的波函数和势对 t 的依赖性满足如下形式:

$$\psi_t + 48\psi_x + 4\psi_{xxx} + 3u_x\psi = 0,$$
$$u_t + 48u_x - 6uu_x + u_{xxx} = 0. \tag{2.48}$$

换句话说, $u(x,t)$ 是一个移动坐标系中的 KdV 方程 (见 [84]) 的解. KdV 方程谱不变, 可以将所有的本原势都转换为另一个势. 通过将指数替换为 $2\mathrm{i}x + 8\mathrm{i}k^3 t$ (见 [253]) 来修正穿衣问题 (2.7), 从而得到了解 $u(x,t)$. 穿衣函数的变换如下:

$$R_1(\kappa) \to R_1(\kappa)\mathrm{e}^{S(\kappa)t}, \quad R_2(\kappa) \to R_2(\kappa)\mathrm{e}^{-S(\kappa)t}, \tag{2.49}$$

其中 $S(\kappa) = 8\left(\kappa^3 - 12\kappa\right)$. 时间演化式 (2.49) 将薛定谔算子转化为具有不同势的等价算子, 在高阶 KdV 流下的演化同样也是如此. 对高阶 KdV 流, $S(\kappa)$ 必须由 κ 上的某个奇次多项式代替. 但是, 有限区间上的任何连续函数都可以用奇次多项式逼近, 因此我们可以认为 (2.49) 中的 $S(\kappa)$ 是一个任意的连续函数. 接着我们得到了一个重要的结论: 酉等价的唯一不变量是 $\omega(\kappa) = R_1(\kappa)R_2(\kappa)$, 即:

(1) 所有具有相同能级的 Bargmann 势都是酉等价的. 此外, 如果谱是非退化的 (单的), 则相同谱算子都是相互酉等价的.

(2) 所有具有相同能带结构的有限带势都是酉等价的.

特别地, 如果将 $h(\kappa) = 1$ 代入 (2.47) 中, 会得到 $R_1(\kappa) = R_2(\kappa) = 1/\pi$. 同样, 这种穿衣函数会产生具有周期性的势.

2.1.6 数值实验

我们用数值方法求解 $k_1 = 2$ 和 $k_2 = 4$ 时与方程 (2.7) 相关的积分方程组. 令 $\kappa = p + 3$ $(-1 < p < 1)$. 将 $\phi(x,\kappa)$ 和 $\psi(x,\kappa)$ 通过以下函数代替:

$$P(x,p) = \sqrt{1-p^2}\phi(x, p+3),$$
$$Q(x,p) = \sqrt{1-p^2}\psi(x, p+3).$$

那么积分方程组 (2.24) 和 (2.25) 变成

$$P(x,p) + r_1(p)\mathrm{e}^{-2(3+p)x}\left[\int_{-1}^{1}\frac{P(x,q)\mathrm{e}^{-qx}}{(6+p+q)\sqrt{1-q^2}}dq\right.$$
$$\left. + \int_{-1}^{1}\frac{Q(x,q)\mathrm{e}^{qx}}{(k-q)\sqrt{1-q^2}}dq\right]$$
$$= r_1(p)\mathrm{e}^{-2(3+p)x} \tag{2.50}$$

和

$$Q(x,p) + r_2(p)\mathrm{e}^{2(3+p)x}\left[\fint_{-1}^1 \frac{P(x,q)\mathrm{e}^{qx}}{(6+p+q)\sqrt{1-q^2}}\right.$$
$$\left. + \int_{-1}^1 \frac{Q(x,q)\mathrm{e}^{-qx}dq}{(k-q)\sqrt{1-q^2}}\right]$$
$$= -r_2(p)\mathrm{e}^{2(3+p)x}, \tag{2.51}$$

其中
$$r_{1,2}(p) = \sqrt{1-q^2}R_{1,2}(p+3) = \sqrt{1-p^2}\tilde{R}(p).$$

将连续函数 $P(x,q)$ 和 $Q(x,q)$ 在节点 $q_k = \cos\dfrac{(2k-1)\pi}{2M}$, $k=1,2,\cdots,M$ 处进行离散. 通过高斯-切比雪夫积分法计算它们的积分, 这种方法对于阶数小于 $2M-1$ 的多项式是精确的. 注意, 系统的每个方程都包含一个柯西主值积分 $\fint$, 并且它在 $q = k$ 处奇点附近的积分需从实轴做一个移动.

出现在方程(2.50)-(2.51)中的空间变量 x 是参数, 由于离散系统的条件数是 x 的指数, 需要使用多精度算法, 因此主要问题在于 r_1 和 r_2 对 x 的依赖性.

选择切比雪夫节点对参数 x 进行离散化, 并进行高效的高阶多项式插值是比较方便的. 拉格朗日插值法用于确定 x 中间点的 $P(x,q)$ 和 $Q(x,q)$ 的值. 在以任意精度进行模拟时, 我们通常使用高达 200 次的插值多项式, 以便在不损失任何精度的情况下, 在 $|x| < 10$ 的范围内精确地逼近解.

我们选择不同的穿衣函数 $\tilde{R}_1(p), \tilde{R}_2(p)$ 进行了数值实验.

1. 周期势

为了得到周期势, 我们选择以下形式的穿衣函数:
$$R_1(p) = \frac{1}{\pi}, \quad r_1(p) = \frac{1}{\pi}\sqrt{1-p^2}\mathrm{e}^{-(R+p)x},$$
$$R_2(p) = \frac{1}{\pi}, \quad r_2(p) = \frac{1}{\pi}\sqrt{1-p^2}\mathrm{e}^{+(R+p)x},$$

其中 $-1 \leqslant p \leqslant 1$.

对上述穿衣函数进行简单修正:
$$h(p) = \sqrt{\frac{(1-p)(p+5)}{(1+p)(p+7)}},$$
$$R_1(p) = \frac{1}{\pi}h(p), \quad r_1(p) = \frac{1}{\pi}\sqrt{1-p^2}h(p)\mathrm{e}^{-(R+p)x},$$
$$R_2(p) = \frac{1}{\pi}\frac{1}{h(p)}, \quad r_2(p) = \frac{1}{\pi}\sqrt{1-p^2}\frac{1}{h(p)}\mathrm{e}^{+(R+p)x},$$

从而得到了周期势的变化图, 见图 2.2.

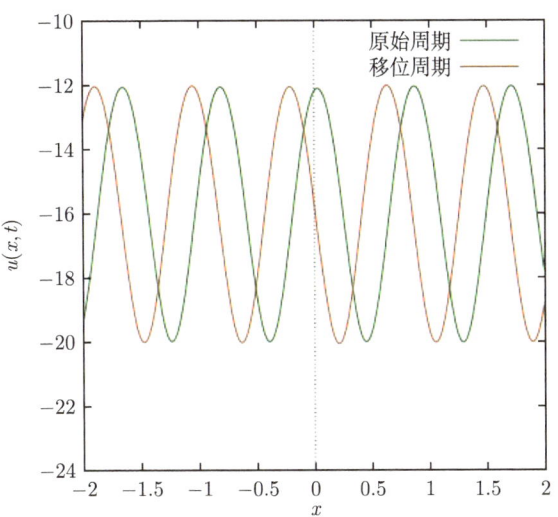

图 2.2 对应于周期情况 (绿色) 和移位周期情形 (暗橙色) 的势 $u(x,t)$

2. 非周期势

接下来给出不是周期势的穿衣函数的数值模拟结果. 还将穿衣函数对 KdV 流进行演化, 给出随时间演化的势函数.

情形 A. 考虑单边穿衣函数:

$$R_1(p) = \frac{1}{\pi}\mathrm{e}^{tS_0(p)}, \quad R_2(p) = 0,$$

$$r_1(p) = \frac{1}{\pi}\sqrt{1-p^2}\mathrm{e}^{-(R+p)x+tS_0(p)}, \quad r_2(p) = 0,$$

其中 $-1 \leqslant p \leqslant 1$, 势 $u(x,t)$ 的时间演化通过给指数项加如下表达式给出 (见图 2.3):

$$S_0(p) = 8(p+3)\left[(p+3)^2 - 12\right]. \tag{2.52}$$

情形 B. 当 x 比较小时, 平坦势的动力学行为展示在图 2.4 中, 其中穿衣函数为

$$R_1(p) = \frac{10^{-3}}{\pi}\mathrm{e}^{tS_0(p)}, \quad R_2(p) = \frac{10^{-6}}{\pi}\mathrm{e}^{-tS_0(p)},$$

$$r_1(p) = \frac{10^{-3}}{\pi}\sqrt{1-p^2}\mathrm{e}^{-(R+p)x+tS_0(p)},$$

$$r_2(p) = \frac{10^{-6}}{\pi}\sqrt{1-p^2}\mathrm{e}^{+(R+p)x-tS_0(p)},$$

其中 $-1 \leqslant p \leqslant 1$.

情形 C. 此情形涉及由下面给出的具有调制周期势函数的动力学行为:

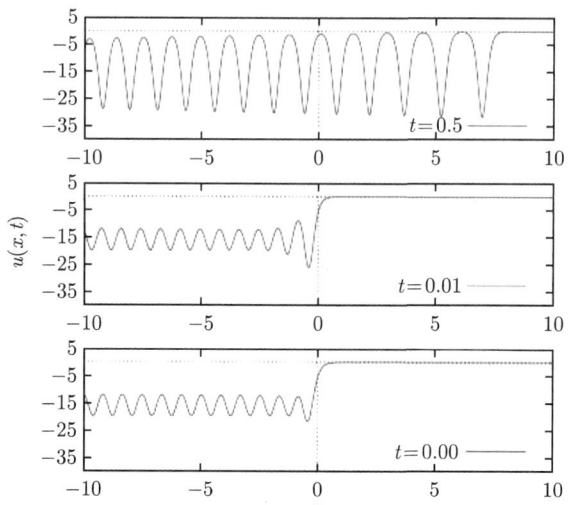

图 2.3 对应于情形 A 的势 $u(x,t)$: $t=0, t=0.01, t=0.5$

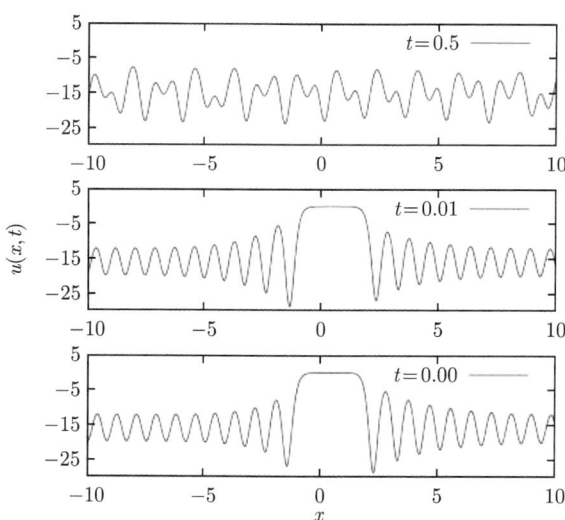

图 2.4 对应于情形 B 的势 $u(x,t)$: $t=0, t=0.01, t=0.5$

$$R_1(p) = \frac{1}{\pi} e^{\lambda S(p) + t S_0(p)}, \quad R_2(p) = \frac{1}{\pi} e^{\lambda S(p) - t S_0(p)},$$

$$r_1(p) = \frac{1}{\pi} \sqrt{1-p^2} e^{-(R+p)x + \lambda S(p) + t S_0(p)},$$

$$r_2(p) = \frac{1}{\pi} \sqrt{1-p^2} e^{+(R+p)x + \lambda S(p) - t S_0(p)},$$

其中 $-1 \leqslant p \leqslant 1$, 且

2.1 KdV 方程的本原势和有界解

$$S(p) = \prod_{n=1}^{N_{\max}} (p - r_n),$$

其中 $r_1 = -1$, $r_{N_{\max}} = 1$, r_n 是在区间 $-1 \leqslant r_n \leqslant 1$, $n = 2, \cdots, N_{\max} - 1$ 中随机生成的实数序列. 在这个模拟中, $N_{\max} = 10$ (图 2.5), 势的时间演化见图 2.6.

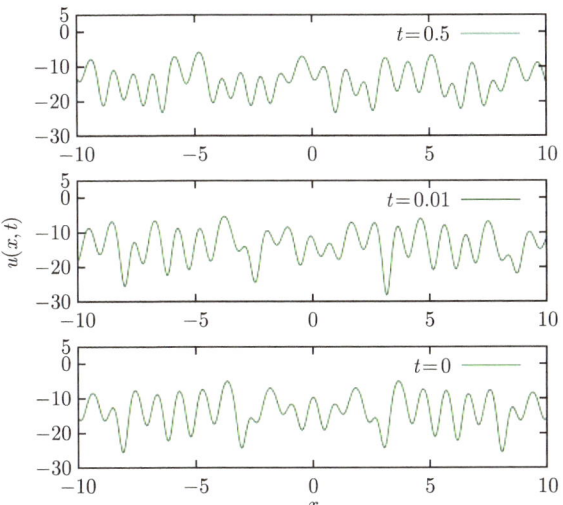

图 2.5 对应于情形 C 的势 $u(x,t)$ (λ=4096): $t = 0, t = 0.01, t = 0.5$

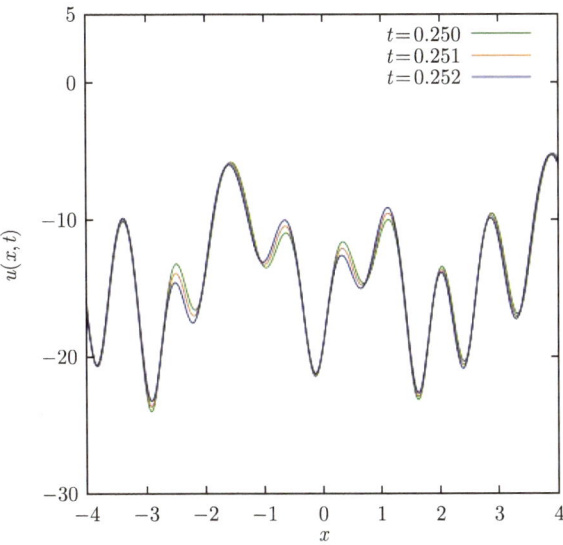

图 2.6 不同时间所对应的势 $u(x,t)$ 的演化: $t = 0.250$(绿色), $t = 0.251$(暗橙色), $t = 0.252$(蓝色)

3. 波函数 φ 和 ψ

情形 C 中的波函数 φ 和 ψ 如图 2.7 和图 2.8 所示.

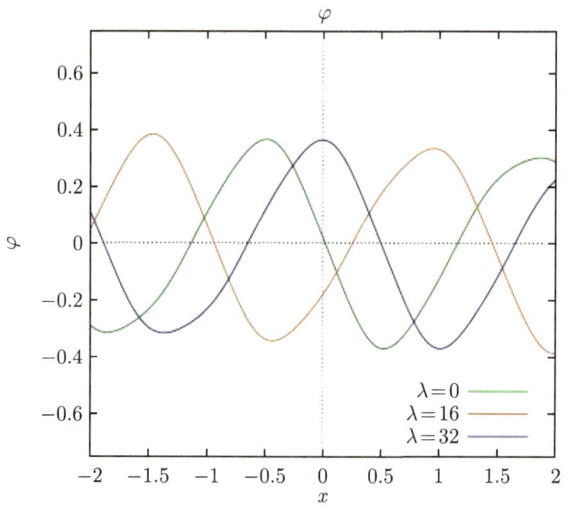

图 2.7　情形 C 中的波函数 φ: $p = 0$

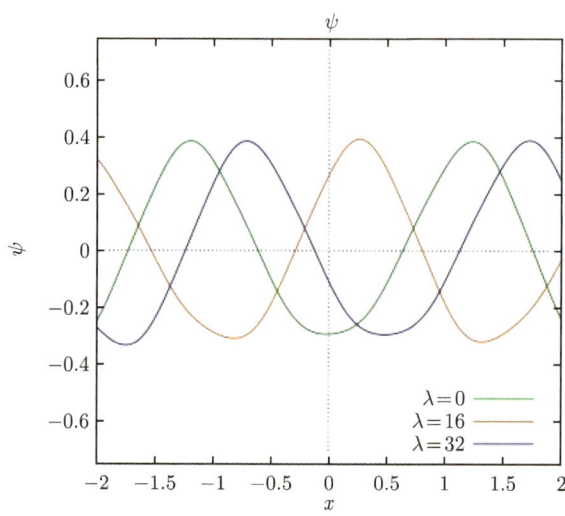

图 2.8　情形 C 中的波函数 ψ: $p = 0$

4. 运动积分

此外, 与 KdV 流相关的运动积分对时间的依赖性是值得研究的. 但需要注意的是, 我们只能观察变量 x 中的子区间上的势, 因此积分在所给出的区间内不守恒. 相反地, 由于通过左右两侧边界的流, 运动积分将会出现波动.

2.1 KdV 方程的本原势和有界解

然而, 我们注意到, 通过统计发展状态, 可以发现通过右边界的流与通过左边界的流处于动态平衡, 因此积分在很长一段时间内将相对守恒. 对于情形 C, 在图 2.9—图 2.11 中, 我们展示它们随时间的演化情况.

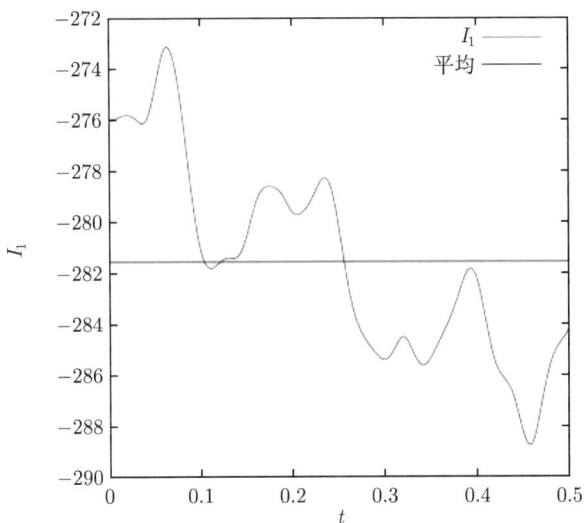

图 2.9 I_1 的时间演化图, 均方根偏差为 3.9471113 (1.40182%)

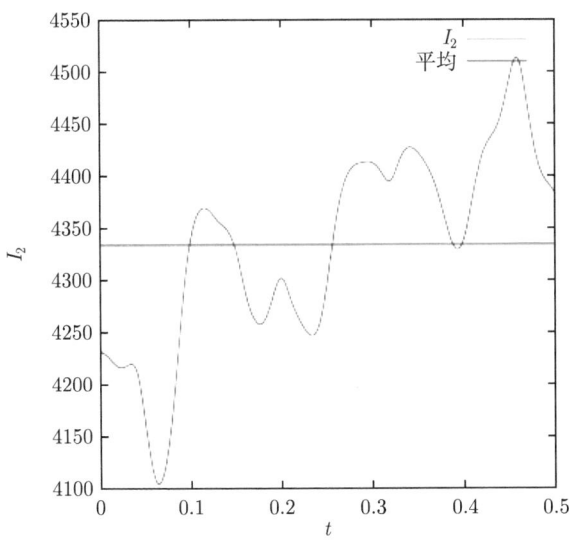

图 2.10 I_2 的时间演化图, 均方根偏差为 94.134925 (2.17212%)

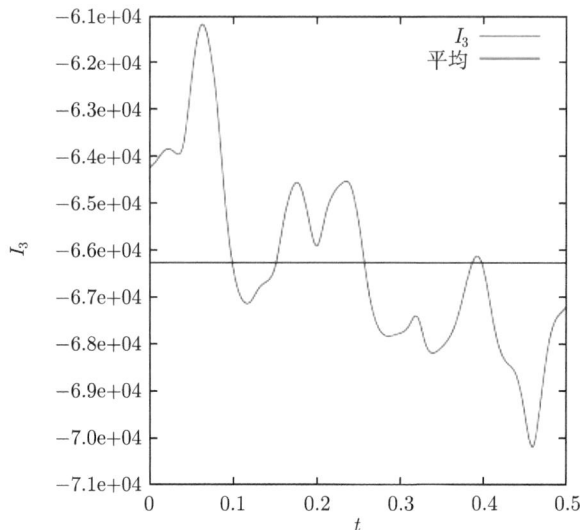

图 2.11　I_3 的时间演化图, 均方根偏差为 1994.2285 (3.00909%)

$$I_1 = \int_{-10}^{10} u(x) dx, \tag{2.53}$$

$$I_2 = \int_{-10}^{10} u^2 dx, \tag{2.54}$$

$$I_3 = \int_{-10}^{10} \left(u^3 + \frac{1}{2} u_x^2\right) dx. \tag{2.55}$$

2.1.7　讨论和展望

本节描述了当 $N \to \infty$ 时, KdV 方程 N-孤子解的解集闭包, 或者等价地, 取非线性薛定谔算子的无反射且快速衰减的势集的闭包. 所得到的解在 $x \to \pm\infty$ 时是有界的、非周期的、非零的. 这个过程可以推广到一类广泛的标量或矩阵线性算子, 如 Dirac 算子. 这种思想可以用于构造各种相关的非线性可积系统的非零、非周期解, 如 KP 方程和非线性薛定谔方程.

非线性可积方程理论中的一个突出问题是具有无穷多个自由度和无穷多个守恒量的可积系统统计理论的发展. 这种理论, 我们可以称之为可积湍流理论. 可积湍流理论已经在 [243] 中被提出. 可积湍流在物理上的例子包含在沿海海域以及在光纤中发生的影响. 这一理论的一个基本问题是确定一个足够大的空间进行函数演化 (如 KdV 方程), 在这个空间上, 我们可以取统计平均值. 薛定谔算子快速衰减的势空间由一个函数 (即反射系数) 参数化, 但该系数的条件是非常严格的. 据我们所知, 本原势是由没有任何附加条件的函数参数化的 KdV 方程的第一类解. 我们可以将实验中描述的可积湍流的动力学行为视为非常稠密的孤子气体的动力学行为.

2.2 作为本原解的 KdV 方程的代数几何有限带解

2.2.1 相关背景介绍

KdV 方程

$$u_t - 6uu_x + u_{xxx} = 0 \tag{2.56}$$

最初是用来描述河道表面的孤立波的[125]. 特别地, KdV 方程还可以描述河道表面波的弱非线性. KdV 方程在海洋学中也有应用[175], 比如它可以描述非线性局域波的弱非线性[103]. 此外 KdV 方程还是一个无限维完全可积哈密顿系统[246], 因此 KdV 方程是非常重要的. 使 KdV 方程完全可积的无穷多守恒律的微分方程形式被称为高阶 KdV 方程. KdV 方程的解 $u(x,t)$ 对应于一维薛定谔算子 $-\partial_x^2 + u(x,t)$ 的一个等谱演化, 且满足 Lax 方程[134] (高阶 KdV 方程的解 u 同样也是如此). $u(x,t)$ 也被称为势函数, 因为对于每个固定的 t, 当函数 $u(x,t)$ 出现在薛定谔算子中时, 它可以被认为是势能.

我们已知有两种类型的边界条件可以给出 KdV 方程的精确解: 一种是局域解; 一种为 x 方向上的周期解. 局域解可用反散射变换求解, 比较有趣的一类局域解是 N-孤子解, 此种类型的解对应着薛定谔算子为无反射系数时[84,167]. 而周期解可用由 Novikov[166], Marchenko[148] 和 Lax[137] 提出的代数几何法求解, 也可以由 Dubrovin[54], Matveev-Its[108,109] 和 McKean-van Morebeke[152] 给出的 KdV 方程代数几何有限带解进行求解 (也可以参考 [55,56]). Marchenko-Ostrovskii [264] 证明了周期有限带解的空间在周期解空间中是稠密的, McKean-Trubowitz 将代数几何方法推广到了一般的光滑周期情形[150,151]. 计算任意逼近 KdV 方程光滑周期解的 KdV 方程周期有限带解的一种有效方法是使用 Grinevich-Schmidt 引入的等周期流来去掉除有限数量外的所有谱带, 因为这些带的宽度在高能量下呈指数衰减. 应注意的是, 代数几何方法可以计算在周期解空间之外的有趣的多重/拟周期解. 文献 [24] 中讨论了 KdV 方程的无限带周期解和拟周期解的黎曼-希尔伯特问题.

KdV 方程的本原解是 KdV 方程在紧集拓扑中一致收敛的 N-孤子解的闭包[63,238,239]. Marchenko 最先考虑了这个空间[149]. 本原解可以通过 Zakharov-Manakov 介绍的穿衣方法[253] 得到. 本原解的方法也适用于 [160] 中的 Kaup-Broer 系统. 势函数由一对穿衣函数 R_1 和 R_2 决定, 且可以通过求解奇异积分方程组来计算. 这项工作的一个有趣的地方是, 它可以计算出与代数几何有限带势等谱的势函数, 但并不是通常的代数几何有限带势. 这些势在其谱带内部有退化或双重退化的连续谱. 代数几何的有限带势只能有双重退化谱. 但即使当本原势在其谱带内部只有一个双重退化连续谱时, 本原势也不需要具有任何周期性或准周期性. 在文献 [63, 159, 238, 239] 中, 给出了椭圆余弦波的穿衣函数. 本节的主要结果在文献 [64] 中研究过, 但本节更详细地介绍了这些结果.

注解 2.2.1 为使之后的陈述更准确, 我们引入一些术语. 首先注意到, 如果 $u(x,t)$ 是 KdV 方程的解, 那么下列形式也是 KdV 方程的解

$$u(x - 6Ct, t) + C, \tag{2.57}$$

其中 C 为任意常数. 所以我们使用术语 "移位 N-孤子解" 和 "移位本原解" 来指通过对称 (2.57) 产生的 KdV 方程的解.

本节通过计算有限带势对应的穿衣函数, 证明了在紧集中关于拓扑一致收敛的有限带解中的移位 N-孤子解是稠密的. 移位 N-孤子解在 KdV 方程的有界周期解空间中是稠密的, 这一事实源于周期有限带势是有界周期势的稠密子集. Marchenko 在文献 [149] 中证明了 N-孤子解和周期解在代数几何有限带解中的稠密性. 本原势的构造给出了一种有效的方法, 并给出了收敛于代数几何有限带解的移位 N-孤子解的显式序列. Novikov, Matveev, Its 和 Dubrovin 等[55, 109, 167] 在 N-有限带解的亏格为 N 的超椭圆谱曲线退化为有理曲线时的极限条件下计算出代数几何有限带解的反向极限的 N-孤子解.

将代数几何有限带解作为移位 N-孤子解的极限也是很有趣的, 因为它说明了在远离分支点或者极点处, 通过有理函数来逼近超椭圆函数是可能的. 本质上, 与超椭圆函数对应的超椭圆曲线上的亚纯函数理论是由具有 N 个退化点的有理曲线上的全纯函数逼近的. 文献 [159] 对这一观点进行了更详细的讨论.

2.2.2 本原势的有限带解

设 R_1 和 R_2 为非负的 Hölder 连续实函数. 对于每个固定的 x, t, KdV 方程的本原解定义为如下奇异积分方程组的解 f, g, 即

$$f(p,x,t) + \frac{R_1(p)}{\pi} e^{-2px+8p^3t} \left[\int_{k_1}^{k_2} \frac{f(q,x,t)}{p+q} dq + \fint_{k_1}^{k_2} \frac{g(q,x,t)}{p-q} dq \right]$$
$$= R_1(p) e^{-2px+8p^3t}, \tag{2.58}$$

$$g(p,x,t) + \frac{R_2(p)}{\pi} e^{2px-8p^3t} \left[\fint_{k_1}^{k_2} \frac{f(q,x,t)}{p-q} dq + \int_{k_1}^{k_2} \frac{g(q,x,t)}{p+q} dq \right]$$
$$= - R_2(p) e^{2px-8p^3t}. \tag{2.59}$$

2.2 作为本原解的 KdV 方程的代数几何有限带解

本原势 $u(x,t)$ 可以通过如下形式进行构造

$$u(x,t) = \frac{2}{\pi}\frac{\partial}{\partial x}\int_{k_1}^{k_2}(f(q,x,t)+g(q,x,t))dq, \tag{2.60}$$

那么

$$\psi(k,x,t) = e^{-ikx-4ik^3t}\left(1+\frac{i}{\pi}\int_{k_1}^{k_2}\frac{f(q,x,t)}{k-iq}dq+\frac{i}{\pi}\int_{k_1}^{k_2}\frac{g(q,x,t)}{k+iq}dq\right) \tag{2.61}$$

就是薛定谔方程

$$-\psi_{xx}(k,x,t)+u(x,t)\psi(k,x,t) = k^2\psi(k,x,t) \tag{2.62}$$

的解,其中 $k^2 \notin \sigma\left(-\partial_x^2+u(x,t)\right)\cap[-k_2^2,-k_1^2]$,从而 $u(x,t)$ 就是 KdV 方程 (2.56) 的解.

解 $\psi(k,x,t)$, $k\in\mathbb{R}$ 是能量为 k^2 的薛定谔方程的物理解 (这里的物理解指有界解). 对于 $k^2 \in \sigma\left(-\partial_x^2+u(x)\right)\cap[-k_2^2,-k_1^2]$,当 k^2 是连续谱中的双重退化点时,可以用 $\psi_\pm(k,x,t)$ 的边界值 $\psi_\pm(ip,x,t)$ 或 $\psi_\pm(-ip,x,t)$ 计算其他物理解,这两个边界值给出了两个线性无关的广义特征函数的一组基 (在谱的端点处的物理解可以由 ψ 的奇异性确定). 或者,我们可以取 $\varphi^+(p,x,t)=e^{px-4p^3t}f(p,x,t)$ 和 $\varphi^-(p,x,t)=e^{-px+4p^3t}g(p,x,t)$ 作为能量为 $-p^2$ 的物理解的一组基底[63,238,239].

在 $R_1(p)=0$ 或 $R_2(p)=0$, $-p^2\in[-k_2^2,-k_1^2]\cap\sigma(-\partial_x^2+u(x,t))$ 的情形下,连续谱是简单的,且 $\varphi(p,x,t)=e^{px-4p^3t}f(p,x,t)$ 或 $\varphi(p,x,t)=e^{-px+4p^3t}g(p,x,t)$ 给出了单物理解.

我们可以使用有 $N/2$ 个点的均匀网格来离散 f 和 g 对 p 的依赖性, f 和 g 的均匀网格相互交错,并使用黎曼和逼近 (2.58) 和 (2.59) 中的积分. 在这种情况下,奇异积分方程组是一个有限维线性系统, 在文献 [63,238,239] 中,通过穿衣方法得到了 KdV 方程精确 N-孤子解. 因此,我们可以在 x,t-平面的一个紧子集中,令 N 足够大,结合 KdV 方程的 N-孤子解及上述方法,去尽可能精确地逼近 KdV 方程的本原解.

在之前关于 KdV 方程的本原解的论文中,假设 R_1 和 R_2 是 $[k_1,k_2]$ 上的非负 Hölder 连续函数[63,159,238,239]. 然而,我们现在必须减弱这一点,即假设 R_1 和 R_2 是非负的,且在其支集上是 Hölder 连续的. 下面我们给出一个定理.

定理 2.2.1 考虑递增序列 $\{\kappa_j\}_{j=1}^g$,

$$0<k_1<\kappa_1<\kappa_2<\cdots<\kappa_{2g}<k_2<\infty. \tag{2.63}$$

设 $u(x,t)$ 是 KdV 方程的一个代数几何有限带解, 则对于每个固定的时间 t, 势 $u(x,t)$ 都是一个具有下列谱的代数几何有限带势

$$\sigma\left(-\partial_x^2 + u(x,t)\right) = [-\kappa_{2g}^2, -\kappa_{2g-1}^2] \cup \cdots \cup [-\kappa_4^2, -\kappa_3^2] \cup [-\kappa_2^2, -\kappa_1^2] \cup [0, \infty). \tag{2.64}$$

那么本原解 $u(x,t)$ 由下式确定

$$R_1(p) = \exp\left(\sum_{j=1}^{g} a_j p^{2j-1}\right) \sum_{\ell=1}^{g} \mathbb{I}_{[\kappa_{2\ell-1}, \kappa_{2\ell}]}(p), \tag{2.65}$$

$$R_2(p) = \exp\left(-\sum_{j=1}^{g} a_j p^{2j-1}\right) \sum_{\ell=1}^{g} \mathbb{I}_{[\kappa_{2\ell-1}, \kappa_{2\ell}]}(p), \tag{2.66}$$

其中, a_j 为常实数, $\mathbb{I}_{[\kappa_{2\ell-1}, \kappa_{2\ell}]}$ 是 $[\kappa_{2\ell-1}, \kappa_{2\ell}]$ 的指示函数. 反之, 如果 $u(x,t)$ 是由穿衣函数 R_1 (2.65) 和 R_2 (2.66) (其中 $\{a_j\}_{j=1}^{g}$ 是实的, $\{\kappa_j\}_{j=1}^{2g}$ 满足 (2.63)) 所确定的 KdV 方程的本原解, 那么 $u(x,t)$ 是一个谱形如表达式 (2.64) 所示的代数几何有限带解.

形如方程 (2.65), (2.66) 给出的穿衣函数 R_1 和 R_2 都会产生有限带解. 由于它们的指数项只含有 j 次幂, $j = 1, 3, \cdots, 2g-3, 2g-1$, 因此它们只能是有限带解, 原因在于方程 (2.93) 中出现矩阵 Ω 的可逆性. 例如, 如果添加任何附加项, 矩阵 Ω 将不再可逆. 大多数其他的选择很可能会导致不是有限带解, 但也可能渐近等价于有限带解. 文献 [92] 在单带的情形下, 对这一假设进行了严格分析.

注解 2.2.2 定理 2.2.1 意味着如下结论:

(1) 任何代数几何有限带势都可以转换为移位本原解 (移位本原解的定义见注解 2.2.1).

(2) 任何由形式为 (2.65), (2.66) 的穿衣函数所确定的移位本原解都是代数几何有限带势.

定理 2.2.1 是根据在谱曲线上用一种简便的坐标系表示的 Baker-Akhiezer 函数, 然后导出形如(2.58) 和 (2.59) 的积分方程组来证明的. 从定理 2.2.1 中选择穿衣函数所形成的所有势都可以通过一个保持周期性本原势的周期不变的变换与由下列公式所确定的解确定:

$$R_1(p) = \sum_{\ell=1}^{g} \mathbb{I}_{[\kappa_{2\ell-1}, \kappa_{2\ell}]}(p), \tag{2.67}$$

$$R_2(p) = \sum_{\ell=1}^{g} \mathbb{I}_{[\kappa_{2\ell-1}, \kappa_{2\ell}]}(p). \tag{2.68}$$

对空间和时间进行平移可将任意双带势转换为形式为 (2.67) 和 (2.68) 的穿衣函数对应的本原势. 穿衣函数 (2.67) 和 (2.68) 对应的本原势正是文献 [159] 中讨论的

对称本原势和本原解. 对于文献 [159] 中讨论的单带情形, 计算这些解在 $(x,t) = (0,0)$ 处泰勒系数的方法可以很容易应用于求解由形式为 (2.67) 和 (2.68) 的穿衣函数确定的 KdV 方程的本原解.

2.2.3　k-平面上的 Baker-Akhiezer 函数

给出由

$$w^2 = \prod_{j=1}^{2g} \left(k^2 + \kappa_j^2\right) = P_{4g}(k) \tag{2.69}$$

定义的曲线 $\tilde{\Sigma}$, 与此同时, 考虑对合形式 $\iota(k,w) = (-k,-w)$. 曲线 $\tilde{\Sigma}$ 的亏格为 $g' = 2g - 1$. KdV 方程的谱曲线可以形成商空间 $\Sigma = \tilde{\Sigma}/\langle\iota\rangle$. 曲线 $\tilde{\Sigma}$ 是 Σ 的双覆盖, 其中曲线 Σ 是亏格为 g 的黎曼曲面, 与如下定义的 KdV 谱曲线同胚

$$u^2 = v \prod_{j=1}^{2g} \left(v + \kappa_j^2\right). \tag{2.70}$$

然而与本原解相比, 由双重覆盖中的一个单叶黎曼面生成的坐标 k 更自然. 如果 $A \subset \mathbb{C}$, 我们将使用记号 $\mathrm{i}A = \{\mathrm{i}k : k \in A\}$. 我们把 $\sqrt{P_{4g}(k)}$ 上的支割线设置在 $\mathrm{i}\Gamma$ 上, 其中

$$\Gamma = \bigcup_{j=1}^{g} [-\kappa_{2j}, -\kappa_{2j-1}] \cup [\kappa_{2j-1}, \kappa_{2j}] \tag{2.71}$$

的方向是从左到右的 (所以 $\mathrm{i}\Gamma$ 是从下到上的). 我们用 k 来表示 Σ 上的复数点以及复数 $k \in \mathbb{C}\backslash\mathrm{i}\Gamma$. 用 $\langle\mathrm{i}\kappa_j\rangle$ 来表示 k 趋于 $\pm\mathrm{i}\kappa_j$ 时 Σ 上的 Weierstrass 点.

Σ 上的第一类阿贝尔微分可以通过计算同胚然后计算拉回给出. 然而, 我们也可以根据上述方法通过计算 $\tilde{\Sigma}$ 上的全纯微分给出, 它们正好是那些在 ι 下的不变量. $\tilde{\Sigma}$ 上的全纯微分 ω 可以唯一地表示为

$$\eta = \sum_{n=1}^{2g-1} c_n \frac{k^{n-1}}{\sqrt{P_{4g}(k)}} dk, \tag{2.72}$$

那么 ι 满足

$$\iota^*\eta = \sum_{n=1}^{2g-1} c_n \frac{(-1)^{n-1}k^{n-1}}{\sqrt{P_{4g}(k)}} dk. \tag{2.73}$$

因此, 当且仅当 $c_{2j} = 0$, $j = 1, 2, \cdots, g-1$ 时 η 是不变的. 这意味着 Σ 上的第一类阿贝尔微分的基底为

$$\eta_j = \frac{k^{2j-1}}{\sqrt{P_{4g}(k)}}, \quad j=1,2,\cdots,g. \tag{2.74}$$

Σ 上的第一类阿贝尔微分的基底是 g 维的, 因此 Σ 的亏格是 g, 所以可以设 η 是 g 维微分向量, 其原元素为 η_j.

现在我们给 $H_1(\Sigma)$ 引入满足条件 $a_i \circ b_j = \delta_{ij}, a_i \circ a_j = 0, b_i \circ b_j = 0$ 的一组正则同调基 $\{a_j, b_j\}_{j=1}^g$, 其中 $\circ$ 表示同调元素的最小相交数. 有了同调基, 我们就可以计算周期矩阵 M, 其元素为

$$M_{ij} = \int_{a_j} \eta_i. \tag{2.75}$$

则

$$\omega = 2\pi i M^{-1} \eta \tag{2.76}$$

中的元素 ω_j 构成了 Σ 上的第一类阿贝尔微分的一组基, 并且满足下列形式的规范化特征

$$\int_{a_j} \omega_i = 2\pi i \delta_{ij}. \tag{2.77}$$

根据第一类阿贝尔微分的基底以及在 ∞ 处的特征, 我们可以计算出如下式子:

(1) 阿贝尔映射

$$A(k) = \int_\infty^k \omega \tag{2.78}$$

将 Σ 映射为雅可比变量. 阿贝尔映射 $A(k)$ ($k \in i\Gamma$) 在 k-坐标上表达式的不连续性对应于雅可比变量 g 中的不相交圆.

(2) 度为 g 的阿贝尔映射的除子 δ 定义为

$$A(\delta) = \sum_{j=1}^g A(\delta_j). \tag{2.79}$$

(3) 实部为负定的黎曼矩阵 B 中的元素为

$$B_{ij} = \int_{b_j} \omega_i, \tag{2.80}$$

它仅仅依赖于黎曼面.

(4) 黎曼常数矩阵 K 中的元素是

$$K_j = \frac{2\pi i + B_{jj}}{2} - \frac{1}{2\pi i} \sum_{\ell \neq j} \int_{a_\ell} A_j(k) \omega_\ell, \tag{2.81}$$

2.2 作为本原解的 KdV 方程的代数几何有限带解

它也仅仅依赖于黎曼面.

对于 Σ, 我们在 $k = \infty$ 处定义了一个坐标 $\zeta = z^{-1}$. 设 $\omega^{(n)}$ 是 Σ 上的第二类阿贝尔微分, 此类积分在 ∞ 处存在奇性, 其主值部分为

$$\omega^{(n)} \sim dk^n = d\zeta^{-n} = -n\zeta^{-n-1}d\zeta, \tag{2.82}$$

并且满足

$$\int_{a_j} \omega^{(n)} = 0. \tag{2.83}$$

这种阿贝尔微分的形式为

$$\omega^{(n)} = \frac{nk^{2g-1+n}}{\sqrt{P_{4g}(k)}} + \sum_{j=1}^{g} c_j \omega_j. \tag{2.84}$$

对于 $\omega^{(n)}$ 来说, 定义为如下形式的向量 $\Omega^{(n)}$ 是比较重要的:

$$\Omega_j^{(n)} = \int_{b_j} \omega^{(n)}. \tag{2.85}$$

黎曼 θ 函数: $\mathbb{C}^g \to \mathbb{C}$ 定义如下

$$\theta(z, B) = \sum_{n \in \mathbb{Z}^g} \exp\left(\frac{1}{2} n \cdot Bn + n \cdot z\right). \tag{2.86}$$

由于 B 实部负定, 因此黎曼 θ 函数一致收敛.

集合 $O_1 = \mathrm{i}(-\kappa_1, \kappa_1) \cup \langle \mathrm{i}\kappa_1 \rangle$ 和

$$O_j = \mathrm{i}(-\kappa_{2j-1}, -\kappa_{2j-2}) \cup \mathrm{i}(\kappa_{2j-2}, \kappa_{2j-1}) \cup \langle \mathrm{i}\kappa_{2j-2} \rangle \cup \langle \mathrm{i}\kappa_{2j-1} \rangle, \quad j = 2, \cdots, g \tag{2.87}$$

形成 Σ 的一个 g 实椭圆集. 考虑由点 $\delta_j \in O_j$ 的直和构成的一个度为 g 的除子 $\delta \in \Sigma^g$. 当 Σ 是 KdV 方程周期解的谱曲线时, δ 就是初始条件的狄利克雷除子.

Baker-Akhiezer 函数是在 Σ 上具有极点除子 δ 的函数, 它在 ∞ 处的渐近形式如下

$$\psi(k, x, t) = \mathrm{e}^{-\mathrm{i}kx - 4\mathrm{i}k^3 t} \left(1 + \mathcal{O}\left(k^{-1}\right)\right). \tag{2.88}$$

函数 $\psi(k, x, t)$ 在 k-坐标下的表达式为

$$\psi(k, x, t)$$
$$= \exp\left(-\mathrm{i} \int_{\infty}^{k} \omega^{(1)} x - 4\mathrm{i} \int_{\infty}^{k} \omega^{(3)} t\right)$$

$$\times \frac{\theta\left(A(k)-A(\delta)-\mathrm{i}\Omega^{(1)}x-4\mathrm{i}\Omega^{(3)}t-K,B\right)\theta(-A(\delta)-K,B)}{\theta(A(k)-A(\delta)-K,B)\theta\left(-A(\delta)-\mathrm{i}\Omega^{(1)}x-4\mathrm{i}\Omega^{(3)}t-K,B\right)}, \quad (2.89)$$

并且对于每个 t, 它都是下面薛定谔方程的解

$$-\psi_{xx}(k,x,t)+u(x,t)\psi(k,x,t)=k^2\psi(k,x,t), \quad (2.90)$$

其中 $u(k,x,t)$ 由下列 Matveev-Its 公式[167] 给出

$$u(x,t)=-2\frac{\partial^2}{\partial x^2}\theta\left(-\mathrm{i}\Omega^{(1)}x-4\mathrm{i}\Omega^{(3)}t-A(\delta)-K,B\right). \quad (2.91)$$

使用由 Trogdon 和 Deconinck[225] 引入的辅助 Baker-Akhiezer 函数 $\psi_{\mathrm{aux}}(k)$, 这个函数具有零除子 δ 和由点 $\gamma_j=\langle\mathrm{i}\kappa_{2j-1}\rangle$ 构成的极点除子 γ, 并且它有如下渐近形式

$$\psi_{\mathrm{aux}}(k,\delta)=\mathrm{e}^{-\mathrm{i}\alpha(k,\delta)}\left(1+\mathcal{O}\left(k^{-1}\right)\right), \quad \alpha(k,\delta)=\sum_{j=1}^{g}t_j(\delta)k^{2j-1}. \quad (2.92)$$

Trogdon 和 Deconinck 证明了 $t_j(\delta)$ 是由下面的线性方程所确定的常实数

$$\sum_{\ell=1}^{g}\Omega_j^{(2\ell-1)}t_\ell(\delta)\equiv A_j(\delta)-A_j(\gamma), \quad (2.93)$$

这里通过除子中的点对 A 进行估计, 从而使 A 延拓到除子上, $\equiv$ 表示 Σ 的雅可比变量的等价性; 特别地, 矩阵 $\Omega_j^{(2\ell-1)}$ 是可逆的[225]. 辅助 Baker-Akhiezer 函数可以显式地表示为下列形式

$$\begin{aligned}&\psi_{\mathrm{aux}}(k,t)\\&=\exp\left(-\mathrm{i}\int_{\infty}^{k}\sum_{j=1}^{g}\omega^{(j)}t_j\right)\\&\quad\times\frac{\theta\left(A(k)-A(\delta)-K-\mathrm{i}\sum_{j=1}^{g}\Omega^{(j)}t_j,B\right)\theta(-A(\delta)-K,B)}{\theta(A(k)-A(\delta)-K,B)\theta\left(-A(\delta)-K-\mathrm{i}\sum_{j=1}^{g}\Omega^{(j)}t_j,B\right)},\end{aligned} \quad (2.94)$$

其中 t 是元素为 t_n 的一个 g 维向量.

根据辅助 Baker-Akhiezer 函数, 可以知道如何沿着高阶 KdV 方程流对初始数据进行演化, 直到 Baker-Akhiezer 函数的极点对应的辅助谱数据位于 $\{\langle\mathrm{i}\kappa_{2j-1}\rangle\}_{j=1}^{g}$ 上. 或者, 我们可以通过求解高阶 Dubrovin 方程来演化 Baker-Akhiezer 函数的谱极点. 等式 (2.93) 的右侧与文献 [225] 中相应位置的一个符号不同, 这是因为当 $k\to\infty$ 时我们通过渐近行为对 Baker-Akhiezer 函数进行了规范化, 所以与 Trogdon 和 Deconinck 所得到的结果有符号上的区别.

2.2.4 从 Baker-Akhiezer 函数到本原势

命题 2.2.1 函数

$$\chi(k,x,t) = \xi(k) e^{i\alpha(k,\delta) + ikx + 4ik^3 t} \psi_{\text{aux}}(k,\delta) \psi(k,x,t), \tag{2.95}$$

$$\xi(k) = \prod_{j=1}^{g} \left(\frac{k^2 + \kappa_{2j-1}^2}{k^2 + \kappa_{2j}^2} \right)^{\frac{1}{4}} \tag{2.96}$$

是下列非局域标量黎曼-希尔伯特问题的解.

黎曼-希尔伯特问题 寻找一个函数 $\chi(k,x,t)$, 使得它满足如下条件:

(1) 当 $k \in \mathbb{C} \setminus i\Gamma$ 时, $\chi(k,x,t)$ 是一个全纯函数.

(2) 当 $k \in i\Gamma \setminus \{端点\}$ 时, $\chi(k,x,t)$ 有连续非相切边界值

$$\begin{aligned}\chi_+(ip,x,t) &= \lim_{\epsilon \to 0^+} \chi(ip+\epsilon, x, t), \\ \chi_-(ip,x,t) &= \lim_{\epsilon \to 0^+} \chi(ip-\epsilon, x, t).\end{aligned} \tag{2.97}$$

(3) 当 k 在 $\pm i\kappa_j$ 附近时, 对于固定的 x,t, 存在常数 $C(x,t)$ 使得

$$\chi(k,x,t) \leqslant C(x,t) |k \pm i\kappa_j|^{-1/4}. \tag{2.98}$$

(4) $\chi_\pm$ 的边界值满足跳跃关系

$$\chi_+(ip,x,t) = i\,\text{sgn}(p) e^{2i\alpha(ip,\delta)} e^{-2px + 8p^3 t} \chi_+(-ip,x,t), \tag{2.99}$$

$$\chi_-(ip,x,t) = -i\,\text{sgn}(p) e^{2i\alpha(ip,\delta)} e^{-2px + 8p^3 t} \chi_-(-ip,x,t), \tag{2.100}$$

其中 $p \in \Gamma$.

(5) 对于固定的 x,t, $\chi(k,x,t)$ 有渐近性

$$\chi(k,x,t) = \mathbf{1} + \mathcal{O}\left(k^{-1}\right), \quad k \to \infty, \tag{2.101}$$

其中 $\mathbf{1} = (1,1)$.

上述非局部标量黎曼-希尔伯特问题的性质 (3) 在文献 [63, 238, 239] 中没有出现, 文献 [159] 对此进行了补充.

证明 为确定函数 ξ, 必须另外将支割线设为 $i\Gamma$, 并选择当 $k \to \infty$ 时渐近性为 $\xi(k) = 1 + \mathcal{O}\left(k^{-1}\right)$ 的分支. 由于 ψ 和 ψ_{aux} 是 Σ 上的亚纯函数, 因此它们是 $\mathbb{C} \setminus i\Gamma$ 上的亚纯函数. 此外, 乘积 $\psi_{\text{aux}}(k,x,t)\psi(k,x,t)$ 只在 $\langle i\kappa 2\ell - 1 \rangle$ 上有极点意味着 $\psi_{\text{aux}}(k,x,t)\psi(k,x,t)$ 在 $\mathbb{C} \setminus i\Gamma$ 上是全纯的. 这些函数在 $i\Gamma$ 上不是全纯的, 是因为 Σ 的坐标 k 没有延拓到 $i\Gamma$ 上. 结合上述思考及指数项是整函数这一事实, 性质 (1) 得以证明.

根据 $\Sigma\backslash\infty$ 上的亚纯函数 ψ 和 ψ_{aux} 的构造和它们极点的位置, 明显发现它们可以通过双叶黎曼面上的跳跃矩阵解析延拓到包含边界点 $i\Gamma$ 的开区域. ξ 和 $e^{i\alpha(k,x,t)+ikx+4ik^3t}$ 在 $i\Gamma\backslash\{端点\}$ 上边界值的连续性也是很清楚的. 因此, χ 在 $k\in i\Gamma\backslash\{端点\}$ 时有连续边界值 $\chi_\pm(k,x,t)$, 这就证明了性质 (2).

$\psi(k,x,t)\psi_{\text{aux}}(k,x,t)$ 在支割线的端点 $\langle i\kappa_{2\ell-1}\rangle$ 处的极点条件意味着当 $k\to\pm i\kappa_{2\ell-1}$, $\ell=1,2,\cdots,g$ 时, 存在 $b_{2\ell-1}(x,t)$, 使得

$$\psi(k,x,t)\psi_{\text{aux}}(k,x,t)=b_{2\ell-1}(x,t)\left(i\kappa_{2\ell-1}\mp k\right)^{-\frac{1}{2}}+\mathcal{O}(1). \tag{2.102}$$

在 $\langle\kappa_{2\ell}\rangle$ 处的正则条件意味着当 $k\to\pm i\kappa_{2\ell}$, $\ell=1,2,\cdots,g$ 时, 存在 $b_{2\ell}(x,t)$, 使得

$$\psi(k,x,t)\psi_{\text{aux}}(k,x,t)=b_{2\ell}(x,t)+\mathcal{O}\left(\left(i\kappa_{2\ell-1}\mp k\right)^{\frac{1}{2}}\right). \tag{2.103}$$

在上面的例子中, 平方根支割线的选择使其与 $i\Gamma$ 局部对齐. 由于函数 $e^{i\alpha(k,\delta)+ikx+4ik^3t}$ 是整函数, 所以乘以它对方程 (2.102) 和 (2.103) 奇性的阶数并没有影响.

通过在 $\pm\kappa+j$ 附近的奇性或者零点特征可知, 存在一些函数 $\tilde{b}_j(x,t)$ ($k\to\pm i\kappa_j$, $j=1,2,\cdots,2g$), 使得 $\xi(k)$ 乘以方程 (2.102), (2.103) 有如下的奇性行为

$$\xi(k)\psi(k,x,t)\psi_{\text{aux}}(k,x,t)=\tilde{b}_j(x,t)\left(i\kappa_j\mp k\right)^{-\frac{1}{4}}+\mathcal{O}(1), \tag{2.104}$$

四次根的支割线与 $i\Gamma$ 上的支割线局部对齐. 从 $\pm i\kappa_j$ 处的奇异性可以很快得到性质 (3), 因为奇异性只发生在有限点上.

Baker-Akhiezer 函数作为 Σ 上的一个亚纯函数, 满足

$$\psi_+(ip,x,t)=\psi_+(-ip,x,t),\quad \psi_-(ip,x,t)=\psi_-(-ip,x,t),\quad p\in\Gamma. \tag{2.105}$$

辅助 Baker-Akhiezer 函数 ψ_{aux} 同样也满足跳跃关系 (2.105). 函数 $\xi(k)$ 满足跳跃关系

$$\xi_+(ip)=i\,\text{sgn}(p)\xi_+(-ip),\quad \xi_-(ip)=-i\,\text{sgn}(p)\xi_-(-ip),\quad p\in\Gamma. \tag{2.106}$$

函数 $e^{i\alpha(k,\delta)+ikx}$ 满足关系

$$\left(e^{i\alpha(k,\delta)+ikx+4ik^3t}\right)\Big|_{k=ip}=e^{2i\alpha(ip,\delta)-2px+8p^3t}\left(e^{i\alpha(k,\delta)+ikx+4ik^3t}\right)\Big|_{k=-ip}. \tag{2.107}$$

结合上述跳跃关系, 即可得到性质 (4).

当 $k\to\infty$ 时, 对于固定的 x,t, $\xi(k)$, $e^{ikx+4ik^3t}\psi(k,x,t)$ 和 $e^{i\alpha(k,\delta)}\psi_{\text{aux}}(k,x,t)$ 都有类似的渐近性 $1+\mathcal{O}\left(k^{-1}\right)$, 因此性质 (5) 成立. 证毕.

2.2 作为本原解的 KdV 方程的代数几何有限带解

注解 2.2.3 用 χ 求解非局域黎曼-希尔伯特问题等价于用

$$\boldsymbol{\chi} = [\chi(k,x,t), \chi(-k,x,t)]$$

求解局域向量黎曼-希尔伯特问题. 对于文献 [63, 238, 239] 中讨论的类似局域向量黎曼-希尔伯特问题, 为了满足有限带解, 需要对其进行微小修改, 这一点从非局域标量黎曼-希尔伯特问题的条件中可以清楚地看出. 边界 (3) 中的能量 $-\frac{1}{4}$ 是很重要的, 因为这意味着非切向边界值 $\chi_\pm$ 是 $L^2(\mathrm{i}\Gamma) \equiv L^2(\Gamma)$ 中的元素.

上面所讨论的局域向量黎曼-希尔伯特问题如下所示.

黎曼-希尔伯特问题 对于任意的 x,t, 可以找到一个列向量函数 $\chi(k;x,t)$, 使得

(1) 当 $k \in \mathbb{C}\backslash\mathrm{i}\Gamma$ 时, χ 是一个全纯函数.

(2) χ 的边界值是连续的

$$\chi_+(\mathrm{i}p,x,t) = \lim_{\epsilon \to 0^+}\chi(\mathrm{i}p+\epsilon,x,t), \quad \chi_-(\mathrm{i}p,x,t) = \lim_{\epsilon \to 0^+}\chi(\mathrm{i}p-\epsilon,x,t), \quad (2.108)$$

其中 $p \in \Gamma \backslash \{\text{端点}\}$.

(3) 当 k 在 $\pm\mathrm{i}\kappa_j$ 附近时, 对于固定的 x,t, 存在常数 $C(x,t)$ 使得

$$\chi_1(k,x,t), \chi_2(k,x,t) \leqslant C(x,t)|k\pm\mathrm{i}\kappa_j|^{-1/4}. \quad (2.109)$$

(4) $\chi_\pm$ 的边界值 $\chi_\pm(\mathrm{i}p;x,t)$ 之间有如下关系

$$\chi_+(\mathrm{i}p,x,t) = \chi_-(\mathrm{i}p,x,t)V(p;x,t), \quad p \in \Gamma, \quad (2.110)$$

其中

$$V(p;x,t) = \begin{pmatrix} \dfrac{1-R_1(p)R_2(p)}{1+R_1(p)R_2(p)} & \dfrac{2\mathrm{i}R_1(p)}{1+R_1(p)R_2(p)}\mathrm{e}^{-2px+8p^3t} \\ \dfrac{2\mathrm{i}R_2(p)}{1+R_1(p)R_2(s)}\mathrm{e}^{2px-8p^3t} & \dfrac{1-R_1(p)R_2(p)}{1+R_1(p)R_2(p)} \end{pmatrix}. \quad (2.111)$$

(5) 当 $k \to \infty$ 时, $\chi(k) \to 1$.

(6) χ 满足对称性

$$\chi(-k,x,t) = \chi(k,x,t)\begin{pmatrix} 0 & 1 \\ 1 & 0 \end{pmatrix}. \quad (2.112)$$

定理 2.2.1 的证明 假设命题 2.2.1 中黎曼-希尔伯特问题的解有如下形式

$$\chi(k,x,t) = 1 + \frac{\mathrm{i}}{\pi}\int_\Gamma \frac{\tilde{f}(s,x,t)}{k-\mathrm{i}s}ds. \tag{2.113}$$

$\chi(\mathrm{i}p,x)$, $p\in\Gamma$ 的边界值可以用 $\tilde{f}$ 表示

$$\chi_+(\mathrm{i}p,x,t) = 1 + \hat{H}_\Gamma \tilde{f}(p,x,t) + \mathrm{i}\tilde{f}(p,x,t), \tag{2.114}$$

$$\chi_-(\mathrm{i}p,x,t) = 1 + \hat{H}_\Gamma \tilde{f}(p,x,t) - \mathrm{i}\tilde{f}(p,x,t), \tag{2.115}$$

其中 $\hat{H}_\Gamma$ 是 Γ 上的希尔伯特变换

$$\hat{H}_\Gamma \tilde{f}(k,x,t) = \frac{1}{\pi}\oint_\Gamma \frac{\tilde{f}(s,x,t)}{k-s}ds. \tag{2.116}$$

根据 χ 上的跳跃条件可以得到以下积分方程组

$$\begin{aligned}&1 + \hat{H}_\Gamma \tilde{f}(p,x,t) + \mathrm{i}\tilde{f}(p,x,t) \\ &= \mathrm{i}\,\mathrm{sgn}(p)\mathrm{e}^{2\mathrm{i}\alpha(\mathrm{i}p,\delta)}\mathrm{e}^{-2px+8p^3t}\left(1 + \hat{H}_\Gamma \tilde{f}(-p,x,t) + \mathrm{i}\tilde{f}(-p,x,t)\right),\end{aligned} \tag{2.117}$$

$$\begin{aligned}&1 + \hat{H}_\Gamma \tilde{f}(p,x,t) - \mathrm{i}\tilde{f}(p,x,t) \\ &= -\mathrm{i}\,\mathrm{sgn}(p)\mathrm{e}^{2\mathrm{i}\alpha(\mathrm{i}p,\delta)}\mathrm{e}^{-2px+8p^3t}\left(1 + \hat{H}_\Gamma \tilde{f}(-p,x,t) - \mathrm{i}\tilde{f}(-p,x,t)\right).\end{aligned} \tag{2.118}$$

这些方程等价于

$$\begin{aligned}&\tilde{f}(p,x,t) - \mathrm{sgn}(p)\mathrm{e}^{2\mathrm{i}\alpha(\mathrm{i}p,\delta)}\mathrm{e}^{-2px+8p^3t}\hat{H}_\Gamma\tilde{f}(-p,x,t) \\ &= \mathrm{sgn}(p)\mathrm{e}^{2\mathrm{i}\alpha(\mathrm{i}p,\delta)}\mathrm{e}^{-2px+8p^3t},\end{aligned} \tag{2.119}$$

$$\begin{aligned}&\tilde{f}(-p,x,t) + \mathrm{sgn}(p)\mathrm{e}^{-2\mathrm{i}\alpha(\mathrm{i}p,\delta)}\mathrm{e}^{2px-8p^3t}\hat{H}_\Gamma\tilde{f}(p,x,t) \\ &= -\mathrm{sgn}(p)\mathrm{e}^{-2\mathrm{i}\alpha(\mathrm{i}p,\delta)}\mathrm{e}^{2px-8p^3t}.\end{aligned} \tag{2.120}$$

定义两个函数 $f,g:[k_1,k_2]\to\mathbb{R}$,

$$f(p,x,t) = \begin{cases} \tilde{f}(p,x,t), & p\in\Gamma\cap[k_1,k_2], \\ 0, & \text{其他}, \end{cases} \tag{2.121}$$

$$g(p,x,t) = \begin{cases} -\tilde{f}(-p,x,t), & p\in\Gamma\cap[k_1,k_2], \\ 0, & \text{其他}. \end{cases} \tag{2.122}$$

那么 f 和 g 满足如下方程

$$f(p,x,t) + \frac{R_1(p)}{\pi} e^{-2px+8p^3t} \left[\int_{k_1}^{k_2} \frac{f(q,x,t)}{p+q} dq + \int_{k_1}^{k_2} \frac{g(q,x,t)}{p-q} dq \right]$$
$$= R_1(p) e^{-2px+8p^3t}, \tag{2.123}$$

$$g(p,x,t) + \frac{R_2(p)}{\pi} e^{2px-8p^3t} \left[\int_{k_1}^{k_2} \frac{f(q,x,t)}{p-q} dq + \int_{k_1}^{k_2} \frac{g(q,x,t)}{p+q} dq \right]$$
$$= - R_2(p) e^{2px-8p^3t}, \tag{2.124}$$

其中

$$R_1(p) = \exp\left(\sum_{j=1}^{g} a_j p^{2j-1}\right) \sum_{\ell=1}^{g} \mathbb{I}_{[\kappa_{2\ell-1}, \kappa_{2\ell}]}(p), \tag{2.125}$$

$$R_2(p) = \exp\left(-\sum_{j=1}^{g} a_j p^{2j-1}\right) \sum_{\ell=1}^{g} \mathbb{I}_{[\kappa_{2\ell-1}, \kappa_{2\ell}]}(p) \tag{2.126}$$

都是根据实系数 $a_j = (-1)^j 2t_j(\delta)$ 确定的. 证毕.

2.2.5 数值本原解

由于奇异积分方程 (2.58) 和 (2.59) 的简单性[63,159,238,239]，KdV 方程的本原势/解方法可用数值方法实现. 唯一的困难是离散系统 (2.58) 和 (2.59) 的矩阵条件数很差，因此矩阵的逆必须用任意精度的算法来计算. 所以使用双精度算法对系统 (2.58) 和 (2.59) 进行求解的正则化方法是非常重要的.

在本节中，我们将数值计算 $g=2$ 和 $g=3$ 情形下的有限带解，并将其作为本原势. 对于 $g=2$，从数值上考虑了以下情况:

(1)

$$R_1(p) = \exp\left(\sum_{j=1}^{g} a_j p^{2j-1}\right) \sum_{\ell=1}^{g} \mathbb{I}_{[\kappa_{2\ell-1}, \kappa_{2\ell}]}(p), \quad R_2 = 0. \tag{2.127}$$

这些是阶梯式解，当 $x \to -\infty$ 时趋于有限带解，当 $x \to \infty$ 时趋于 0. 它们会演化为色散冲击波型的解.

(2)

$$R_1(p) = R \exp\left(\sum_{j=1}^{g} a_j p^{2j-1}\right) \sum_{\ell=1}^{g} \mathbb{I}_{[\kappa_{2\ell-1}, \kappa_{2\ell}]}(p), \tag{2.128}$$

$$R_2(p) = R \exp\left(-\sum_{j=1}^{g} a_j p^{2j-1}\right) \sum_{\ell=1}^{g} \mathbb{I}_{[\kappa_{2\ell-1}, \kappa_{2\ell}]}(p), \tag{2.129}$$

其中 $R > 0$. 对于足够大的 R, 这些解似乎有一个高振幅区域和一个在时空中是局域的相位调制.

如下所示, 可以用数值方法计算这些解:

(1) 在 R_1 和 R_2 支集的每个分量上使用高斯-勒让德积分法对积分方程 (2.58), (2.59) 进行离散, 在处理过程中忽略了奇异性 (即我们将奇异矩阵的元素设为 0).

(2) 同样使用高斯-勒让德积分法给出了公式 (2.60) 中的积分.

(3) 使用快速傅里叶变换计算了 (2.60) 中出现在均匀空间网格上的导数, 并使用 Butterworth 滤波方法消除空间网格边缘 Gibbs 现象引起的振荡现象.

计算 (2.60) 的另一种方法可以在任意时空点 (x,t) 上进行, 就是在计算完 $f(p,x,t)$ 和 $g(p,x,t)$ 之后再根据如下积分方程计算 $f_x(p,x,t)$ 和 $g_x(p,x,t)$,

$$f_x(p,x,t) + \frac{R_1(p)}{\pi} e^{-2px} \left[\int_{k_1}^{k_2} \frac{f_x(q,x,t)}{p+q} dq + \fint_{k_1}^{k_2} \frac{g_x(q,x,t)}{p-q} dq \right]$$

$$= -2p R_1(p) e^{-2px} \left(1 - \int_{k_1}^{k_2} \frac{f(q,x,t)}{p+q} dq - \fint_{k_1}^{k_2} \frac{g(q,x,t)}{p-q} dq \right), \quad (2.130)$$

$$g_x(p,x,t) + \frac{R_2(p)}{\pi} e^{2px} \left[\fint_{k_1}^{k_2} \frac{f_x(q,x,t)}{p-q} dq + \int_{k_1}^{k_2} \frac{g_x(q,x,t)}{p+q} dq \right]$$

$$= -2p R_2(p) e^{2px} \left(1 + \fint_{k_1}^{k_2} \frac{f(q,x,t)}{p-q} dq + \int_{k_1}^{k_2} \frac{g(q,x,t)}{p+q} dq \right). \quad (2.131)$$

上式可以通过系统 (2.58) 和 (2.59) 对 x 微分得到. 然后我们可以通过以下方程来计算 (2.60):

$$u(x,t) = \frac{2}{\pi} \int_{k_1}^{k_2} f_x(q,x,t) + g_x(q,x,t) dq. \quad (2.132)$$

在本节中, 没有选择这种方法, 因为这将需要对一个二次病态矩阵求逆, 这比通过快速傅里叶变换进行微分慢得多.

图 2.12 是 $g = 2$ 时数值解的时空图, 图 2.13 是 $g = 3$ 时周期性数值解的时空图, 图 2.14 是 $g = 3$ 时的两个数值解差的绝对值的时空图.

2.2 作为本原解的 KdV 方程的代数几何有限带解

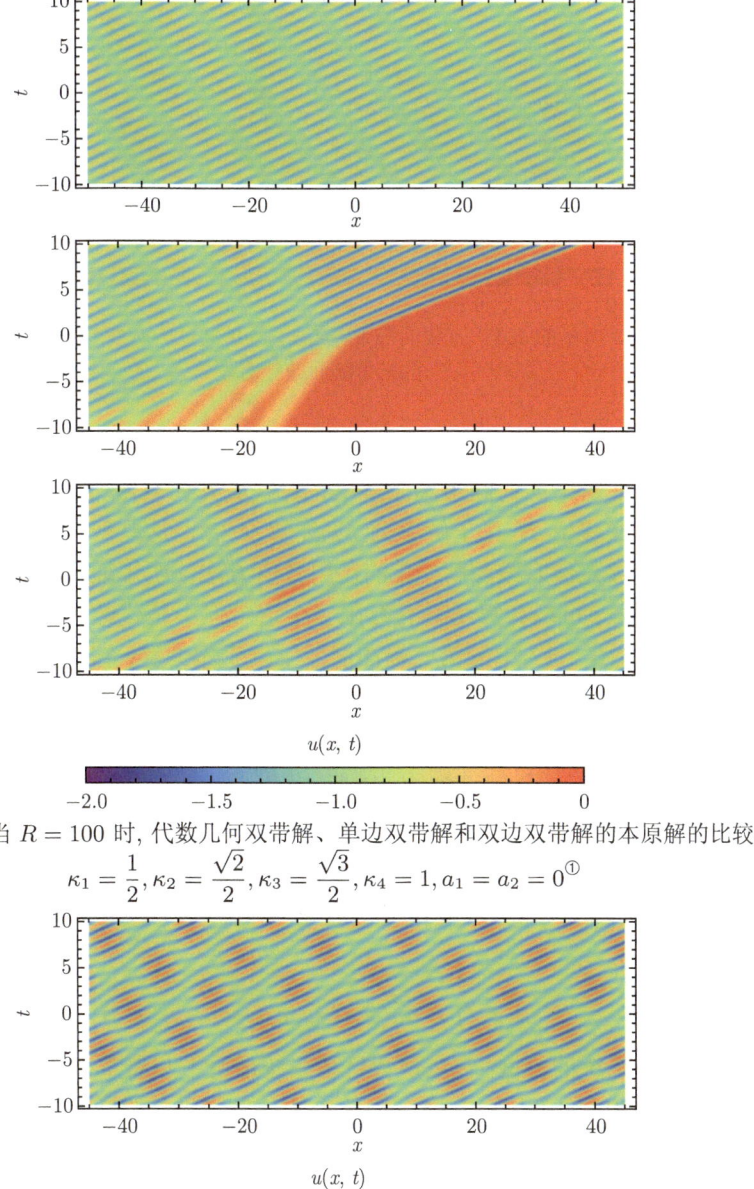

图 2.12 当 $R = 100$ 时, 代数几何双带解、单边双带解和双边双带解的本原解的比较: $\kappa_1 = \dfrac{1}{2}, \kappa_2 = \dfrac{\sqrt{2}}{2}, \kappa_3 = \dfrac{\sqrt{3}}{2}, \kappa_4 = 1, a_1 = a_2 = 0$[①]

图 2.13 一个代数几何三带解的本原解: $\kappa_1 = \dfrac{1}{\sqrt{6}}, \kappa_2 = \dfrac{\sqrt{1}}{\sqrt{3}}, \kappa_3 = \dfrac{1}{\sqrt{2}}, \kappa_4 = \dfrac{\sqrt{2}}{\sqrt{3}}, \kappa_5 = \dfrac{\sqrt{5}}{\sqrt{6}}, \kappa_6 = 1, a_1 = a_2 = 0, a_3 = 6$

[①] 图 2.12—图 2.14 引用文献: Nabelek P. Algebro-geometric finite gap solutions to the Korteweg-de Vries equation as primitive solutions, Physica D, 2020, 414: 132709.

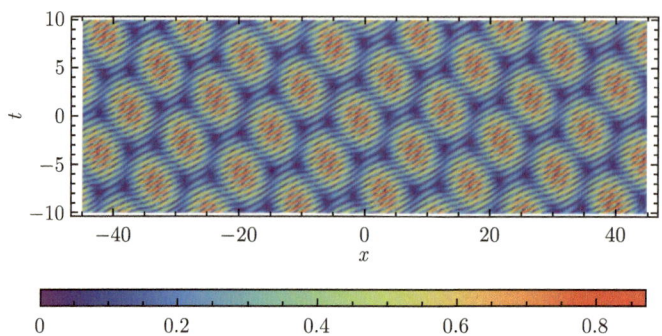

图 2.14　图 2.13 所示的 KdV 方程的三带解与 $a_3 = 0$ 其他所有参数均不变的情形下所确定的三带解间的绝对差

2.2.6　讨论和公开问题

我们已经证明了如何利用本原解来计算代数几何有限带势. 这提供了一种有效的方法来生成移位 N-孤子解序列 (见注解 2.2.1), 这些解在时空中的任意紧区域都收敛于代数几何有限带解. 我们还用数值方法证明了通过修改代数几何有限带解的穿衣函数, 可以计算出具有有限多个谱带但不是代数几何有限带势的有趣的势. 特别地, 图 2.12 中的第三幅图展示了一个本原解, 它似乎在原点附近存在时空扰动. 自然地, 我们会想到以下问题: 是否可以严格描述原点附近 KdV 方程的这类解的行为? 在 3.4 节, 我们将通过非线性最速下降法给出了具有单谱带和 $R_2 = 0$ 的本原势的严格渐近描述. 因此, 我们或许可以基于 3.4 节中的方法来回答这个问题.

2.3　KdV 方程的本原解的一些主要结果

KdV 方程

$$u_t(x,t) = 6u(x,t)u_x(x,t) - u_{xxx}(x,t) \tag{2.133}$$

是无限维可积系统的典例, 它在现代可积系统理论中起着重要的作用. KdV 方程是 KdV 方程族中的第一个方程. KdV 方程族的辅助线性算子是实轴上的一维薛定谔算子

$$-\psi'' + u(x)\psi = E\psi, \quad -\infty < x < \infty. \tag{2.134}$$

我们基于代数几何有限带解研究了周期初始数据的情形. 这种解是由一条具有实分支点和除子的超椭圆代数曲线确定的, 且它可根据谱曲线的黎曼 θ 函数, 由 Matveev-Its 公式给出. 周期性有限带解在所有周期解的空间中都是稠密的, 因此可以用它们来有效地逼近. 长期以来, 人们一直猜测 KdV 方程的周期有限带解可以从 N-孤子解通过 $N \to \infty$ 得到, 但是这种极限方法目前还不是很清楚.

2.3 KdV 方程的本原解的一些主要结果

在前两节中，我们构造了 KdV 方程的一类新的有界解，称之为本原解，并对具有周期性的快速衰减的解和具有周期性的有限带解进行了推广. 这些解是在快速衰减的解的束缚态 $N \to \infty$ 时得到的. 通过求解复平面上由虚轴上的一对正函数 R_1, R_2 和实轴上的函数 r 所确定的围道问题，我们可以得到一个本原解. 情形 $r = 0$ 对应于无反射的本原解. 在 2.1.1 节中，我们对无反射本原解进行了数值研究，结果表明它们表现出相当复杂的无序行为. 在 2.2.1 节中，我们考虑了当 $R_1 = R_2$ 时的无反射解，通过收敛的泰勒级数，给出了解 $u(x,t)$ 的算法. 此外，我们还证明了周期性有限带解是本原解.

2.3.1 作为一个 $\bar{\partial}$-问题的反散射的重述

我们首先回顾在快速衰减的情形下如何使用反散射方法求解 KdV 方程 (2.133) (见 [48,96]). 我们假设 $u(x,t)$ 是 KdV 方程的一个解，并假设 $u(x,0)$ 在 $x \to \pm\infty$ 时快速衰减到零. 我们将 $u(x,t)$ 看作由方程(2.134) 给出的薛定谔算子 $L(t)$ 与时间相关的势. 经典谱理论表明，$L(t)$ 有一个绝对连续谱 $[0,\infty)$ 和有限多个特征值为 $-\kappa_1^2, \cdots, -\kappa_N^2$ 的简单特征谱. $L(t)$ 的谱数据满足线性的 Gardner-Green-Kruskal-Miura (GGKM) 方程，该方程可以精确求解，然后根据其谱数据重构算子 $L(t)$.

设 $\psi_\pm(k,x,t)$ 是与时间相关的薛定谔方程的 Jost 解：

$$L(t)\psi_\pm(k,x,t) = k^2 \psi_\pm(k,x,t).$$

这个 Jost 解在 $\operatorname{Im} k > 0$ 时解析，$\operatorname{Im} k \geqslant 0$ 时连续，且在 $k \to \infty$, $\operatorname{Im} k > 0$ 时，有如下渐近性

$$\psi_\pm(k,x,t) = \mathrm{e}^{\pm \mathrm{i} k x}\left(1 + Q_\pm(x,t)\frac{1}{2\mathrm{i}k} + \mathcal{O}\left(\frac{1}{k^2}\right)\right),$$

其中

$$Q_+(x,t) = -\int_x^\infty u(y,t)dy, \quad Q_-(x,t) = -\int_{-\infty}^x u(y,t)dy.$$

Jost 解满足散射关系

$$t(k)\psi_\mp(k,x,t) = \overline{\psi_\pm(k,x,t)} + r_\pm(k,t)\psi_\pm(k,x,t), \quad k \in \mathbb{R},$$

其中 $t(k)$ 和 $r_\pm(k,t)$ 分别是穿透系数和反射系数. 薛定谔算子 $L(t)$ 的散射数据由反射系数 $r(k,t) = r_+(k,t)$、特征值 $\kappa_1,\cdots,\kappa_N$，以及由下式所定义的相位系数 $\gamma_1(t),\cdots,\gamma_N(t)$ 组成

$$\gamma_n(t) = \|\psi_+(\mathrm{i}\kappa_n,x,t)\|_2^{-1}, \quad n = 1,\cdots,N.$$

如果 $u(x,t)$ 满足 KdV 方程 (2.133), 那么 κ_n 与 t 无关, 而 $r(k,t)$ 和 $\gamma_n(t)$ 的时间演化则可由 GGKM 方程得到:

$$r(k,t) = r(k)\mathrm{e}^{8\mathrm{i}k^3 t}, \quad r(k) = r(k,0), \quad \gamma_n(t) = \gamma_n \mathrm{e}^{4\kappa_n^3 t}, \quad \gamma_n = \gamma_n(0). \quad (2.135)$$

常数 κ_n 和 γ_n 都是正的, 反射系数 $r(k)$ 具有以下性质

$$\begin{aligned}&\text{当 } k \in \mathbb{R} \text{ 时}, \ r(-k) = \overline{r(k)}; \quad \text{当 } k \neq 0 \text{ 时}, \ |r(k)| < 1; \\ &\text{当 } |r(0)| = 1 \text{ 时}, \ r(0) = -1.\end{aligned} \quad (2.136)$$

为了从谱数据中重构 $u(x,t)$, 我们考虑辅助函数

$$\chi(k,x,t) = \begin{cases} t(k)\psi_-(k,x,t)\mathrm{e}^{\mathrm{i}kx}, & \mathrm{Im}\, k > 0, \\ \psi_+(-k,x,t)\mathrm{e}^{\mathrm{i}kx}, & \mathrm{Im}\, k < 0. \end{cases} \quad (2.137)$$

函数 $\chi(k,x,t)$ 有下列性质:

(1) 它在远离实轴的复 k-平面上是亚纯的, 并在实轴上具有非切向极限

$$\chi_\pm(k,x,t) = \lim_{\varepsilon \to 0} \chi(k \pm \mathrm{i}\varepsilon, x, t), \quad k \in \mathbb{R}. \quad (2.138)$$

(2) 它在实轴上满足跳跃关系

$$\chi_+(k,x,t) - \chi_-(k,x,t) = r(k)\mathrm{e}^{2\mathrm{i}kx + 8\mathrm{i}k^3 t}\chi_-(-k,x,t), \quad k \in \mathbb{R}. \quad (2.139)$$

(3) 它只在点 $\mathrm{i}\kappa_1, \cdots, \mathrm{i}\kappa_N$ 处存在单极点而没有其他类型的奇点. 在极点处的留数为

$$\mathop{\mathrm{Res}}_{\mathrm{i}\kappa_n} \chi(k,x,t) = \mathrm{i}c_n \mathrm{e}^{-2\kappa_n x + 8\kappa_n^3 t} \chi(-\mathrm{i}\kappa_n, x, t), \quad c_n = \gamma_n^2. \quad (2.140)$$

(4) 它有渐近性

$$\chi(k,x,t) = 1 + \frac{\mathrm{i}}{2k} Q_+(x,t) + \mathcal{O}\left(\frac{1}{k^2}\right), \quad |k| \to \infty, \quad \mathrm{Im}\, k \neq 0. \quad (2.141)$$

KdV 方程的解 $u(x,t)$ 可以根据 χ 通过以下形式表示出

$$u(x,t) = \frac{d}{dx} Q_+(x,t). \quad (2.142)$$

2.3 KdV 方程的本原解的一些主要结果

通过选择 $r(k) = 0$ 时的谱数据, 可以得到 KdV 方程的一类重要解, 即多孤子解. 在这种情况下, 解为

$$u(x,t) = -2\frac{d^2}{dx^2} \sum_{I \subset \{1,\cdots,N\}} \left[\prod_{\substack{\{i,j\} \subset I \\ i<j}} \frac{(\kappa_i - \kappa_j)^2}{(\kappa_i + \kappa_j)^2} \prod_{i \in I} \frac{c_i}{2\kappa_i} e^{-2\kappa_i x} \right]. \quad (2.143)$$

2.3.2 极点变换和本原解

前面 2.1.1 节以及文献 [238, 239] 的动机是如何在公式 (2.143) 中考虑极限 $N \to \infty$ 的情形. 所得到的 KdV 方程的解 (更一般地说, 是指一般快速衰减的解的极限) 称为本原解, 它们由以下三个步骤构成. 首先, 受 Zakharov 和 Manakov 思想的启发 (见 [253]), 我们重新制定了边界条件 (2.138)-(2.141), 将 χ 定义为一个 $\bar{\partial}$-问题. 其次, 将此问题进行推广, 使得 χ 不光在正虚轴上有极点, 在负轴上也可以有极点. 最后, 我们将极限拓展到 $N \to \infty$, 因此 χ 的极点合并成沿着虚轴上两条支割线的跳跃.

设 $(r(k), \kappa_n, \gamma_n)$ 是薛定谔算子的散射数据, 且 $c_n = \gamma_n^2$. 我们考虑所谓的在 k-平面上分布的穿衣函数,

$$T(k) = \frac{i}{2} \delta(k_I) \theta(-k_I) r(k_R) + \pi \delta(k_R) \sum_{n=1}^{N} c_n \delta(k_I - \kappa_n), \quad (2.144)$$

其中, δ 是指 Dirac δ-函数, $k = k_R + ik_I$, θ 是 Heaviside 阶梯函数, 根据惯例有

$$\frac{\partial}{\partial \bar{k}} \frac{1}{k} = \pi\delta(k) = \pi\delta(k_R)\delta(k_I), \quad \int_{-\infty}^{\infty} f(x)\delta(x)\theta(\pm x)dx = \lim_{x \to 0^{\pm}} f(x).$$

直接计算表明, 条件 (2.139) 和 (2.140) 等价于函数 χ 的 $\bar{\partial}$-问题[253]

$$\frac{\partial \chi}{\partial \bar{k}} = T(k)e^{2ikx + 8ik^3 t}\chi(-k, x, t), \quad (2.145)$$

且当 $k \to \infty$ 时, 有 $\chi \to 1$. 这个问题的解 χ 在实轴上有一个由反射系数所确定的跳跃, 且在正虚轴上的点 $k = i\kappa_n$ 处有单极点. 这里缺乏对称性是由于在空间演化 $x \mapsto -x$ 下反散射是不对称的. 特别地, 我们尝试通过取极限 $N \to \infty$, 去寻找作为多孤子解极限的有限带解. 由于有限带解在 x 中是周期的或准周期的, 我们必须先通过假设 χ 在正虚轴之外的负虚轴上也有极点来恢复空间对称性. 上述过程在文献 [63, 238, 239] 中给出的无反射势 (即 $r(k) = 0$) 的情形以及文献 [258] 中任意快速衰减的势的情形中均有体现.

设 $(r(k), \kappa_1, \cdots, \kappa_N, c_1, \cdots, c_N)$ 是无穷远处快速衰减的势 $u(x,t)$ 的散射数据, $\chi(k,x,t)$ 是由 $\bar{\partial}$-问题 (2.145) 所确定的函数. 我们固定一个子集 $I \subset \{1, \cdots, N\}$, 并引入函数

$$\tilde{\chi}(k,x,t) = \chi(k,x,t) \prod_{m \in I} \frac{k - \mathrm{i}\kappa_m}{k + \mathrm{i}\kappa_m}. \tag{2.146}$$

不难看出它在实轴上有一个跳跃, 当 $k \to \infty$ 时, 它趋于单位矩阵, 且在 $k = \mathrm{i}\kappa_m$, $m \notin I$ 和 $k = -\mathrm{i}\kappa_m$, $m \in I$ 处有极点. 这些奇点可以通过要求 $\tilde{\chi}$ 与 χ 满足相同的 $\bar{\partial}$-问题来得到, 但其对应的穿衣函数为

$$\tilde{T}(k) = \frac{\mathrm{i}}{2} \delta(k_\mathrm{I}) \theta(-k_\mathrm{I}) \tilde{r}(k_\mathrm{R}) + \pi \delta(k_\mathrm{R}) \sum_{n=1}^{N} \tilde{c}_n \delta(k_\mathrm{I} - \tilde{\kappa}_n), \tag{2.147}$$

它的系数为

$$\tilde{r}(k) = r(k) \prod_{m \in I} \left(\frac{k - \mathrm{i}\kappa_m}{k + \mathrm{i}\kappa_m} \right)^2, \quad \tilde{\kappa}_n = \begin{cases} \kappa_n, & n \notin I, \\ -\kappa_n, & n \in I, \end{cases} \tag{2.148}$$

$$\tilde{c}_n = \begin{cases} c_n \prod_{m \in I} \left(\dfrac{\kappa_n - \kappa_m}{\kappa_n + \kappa_m} \right)^2, & n \notin I, \\ -\dfrac{4\kappa_n^2}{c_n} \prod_{m \in I \setminus \{n\}} \left(\dfrac{\kappa_n + \kappa_m}{\kappa_n - \kappa_m} \right)^2, & n \in I. \end{cases} \tag{2.149}$$

我们注意到以下关系式

$$\tilde{r}(-k) = \overline{\tilde{r}(k)}, \quad |\tilde{r}(k)| = |r(k)|, \quad k \in \mathbb{R}, \quad \tilde{r}(0) = r(0),$$

且函数 $\tilde{r}$ 与函数 r 有相同的性质 (4). 此外我们还可以看到当 $n \notin I$ 时 $\tilde{c}_n$ 是正的, 当 $n \in I$ 时 $\tilde{c}_n$ 是负的, 也就是说每个系数 $\tilde{c}_n$ 都和 $\tilde{\kappa}_n$ 有相同的符号.

当 $|k| \to \infty$ 时, 函数 $\tilde{\chi}$ 的渐近性为

$$\tilde{\chi}(k,x,t) = 1 + \frac{\mathrm{i}}{2k} \widetilde{Q}_+(x,t) + \mathcal{O}\left(\frac{1}{k^2}\right), \quad \widetilde{Q}_+(x,t) = Q_+(x,t) - 4 \sum_{m \in I} \kappa_m.$$

因此, $u(x,t)$ 可以根据方程 (2.142) 通过 $\tilde{\chi}(k,x,t)$ 给出.

我们可以得出以下结论. 设 $u(x,t)$ 是 KdV 方程的一个快速衰减的解, $T(k)$ 分布如 (2.144) 所示, χ 是 $\bar{\partial}$-问题 (2.145) 的解. 如果我们选择一个任意子集 $I \subset \{1, \cdots, N\}$, 并用 $\tilde{T}(k)$ 代替 $T(k)$, 那么通过将公式 (2.142) 中的 χ 替换为 $\tilde{\chi}$, 即可得到 KdV 方程的一个相同的解 $u(x,t)$. 因此, KdV 方程的任意 N-孤子快速衰减解都可以用 2^N 种不同的穿衣方法得到.

2.3 KdV 方程的本原解的一些主要结果

我们现在通过对分布 $\widetilde{T}$ 取极限 $N \to \infty$ 来构造本原势 (见 [258]). 我们考虑区间 $[k_1, k_2]$ 上的两个正的, 且 Hölder 连续的函数 R_1 和 R_2, 以及满足 (2.136) 且在实轴上的函数 r. 我们考虑穿衣函数

$$T(k) = \frac{\mathrm{i}}{2}\delta(k_\mathrm{I})\theta(-k_\mathrm{I})r(k) + \pi\delta(k_\mathrm{R})$$
$$\times \left[\int_{k_1}^{k_2} R_1(p)\delta(k_\mathrm{I}-p)\,dp - \int_{k_1}^{k_2} R_2(p)\delta(k_\mathrm{I}+p)\,dp\right]. \quad (2.150)$$

显然, 通过用有限黎曼和逼近第二和第三积分, 我们得到了分布函数 (2.147), 如上所示, 它描述了 KdV 方程在无穷远处快速衰减的解.

设 χ 为具有穿衣函数 (2.150) 的 $\bar{\partial}$-问题 (2.145) 的解. 函数 χ 在实轴上有一个跳跃, 在虚轴上的区间 $[\mathrm{i}k_1, \mathrm{i}k_2]$ 和 $[-\mathrm{i}k_2, -\mathrm{i}k_1]$ 上也有跳跃, 并且有谱表示

$$\chi(k, x, t) = 1 + \frac{1}{2\pi\mathrm{i}}\int_{-\infty}^{\infty} \frac{\rho(p,x,t)dp}{p-k} + \frac{\mathrm{i}}{\pi}\int_{k_1}^{k_2} \frac{f(p,x,t)dp}{k-\mathrm{i}p}$$
$$+ \frac{\mathrm{i}}{\pi}\int_{k_1}^{k_2} \frac{g(p,x,t)dp}{k+\mathrm{i}p}. \quad (2.151)$$

将上式代入 (2.145), 我们可以得到 ρ, f, 和 g 的奇异积分方程组

$$\rho(k, x, t) = r(k, x, t)\mathrm{e}^{-2\mathrm{i}kx - 8\mathrm{i}k^3 t}$$
$$\times \left[1 + \frac{1}{2\pi\mathrm{i}}\int_{-\infty}^{\infty} \frac{\rho(p,x,t)dp}{q+\mathrm{i}k-\varepsilon} - \frac{\mathrm{i}}{\pi}\int_{k_1}^{k_2} \frac{f(p,x,t)dp}{k+\mathrm{i}p}\right.$$
$$\left. + \frac{\mathrm{i}}{\pi}\int_{k_1}^{k_2} \frac{g(p,x,t)dp}{-k+\mathrm{i}p}\right], \quad k \in \mathbb{R},$$

$$f(k, x, t) + \frac{R_1(k)}{\pi}\mathrm{e}^{-2kx+8k^3 t}\left[\fint_{k_1}^{k_2} \frac{f(p,x,t)dp}{k+p} + \int_{k_1}^{k_2} \frac{g(p,x,t)dp}{k-p}\right]$$
$$= R_1(k)\mathrm{e}^{-2kx+8k^3 t}\left[1 + \frac{1}{2\pi\mathrm{i}}\int_{-\infty}^{\infty} \frac{\rho(p,x,t)dp}{p-\mathrm{i}k}\right], \quad k \in [k_1, k_2],$$

$$g(k, x, t) + \frac{R_2(k)}{\pi}\mathrm{e}^{2kx-8k^3 t}\left[\fint_{k_1}^{k_2} \frac{f(p,x,t)dp}{k-p} + \int_{k_1}^{k_2} \frac{g(p,x,t)dp}{k+p}\right]$$
$$= -R_2(k)\mathrm{e}^{2kx-8k^3 t}\left[1 + \frac{1}{2\pi\mathrm{i}}\int_{-\infty}^{\infty} \frac{\rho(p,x,t)dp}{p+\mathrm{i}k}\right], \quad k \in [k_1, k_2]. \quad (2.152)$$

其对应的 KdV 方程 (2.133) 的解 $u(x,t)$, 我们称之为本原解, 如下所示

$$u(x,t) = 2\frac{d}{dx}\left[-\frac{1}{2\pi}\int_{-\infty}^{\infty}\rho(p,x,t)dp + \frac{1}{\pi}\int_{k_1}^{k_2}[f(p,x,t) + g(p,x,t)]dp\right]. \quad (2.153)$$

当固定时间时, 我们可以得到薛定谔算子 (2.134) 的本原势.

可以发现 $\bar{\partial}$-问题 (2.145) 和 (2.150) 定义的本原解都具有一定的规范等价性, 即 KdV 方程的单本原解 $u(x,t)$ 可以通过一系列不同的穿衣函数 (2.150) 得到. 这也就是我们之前观察到的一个结果, 即具有 N 个束缚态的 KdV 方程的快速衰减解可以用 2^N 种形如 (2.150) 的穿衣函数来定义.

如果我们设反射系数 $r(k)$ 为零, 那么可以得到 $\rho(k,x,t) = 0$, 这里 $k \in [k_1, k_2]$, 此时给出的如下方程

$$\begin{aligned}
&f(k,x,t) + \frac{R_1(k)}{\pi}e^{-2kx+8k^3t}\left[\int_{k_1}^{k_2}\frac{f(p,x,t)dp}{k+p} + \fint_{k_1}^{k_2}\frac{g(p,x,t)dp}{k-p}\right] \\
&= R_1(k)e^{-2kx+8k^3t}, \\
&g(k,x,t) + \frac{R_2(k)}{\pi}e^{2kx-8k^3t}\left[\fint_{k_1}^{k_2}\frac{f(p,x,t)}{k-p}dp + \int_{k_1}^{k_2}\frac{g(p,x,t)dp}{k+p}\right] \\
&= -R_2(k)e^{2kx-8k^3t}
\end{aligned} \quad (2.154)$$

可以用来描述之前文献 [63, 238, 239] 中推导出的无反射本原势. 对应的 KdV 方程的解为

$$u(x,t) = \frac{2}{\pi}\frac{d}{dx}\int_{k_1}^{k_2}[f(p,x,t) + g(p,x,t)]dp. \quad (2.155)$$

我们不知道一般情况下求解方程 (2.152) 的解析方法. 在 2.1.1 节以及文献 [238, 239] 中, 对这些方程进行了数值研究 (当 $r(k) = 0$ 时). 利用黎曼和对积分进行离散处理, 得到了一个与 KdV 方程的多孤子解一致的线性系统. 换句话说, 快速衰减的解可以逼近 KdV 方程的本原解, 而多孤子解可以逼近无反射的本原解. 对常数 R_1 和 R_2 的模拟表明, 在 $t = 0$ 时刻, 一个相对有序的解很快会变得无序.

我们在图 2.15 和图 2.16 中展示了一个具有常数 R_1 和 R_2 的本原势的例子. 不幸的是, 离散化系统的条件数是关于 x 的指数, 需要使用多精度算法.

我们也可以考虑当 $R_2 = 0$ (等价于 $R_1 = 0$) 时由方程 (2.154) 给出的 KdV 方程的解. 文献 [92] 对这些解进行了严格的研究. 这些解在一个方向上迅速减小, 并在另一个方向上趋向于椭圆型单带势.

2.3 KdV 方程的本原解的一些主要结果

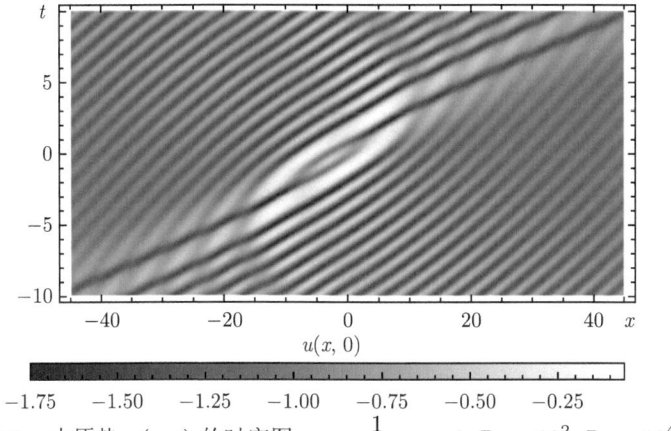

图 2.15 本原势 $u(x,t)$ 的时空图: $\kappa_1 = \frac{1}{4}, \kappa_2 = 1, R_1 = 10^2, R_2 = 10^4$[①]

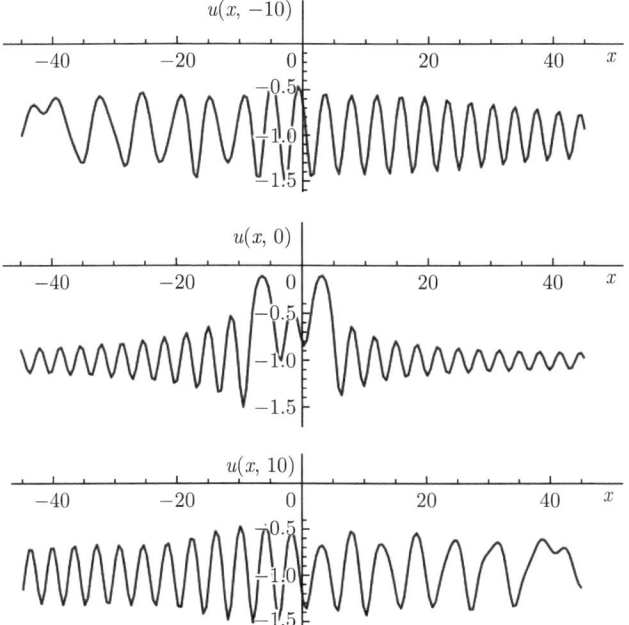

图 2.16 图 2.15 所示的本原势 $u(x,t)$ 的空间图: $t=-10, t=0, t=10$

2.3.3 无反射本原势的代数几何势

现在回到构造 KdV 方程多孤子解的极限问题的代数几何有限带解. 在最简单的情况下, 我们想构造椭圆型单带势

---

① 图 2.15—图 2.16 引用文献: Dyachenko S, Nabelek P, Zakharov D, Zakharov V. Primitive solutions of the korteweg-de vries equation. Theoretical and Mathematical Physics, 2020, 202: 334-343.

$$u(x) = 2\wp(x + i\omega' - x_0) + e_3, \tag{2.156}$$

它的谱为 $[-k_2^2, -k_1^2] \cup [0, \infty)$, 其中

$$k_1^2 = e_2 - e_3, \quad k_2^2 = e_1 - e_3, \quad e_1 + e_2 + e_3 = 0. \tag{2.157}$$

在文献 [238] (见第五节) 中, 作者证明了势 (2.156) 是对应于下列穿衣函数的无反射本原势

$$R_1(k) = \sqrt{\frac{(k_2 - k)(k + k_1)}{(k - k_1)(k + k_2)}}, \quad R_2(k) = \frac{1}{R_1(k)}. \tag{2.158}$$

与此同时, 数值实验表明, 利用穿衣函数 $R_1 = R_2 = 1$ 也可以构造椭圆势. 这是很容易理解的: 正如上面所提到的, 一个本原势可以由任意穿衣函数 (2.150) 的形式给出. 奇怪的是, 如果将 R_1 和 R_2 设为不同的常数, 那么 (数值上) 得到的解似乎不是有限带解.

最后, 在 2.2.1 节中证明了包含椭圆解在内的 KdV 方程的任何代数几何有限带解都是一个无反射本原解. 因此可得到以下定理.

定理 2.3.1 设 $0 < k_1 < k_2$, 且 $\kappa_1, \cdots, \kappa_{2g}$ 是一个递增序列

$$0 < k_1 < \kappa_1 < \cdots < \kappa_{2g} < k_2, \tag{2.159}$$

设 $u(x,t)$ 是具有下列谱的 KdV 方程的 g-有限带解

$$[-\kappa_{2g}^2, -\kappa_{2g-1}^2] \cup \cdots \cup [-\kappa_2^2, -\kappa_1^2] \cup [0, \infty). \tag{2.160}$$

则存在常实数 $a_1, \cdots, a_g$, 使得 $u(x,t)$ 是由下列穿衣函数所确定的 KdV 方程的无反射本原解

$$\begin{aligned} R_1(k) &= \exp\left(\sum_{j=1}^g a_j k^{2j-1}\right) \sum_{l=1}^g \mathbb{I}_{[\kappa_{2l-1}, \kappa_l]}(k), \\ R_2(k) &= \frac{1}{R_1(k)} = \exp\left(-\sum_{j=1}^g a_j k^{2j-1}\right) \sum_{l=1}^g \mathbb{I}_{[\kappa_{2l-1}, \kappa_l]}(k), \end{aligned} \tag{2.161}$$

其中 $\mathbb{I}_{[\kappa_{2l-1}, \kappa_l]}$ 是 $[\kappa_{2l-1}, \kappa_l]$ 的指示函数. 反之, 由形如 (2.161) 的穿衣函数确定的本原解 $u(x,t)$ 都是具有谱 (2.160) 的代数几何有限带解.

由于 KdV 方程的周期有限带解在所有周期解空间中都是稠密的, 因此 KdV 的多孤子解在 KdV 方程的周期解空间中也是稠密的. 对所有成对的穿衣函数 R_1 和 R_2 进行讨论, 从而使相应的本原解是代数几何解, 并确定出一般本原解和代数几何解之间的关系, 这些仍然是公开问题.

2.3.4 对称情形

在文献 [159] 中, 进一步考虑了对于任意的 $k \in [k_1, k_2]$, 都有 $R_1(k) = R_2(k)$ 的条件下, 由方程 (2.154) 确定的无反射本原势. 在这种情况下, 跳跃系数 f 和 g 满足

$$g(p, x, t) = -f(p, -x, -t),$$

在这种背景下, KdV 方程对应的解 $u(x,t)$ 是对称的

$$u(-x, -t) = u(x, t).$$

由此得到的 f 的积分方程可以用 $s = p^2$ 中的幂级数递归求解. 为简单起见, 我们只给出了 $f(p, x) = f(p, x, 0)$ 的系数方程:

$$f(p, x) = \sum_{k=0}^{\infty} \frac{1}{(2k)!} x^{2k} f_k(s) + \sum_{k=0}^{\infty} \frac{1}{(2k+1)!} x^{2k+1} \sqrt{s} h_k(s), \quad s = p^2. \quad (2.162)$$

我们将这个级数代入积分方程 (2.154) 中, 并设 $t = 0$. 比较 x 的各次幂系数, 可以得到 $f_k(s)$ 和 $h_k(s)$ 的方程组

$$(1 + R(\sqrt{s})H) f_k(s)$$
$$= R(\sqrt{s}) \delta_{0k} - \sum_{i=0}^{k-1} \binom{2k}{2i} 2^{2k-2i} s^{k-i} f_i(s) - \sum_{j=0}^{k-1} \binom{2k}{2j+1} 2^{2k-2j-1} s^{k-j} h_j(s),$$

$$(1 - R(\sqrt{s})H) h_k(s)$$
$$= -\sum_{i=0}^{k} \binom{2k+1}{2i} 2^{2k-2i+1} s^{k-i} f_i(s) - \sum_{j=0}^{k-1} \binom{2k+1}{2j+1} 2^{2k-2j} s^{k-j} h_j(s), \quad (2.163)$$

其中 k 是一个非负整数, δ_{0k} 是 Kronecker δ 函数. 这里, H 是区间 $[k_1^2, k_2^2]$ 上的希尔伯特变换

$$H[\psi(s)] = \frac{1}{\pi} \fint_{k_1^2}^{k_2^2} \frac{\psi(s')}{s' - s} ds'. \quad (2.164)$$

为求解方程 (2.163), 我们必须求出积分算子 $1 \pm R(\sqrt{s})H$ 的逆. 计算表明, 当 $p > 1$ 且 $p \neq 2$ 时, 积分算子

$$L_\alpha[\psi(s)] = \psi(s) + \tan(\pi \alpha(s)) H[\psi(s)]$$

在 $L^p(\mathbb{R})$ 上有唯一有界逆

$$L_\alpha^{-1}[\varphi(s)] = \cos^2(\pi \alpha(s)) \varphi(s) - \sin(\pi \alpha(s)) e^{-\pi H[\alpha(s)]} H\left[\cos(\pi \alpha(s)) e^{\pi H[\alpha(s)]} \varphi(s)\right],$$

其中 $\alpha(s)$ 是区间 $[k_1^2, k_2^2]$ 上的 Hölder 连续函数, 且对于任意的 s, 都有 $|\alpha(s)| < 1/2$. 利用上述公式, 我们就可以递归求解方程 (2.163). 相应的本原势为

$$u(x) = \frac{2}{\pi} \sum_{k=0}^{\infty} \frac{x^{2k}}{(2k)!} \int_{k_1^2}^{k_2^2} h_k(s')\, ds'. \qquad (2.165)$$

容易验证这个幂级数对所有的 x 都收敛.

第 3 章 孤子气体

本章主要分析一下孤子气体[40,73,78,91]. 对于可积方程, 孤子解是非常重要的一类解, 当孤子形成无序有限密度系综时, 就可以得到孤子气体. 接下来我们从以下几个方面来研究孤子气体. 首先给出致密孤子气体的动力学方程, 其次将此理论推广至双向传播的色散流体力学中. 随后又进一步研究了孤子气体的谱理论. 最后根据黎曼-希尔伯特方法详细研究了 KdV 方程 N-孤子解当 N 趋于无穷时的渐近性, 加深了对孤子气体的理解.

3.1 致密孤子气体的动力学方程

孤子的概念在非线性物理中起着重要的作用, 孤子在与其他孤子相互作用时保持参数不变. 这种粒子的行为使得物理系统中有很多关于孤子动力学的研究 (见 [202]). 可积 (或孤子) 方程相关数学性质的深入研究 (见 [164]) 最早是在 1967 年提出的[84], 在该论文中, 给出了著名的反散射变换 (反散射) 方法. 该方法用非线性波动方程相应的线性谱问题的特征值 λ 对孤子进行刻画分析. 例如, KdV 方程

$$u_t + 6uu_x + u_{xxx} = 0 \tag{3.1}$$

是和线性薛定谔方程有关的,

$$\Psi_{xx} + u(x,t)\Psi = -\lambda^2\Psi. \tag{3.2}$$

KdV 方程的解 $u(x,t)$ 随着时间演化过程中, 谱参数 λ 是不会发生变化的. 因此, 孤子的性质不会改变. 反散射方法充分解释了有限数量的孤子动力学行为, 为描述许多非线性物理现象提供了理论基础.

然而当必须处理稠密的孤子晶格时, 会遇到一种不同的物理情况. 当晶格中的孤子相互关联时, 它们可以形成调制的非线性周期波. 对于一般在 x 方向呈现周期特征的 "势" $u(x,t)$, 相对应的谱问题 (3.2) 可以导致谱 λ 的 Bloch 能带结构. 周期 "孤子晶格" 对应的谱由有限带构成, 谱带的边缘 λ_i 为参数, 可以表示波的主要物理特性, 如波长、频率、振幅等.

在弱调制波中, 参数 λ_i 成为时空坐标的慢函数, 其演化受 Whitham 方程控制[233]. 到目前为止, Whitham 方程的推导和积分已经得到了很好的发展, 该理论

充分描述了从水面到空间等离子体和玻色-爱因斯坦凝聚体等各种物理系统中色散激波 (或波状孔) 的形成等重要现象.

当孤子形成无序有限密度系综 (孤子气体), 而不是形成有序调制孤子晶格时, 会出现另一类不同的问题. 例如, 通过随机大尺度初始分布[174]或随机外部强迫产生大量孤子, 或将其注入环形谐振器[154]时, 可以形成相应的物理条件. 这里有必要对孤子气体进行适当的动力学描述. 在区间 $(\lambda, \lambda+d\lambda)$ 和在空间区间 $(x, x+dx)$ 中引入具有谱参数 λ 的孤子数的分布函数 $f(x,t;\lambda)$. 如果孤子动力学由一个完全可积方程控制, 我们将给出分布函数 $f(x,t,\lambda)$ 随时间等谱演化的问题. 由于谱 λ 被保留, $f(x,t;\lambda)$ 必须由如下守恒方程控制

$$f_t + (sf)_x = 0, \tag{3.3}$$

这意味着 λ 会沿着 x 轴以某种平均速度进行传输, 该速度依赖于分布函数, 但在不同的 λ 区间之间没有交换 λ. 因此, 问题简化为孤子气体的速度 s 是关于 λ, x 和 t 的函数. Zakharov 早在 1971 年就提出了这个问题, 他解决了稀薄气体中 KdV 孤子的情况. 相对应的转移速度 $s(x,t;\lambda)$ 可以通过如下的积分方程给出

$$s(x,t;\lambda) = c(\lambda) + \int_\Omega \Delta(\lambda,\mu) f(x,t,\mu) |s(x,t;\lambda) - s(x,t;\mu)| d\mu, \tag{3.4}$$

其中 $c(\lambda)$ 是谱参数 $\lambda \in \Omega$ 的单个孤立孤子的速度, 积分项描述了它与气体中其他 "μ 孤子" 碰撞时的变化, 每次碰撞都会伴随位置位移 $\Delta(\lambda,\mu)$, 通常称为相移. 直到最近, 参考文献 [70] 才将其推广到稠密气体的 KdV 孤子的情况, 此时速度 $s(x,t;\lambda)$ 则由另一种积分方程确定

$$s(\lambda) = 4\lambda^2 + \frac{1}{\lambda}\int_0^\infty \ln\left|\frac{\lambda+\mu}{\lambda-\mu}\right| f(\mu)[s(\lambda)-s(\mu)]d\mu, \tag{3.5}$$

所以方程 (3.3) 和 (3.5) 给出了任意稠密孤子气体的封闭动力学特征. 当稀薄气体满足 $\int f(\mu)d\mu \ll \lambda_0$ 时, 其中 λ_0 是谱参数的特征值, 方程 (3.5) 中的第二项成为非相互作用孤子速度 $4\lambda^2$ 的一个小修正项, 而 $s(\eta) \cong 4\eta^2$ ($\eta = \lambda, \mu$), 重现了 Zakharov 动力学方程[8].

虽然参考文献 [70] (基于 Whitham 方程的某个奇异极限) 中给出的 (3.5) 式在数学上的严格推导相当复杂, 但最终的结果在物理上有很强的应用性. 的确, 方程 (3.5) 表明只需要考虑两个孤子碰撞 (这与 KdV 方程的多孤子解的性质一致). 因此, 在 λ 孤子 (即谱参数 λ) 与 μ 孤子的碰撞中, λ 孤子坐标发生距离偏移为

$$\frac{1}{\lambda}\ln\left|\frac{\lambda+\mu}{\lambda-\mu}\right|, \quad 当 \lambda > \mu, \tag{3.6}$$

3.1 致密孤子气体的动力学方程

当 $\lambda < \mu$ 时,我们可以得到类似的表达式,每秒碰撞次数正比于这两种孤子的相对平均速度 $[s(\mu) - s(\lambda)]$ 与孤子密度的乘积. 然后,对 μ 孤子的分布函数 $f(\mu)$ 积分,得到 λ 孤子与其他 μ 孤子碰撞后的速度修正式 (3.5). 假设大距离孤子碰撞的次数足够多,那么,我们可以很好地定义此平均速度变量 s. 事实上,动力学方程中变量 x, t 比原方程 (3.1) 中的变量大得多. 由此可见,上述过程给出了 KdV 方程对应的积分方程 (3.5) 一个简单推导,显然,它可以直接应用于其他可积方程. 在本节中,利用这种方法导出了有限密度气体中非线性薛定谔孤子的动力学方程,并给出了一些结果.

众所周知,聚焦非线性薛定谔方程 (1.1) 的单孤子解都可以用 Zakharov-Shabat 谱问题的复特征值

$$\lambda = \alpha + i\gamma, \quad -\infty < \alpha < \infty, \quad 0 < \gamma < \infty \tag{3.7}$$

来刻画. 非线性薛定谔方程的单孤子解为

$$u(x,t) = 2\sqrt{2}i\gamma \frac{\exp\left[-2i\alpha x - 4i\left(\alpha^2 - \gamma^2\right)t - i\phi_0\right]}{\cosh\left[2\gamma\left(x + 4\alpha t - x_0\right)\right]}, \tag{3.8}$$

其中,$\gamma = \Im(\lambda)$ 决定孤子的振幅,$\alpha = \Re(\lambda)$ 代表孤子的速度为 $v = -4\alpha$. 多孤子解表明,孤子间的相互作用仅为两孤子弹性碰撞,不存在多孤子碰撞效应. 根据上述论证,我们考虑特征值为 λ 的连续分布函数的气体孤子. 换句话说,$f(x, t; \alpha, \gamma) d\alpha d\gamma dx$ 是复平面 $d\alpha d\gamma$ 中的元素在空间区间 dx 中的特征值的数量,它比经典孤子宽度 $\sim 1/\gamma$ 和孤子间的平均距离都要大得多. 这个分布函数随孤子的运动而演化. 为了保谱计算,它需要满足连续性方程 (3.3),这意味着在 λ 平面中特征值的密度守恒. 对于此方程,s 代表 λ 孤子的平均速度,它需要在孤子存在碰撞的前提下进行计算. 当孤子不存在碰撞时,我们有 $s(\alpha, \gamma) = -4\alpha$. 然而,当 λ 孤子 ($\lambda = \alpha + i\gamma$) 与 μ 孤子 ($\mu = \xi + i\eta$) 碰撞时,上述现象则会发生改变,快的 λ 孤子与慢的 μ 孤子碰撞使得 λ 孤子向前移动距离为

$$\frac{1}{2\gamma} \ln \left| \frac{\lambda - \bar{\mu}}{\lambda - \mu} \right|^2, \quad s(\alpha, \gamma) > s(\xi, \eta), \tag{3.9}$$

在时间区间 dt 的碰撞次数等于密度 $f(\xi, \eta) d\xi d\eta$ 和快 λ 孤子相对于慢 μ 孤子所超越的距离 $[s(\alpha, \gamma) - s(\xi, \eta)] dt$ 的乘积. 因此,与 $-4\alpha dt$ 相比,这样的碰撞增加了 λ 孤子覆盖的路径. 用类似的方法,我们可以计算出由碰撞效应,快 μ 孤子产生的负向移动. 碰撞之后的总位移通过 $d\xi d\eta$ 积分得到. 将路径 $s(\alpha, \gamma) dt$ 以及 $-4\alpha dt +$ "总共移动",我们得到了孤子气体速度的一个积分方程

$$s(\alpha, \gamma) = -4\alpha + \frac{1}{2\gamma} \int_{-\infty}^{\infty} \int_{0}^{\infty} \ln \left| \frac{\lambda - \bar{\mu}}{\lambda - \mu} \right|^2 f(\xi, \eta) \left[s(\alpha; \gamma) - s(\xi, \eta)\right] d\xi d\eta. \tag{3.10}$$

显然, 只要最终速度 $s(\alpha,\gamma)$ 是有限的, 式 (3.10) 的推导就是正确的. 在这种前提条件下, 方程 (3.3) 和 (3.10) 为研究非线性薛定谔孤子稠密气体动力学行为提供了基础. 作为动力学方程的一个简单应用, 我们考虑当谱分布气体由两个单色部分组成时, 两束孤子的演化满足如下

$$f(x,t;\xi,\eta) = \rho_1(x,t)\delta\left(-\xi-\alpha,\eta-\gamma\right) + \rho_2(x,t)\delta\left(\xi-\alpha,\eta-\gamma\right), \quad (3.11)$$

其中 $\rho_1(x,t)$ 表示快 (或在与载波群速度相关的参考系中向右移动) 孤子 ($\lambda_1 = -\alpha + i\gamma$), $\rho_2(x,t)$ 表示慢孤子 $\lambda_2 = \alpha + i\gamma$ (或者是在左侧移动的孤子). 所有的孤子都有相同的振幅. 当然, 动力学方程中分布函数的理想近似意味着非线性薛定谔方程的原始谱问题中的精确孤子特征值分布在主要特征值 $\lambda = \lambda_i$ 的第 i 个分量附近并且是不相同的, 这样也就阻止了束缚态的形成. 在这种 "单色" 气体中, 孤子的位置在统计上是独立的, 这使得在单位空间间隔内孤子数量服从泊松分布, 其平均密度为 ρ_i[76]. 很明显, 与交叉相互作用相比, 属于同一束的孤子之间的相互作用可以被忽略. 将方程 (3.11) 代入方程 (3.3) 和 (3.10) 中, 我们可以得到 "双束" 动力学方程

$$\frac{\partial \rho_1}{\partial t} + \frac{\partial(s_1\rho_1)}{\partial x} = 0, \quad \frac{\partial \rho_2}{\partial t} + \frac{\partial(s_2\rho_2)}{\partial x} = 0, \quad (3.12)$$

其中束的速度 $s_1 = s(-\alpha,\gamma), s_2 = s(\alpha,\gamma)$ 满足

$$s_1 = 4\alpha + \kappa\rho_2(s_1 - s_2), \quad s_2 = -4\alpha + \kappa\rho_1(s_2 - s_1), \quad (3.13)$$

其中相互作用参数 $\kappa = \dfrac{1}{2\gamma}\ln\left(1 + \dfrac{\gamma^2}{\alpha^2}\right)$ 为正数. 求解方程 (3.13), 可以得到

$$s_1 = 4\alpha\frac{1-\kappa(\rho_1-\rho_2)}{1-\kappa(\rho_1+\rho_2)}, \quad s_2 = -4\alpha\frac{1+\kappa(\rho_1-\rho_2)}{1-\kappa(\rho_1+\rho_2)}. \quad (3.14)$$

根据上述动力学描述的适用条件, 密度必须满足如下不等式

$$\kappa(\rho_1+\rho_2) < 1. \quad (3.15)$$

反之, 根据方程 (3.14) 可以得到

$$\rho_1 = \frac{s_2+4\alpha}{\kappa(s_2-s_1)}, \quad \rho_2 = \frac{s_1-4\alpha}{\kappa(s_1-s_2)}, \quad (3.16)$$

将上述表达式代入方程 (3.12) 中, 可以得到

$$\frac{\partial s_1}{\partial t} + s_2\frac{\partial s_1}{\partial x} = 0, \quad \frac{\partial s_2}{\partial t} + s_1\frac{\partial s_2}{\partial x} = 0, \quad (3.17)$$

它被称为 Chaplygin 气体方程的黎曼不变形式, 除了最初在可压缩气体动力学上的应用外, 最近还发现了其他一些应用. 如果方程 (3.17) 的解已知, 那么相应的密度 ρ_1, ρ_2 可以通过方程 (3.16) 表示为 s_1, s_2 的表达式.

尽管方程 (3.17) 存在一般的解 (见参考文献 [79]), 但是我们仅仅研究快孤子和慢孤子碰撞 (融合) 的物理问题, 即当两种气体在初始时刻分离时, 我们有

$$\begin{array}{ll} \rho_1(x,0) = \rho_{10}(x), & \rho_2(x,0) = 0, \quad \text{当 } x < 0, \\ \rho_1(x,0) = 0, & \rho_2(x,0) = \rho_{20}(x), \quad \text{当 } x > 0, \end{array} \quad (3.18)$$

其中 $\rho_{10}(x) > 0, \rho_{20}(x) > 0$ 为已知函数. 相应地, 方程 (3.17) 的初始数据可以根据方程 (3.14) 给出.

当 $x < 0$ 时, 有

$$s_1(x,0) = 4\alpha, \quad s_2(x,0) = -4\alpha \frac{1 + \kappa \rho_{10}(x)}{1 - \kappa \rho_{10}(x)}. \quad (3.19)$$

当 $x > 0$ 时, 有

$$s_1(x,0) = 4\alpha \frac{1 + \kappa \rho_{20}(x)}{1 - \kappa \rho_{20}(x)}, \quad s_2(x,0) = -4\alpha. \quad (3.20)$$

为了进一步简化问题, 我们考虑两种气体是均匀的情况, 也就是说 $\rho_{10}(x) = \rho_{10}, \rho_{20}(x) = \rho_{20}$, 其中 ρ_{10} 和 ρ_{20} 是常数. 由于在这种情况下, 初始条件和演化方程 (3.17) 都不包含任何长度维数参数, 因此解必须是自相似的, 且仅依赖于变量 x/t. 然而, 很容易看出, 系统 (3.17) 不具有非常数自相似解. 另一方面, 由两个常数 s_1 和 s_2 组成的解不能满足不连续初始条件 (3.19) 和 (3.20). 在激波理论中[233], 这可以通过在解中引入可能的不连续函数来补救. 由于守恒定律 (3.12) 和 (3.14) 的存在, 这里允许出现不连续的 "弱" 解. 因此, 相应的解为三种常数形式, 即 $\{f_1, f_2\}$ 的三种取值: $\{\rho_{10}, 0\}, \{\rho_{1c}, \rho_{2c}\}, \{0, \rho_{20}\}$, 它们由两个跳跃不连续点分隔.

我们将不连续的速度表示为 $c^\pm$, $c^+ < c^-$. 那么解可以表示为

(i) $x < c^- t$,

$$\rho_1 \equiv \rho_1^- = \rho_{10}, \quad \rho_2 \equiv \rho_2^- = 0, \quad (3.21)$$

根据方程 (3.14), 我们有

$$s_1 = s_1^- = 4\alpha, \quad s_2 = s_2^- = -4\alpha \frac{1 + \kappa \rho_{10}}{1 - \kappa \rho_{10}}; \quad (3.22)$$

(ii) $x > c^+ t$:

$$\rho_1 = \rho_1^+ = 0, \quad \rho_2 = \rho_2^+ = \rho_{20}, \quad (3.23)$$

此时我们有

$$s_1 \equiv s_1^+ = 4\alpha \frac{1+\kappa\rho_{20}}{1-\kappa\rho_{20}}, \quad s_2 \equiv s_2^+ = -4\alpha. \tag{3.24}$$

s_2^- 和 s_1^+ 的值可以看作一个组分的试验孤子通过另一个组分的均匀气体的速度. 我们可以根据密度 $\rho_{10} = \kappa^{-1}$ 和 $\rho_{20} = \kappa^{-1}$ 的临界值给出试验孤子的无限速度. 根据上述限制, 我们假设 $\kappa\rho_{10} < 1, \kappa\rho_{20} < 1$.

(iii) $c^-t < x < c^+t$, 在相互作用区域, 令 $\rho_1 \equiv \rho_{1c}, \rho_2 \equiv \rho_{2c}$. 那么可以根据满足守恒定律的跳跃条件 (3.12) 找到未知参数 $\rho_{1c}, \rho_{2c}, c^+, c^-$ 满足的方程

$$\begin{aligned}
-c^- \left[\rho_{1c} - \rho_1^-\right] + \left[\rho_{1c} s_{1c} - \rho_1^- s_1^-\right] &= 0, \\
-c^- \left[\rho_{2c} - \rho_2^-\right] + \left[\rho_{2c} s_{2c} - \rho_2^- s_2^-\right] &= 0, \\
-c^+ \left[\rho_{1c} - \rho_1^+\right] + \left[\rho_{1c} s_{1c} - \rho_1^+ s_1^+\right] &= 0, \\
-c^+ \left[\rho_{2c} - \rho_2^+\right] + \left[\rho_{2c} s_{2c} - \rho_2^+ s_2^+\right] &= 0,
\end{aligned} \tag{3.25}$$

其中

$$\begin{aligned}
s_{1c} &= 4\alpha \frac{1 - \kappa(\rho_{1c} - \rho_{2c})}{1 - \kappa(\rho_{1c} + \rho_{2c})}, \\
s_{2c} &= -4\alpha \frac{1 + \kappa(\rho_{1c} - \rho_{2c})}{1 - \kappa(\rho_{1c} + \rho_{2c})}.
\end{aligned} \tag{3.26}$$

根据方程 (3.21) 和 (3.23), 由方程 (3.25) 可知 $c^- = s_{2c}$ 和 $c^+ = s_{1c}$. 那么 ρ_{1c}, ρ_{2c} 满足类似的方程 (3.21) 和 (3.23), 也就是说

$$\rho_{1c} = \frac{\rho_{10}(1 - \kappa\rho_{20})}{1 - \kappa^2 \rho_{10}\rho_{20}}, \quad \rho_{2c} = \frac{\rho_{20}(1 - \kappa\rho_{10})}{1 - \kappa^2 \rho_{10}\rho_{20}}. \tag{3.27}$$

相应地, 将方程 (3.27) 代入方程 (3.26) 中, 我们可以得到相互作用区域的膨胀速度

$$c^- = s_{2c} = -4\alpha \frac{1 + \kappa\rho_{10}}{1 - \kappa\rho_{10}}, \quad c^+ = s_{1c} = 4\alpha \frac{1 + \kappa\rho_{20}}{1 - \kappa\rho_{20}},$$

这就完成了对解的分析. 和我们所预料的一样, 这些速度是和试验孤子的速度 s_2^- 和 s_1^+ 保持一致的 [见方程 (3.22) 和 (3.24)]. 因此, 我们得到了相互作用区域的边界 $x = c^{\pm}t$, 以及在此区域孤子气体两组分的密度 ρ_{1c}, ρ_{2c}. 特别地, 根据限制条件 (3.15), 可以得到如下的不等式

$$F(\rho_{1c}, \rho_{2c}) = \frac{\rho_{1c} + \rho_{2c}}{\rho_{10} + \rho_{20}} = \frac{1 - \dfrac{2\kappa\rho_{10}\rho_{20}}{\rho_{10} + \rho_{20}}}{1 - \kappa^2 \rho_{10}\rho_{20}} < 1. \tag{3.28}$$

这意味着相互作用区 (混合区) 的总密度总是小于单独组分的密度之和. 由于孤子之间的相互作用, 在不考虑双孤子碰撞引起相移的情况下, 重叠区会以更快的速度扩散, 动力学方程可以对这种效应进行定量描述. 总之, 我们得到了描述致密气体中不相关非线性薛定谔孤子谱分布函数演化的动力学方程. 事实上, 上面所提出的推导过程可以推广到整个 Ablowitz-Kaup-Newell-Segur 簇和其他可积方程簇.

3.2 双向色散流体动力学中的孤子气体

用色散和守恒正则化的双曲守恒律表征的色散流体动力学模型描述了各种非线性波结构, 包括孤立波 (孤子)、色散冲击波、稀疏波, 以及它们之间的相互作用[28]. 色散流体动力学的一个特殊特征是固有的尺度分离, 通常为一些经典的数学和流体动力学问题 (如黎曼问题或过地形流动) 提供了一个崭新的视角, 但同时也引发了新的现象, 如水动力孤子隧穿[145,208] 和膨胀激波.

在小尺度、微观条件上, 色散流体动力学通常包含相干非线性波结构, 如孤子和快速振荡的周期波, 而大尺度、宏观相干特征则表现为这些周期波或孤子列的慢调制. 在可积和不可积系统中, 色散水动力结构表现出的这种两尺度相干的突出例子是色散冲击波, 它是经典粘性激波的色散对应体[72].

在色散流体动力学中还有另一类问题, 它们一般是指在微观尺度上表现出相干性的波结构, 而在宏观尺度上表现出非相干性, 从这个角度来看, 两个距离远大于系统固有色散长度 (孤子宽度) 波场值并不是动态相关的. 这些结构可以广泛地被认为是湍流的色散流体动力学类似物, 而这种保守湍流的定性和定量性质强烈地依赖于底层微观动力学的可积性. 在 [243] 中, Zakharov 引入了由可积方程如 KdV 或非线性薛定谔方程控制的随机非线性波场的 "可积湍流" 概念. 尽管人们可以考虑波场有效随机化的动力机制, 但是可积湍流中随机性的来源通常与某种随机初始或边界条件有关[75,98]. 目前为止, 人们已经证明可积湍流的理论是非常有效的, 这为一些非线性物理问题的研究提供了新的启发, 例如调制不稳定性和怪波的形成[87,196,230]. 事实上, 可积湍流还为解释光纤和流体动力学[42] 中实验和观测数据提供了一个有前途的理论框架.

孤子被视为宏观色散水动力结构的稳定 "波粒子", 它们可以形成大的无序统计系综, 与色散冲击波有显著的不同, 我们将其与经典粒子或量子粒子气体进行类比. 这种统计孤子系综或孤子气体, 既可以通过孤子裂变[223,224] 或调制不稳定性[88] 等过程产生, 也可以从确定的非零边界条件 (如周期或准周期) 和随机初始条件中产生. 应用性很广泛的孤子以及底层波动动力学的可积性质使得孤子气体成为一个特别有吸引力的对象, 它可以用于模拟发生在海洋中的复杂非线性波动现象, 以及光学材料的高强度非相干光的传播 (参见 [77]). 孤子气体中的随机非线性波场代表了可积湍流的一种特殊情况.

在反散射变换过程中, 孤子可以由可积非线性演化方程的线性算子谱的离散特征值 λ_j 刻画. 微观孤子动力学的两个基本理论决定了可积孤子气体和湍流的宏观统计性质: ① 可积演化的等谱性使孤子特征值保持不变; ② 以相互作用孤子的各自谱参数表示存在相移 (或位置移) 的两两弹性碰撞.

孤子气体的宏观性质由态密度 (density of states, DOS) $f(\lambda) > 0$ 的特征谱决定, 此种定义是为了使得在时间 t 时刻, 相位空间 $[\lambda, \lambda+d\lambda] \times [x, x+dx]$ 的孤子数可以表示为 $f(\lambda)d\lambda dx$ (假设 $\lambda \in \mathbb{R}$, 是对复谱的一个简单推广). 态密度代表孤子气体的确切统计特征, 我们需要将其与其他任意随机的孤子集合区分开来. 最近在 [212] 中报道了以可测态密度为特征的第一代可控孤子气体. 近年来, 动力学方程 (3.3) 和 (3.4)在广义水动力学中 (一种量子多体可积系统的水动力理论) 引起了广泛的关注 (见 [51,52,229]).

在色散流体动力学的背景下, 动力学方程 (3.3) 和 (3.4) 描述了由如下形式的标量可积方程描述的 "单向" 孤子气体

$$u_t + F(u)_x = (D[u])_x, \qquad (3.29)$$

其中 $F(u)$ 是非线性双曲通量, $D[u]$ 是微分 (通常是积分微分) 算子, 可能是非线性的, 它会生成实值线性色散关系. 方程 (3.29) 的谱单孤子解由孤子速度 $c(\lambda)$ 和表征 "超越" 双孤子相互作用的相移核 $\Delta(\lambda, \mu)$ 表示. 然而, 方程 (3.29) 的标量可积色散流体动力学行为, 如 KdV、修正 KdV、Camassa-Holm 或 Benjamin-Ono 方程, 通常出现在更一般的欧拉双向系统的小振幅 "单向" 近似中,

$$\rho_t + (\rho u)_x = (D_1[\rho, u])_x, \quad (\rho u)_t + \left[\rho u^2 + P(\rho)\right]_x = (D_2[\rho, u])_x, \qquad (3.30)$$

其中 $D_{1,2}[\rho, u]$ 是色散算子, $P(\rho) > 0$ 是单调增加的压强, ρ 和 u 分别为质量密度和流体速度. 这类方程推广了浅水波和等熵气体动力学方程, 同时包含了许多可积色散水动力模型, 如 Kaup-Boussinesq (KB) 系统[120]、散焦非线性薛定谔方程[117] 的水动力形式, 或描述量子多体系统[5] 的色散流体动力学 Calogero-Sutherland 系统. 由于其传播的双向性, 欧拉色散流体力学 (3.30) 同时存在追赶和相遇弹性碰撞的孤子, 这种碰撞通常由两个不同的相移核 $\Delta_1(\lambda, \mu) \neq \Delta_2(\lambda, \mu)$ 表示. 事实上, 水箱实验中产生的稀薄的双向浅水孤子气体[197,198] 是由 KB 系统[120] 模拟的, 在孤子碰撞[141] 中, 相遇和追赶碰撞表现出不同的性质, 因此可以将相遇碰撞的相互作用描述为 "弱", 而将追赶碰撞的相互作用描述为 "强". 我们把这种碰撞的孤子气体称为 "各向异性的". 另一方面, 一些双向色散流体动力系统存在相遇碰撞以及追赶相互作用 (如散焦非线性薛定谔方程[256]) 的 "各向同性" 碰撞孤子解, 该孤子解具有相同的相移核 $\Delta(\eta, \mu)$.

3.2.1 双向孤子气体的动力学方程

本节利用文献 [73] 中提出的用于描述单向传播的一般物理系统, 推导出可积欧拉色散流体动力学 (3.30) 的动力学方程. 该构造过程使用了原 Zakharov 相移推理[241] 的扩展方法, 严格地说, 文献 [241] 只适用于稀薄气体的情况. 此时, 得到的动力学方程 (3.3) 和 (3.4) 可以用于描述致密气体, 例如对于 KdV 方程[70] 和聚焦非线性薛定谔[77] 方程, 根据有限间隙 Whitham 调制系统的热力学极限对上述问题在数学上给出了证明. 我们关于双向气体的研究结果, 后续将通过相关孤子气体的直接数值模拟得到验证, 从而证明这一推导的有效性.

1. 各向同性和各向异性的双向孤子气体

假设系统 (3.30) 可以用于描述双向孤子解族, 它们源于 (3.30) 两个线性波谱分支 $\omega = \omega_\pm(k)$, 当 $k \to 0$ 时, 有 $\omega_-(k)/k < \omega_+(k)/k$. 不妨假设相对应的孤子族为 (ρ_s^-, u_s^-) 和 (ρ_s^+, u_s^+). 运用实值谱 (反散射) 参数 λ 来刻画孤子解, 令 $\lambda \in \Omega_+$ 代表"快"分支, $\lambda \in \Omega_-$ 代表"慢"分支, 其中 $\Omega_\pm$ 是 $\mathbb{R}$ 的单连通子集, 最多只有一个交点. 进一步令孤子速度为 $c_\pm(\lambda)$. 为方便起见, 不妨假设 $c'_\pm(\lambda) > 0$, 那么当 $\lambda_1 \in \Omega_-, \lambda_2 \in \Omega_+, \lambda_1 \neq \lambda_2$ 时, 我们有 $c_-(\lambda_1) < c_+(\lambda_2)$. 如果 $\Omega_- \cap \Omega_+ = \{\lambda_*\}$, 那么 $c_-(\lambda_*) = c_+(\lambda_*)$. 上述假设与本节所考虑的可积色散流体力学的所有具体例子都是一致的.

我们可以通过以下方式来区分双向传播孤子气体中的两种类型的碰撞: 属于同一谱分支的孤子之间的追赶碰撞, 位置移动分别由 Δ_{++} 和 Δ_{--} 刻画, 属于不同谱分支孤子之间的"相遇"碰撞, 其位置偏移由 Δ_{+-} 和 Δ_{-+} 刻画. 令 $\lambda \neq \mu$, $\Delta_{\pm,\pm}$ 和 $\Delta_{\pm,\mp}$ 分别代表由 μ 孤子碰撞而引起的 λ 孤子的位置移动, 其中下标的第一、二个符号 $\pm$ 分别代表两种不同的 λ 孤子和 μ 孤子, 例如 $\Delta_{-,+}(\lambda, \mu)$ 意味着 λ 孤子和 μ 孤子的碰撞, 其中 $\lambda \in \Omega_-, \mu \in \Omega_+$. 如果 λ 孤子和 μ 孤子相遇碰撞的位置位移满足以下符号条件, 我们称双向传播的孤子气体为"各向同性":

$$\text{sgn}[\Delta_{++}] = \text{sgn}[\Delta_{+-}], \quad \text{sgn}[\Delta_{--}] = \text{sgn}[\Delta_{-+}]. \tag{3.31}$$

也就是说, 不管碰撞类型是追赶碰撞还是相遇碰撞, λ 孤子都出现了特定符号的移动, 比如向前移动 (而对应的 μ 孤子出现的移动则用相反的符号进行表示). 反之, 如果不满足假设条件 (3.31), 也就是说相移的符号取决于碰撞的类型, 我们称相应的孤子气体为"各向异性".

2. 双向孤子气体动力学方程: 一般结构

我们引入两个独立的态密度 $f_-(\lambda; x, t)$ 和 $f_+(\lambda; x, t)$ 分别代表谱参数属于慢 (Ω_-)、快 (Ω_+) 分支的孤子数量. 根据可积演化方程的等谱性, 我们可以导出如下

两个守恒方程

$$(f_-)_t + (s_- f_-)_x = 0, \quad (f_+)_t + (s_+ f_+)_x = 0, \tag{3.32}$$

其中 $s_-(\lambda;x,t), s_+(\lambda;x,t)$ 分别代表与 Ω_- 和 Ω_+ 分支相关的慢孤子和快孤子运动相关的传输速度. 我们利用直接现象学研究方法[73] 推导了 $s_\pm$ 的状态方程, 假设 $s_\pm(\lambda;x,t)$ 为气体中 λ 孤子的速度. 例如, 考虑一个来自慢分支的 λ 孤子, $\lambda \in \Omega_-$, 计算它在气体 "介观" 时间区间 dt 内的位移. 假如这个时间区间足够大, 那么它就可以包含大量的碰撞, 如果足够小, 那么可以确保时空场 $f_\pm(\lambda;x,t)$ 在 dt 上是平稳的, 并且在空间尺度 $c_\pm(\lambda)dt$ 上是均匀的. 为方便起见, 在下面书写过程中舍去对参数 (x,t) 的依赖. 对于与同一分支 $\mu \in \Omega_-$ 孤子发生碰撞的 λ 孤子, 每发生一次追赶碰撞, λ 孤子就会移动 $\Delta_{--}(\lambda,\mu)$ 距离. 由此可以给出追赶碰撞 λ 孤子在时间 dt 上的位移为 $\int_{\Omega_-} \Delta_{--}(\lambda,\mu)f_-(\mu)|s_-(\lambda) - s_-(\mu)|dtd\mu$, 其中 $f_-(\mu)|s_-(\lambda) - s_-(\mu)|dt$ 是与 μ 孤子碰撞的平均次数[78]. 此外, 每一次和快孤子 $\mu \in \Omega_+$ 的相遇碰撞都会使得慢孤子 $\lambda \in \Omega_-$ 发生的位移为 $\Delta_{-+}(\lambda,\mu)$, 那么一段时间 dt 之后的位移为 $\int_{\Omega_+} \Delta_{-+}(\lambda,\mu)f_+(\mu)|s_+(\lambda) - s_-(\mu)|dtd\mu$, 类似的结果也可以适用于快孤子分支 $\lambda \in \Omega_+$ 中. 将慢孤子和快孤子的总位移代入 $s_-(\lambda)dt$ 和 $s_+(\lambda)dt$ 中, 可以得到双向气体的状态方程, 其形式为两个耦合的状态方程:

$$\begin{aligned}
s_-(\lambda) &= c_-(\lambda) + \int_{\Omega_-} \Delta_{--}(\lambda,\mu)f_-(\mu)|s_-(\lambda) - s_-(\mu)|d\mu \\
&\quad + \int_{\Omega_+} \Delta_{-+}(\lambda,\mu)f_+(\mu)|s_-(\lambda) - s_+(\mu)|d\mu, \\
s_+(\lambda) &= c_+(\lambda) + \int_{\Omega_+} \Delta_{++}(\lambda,\mu)f_+(\mu)|s_+(\lambda) - s_+(\mu)|d\mu \\
&\quad + \int_{\Omega_-} \Delta_{+-}(\lambda,\mu)f_-(\mu)|s_+(\lambda) - s_-(\mu)|d\mu,
\end{aligned} \tag{3.33}$$

其中第一个方程中 $\lambda \in \Omega_-$, 第二个方程中 $\lambda \in \Omega_+$.

如果谱 $\Omega = \Omega_- \cup \Omega_+ \subset \mathbb{R}$ 是单连通集并且气体是各同性的, 那么我们没有必要区分快分支和慢分支, 双向孤子气体的动力学方程 (3.32) 和 (3.33) 自然地简化为在整个集合 Ω 上定义的单个单向气体方程 (3.3) 和 (3.4).

3. 双向孤子气体动力学方程: 实例

作为一个典型的 (与物理相关的) 例子, 我们考虑可积欧拉色散流体力学方程

3.2 双向色散流体动力学中的孤子气体

$$\rho_t + (\rho u)_x = 0,$$
$$(\rho u)_t + \left(\rho u^2 + \frac{\rho^2}{2}\right)_x = \frac{\sigma}{4}\left[\rho(\ln\rho)_{xx}\right]_x, \qquad (3.34)$$
$$\sigma = \pm 1.$$

当 $\sigma = 1$ 时, 系统 (3.34) 等价于散焦非线性薛定谔方程:

$$\mathrm{i}\Psi_t + \frac{1}{2}\Psi_{xx} - |\Psi|^2\Psi = 0, \quad \Psi = \sqrt{\rho}\exp\left(\mathrm{i}\int u dx\right). \qquad (3.35)$$

散焦非线性薛定谔方程在物理方面有很多的应用. 特别地, 它描述了光束在正常色散状态下通过光纤的传播, 以及在准一维斥性玻色-爱因斯坦凝聚体 (Bose-Einstein condensates, BECs) 中的非线性物质波 (参见, 例如 [237]). 在目前的背景下, 已经给出了准一维玻色- 爱因斯坦凝聚体中稀薄气体暗孤子等相关研究[200,232].

散焦非线性薛定谔方程具有如下形式的暗 (或灰色) 孤子解[256]

$$\rho_s^\pm = 1 - \left(1-\lambda^2\right)\mathrm{sech}^2\left[\sqrt{1-\lambda^2}\left(x - c_\pm t\right)\right],$$
$$u_s^\pm = \lambda\left(1 - \frac{1}{\rho_s^\pm(x,t)}\right), \quad c_\pm = \lambda \in \Omega_\pm, \qquad (3.36)$$

其中 $\Omega_- = (-1,0]$ 代表慢孤子分支, $\Omega_+ = [0,+1)$ 代表快孤子分支; 注意到方程两种类型的解 (ρ_s^+, u_s^+) 和 (ρ_s^-, u_s^-) 有类似的解析表达式. 不失一般性, 我们假设 (3.36) 背景模为 1, 那么可以得到散焦非线性薛定谔方程追赶和相遇碰撞中的位置偏移分别为 $\Delta_{\pm\pm}(\lambda,\mu) = \Delta_{\pm\mp}(\lambda,\mu) \equiv \Delta(\lambda,\mu)$, 其中

$$\Delta(\lambda,\mu) = \mathrm{sgn}(\lambda-\mu)G_1(\lambda,\mu),$$
$$G_1(\lambda,\mu) \equiv \frac{1}{2\sqrt{1-\lambda^2}}\ln\frac{(\lambda-\mu)^2 + \left(\sqrt{1-\lambda^2}+\sqrt{1-\mu^2}\right)^2}{(\lambda-\mu)^2 + \left(\sqrt{1-\lambda^2}-\sqrt{1-\mu^2}\right)^2}, \qquad (3.37)$$

其中 λ,μ 属于任意的 $(-1,1)$. 进一步地, 我们可以证明由方程 (3.37) 给出的孤子位移满足各向同性条件 $\mathrm{sgn}[\Delta_{++}] = \mathrm{sgn}[\Delta_{+-}]$, $\mathrm{sgn}[\Delta_{--}] = \mathrm{sgn}[\Delta_{-+}]$. 由于散焦非线性薛定谔方程孤子相互作用的各向同性, 将双向散焦非线性薛定谔方程气体的耦合动力学方程 (3.32) 和 (3.33) 简化为单动力学方程 (3.3), 相应的状态方程为

$$s(\lambda;x,t) = \lambda + \int_{-1}^{+1} G_1(\lambda,\mu)f(\mu;x,t)[s(\lambda;x,t) - s(\mu;x,t)]d\mu, \qquad (3.38)$$

其中 $\lambda \in (-1, 1)$, $s'(\lambda) > 0$. 这种简化为单向情况的思想类似于在文献 [77] 中导出的聚焦非线性薛定谔方程中双向孤子和呼吸子气体的动力学方程, 该方程也表现出各向同性孤子和呼吸子气体碰撞, 其本质区别在于聚焦非线性薛定谔方程情况下的积分发生在谱参数复杂平面上的一个紧区域上.

当 $\sigma = -1$ 时, 方程 (3.34) 等价于所谓的共振非线性薛定谔方程[139]

$$\mathrm{i}\Psi_t + \frac{1}{2}\Psi_{xx} - |\Psi|^2\Psi = \frac{|\Psi|_{xx}}{|\Psi|}\Psi,$$

$$\Psi = \sqrt{\rho}\exp\left(\mathrm{i}\int u dx\right). \tag{3.39}$$

特别地, 这个方程可以用于描述低温等离子体中的长磁声波在磁场中传播[97]. 变量变换

$$\hat{\rho} = \rho + \frac{1}{2}\left(u + \frac{\rho_x}{2\rho}\right)_x, \quad \hat{u} = u + \frac{\rho_x}{2\rho},$$

$$\hat{x} = \frac{2}{\sqrt{3}}x, \quad \hat{t} = \frac{2}{\sqrt{3}}t \tag{3.40}$$

将共振非线性薛定谔方程转化为 Kaup-Boussinesq 系统[120]

$$\hat{\rho}_{\hat{t}} + (\hat{\rho}\hat{u})_{\hat{x}} = -\frac{\hat{u}_{\hat{x}\hat{x}\hat{x}}}{3}, \quad \hat{u}_{\hat{t}} + \hat{u}\hat{u}_{\hat{x}} + \hat{\rho}_{\hat{x}} = 0, \tag{3.41}$$

其可以用来描述双向浅水波. Kaup-Boussinesq 系统有一个反暗孤子解族[260], 根据变量变换 (3.40), 可以得到共振非线性薛定谔方程的反暗孤子解:

$$\rho_s^\pm = 1 + (\lambda^2 - 1)\operatorname{sech}^2\left[\sqrt{\lambda^2 - 1}(x - c_\pm t)\right],$$

$$u_s^\pm = \lambda\left(1 - \frac{1}{\rho_s^\pm(x,t)}\right), \quad c_\pm = \lambda \in \Omega_\pm. \tag{3.42}$$

不难看出孤子解 (ρ_s^+, u_s^+) 和 (ρ_s^-, u_s^-) 有相同的解析性, 在 [139] 中也得到了这些解.

与散焦非线性薛定谔系统相比, 共振非线性薛定谔方程孤子的谱集由两个不连通的子集张成, 其中 $\Omega_- = (-\infty, -1)$ 对应慢孤子, $\Omega_+ = (+1, +\infty)$ 对应快孤子. 与散焦非线性薛定谔方程相似的是, 相遇和追赶碰撞中的位置偏移也可以通过相同的解析表达式给出 $\Delta_{\pm\pm}(\lambda, \mu) = \Delta_{\pm\mp}(\lambda, \mu) \equiv \Delta(\lambda, \mu)$, 通过变量变换 (3.40), 我们可以导出 Kaup-Boussinesq 孤子的相移为

$$\Delta(\lambda,\mu) = \mathrm{sgn}(\lambda-\mu)G_2(\lambda,\mu),$$

$$G_2(\lambda,\mu) \equiv \frac{1}{2\sqrt{\lambda^2-1}}\ln\frac{(\lambda-\mu)^2-\left(\sqrt{\lambda^2-1}+\sqrt{\mu^2-1}\right)^2}{(\lambda-\mu)^2-\left(\sqrt{\lambda^2-1}-\sqrt{\mu^2-1}\right)^2}. \tag{3.43}$$

然而, 我们可以证明和散焦非线性薛定谔方程不同的是, 各同向性条件 $\mathrm{sgn}[\Delta_{++}] = \mathrm{sgn}[\Delta_{+-}]$, $\mathrm{sgn}[\Delta_{--}] = \mathrm{sgn}[\Delta_{-+}]$ 不再满足. 事实上, 根据方程 (3.43), 我们有 $\mathrm{sgn}\,[\Delta_{\pm\pm}(\lambda,\mu)] = \mathrm{sgn}(\lambda-\mu)$, 但是 $\mathrm{sgn}[\Delta_{\pm\mp}(\lambda,\mu)] = -\mathrm{sgn}(\lambda-\mu)$, 这种情况是由 λ 孤子和 μ 孤子碰撞产生的, 并且当 $\lambda > \mu$ 时, λ 孤子的位置向后移动. 因此我们可以看出它与散焦非线性薛定谔方程中的变量 $\Delta_{\pm\mp}(\lambda,\mu)$ 在本质上是不同的.

因此, 各向异性共振非线性薛定谔方程孤子气体的动力学方程有两个连续方程 (3.32) 的形式, 其补充形式为如下耦合方程

$$\begin{aligned}
s_-(\lambda) &= \lambda + \int_{-\infty}^{-1} G_2(\lambda,\mu)f_-(\mu)\left[s_-(\lambda)-s_-(\mu)\right]d\mu \\
&\quad + \int_{+1}^{\infty} G_2(\lambda,\mu)f_+(\mu)\left[s_-(\lambda)-s_+(\mu)\right]d\mu, \\
s_+(\lambda) &= \lambda + \int_{+1}^{+\infty} G_2(\lambda,\mu)f_+(\mu)\left[s_+(\lambda)-s_+(\mu)\right]d\mu \\
&\quad + \int_{-\infty}^{-1} G_2(\lambda,\mu)f_-(\mu)\left[s_+(\lambda)-s_-(\mu)\right]d\mu,
\end{aligned} \tag{3.44}$$

其中不妨假设 $s'_\pm(\lambda) > 0, s_+ > s_-$. 需要注意的是, 对于 Kaup-Boussinesq 系统, λ 孤子与 μ 孤子碰撞后的相位为: $2/\sqrt{3} \times \mathrm{sgn}(\lambda-\mu)G_2(\lambda,\mu)$. 因此, 共振非线性薛定谔方程和 Kaup-Boussinesq 孤子气体具有相同的各向异性动力学特征.

4. 双向孤子气体中波场的系综平均

各向异性情况下的态密度 $f(\lambda)$[$f_\pm(\lambda)$ 在各向异性情况下] 代表了一个综合的谱特性, 原则上决定了孤子气体中非线性随机波场 $[\rho(x,t), u(x,t)]$ 的所有统计参数. 这类统计参数中最明显的一组是守恒量的系综平均. 我们注意到对于 KdV 孤子气体来说, 相对应的平均 $\langle u \rangle$, $\langle u^2 \rangle$ 是根据态密度[71] 并应用有限间隙积分法的方法得到的. 在本节中, 我们提出了一个更为简单的方法, 使人们能够将谱态密度 $f(\lambda)$ [或 $f_\pm(\lambda)$] 与可积系统守恒量系综平均 (3.30) 连接起来. 例如, 我们考虑了欧拉系统 (3.30) 前三个守恒密度: ρ, u 和 ρu. 我们首先考虑齐次孤子气体的统计性质, 特别是态密度不依赖于 x, t 的气体. 这里提出的方法基于一个自然假设, 即均匀孤子气体中的非线性波场在 x 和 t 中都是遍历随机过程的 (顺便指出, 遍历

性在基于有限间隙理论的孤子气体模型中是固有的; 如文献 [80, 156, 204]). 遍历性意味着孤子气体中的系综平均 $\langle\rho(x,t)\rangle, \langle u(x,t)\rangle$ 和 $\langle\rho(x,t)u(x,t)\rangle$ 可以被相应的空间平均所代替. 一般来说, 对于任何泛函 $H[\rho(x,t), u(x,t)]$, 有

$$\langle H[\rho, u]\rangle = \lim_{L\to\infty} \frac{1}{2L} \int_{x-L}^{x+L} H[\rho(y,t), u(y,t)]dy, \tag{3.45}$$

它是孤子气体的单一表现形式. 下面将给出更为详细的过程来推导 $\langle\rho\rangle, \langle u\rangle$ 以及 $\langle\rho u\rangle$.

假设孤子气体处于一个恒定的背景 $(\rho, u) = (\rho_0, u_0)$ [不失一般性, 假设 $(\rho_0, u_0) = (1, 0)$]. 设 $\langle\rho\rangle = \rho_0 + \langle\eta\rangle$, 其中 $\eta = \rho - \rho_0$. 我们考虑了一般的各向异性孤子气体由两个态密度 $f_-(\lambda), f_+(\lambda)$ 表示的情形. 定义

$$I = \int_{x-L}^{x+L} \eta(y,t)dy, \tag{3.46}$$

其中 $L \gg 1$, 那么我们有 $\langle\rho\rangle = \rho_0 + I/(2L) + \mathcal{O}(L^{-1})$.

令 $[\rho(y,t), u(y,t)]$ 是色散系统 (3.30) 孤子气体, $[\bar{\rho}(y,t), \bar{u}(y,t)]$ 为时刻 $t = t_*$ 时的值, 当 $y \in (x-L, x+L)$ 时, 我们有 $[\bar{\rho}(y,t_*), \bar{u}(y,t_*)] = [\rho(y,t_*), u(y,t_*)]$, 在区域外, 我们有 $[\bar{\rho}(y,t_*), \bar{u}(y,t_*)] = [\rho_0, 0]$. 为了避免计算的复杂性, 我们假设这两种行为之间的转换是足够快且平滑的, 这样孤子气体的 "窗口" 部分可以近似为方程 (3.30) 的 N-孤子解, 其中 $N \gg 1$, 相应的反散射理论的离散谱分布在 Ω_- 和 Ω_+ 上, 密度分别为 $2Lf_-(\lambda)$ 和 $2Lf_+(\lambda)$. 那么方程 (3.46) 可以改写为

$$I = \int_{-\infty}^{+\infty} \bar{\eta}(y,t)dy, \quad \bar{\eta}(y,t) = \bar{\rho}(y,t) - \rho_0. \tag{3.47}$$

由于 I 是一个守恒量, 因此我们可知积分方程 (3.47) 是不依赖于时间变量 t 的. 特别地, 当 $t = \tau \gg t_*$ 时, 解 $[\bar{\rho}(y,\tau), \bar{u}(y,\tau)]$ 可以渐近地表示空间分离良好的孤子序列 $\rho_s^{\pm}, u_s^{\pm}$ 在背景上的传播. 在这种情况下, I 可以表示为

$$I = \sum_i \int_{-\infty}^{+\infty} \left[\rho_s^-(y - \lambda_i\tau - y_i; \lambda_i) - \rho_0\right] dy$$
$$+ \sum_j \int_{-\infty}^{+\infty} \left[\rho_s^+(y - \lambda_j\tau - y_j; \lambda_j) - \rho_0\right] dy, \tag{3.48}$$

其中 λ_i, λ_j 是谱参数, y_i, y_j 为 $\pm$ 孤子的初始相位. 谱参数是由可积方程 (3.30) 所给出的, $\lambda_{i,j}$ 为 $\Omega_{\pm}$ 上的分布, 相对应的密度函数为任意 t 上的 $2Lf_{\pm}(\lambda)$. 令 $\bar{\eta}_{\pm}$

3.2 双向色散流体动力学中的孤子气体

表示孤子解 $\rho_s^\pm(x - \lambda t; \lambda) - \rho_0$ 的质量,

$$\bar{\eta}_\pm(\lambda) = \int_{-\infty}^{+\infty} \left[\rho_s^\pm(y; \lambda) - \rho_0\right] dy. \tag{3.49}$$

由此可以看出质量只依赖于 λ. 当 $\rho_s^\pm$ 指数衰减到 ρ_0 时, 积分方程 (3.49) 是收敛的. 为方便起见, 我们引入新的记号 $I = \sum_i \bar{\eta}_-(\lambda_i) + \sum_j \bar{\eta}_+(\lambda_j)$. 取连续极限可得 $\sum_i \to \int_{\Omega_-} d\lambda 2L f_-(\lambda)$ 和 $\sum_j \to \int_{\Omega_+} d\lambda 2L f_+(\lambda)$, 那么有

$$\frac{I}{2L} = \int_{\Omega_-} \bar{\eta}_-(\lambda) f_-(\lambda) d\lambda + \int_{\Omega_+} \bar{\eta}_+(\lambda) f_+(\lambda) d\lambda,$$

由此可以得到运动量 $\langle \rho \rangle$ 的表达式

$$\langle \rho(x,t) \rangle = \rho_0 + \int_{\Omega_-} \bar{\eta}_-(\lambda) f_-(\lambda) d\lambda + \int_{\Omega_+} \bar{\eta}_+(\lambda) f_+(\lambda) d\lambda. \tag{3.50}$$

类似地, 我们可以得到另外两个运动量表达式

$$\begin{aligned}\langle u(x,t) \rangle &= \int_{\Omega_-} \bar{u}_-(\lambda) f_-(\lambda) d\lambda + \int_{\Omega_+} \bar{u}_+(\lambda) f_+(\lambda) d\lambda, \\ \langle \rho(x,t) u(x,t) \rangle &= \int_{\Omega_-} \overline{\rho u}_-(\lambda) f_-(\lambda) d\lambda + \int_{\Omega_+} \overline{\rho u}_+(\lambda) f_+(\lambda) d\lambda,\end{aligned} \tag{3.51}$$

其中 $\bar{u}_\pm(\lambda) = \int u_s^\pm(\lambda; y) dy, \overline{\rho u}_\pm(\lambda) = \int \rho_s^\pm(\lambda; y) u_s^\pm(\lambda; y) dy$. 进一步地, 三个运动量可以改写为如下等价形式

$$\begin{aligned}\langle \rho(x,t) \rangle &= \rho_0 + \int_\Omega \bar{\eta}(\lambda) f(\lambda) d\lambda, \\ \langle u(x,t) \rangle &= \int_\Omega \bar{u}(\lambda) f(\lambda) d\lambda, \\ \langle \rho(x,t) u(x,t) \rangle &= \int_\Omega \overline{\rho u}(\lambda) f(\lambda) d\lambda.\end{aligned} \tag{3.52}$$

本节所提出的方法只需要对单个孤子解进行积分, 因此可以很容易地应用于任何有孤子解存在的可积色散流体动力系统. 综上所述, 我们注意到, 上述简单方法应用于 KdV 方程, 对于随机场的均值和均方给出了与有限带理论[70,71] 完全相同

的结果. 这也解释了为什么在 [71] 导出的高密度气体中 KdV 孤子矩的对应解析表达式与稀薄气体中 [58] 中得到的对应表达式一致 (类似的修正 KdV 方程结果见 [204]).

在上述考虑均匀孤子气体时, 系综平均 (3.45) 是常数. 对于非均匀气体, 态密度是 x, t 的一个缓慢变化的函数, 系综平均也是如此, 现在需要按照调制理论将系综平均解释为 "局部平均". 本质上, 我们引入了一个介观尺度, 这个尺度比典型的孤子宽度大得多, 比态密度变化的空间尺度小得多, 因此态密度在任何区间 $(x-\ell, x+\ell)$ 上近似恒定. 然后将恒定的系综平均 (3.45) 替换为缓慢变化的量:

$$\langle H[\rho, u]\rangle_\ell(x,t) = \frac{1}{2\ell}\int_{x-\ell}^{x+\ell} H[\rho(y,t), u(y,t)]dy. \tag{3.53}$$

局部平均 $\langle H[\rho, u]\rangle_\ell$ 的领头项并不依赖于 ℓ, 它们的时空变化发生在 x 和 t 尺度上, 这些尺度说明 $f(\lambda)$ 的变化比 ρ, u 的变化大得多. $\langle\rho\rangle, \langle u\rangle, \langle\rho u\rangle$ 在非齐次孤子气体中的定义为方程 (3.50)-(3.51), 相应地, 态密度 $f_\pm(\lambda)$ 需要被替代为方程 (3.32) 和 (3.33) 中的解 $f_\pm(\lambda; x, t)$. 这一方法将在 3.2.2 节中使用, 我们将研究动力学方程黎曼问题解中产生的非齐次孤子气体的动力学行为.

3.2.2 多组分双向孤子气体: 黎曼问题

1. 流体动力学约化

通常来说, 我们很难求出积分方程 (3.4) 的解, 这种解强烈地依赖于相互作用核的特定形式. 对于一些特定的孤子气体, 可以得到聚焦非线性薛定谔方程的一些特殊解析解[77]. 同时, 文献 [73,74,181] 结果表明, 如果允许态密度 $f(\lambda; x, t)$ 或 $f_\pm(\lambda; x, t)$ 对孤子谱参数 λ 的离散化, 则该问题可以大大简化. 我们在下文中采用这种简化方法, 并考虑由有限数量的不同组分 (称为单色或冷组分) 组成的孤子气体. 接下来, 我们仅考虑一般的各向异性描写的气体. 各向同性的气体可以类似地推导出. 假设双向孤子气体由 "−" 孤子支的 n_- 不同分量和 "+" 孤子支的 n_+ 不同分量组成, 即

$$\begin{aligned} f_-(\lambda, x, t) &= \sum_{i=1}^{n_-} F_i(x,t)\delta(\lambda - \Lambda_i), \\ f_+(\lambda, x, t) &= \sum_{i=n_-+1}^{n_-+n_+} F_i(x,t)\delta(\lambda - \Lambda_i), \end{aligned} \tag{3.54}$$

其中 $c_\pm(\Lambda_i) < c_\pm(\Lambda_{i+1})$, Λ_i 是不同分量中的孤子参数, δ 是 Dirac δ-函数. 为了方便读者阅读, 我们不再指出组分 F_i 所属的分支. 此外, 我们不再显式地指出 F_i

对 (x,t) 的依赖性. 如文献 [36,77] 中所指出的, 多分量拟设 (3.54) 是一个理想化的数学模型; 物理上, 我们可以将 δ 函数替换为围绕谱点 Λ_i 的狭窄分布.

拟设 (3.54) 将分布 $[f_-(\lambda), f_+(\lambda)]$ 转化为 $n = (n_- + n_+)$ 维向量 $F = (F_1, \cdots, F_n)$. 因此方程 (3.32) 约化为 n 维水动力 (拟线性) 守恒方程:

$$(F_i)_t + (S_i F_i)_x = 0, \quad i = 1, \cdots, n, \tag{3.55}$$

其中 $S_i(x,t) = s_{\pm_i}(\Lambda_i, x, t)$, $\pm_i$ 表示孤子 Λ_i 的分支. 对于 S_i, 耦合状态方程 (3.33) 化简为 n 阶线性代数系统:

$$S_i = C_i + \sum_{j \neq i} \Delta(\Lambda_i, \Lambda_j) F_j |S_i - S_j|, \quad C_i = c_{\pm_i}(\Lambda_i). \tag{3.56}$$

对于非线性薛定谔方程, 我们可以得到如下的线性系统

$$S_i = C_i + \sum_{j \neq i} G_{ij} F_j (S_i - S_j), \quad G_{ij} = G(\Lambda_i, \Lambda_j). \tag{3.57}$$

为了简化讨论, 我们将重点讨论一个系统. 各向异性孤子气体和各向同性孤子气体都可以用同一个系统 (3.55), (3.56) 来描述, 对于散焦非线性薛定谔方程的孤子气体, 我们有 $G_{ij} = G_1(\Lambda_i, \Lambda_j) > 0$, 对于共振非线性薛定谔方程的孤子气体我们有 $G_{ij} = G_2(\Lambda_i, \Lambda_j) \in \mathbb{R}$. 根据线性系统 (3.56) 的共振解可以产生一个解 $S_i(F)$, 使得系统 (3.55) 成为拟线性的:

$$(F_i)_t + [S_i(F) F_i]_x = 0. \tag{3.58}$$

根据文献 [74,181] 可知, 系统 (3.58) 是一个线性退化可积系统, 其通解可用广义速矢图方法求得[226]. 特别地, 该流体动力系统的特征速度与平均速度 S_i 重合.

最后, 运动量的表达式 $\langle \rho \rangle, \langle u \rangle$ 和 $\langle \rho u \rangle$ 可以表示为

$$\langle \rho(x,t) \rangle = \rho_0 + \sum_{i=1}^{n} \bar{\eta}(\Lambda_i) F_i(x,t),$$

$$\langle u(x,t) \rangle = \sum_{i=1}^{n} \bar{u}(\Lambda_i) F_i(x,t), \tag{3.59}$$

$$\langle \rho(x,t) u(x,t) \rangle = \sum_{i=1}^{n} \overline{\rho u}(\Lambda_i) F_i(x,t).$$

对于非线性薛定谔方程来说, 系数 $\bar{\eta}, \bar{u}$ 和 $\overline{\rho u}$ 见表 3.1.

表 3.1　非线性薛定谔方程对应的 $\bar{\eta}, \bar{u}, \overline{\rho u}$

方程	$\bar{\eta}(\lambda)$	$\bar{u}(\lambda)$	$\overline{\rho u}(\lambda)$
DNLS($\sigma = +1$)	$-2\sqrt{1-\lambda^2}$	$2\arcsin(\lambda) - \pi\,\mathrm{sgn}\,(\lambda)$	$-2\lambda\sqrt{1-\lambda^2}$
RNLS($\sigma = -1$)	$2\sqrt{\lambda^2-1}$	$2\mathrm{sgn}(\lambda)\,\mathrm{arcosh}(\lambda)$	$2\lambda\sqrt{\lambda^2-1}$

DNLS: 散焦 NLS; RNLS: 共振 NLS

当 $n \leqslant 3$ 时, 方程 (3.59) 可以用于从运动量 $\langle\rho\rangle, \langle u\rangle, \langle\rho u\rangle$ 得到态密度分量.

2. 激波管问题

现在我们把重点放在流体动力系统 (3.56) 和物理相关的黎曼问题上. 系统 (3.58) 描述了两种均匀态孤子气体的相互作用动力学行为 $F^{\mathrm{L}} \in \mathbb{R}^n, F^{\mathrm{R}} \in \mathbb{R}^n$, 初始值满足

$$F(x,0) = \begin{cases} F^{\mathrm{L}}, & \text{如果 } x < 0 \\ F^{\mathrm{R}}, & \text{如果 } x \geqslant 0. \end{cases} \tag{3.60}$$

谱分布 (3.60) 对应于孤子气体激波管问题, 这是经典气体动力学标准激波管问题的模拟. 激波管问题为我们的动力学理论提供了一个很好的基础, 可以通过选择适当数量的组分来研究追赶和相遇碰撞.

我们在这里强调, 初始条件 (3.60) 构成了动力学方程 (3.58) 的黎曼问题, 而不是原始的色散流体动力学系统 (3.30) 的黎曼问题, 这类似于最近在 [85, 207] 中引入的所谓的广义黎曼问题. 我们有时将问题 (3.60) 和 (3.58) 称为"谱黎曼问题", 因为它本质上描述了孤子气体谱成分的时空演化.

文献 [36, 73, 77] 研究了 KdV 和聚焦非线性薛定谔双组分孤子气体 ($n = 2$) 的激波管问题, 文献 [23, 37, 44, 50, 129] 研究了广义流体力学背景下的 n 组分孤子气体激波管问题. 此外, 这里还提出了 n 组分双向各向异性孤子气体的问题. 我们考虑的与广义流体动力学方程的一个重要区别是, 我们不仅通过动力学方程的解对孤子气体的谱特征感兴趣, 而且 (并最终) 对与这些解相关的经典非线性波场的描述感兴趣.

由于问题的尺度不变性 [动力学方程 (3.58) 和初始条件 (3.60) 对于变换 $x \to Cx, t \to Ct$ 都是不变的], 其解是一个自相似分布 $F(x/t)$. 由于拟线性系统 (3.58) 的线性简并性, 其唯一可能的解是被不连续点 (例如 [199]) 分隔开的常数. 在物理上, 不连续弱解是可以接受的, 因为动力学方程说明了在任何给定的光谱区间内的孤子数量守恒, 并且可以采用 Rankine-Hugoniot 类型的条件来确保不连续点上的孤子数量守恒. 黎曼问题的解由 $n + 1$ 个常数状态或平台组成, 被 n 个不连续点隔开 (例如 [135]):

3.2 双向色散流体动力学中的孤子气体

$$F_i(x,t) = \begin{cases} F_i^1 = F_i^{\mathrm{L}}, & x/t < Z_1, \\ \vdots \\ F_i^j, & Z_{j-1} \leqslant x/t < Z_j, \\ \vdots \\ F_i^{n+1} = F_i^{\mathrm{R}}, & Z_n \leqslant x/t, \end{cases} \quad (3.61)$$

其中指标 i 表示向量 F 的第 i 个分量, 指数 j 表示状态指标数. 为了清晰起见, 我们将上标 $j=1$ 标记为 "L" (左边界条件), 将 $j=n+1$ 标记为 "R" (右边界条件). 此外, 稳定值 F_i^j 的指数 j 将以罗马数字的形式写在后面的例子中. 以一定特征速度传播的特征不连续面可以表示为[135]

$$Z_j = S_j(F_1^j, \cdots, F_n^j) = S_j(F_1^{j+1}, \cdots, F_n^{j+1}), \quad (3.62)$$

其中稳定值 F_i^j 由 Rankine-Hugoniot 跳跃条件给出:

$$-Z_j[F_i^{j+1} - F_i^j] + [S_i(F_1^{j+1}, \cdots, F_n^{j+1})F_i^{j+1} - S_i(F_1^j, \cdots, F_n^j)F_i^j] = 0, \quad (3.63)$$

其中 $i,j = 1, \cdots, n$. 当 $i = j$ 时, Rankine-Hugoniot 条件完全满足 (3.62). 在密度为 $F = (F_1^j, \cdots, F_n^j)$ 的孤子气体中, 可以将接触不连续面 Z_j 的速度表示为参数为 Λ_j 的试验孤子的传播速度.

需要注意的是, 如果孤子没有相互作用, 那么分量 $\lambda = \Lambda_i$ 的初始跳跃分布 $F_i(x,0)$ 将以自由孤子速度 C_i 进行传播, 即

$$F_i^{\mathrm{free}}(x,t) = \begin{cases} F_i^{\mathrm{L}}, & x/t < C_i, \\ F_i^{\mathrm{R}}, & C_i \leqslant x/t, \end{cases} \quad i = 1, \cdots, n,$$

它是与解 (3.61) 不同的. 为了证明解 (3.61), (3.62), (3.63) 的有效性, 我们接下来将对二组分孤子气体的散焦非线性薛定谔方程和共振非线性薛定谔方程的黎曼问题进行数值研究.

3. 二分量孤子气体

下面我们考虑具有参数 Λ_1, Λ_2 的两组分孤子气体之间的相互作用 (不妨假设 $S_1 < S_2$), 当 $n = 2$ 时, 方程 (3.56) 等价于

$$\begin{aligned} S_1(F_1, F_2) &= \frac{(1 - G_{21}F_1)C_1 - G_{12}F_2C_2}{1 - G_{21}F_1 - G_{12}F_2}, \\ S_2(F_1, F_2) &= \frac{(1 - G_{12}F_2)C_2 - G_{21}F_1C_1}{1 - G_{21}F_1 - G_{12}F_2}. \end{aligned} \quad (3.64)$$

正如文献 [73] 所叙述的那样, 为确保方程 (3.64) 的有效合理性, 密度 F_1 和 F_2 必须满足下列不等式:

$$G_{21}F_1 + G_{12}F_2 < 1. \tag{3.65}$$

不妨假设这个条件对于以后态密度的分析总是成立的. 假设 $F_1^L = F_2^R = 0$ 以及 $F_1^R = F_2^L = \zeta_0$: $x < 0$ 的区域最初只包含 Λ_2 孤子, $x > 0$ 区域包含较慢的 Λ_1 孤子. 由于 $S_1 < S_2$, 因此这两个孤子是会发生相互作用的. 根据不等式 (3.65), 我们可知 $G_{12}\zeta_0, G_{21}\zeta_0 < 1$. 那么方程 (3.61) 的解存在三种不同类型的稳定态:

$$F_i(x,t) = \begin{cases} F_i^{\mathrm{I}} = \delta_{i,2}\zeta_0, & x/t < Z_1, \\ F_i^{\mathrm{II}}, & Z_1 \leqslant x/t < Z_2, \\ F_i^{\mathrm{III}} = \delta_{i,1}\zeta_0, & Z_2 \leqslant x/t, \end{cases} \tag{3.66}$$

其中 $i \in \{1, 2\}$, 中间稳定态的值为

$$F_1^{\mathrm{II}} = \frac{[1 - G_{12}\zeta_0]\zeta_0}{1 - G_{12}G_{21}\zeta_0^2}, \quad F_2^{\mathrm{II}} = \frac{[1 - G_{21}\zeta_0]\zeta_0}{1 - G_{12}G_{21}\zeta_0^2}, \tag{3.67}$$

不连续处的速度为

$$\begin{aligned} Z_1 &= S_1(0, \zeta_0) = \frac{C_1 - G_{12}\zeta_0 C_2}{1 - G_{12}\zeta_0}, \\ Z_2 &= S_2(\zeta_0, 0) = \frac{C_2 - G_{21}\zeta_0 C_1}{1 - G_{21}\zeta_0}. \end{aligned} \tag{3.68}$$

不难看出, 这两种孤子都在 $x = Z_1 t$ 和 $x = Z_2 t$ 限定的区域内传播 (因为 $F_1^{\mathrm{II}} \neq 0, F_2^{\mathrm{II}} \neq 0$), 在下文中称此区域为相互作用区域. 在这个区域, 不连续速度 Z_i 对应于孤子 Λ_i 的有效速度. 在相互作用域中孤子的总密度为

$$F_1^{\mathrm{II}} + F_2^{\mathrm{II}} = \frac{2 - (G_{12} + G_{21})\zeta_0}{1 - G_{12}G_{21}\zeta_0^2}\zeta_0. \tag{3.69}$$

如果 $\mathrm{sgn}(G_{12}) = \mathrm{sgn}(G_{21}) > 0 (< 0)$, 那么总密度 $F_1^{\mathrm{II}} + F_2^{\mathrm{II}}$ 比初始孤子密度之和 $2\zeta_0$ 小很多, 并且 $Z_1 < C_1 < C_2 < Z_2 (C_1 < Z_1 < Z_2 < C_2)$[73].

文献 [36] 用数值方法研究了 KdV 孤子气体[36] 中的双组分激波管问题 ($n = 2$). 在上述介绍中, 证明了 KdV 孤子和各向同性散焦非线性薛定谔方程孤子气体的动力学都由方程 (3.3) 和 (3.38) 表示, 其中 $G_1(\lambda, \mu) > 0$. 因此, 散焦非线性薛定谔方程黎曼问题和 KdV 方程黎曼问题的解有望可以描述非常相似的动力学行为, 而各向异性的共振非线性薛定谔方程孤子气体却表现出两种截然不同的相互作用. 共振非线性薛定谔方程谱黎曼问题的解由 (3.66), (3.67), (3.68) 给出, 其中 $G_{ij} = G_2(\Lambda_i, \Lambda_j)$, G_2 定义见 (3.43).

3.3 聚焦非线性薛定谔方程孤子和呼吸气体的谱理论

对于聚焦非线性薛定谔方程 (1.1) 来说, 用反散射方法求解聚焦非线性薛定谔方程的关键步骤是确定线性 (Dirac 型) 算子的谱, 并确定势函数 $\Psi(x,t)$. 聚焦非线性薛定谔方程是由 Zakharov-Shabat (ZS) 谱问题刻画的, 相对应的演化部分比较简单.

原始的反散射方法可以构造出在无穷远处衰减的聚焦非线性薛定谔方程的解, 并分析这种类型解的长时间渐近性 (包括孤子 (离散 ZS 谱) 和线性色散波 (连续谱)). 目前已知包括 Darboux 变换和 Hirota 双线性方法在内的各种方法可以构造有限背景下孤子 (也称为呼吸子) 的精确解 (见 [7, 11, 27, 168, 213]).

文献 [17, 167] 中将反散射方法延拓到周期边界或者拟周期边界条件中, 也就是所谓的有限带理论 (finite gap theory, FGT), 这种方法可以构造出更为广泛的在边界不衰减的解, 其中孤子解和呼吸子解可以看作一些特殊极限情形. 有限带解的 ZS 谱由有限个满足施瓦茨对称性的曲线段 $\gamma_j \subset \mathbb{C}$ 组成. 这里所说的施瓦茨对称性是指如果 $z \in \mathbb{C}$ 是谱上的一个点, 那么它的共轭点 $\bar{z}$ 也在谱上面.

不妨假设存在 $n+1$ 个带 $\gamma_j, j = 1, 2, \cdots, n+1$ 以及 n 个实相位 $\theta(x,t) = kx + \omega t + \theta^0$, 其中 θ^0 为初始相位, 方程 (1.1) 的 n 有限带解 $\Psi = \Psi_n(x,t)$ 可以定义为 $|\Psi_n(x,t)| = F_n(\theta(x,t))$, 其中 F_n 是一个多相位 (拟周期) 的关于 x 和 t 的黎曼 θ 函数. n 分量波数 k 以及频率 ω 向量依赖于谱带的端点值 $\{\alpha_j, j = 0, 1, 2, \cdots, n\}$, 这些谱带可以定义一个亏格为 n 的超椭圆黎曼面 $\mathcal{R}$,

$$\mathcal{R}(z) = \prod_{j=0}^{n}(z-\alpha_j)^{\frac{1}{2}}(z-\bar{\alpha}_j)^{\frac{1}{2}}, \quad \alpha_j = a_j + \mathrm{i}b_j, \quad b_j > 0, \tag{3.70}$$

其中 $z \in \mathbb{C}$ 是 ZS 散射问题的谱参数, 当 $z \to \infty$ 时, 有渐近性 $\mathcal{R}(z) \sim z^{2n+1}$. $\mathcal{R}(z)$ 的支割线定义如图 3.1.

聚焦非线性薛定谔方程的有限隙理论最初是在 [110,144] 中发展起来的, 对理解调制不稳定性分析提供了强有力的工具[221]. 自那以后, 有限带非线性薛定谔解在物理方面有广泛的应用, 特别是水波 (见 [175]) 和光纤方面[115,116]. 这里我们注意到, 通过假设初始矢量相位 $\theta^0 \in \mathbb{T}^n$ 是均匀分布, 有限带理论对构造非线性薛定谔方程随机解提供了一个自然的框架.

我们首先假设所有的谱带都沿着有限的一维 (1D) 施瓦茨对称曲线 Γ (见图 3.1); 随后, 这种限制可以去掉, 谱带可以推广到允许波段位于 $\mathbb{C}$ 的一个二维紧子集上. 此外, 我们现在分析偶数亏格的情况, 即 $n = 2N, N \in \mathbb{N}$, 奇数亏格的情形会另外分析. 我们根据下面的谱带符号来列举分支点. 谱带 $\gamma_j, j = 1, 2, \cdots, N$ 为定义在上半平面 $\mathbb{C}^+$ 上连接分支点 α_{2j} 和 α_{2j+1} 的线段; 谱带 γ_{-j} 与 γ_j 是施瓦茨对称的, 它自然地连接了分支点 $\bar{\alpha}_{2j}$ 和 $\bar{\alpha}_{2j+1}$, 为了方便, 我们将它们分别

表示为 α_{-2j} 和 α_{-2j-1}. 最后, 有一个特殊带 γ_0 穿过实轴, 连接分支点 α_1 和 $\bar{\alpha}_1 = \alpha_{-1}$. 特别地, 当特殊带坍塌成实轴上的一点时, 可以形式上转化为亏格为奇数时的情形.

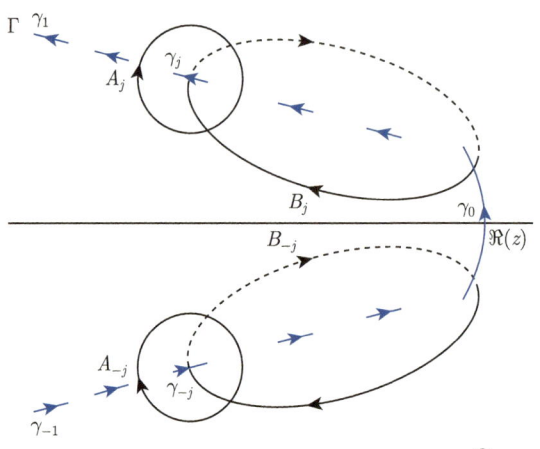

图 3.1 同调基底 $A_{\pm j}, B_{\pm j}$ 以及谱带 $\gamma_{\pm j}$[①]

通常来说, 我们可以有不止一个异常带 $\gamma_0^1, \gamma_0^2, \cdots, \gamma_0^m$. 我们注意到, 在文献中, 异常带有时与所谓的 Stokes 模相关联[175], 因此可以说 γ_0 代表了聚焦非线性薛定谔方程平面波解 (也称为 Stokes 波) 的 "谱像".

接下来, 我们定义间隔 $c_j, j = 1, 2, \cdots, N$, 间隔是指连接 Γ 上 γ_j 的端点 α_{2j+1} 和 γ_{j+1} 的端点 α_{2j+2} 的段 (当 $j = N$ 时, 就变成 γ_0 的端点 α_1), 当 $j < 0$ 时, 即为它们的复共轭.

我们在黎曼面上定义了两组围道, 其中 A_j 围道顺时针绕带 $\gamma_j, |j| = 0, 1, \cdots, N$, $B_j (j = 1, 2, \cdots, N)$ 围道是开始于异常带 γ_0, 顺时针到达上叶黎曼面, 然后又从下叶黎曼面回到异常带 γ_0. 当 $j < 0$ 时, 以同样顺时针方向定义 $B_j = \bar{B}_{-j}$.

我们注意到围道 $A_j, |j| = 1, 2, \cdots, N$ 和 $B_j, B_{-j}, j = 1, 2, \cdots, N$ 组成了黎曼面上的同伦基, 相应的支割线为 $\gamma_j, |j| = 0, 1, \cdots, N$.

若将单个带谱 $\gamma_{\pm j}, j > 0$ 压扁为一对点 ($\alpha_{\pm(2j+1)} \to \alpha_{\pm 2j}$), 那么在 $(n-1)$ 有限带背景解上出现一个孤子. 若将所有的带 $\gamma_{\pm j}, j = 0, 1, \cdots, N$ 都压缩为点, 那么 $2N$ 带解就变成 $2N$-孤子解, 假如所有的 a_j 都是不相同的, 那么 b_j 为孤子解的振幅, $-4a_j$ 为孤子在 $t \to \infty$ 时的速度. 如果所有的 a_j 都是相同的 (不失一般性, 我们可以假设对于所有的 j, 都有 $a_j = 0$), 也就是说每一个 γ_j 都是在纯虚轴上的一个间隔, 那么这种 N-孤子的极限称为束缚态, 在这种情况下, 当 $t \to \infty$

---

① 图 3.1 和图 3.2 引用文献: El G, Tovbis A. Spectral theory of soliton and breather gases for the focusing nonlinear Schrödinger equation. Physical Review E, 2020, 101: 052207.

时, 孤子不再分开. 我们注意到, 在孤子极限中, 异常带 γ_0 是压缩到原点的 (压缩的频带可与零振幅的孤子相关), 因此它对 N-孤子解的极限没有影响. 如果异常带 γ_0 仍然是有限的, 那么将所有其他带压缩成点即对应 $2N$ 有限带解的 N 呼吸子的极限, 此时异常带 γ_0 直接影响背景解 (事实上, 亏格为 0 的解对应单一带, 即 $\gamma_0 = [-iq, iq], q > 0$, 此种形式的解称为背景波, 可以表示为 $\Psi = qe^{2iq^2t}$). 退化的亏格为 2 的基本呼吸子解叫做 Tajiri-Watanabe (TW) 呼吸子, 相应的动力学行为如图 3.2. TW 呼吸子的谱点图 (如图 3.2 小图所示) 由连接 $\pm iq$ 点的垂直带和两个点 $\lambda = a + ib, \bar{\lambda} = a - ib$ 组成 (对于一般的有限带解, 通常设 $\lambda = \alpha_2, \bar{\lambda} = \alpha_{-2}$). TW 呼吸子解的表达式是可以写出来的[86,205,213], 这里我们给出它的群速度以及相速度

$$c_g = -2\frac{\text{Im}\,[\lambda R_0(\lambda)]}{\text{Im}\,R_0(\lambda)} \equiv s_{\text{TW}}(\lambda), \quad c_p = -\frac{2\,\text{Re}\,[\lambda R_0(\lambda)]}{\text{Re}\,R_0(\lambda)}, \tag{3.71}$$

其中 $R_0(\lambda) = \sqrt{\lambda^2 + q^2}$. 对于标准的呼吸子解, 例如 Akhmediev 呼吸子 (AB), Kuznetsov-Ma (KM) 呼吸子以及 Peregrine 孤子 (PS) 来说, 它们都在怪波理论中起着很重要的作用. 特别地, 它们都是带 $\gamma_0 = [-iq, iq], q > 0$ 两个点为 $\alpha_{\pm 2} = \pm ip, p > 0$ 的 TW 呼吸子的特例, 其中 $p < q$ (AB), $p > q$ (KM), $p = q$ (PS). 当 $q \to 0$ 时, TW 呼吸子向一般的孤子解转移. 对于聚焦非线性薛定谔方程来说, 它的孤子解很早以前就在文献 [228] 中给出, 即

$$\Psi_S(x,t) = 2ib\,\text{sech}\,[2b\,(x + 4at - x_0)]\,e^{-2i\left[ax + 2\left(a^2 - b^2\right)t\right] + i\phi_0}, \tag{3.72}$$

其中 x_0 是孤子初始位置, ϕ_0 是初始相位. 孤子的群速度为 $c_g = -4a = -4\,\text{Re}\,\lambda$, 相速度为 $c_p = \left(b^2 - a^2\right)/a = -2\,\text{Re}\left(\lambda^2\right)/\text{Re}\,\lambda$, 这种和 TW 呼吸子速度表达式 (3.71) 在极限 $q \to 0$ 下是完全吻合的.

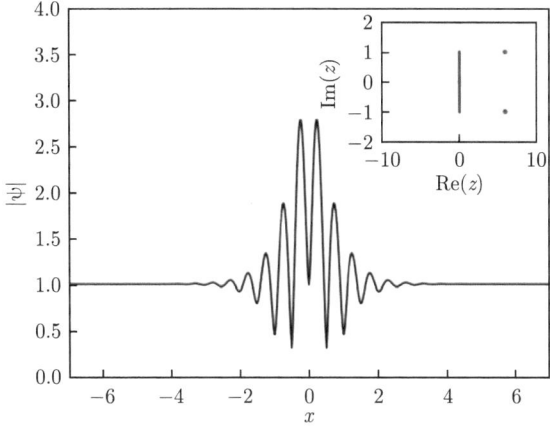

图 3.2 TW 呼吸子解以及谱图像, 其中参数为 $\alpha_1 = i, \alpha_2 = 6 + 0.996i$

有限带解 $\Psi_{2N}(x,t)$ 的波数向量 k 和频率向量 ω 并不是唯一确定的, 任何波数或者频率的线性组合以及它们的倍数也都是波数和频率. 这里我们引入两个特殊向量 $k = \left(k_1, \cdots, k_N, \tilde{k}_1, \cdots, \tilde{k}_N\right)$ 以及 $\omega = (\omega_1, \cdots, \omega_N, \tilde{\omega}_1, \cdots, \tilde{\omega}_N)$, 其中元素定义如下:

$$k_j = -\oint_{A_j} dp, \quad \omega_j = -\oint_{A_j} dq, \quad j = 1, \cdots, N,$$
$$\tilde{k}_j = \oint_{B_j} dp, \quad \tilde{\omega}_j = \oint_{B_j} dq, \quad j = 1, \cdots, N. \tag{3.73}$$

如果将 j 代替为 $-j$, 那么方程 (3.73) 中符号将会相反, 其中 $dp(z)$ 和 $dq(z)$ 为在两叶黎曼面上只有在 $z = \infty$ 处有极点的亚纯准动量和准能量微分, 当 $z \to \infty$ 时, 在主叶黎曼面的定义为 (见参考文献 [219])

$$dp = 1 + \mathcal{O}\left(z^{-2}\right), \quad dq = 4z + \mathcal{O}\left(z^{-2}\right).$$

进一步地, 规范化条件使得 dq, dp 的所有周期都是实的. 同样地, 波数和频率也可以通过变量变换 $k_{-j} = k_j, \omega_{-j} = \omega_j, j = 1, \cdots, N$, 系统地延拓到负向指标, 其中带有 "~" 的量定义类似. 它们同样满足方程 (3.73), 只不过将 j 代替为 $-j$ 时, 相应的方程 (3.73) 的符号相反.

称由方程 (3.73) 定义的波数和频率的特殊集为基本的波数频率集. 我们注意到波数和频率的定义在本质上是不同的.

为方便起见, 引入两个新变量:

$$\eta_j = \frac{1}{2}\left(\alpha_{2j} + \alpha_{2j+1}\right), \quad \delta_j = \frac{1}{2}\left(\alpha_{2j} - \alpha_{2j+1}\right), \tag{3.74}$$

其中 $j = 1, \cdots, N$. 我们称 η_j 点为第 j 个带 γ_j 的中心点, $2|\delta_j|$ 为第 j 个带的带宽. 在下半平面, 我们记 $\eta_{-j} = \bar{\eta}_j$ 和 $\delta_{-j} = \bar{\delta}_j$. 令 Γ 和实轴的交点为 η_0, 异常带 α_1 的端点为 $\eta_0 + \delta_0$.

由此可以得出, 方程 (3.73) 所定义的波数和频率在孤子或呼吸子极限下具有截然不同的渐近性质, 当其中一个非异常谱带压缩为重点, 即 $\alpha_{2j+1}, \alpha_{2j} \to \eta_j$ 时, 我们有

$$\begin{aligned} & \delta_j \to 0 \Rightarrow k_j, \omega_j \to 0. \\ & \tilde{k}_j, \tilde{\omega}_j = \mathcal{O}(1), \\ & j = 1, \cdots, N. \end{aligned} \tag{3.75}$$

3.3 聚焦非线性薛定谔方程孤子和呼吸气体的谱理论

特别地, 对于 $N=1$ (亏格为 2), 方程 (3.75) 极限 $k_1 \to 0, \omega_1 \to 0$ 的非零波段 γ_0 (即 $\alpha_1 \neq \bar{\alpha}_1$) 对应于相应的二相位非线性波解的呼吸子极限. 其余的波数和频率 $\tilde{k}_1 = \mathcal{O}(1), \tilde{\omega}_1 = \mathcal{O}(1)$ 对应于 TW 呼吸子的 "载波" (见图 3.2).

根据 $N=1$ 的这些性质, 我们将波数的分量 k_j, ω_j 和频率矢量 k 和 ω 称为孤子分量, 将分量 $\tilde{k}_j, \tilde{\omega}_j$ 称为载波分量.

根据基波数-频率集的适当极限, 描述从 TW 呼吸子到 AB, KM 呼吸子和 PS 的极限过渡是有指导意义的. 这将使我们以后能够识别呼吸子气体的特殊情况, 例如, PS 气体或 AB 气体. 标准呼吸子可以通过以下方式进行转化 (假设 $\operatorname{Im} \delta_0 \neq 0$):

$$\begin{aligned} &\text{TW} \to \text{AB}: \tilde{\omega}_1 \to 0, \ \tilde{k}_1 = \mathcal{O}(1), \\ &\text{TW} \to \text{KM}: \tilde{\omega}_1 = \mathcal{O}(1), \ \tilde{k}_1 \to 0, \\ &\text{TW} \to \text{PS}: \tilde{\omega}_1 \to 0, \ \tilde{k}_1 \to 0. \end{aligned} \quad (3.76)$$

在我们构造呼吸子气体过程中起到关键作用的是有限间带解的非线性色散关系. 在线性波理论中, 色散关系将线性化后的模的频率与其波数联系起来. 对于非线性波, 这些关系比较复杂, 还涉及均值、振幅等参数[233]. 对于可积方程, 最自然的参数化出现在有限带谱上, 因此非线性色散关系的形式为 $k = k(\alpha), \omega = \omega(\alpha)$[57], 其中向量 α 分量的分支点为 $\alpha_j, |j| = 1, \cdots, 2N+1$.

我们可以证明, 聚焦非线性薛定谔方程有限带解的波数和频率 (3.73), 非线性色散关系可以表示为

$$\begin{aligned} \tilde{k}_j + \sum_{|m|=1}^{N} k_m \oint_{B_m} \frac{P_j(\zeta)d\zeta}{R(\zeta)} &= -2 \oint_{\hat{\gamma}} \frac{\zeta P_j(\zeta)d\zeta}{R(\zeta)}, \\ \tilde{\omega}_j + \sum_{|m|=1}^{N} \omega_m \oint_{B_m} \frac{P_j(\zeta)d\zeta}{R(\zeta)} &= -4 \oint_{\hat{\gamma}} \frac{\zeta^2 P_j(\zeta)d\zeta}{R(\zeta)}, \\ |j| &= 1, \cdots, N, \end{aligned} \quad (3.77)$$

其中 $\hat{\gamma}$ 是一个包含 Γ 的大的顺时针围道,

$$P_j(z) = x_{j,1}z^{2N-1} + x_{j,2}z^{2N-2} + \cdots + x_{j,2N},$$

其中 $x_{i,j}$ 为规范化的全纯微分 w_j 的系数, 相应的定义为

$$w_j = [P_j(z)/R(z)]dz, \quad \oint_{A_i} w_j = \delta_{ij}, \quad i,j = \pm 1, \cdots, \pm N.$$

分别取方程 (3.77) 的实部和虚部, 利用右边的留数关系可以得到孤子分量 k_m, ω_m 满足的方程组

$$\sum_{|m|=1}^{N} k_m \operatorname{Im} \oint_{B_m} \frac{P_j(\zeta)d\zeta}{R(\zeta)} = 4\pi \operatorname{Re} x_{j,1},$$

$$\sum_{|m|=1}^{N} \omega_m \operatorname{Im} \oint_{B_m} \frac{P_j(\zeta)d\zeta}{R(\zeta)} = 8\pi \operatorname{Re} \left(x_{j,1} \sum_{k=1}^{2N+1} \operatorname{Re} \alpha_k + x_{j,2} \right), \quad (3.78)$$

$$|j| = 1, \cdots, N,$$

相应的载波分量 $\tilde{k}_m, \tilde{\omega}_m$ 为

$$\tilde{k}_j + \sum_{|m|=1}^{N} k_m \operatorname{Re} \oint_{B_m} \frac{P_j(\zeta)d\zeta}{R(\zeta)} = -4\pi \operatorname{Im} x_{j,1},$$

$$\tilde{\omega}_j + \sum_{|m|=1}^{N} \omega_m \operatorname{Re} \oint_{B_m} \frac{P_j(\zeta)d\zeta}{R(\zeta)} \qquad (3.79)$$

$$= -8\pi \operatorname{Im} \left(x_{j,1} \sum_{k=1}^{2N+1} \operatorname{Re} \alpha_k + x_{j,2} \right),$$

$$|j| = 1, \cdots, N.$$

特别地, 当 $N = 1$ 时, 根据方程 (3.78) 和 (3.79), 由呼吸子的极限 $\delta_1 \to 0$ 可以得到 $\omega_1/k_1 \to c_g$ 和 $\tilde{\omega}_1/\tilde{k}_1 \to c_p$, 其中 c_g, c_p 定义为 (3.71).

我们现在可以给出孤子极限中波数和频率的关键性质 (3.75). 事实上, 根据关系式 (3.78), 对于固定的 N, 当第 j 个带宽满足 $|\delta_j| \to 0$ 时, 孤子波数和频率 k_j, ω_j 趋于 0. 在这种情况下, 由于围道 B_j 穿过收缩带 γ_j (见图 3.1), 积分 $\oint_{B_j} \frac{P_j}{R} dz$ 转化为 $\ln \delta_j$, 而剩下的积分 (线性系统的系数) 仍然是有界的, 因此, 为了保持方程 (3.78) 中项的平衡, k_j 和 ω_j 必须与 δ_j 都趋于 0, 而系统 (3.79) 给定的载波波数 $\tilde{k}_j$、频率 $\tilde{\omega}_j$ 通常满足 $\mathcal{O}(1)$.

我们注意到方程式 (3.78) 对于波数和频率矢量的孤子分量的这种关系也出现在 KdV 方程有限带理论中[80], 它们来自于 KdV 方程有限带解的实周期和虚准周期之间的关系, 两者之间的映射是通过黎曼周期矩阵实现的, 而 KdV 中却不存在和关系式 (3.79) 类似的情形.

3.3.1 热力学谱尺度化

1. 一维情形

在一维情况下, 当有限带解的频谱位于施瓦茨对称曲线 $\Gamma \subset \mathbb{C}$ 上时, 我们将参考前面给出的方法. 虽然这种方法有很强的限制性条件, 但是这种构造方法对呼吸子和孤子气体在更实际的二维情况下的谱特性研究提供了主要思路, 其中带 γ_j 位于某些 (施瓦茨对称) 区域 $\Lambda \subset \mathbb{C}$. 当 Γ 位于一条垂直线上时 (此时气体中的所有孤子都有相同的速度), 即为束缚态孤子或呼吸子气体的情况. 回想一下, 假设其亏格为偶数, 即 $n = 2N$. 由于曲线 (可能由几个弧组成) 的对称性, 只需要考虑上半平面即可, 记为 Γ^+ (也就是说 $\Gamma^+ = \Gamma \cap \mathbb{C}^+$), 下半平面可以进行类似分析.

在分析过程中, 非线性关系 (3.78) 中一个特殊的极限值得研究, 即 N 很大. 为了分析这一极限, 需要所有的间隔不可以比 $\mathcal{O}(N^{-1})$ 收缩快, 而且几乎有限多的间隔都是 $\mathcal{O}(N^{-1})$ 阶的. 除此之外, 几乎所有的间隔都比 $\mathcal{O}(N^{-1})$ 小得多. 不妨假设只有宽度为 $\mathcal{O}(1)$ 的带为异常带, 即穿过实轴的 Stokes 带. 在接下来的分析中, 不妨假设只有一个异常带 γ_0, 对多个异常带情况可以进行类似分析.

假设除了异常带之外, 其他的压缩带填满整个曲线 Γ, 与之相邻的空隙中的密度为 $\varphi > 0$. 更为一般的情况为带 $\gamma_j, j \neq 0$ 只充满特定的满足施瓦茨对称的部分, 彼此之间通过特殊的一阶间隔分开. 此外, 我们还假设 $\varphi(\mu)|d\mu|$ 为 Γ^+ 上的度量. 由于将一对施瓦茨对称 (非异常) 带折叠成一对复共轭点对应于孤子的出现, 而仅仅考虑有限异常带则对应于平面波, 因此将有限带势与 $N \gg 1$ 联系起来是很自然的, 除了一个带外, 所有其他的带都接近于 "坍塌", 与有限背景下的孤子气体 (即呼吸子气体) 联系起来. 在没有异常带的情况下, 我们将得到孤子气体极限, 而在多于一个异常带的情况下, 我们将得到广义呼吸子气体极限. 广义呼吸子气体可以看作在 $n, n \geqslant 1$ 带解背景下的孤子气体. 实际上, 单独考虑多个异常带将对应有限带解. 根据坍塌效应 (在适当的 $n \to \infty$ 极限下), 在有限带背景下得到孤子气体.

我们假设 $N \gg 1$, 带 $\gamma_j, j = 1, \cdots, N$ 的中心 η_j 沿 Γ^+ 分布, 且具有一定的极限密度 $\varphi(\mu) > 0, \mu \in \Gamma^+$, 其在 Γ^+ 上是光滑的. 因此我们有 $|\eta_j - \eta_{j+1}| \sim 1/N$.

至于带宽的尺度变换, 我们考虑以下几种情况:

(i) **指数谱标度** γ_j 的带宽 $2|\delta_j|$ 在 N 上呈指数小:

$$|\delta_j| \sim e^{-N\tau(\eta_j)}, \quad |j| = 1, \cdots, N, \tag{3.80}$$

其中 $\tau(\mu)$ 是 Γ^+ 上的光滑正函数, 满足标准化对数带宽性质 $[\tau(\eta_j) \sim -\ln|\delta_j|/N]$. 在此尺度下得到的极限被称为 (正则) 孤子或呼吸子气体极限, 这取决于异常带的大小 (在孤子气体极限 $\delta_0 \to 0$ 中).

(ii) **次指数谱标度** 适用于任何 $a > 0$,

$$\mathrm{e}^{-aN} \ll |\delta_j| \ll \frac{1}{N}, \quad |j| = 1, \cdots, N. \tag{3.81}$$

把根据此尺度变换得到的 $N \to \infty$ 极限称为孤子 (呼吸子) 凝聚体极限. 在这种极限条件下, 有 $\tau(\eta) \to 0$.

(iii) **超指数谱标度** 对任意 $a > 0$, 均有

$$\mathrm{e}^{-aN} \gg |\delta_j|, \quad |j| = 1, \cdots, N. \tag{3.82}$$

在此尺度下得到的极限称为理想呼吸子气体极限或孤子气体极限. 在这种极限条件下有 $\tau(\eta) \to \infty$.

不难看出, 在上述三种尺度变换下, 都有 $|\delta_j| \ll |\eta_j - \eta_{j+1}|$, 因此间隙宽度满足 $|c_j| \sim N^{-1}$, 当 $N \to \infty$ 时, 有 $|\delta_j|/|c_j| \to 0$. 所以说, 在极限下, 每一个塌缩频带 $\gamma_j \to \eta_j$ 对应于孤子 (呼吸) 气体中的一个孤子 (呼吸) 态. 还注意到指数和次指数尺度具有 "热力学" 性质, 因为它们在极限 $N \to \infty$ 中保持总密度 $K_N = \sum_{j-1}^{N} k_j$ 的有限性, 因此有 $\lim_{N \to \infty} K_N = K_\infty$, 其中 $0 < K_\infty < \infty$.

2. 二维情形

当收缩带 γ_j 填满上半平面 Λ^+ 的二维紧区域时, 相对应的指数尺度 (3.80) 转化为

$$|\delta_j| = \mathrm{e}^{-N^2 \tau(\eta_j)}, \tag{3.83}$$

其中 $\tau(\eta)$ 是 Λ^+ 上的一个正光滑函数. 间隙之间的尺度变换仍然是 $\mathcal{O}(1/N)$, 而根据间隔宽度, 可以理解条带之间的最近距离. 在这种情况下, $\varphi(\eta)$ 是带的二维密度. 和一维情况类似, 我们还区分了带的指数、次指数和超指数标度的情况. 不妨假设在 Λ^+ 上, 有 $\varphi(\eta) > 0$. 称这种尺度变换为二维热力学尺度变换. 在接下来的分析中, 使用统一的符号 Γ^+ 来分析一维情况和二维情况.

3.3.2 呼吸子和孤子气体的非线性色散关系

现在继续分析聚焦非线性薛定谔方程有限带解的热力学极限中的呼吸子气体和孤子气体. 为方便起见, 有时在广义范围内统称 "呼吸子气体", 其中也包含孤子气体, 它可以看作呼吸子气体的一种极限形式, 即 $\delta_0 \to 0$. 还注意到呼吸子气体的构造 [最终包括随机波场 $\Psi(x,t)$ 的确定] 意味着随机相位近似, 即相位向量 $\theta^{(0)}$ 均匀分布[24,76,176], 这是和热力学谱标度法一样的, 但在本节中, 只讨论呼吸子气体的谱特性. 这里提到, 在热力学极限中, 可以用 $\mathbb{R}$ 上适当的归一化泊松分布取代 $\mathbb{T}^n$ 上的均匀分布, 如文献 [76] 中 KdV 方程所示.

1. 一维情形

现在将一维热力学谱尺度应用于非线性色散关系 (3.78) 中. 不失一般性, 从现在开始, 假设 $\gamma_0 \subset i\mathbb{R}$, 也就是说异常带 γ_0 位于纯虚轴上. 令孤子波数和频率的尺度变换为

$$k_j = \frac{\kappa_j}{N}, \quad \omega_j = -\frac{v_j}{N}, \quad N \gg 1, \tag{3.84}$$

那么有 $\kappa_j = \kappa(\eta_j)$ 和 $v_j = v(\eta_j)$, 其中方程 $\kappa(\eta) \geqslant 0$ 和 $v(\eta)$ 是 κ_j, v_j 的光滑插值. 注意到插值函数 $\kappa(\eta), v(\eta)$ 的存在性, 以及 $\kappa(\eta)$ 的非负性尽管在物理上有合理的分析, 但是需要在数学上证明. 根据积分方程 (3.88), (3.91) 导出 $\kappa(\eta)$ 和 $v(\eta)$ 时, 推导过程可以帮助对上述问题的理解. 除此之外, 还注意到 $v(\eta)$ 的符号不是固定的.

方程 (3.84) 中的尺度变换 $1/N$ 是为了使得方程 (3.78) 的主对角以及副对角元素有同样的度. 当 $|\delta_j| \ll 1$ 时, 都有 $k_j \sim -\ln^{-1}|\delta_j|$, 因此这种尺度变换与公式 (3.80) 中给出的波段的指数收缩速率一致. 对于方程 (3.81) 和 (3.82) 给出的次指数或超指数谱分布来说, k_j, ω_j 的尺度变换有可能是不同于 $1/N$ 的. (3.84) 中的函数 $\kappa(\eta)$ 和 $v(\eta)$ 是由 $\tau(\eta), \varphi(\eta)$ 以及 Γ^+ 的几何形状决定的, 接下来将给出一个具体的解释.

定义支割线为 $[-\delta_0, \delta_0]$ 的函数 $R_0(z) = \sqrt{z^2 - \delta_0^2}$, 其中 $\delta_0 \in i\mathbb{R}^+$, 并且当 $z \to \infty$ 时, 有 $R_0(z) \to z$. 然后, 对非线性色散关系 (3.78) 取极限 $N \to \infty$, 根据指数谱标度 (3.84), 得到以下关系

$$i \int_{\eta_\infty}^{\eta_1} \left[\ln \frac{\bar{\mu} - \eta}{\mu - \eta} + \ln \frac{R_0(\eta)R_0(\mu) + \eta\mu - \delta_0^2}{R_0(\eta)R_0(\bar{\mu}) + \eta\bar{\mu} - \delta_0^2} + i\pi\chi_\eta(\mu) \right] u(\mu)|d\mu| + i\sigma(\eta)u(\eta)$$

$$= R_0(\eta) + \tilde{u}(\eta), \tag{3.85}$$

$$i \int_{\eta_\infty}^{\eta_1} \left[\ln \frac{\bar{\mu} - \eta}{\mu - \eta} + \ln \frac{R_0(\eta)R_0(\mu) + \eta\mu - \delta_0^2}{R_0(\eta)R_0(\bar{\mu}) + \eta\bar{\mu} - \delta_0^2} + i\pi\chi_\eta(\mu) \right] v(\mu)|d\mu| + i\sigma(\eta)v(\eta)$$

$$= -2\eta R_0(\eta) + \tilde{v}(\eta), \tag{3.86}$$

其中 $\tilde{u}$ 和 $\tilde{v}$ 是 Γ^+ 上的光滑函数, 插值点为 $\tilde{k}_j, \tilde{\omega}_j$, 即 $2\tilde{u}(\eta_j) = \tilde{k}_j, -2\tilde{v}(\eta_j) = \tilde{\omega}_j, j = 1, 2, \cdots, N$, 积分是沿着 Γ^+ 上的 $\lim_{N \to \infty} \eta_N$ 和 η_1 的定积分. χ_η 是 Γ^+ 上的弧 (η_∞, η) 的特征函数, 且有

$$u(\eta) = \frac{1}{2\pi}k(\eta)\varphi(\eta), \quad v(\eta) = \frac{1}{2\pi}v(\eta)\varphi(\eta), \quad \sigma(\eta) = \frac{2\tau(\eta)}{\varphi(\eta)}. \tag{3.87}$$

当 μ 通过将 $\eta \in \Gamma^+$ 从 Γ^+ 的左侧传入到 Γ^+ 并穿过 Γ^+ 时, $\ln\dfrac{\bar{\mu}-\eta}{\mu-\eta}+\mathrm{i}\pi\chi_\eta(\mu)$ 是光滑变化的. 式 (3.85) 和式 (3.86) 表示呼吸子气体的复杂非线性色散关系. 它们用一个非负光滑函数 $\sigma(\eta)$ 和一个等值线 Γ^+ 表示 (3.70) 的黎曼曲面 $\mathcal{R}$, 分别给定了四个未知函数 $u(\eta)$, $v(\eta)$, $\tilde{u}(\eta)$ 和 $\tilde{v}(\eta)$. 由于 $u(\eta_*)|d\eta|$ 是位于谱区间 $[\eta_*, \eta_* + d\eta] \subset \Gamma^+$ (不妨假设气体参数不依赖于 x) 和单位空间复共轭区间内的局域解的数量 (孤子或呼吸子), 因此 (3.87) 中定义的函数 $u(\eta) \geqslant 0$ 可以看作态密度[73,179]. 从直观层面来看, 可以假设在边界 $x = \pm L$ 处存在零边界条件, 且 $L \gg 1$, 随后通过 L 将得到的分布归一化, 那么我们可以把孤子气体的态密度想象成 "包含单位长度部分气体" 的孤子的谱分布. 对于呼吸子来说, 其对应的边界条件需要进行适当的修正. 积分值 $\int_{\eta_\infty}^{\eta_1} u(\eta)|d\eta|$ 可以表示 K_∞ 的总密度. 函数 $v(\eta)$ 则表示与时间对应的态密度. 函数 $\tilde{u}(\eta)$, $\tilde{v}(\eta)$ 可表示呼吸子气体的载波数和载波频率谱函数. 不难发现, 方程 (3.85) 和 (3.86) 中的积分项对应于线性方程组 (3.77) 的非对角线项, 而 (3.85) 和 (3.86) 左侧的非积分 (长期) 项对应于 (3.77) 的对角线项. 提取方程 (3.85) 和 (3.86) 的虚部, 我们得到了呼吸子气体非线性色散关系的孤子分量

$$\int_{\Gamma^+}\left[\ln\left|\frac{\mu-\eta}{\bar{\mu}-\eta}\right|+\ln\left|\frac{R_0(\eta)R_0(\mu)+\eta\mu-\delta_0^2}{R_0(\bar{\eta})R_0(\mu)+\bar{\eta}\mu-\delta_0^2}\right|\right]u(\mu)|d\mu|+\sigma(\eta)u(\eta)$$
$$=\mathrm{Im}\,R_0(\eta), \tag{3.88}$$

$$\int_{\Gamma^+}\left[\ln\left|\frac{\mu-\eta}{\bar{\mu}-\eta}\right|+\ln\left|\frac{R_0(\eta)R_0(\mu)+\eta\mu-\delta_0^2}{R_0(\bar{\eta})R_0(\mu)+\bar{\eta}\mu-\delta_0^2}\right|\right]v(\mu)|d\mu|+\sigma(\eta)v(\eta)$$
$$=-2\,\mathrm{Im}[\eta R_0(\eta)], \tag{3.89}$$

这里, 稍微滥用一下符号, 令 $\int_{\eta_\infty}^{\eta_1}\cdots|d\mu|\equiv\int_{\Gamma^+}\cdots|d\mu|$. 假设插值函数 $\kappa(\eta)$ 是非负的, $\varphi(\eta)$ 是正的, 那么由方程 (3.88) 定义的函数 $u(\eta)=\kappa(\eta)\varphi(\eta)$ 是非负的. 需要说明的是, 通过证明尺度波数和频率 (3.84) 的插值函数 $\kappa(\eta)$ 和 $\nu(\eta)$ 的存在性来说明积分方程 (3.88) 解的存在性并不是很显然的. 下面将给出这些方程一些解的显式表达式.

提取方程 (3.85) 和 (3.86) 的实部可以得到呼吸子气体色散关系的载波分量为

$$\int_{\Gamma^+}\left[\arg\frac{\mu-\eta}{\bar{\mu}-\eta}-\arg\frac{R_0(\eta)R_0(\mu)+\eta\mu-\delta_0^2}{R_0(\eta)R_0(\bar{\mu})+\eta\bar{\mu}-\delta_0^2}-\pi\chi_\eta(\mu)\right]u(\mu)|d\mu|$$
$$=\mathrm{Re}\,R_0(\eta)+\tilde{u}(\eta),$$

$$\int_{\Gamma^+}\left[\arg\frac{\mu-\eta}{\bar{\mu}-\eta}-\arg\frac{R_0(\eta)R_0(\mu)+\eta\mu-\delta_0^2}{R_0(\eta)R_0(\bar{\mu})+\eta\bar{\mu}-\delta_0^2}-\pi\chi_\eta(\mu)\right]v(\mu)|d\mu|$$
$$=-2\operatorname{Re}[\eta R_0(\eta)]+\tilde{v}(\eta), \tag{3.90}$$

上述方程将未知函数 $\tilde{u}(\eta)$ 和 $\tilde{v}(\eta)$ 与状态密度 $u(\eta)$ 及其时间模拟值 $v(\eta)$ 等都联系起来.

$\delta_0 \to 0$ 对应呼吸子气体向孤子气体的转变, 那么孤子的色散关系 (3.88) 转化为

$$\begin{aligned}\int_{\Gamma^+}\ln\left|\frac{\mu-\bar{\eta}}{\mu-\eta}\right|u(\mu)|d\mu|+\sigma(\eta)u(\eta)&=\operatorname{Im}\eta,\\ \int_{\Gamma^+}\ln\left|\frac{\mu-\bar{\eta}}{\mu-\eta}\right|v(\mu)|d\mu|+\sigma(\eta)v(\eta)&=-4\operatorname{Im}\eta\operatorname{Re}\eta.\end{aligned} \tag{3.91}$$

这些性质类似于 [70] 中得到的 KdV 方程的孤子气体.

相应地, 载波色散关系转化为

$$\begin{aligned}\int_{\Gamma^+}\left[\arg\frac{\mu-\eta}{\bar{\mu}-\eta}-2\arg\mu-\pi\chi_\eta(\mu)\right]u(\mu)|d\mu|&=\operatorname{Re}\eta+\tilde{u}(\eta),\\ \int_{\Gamma^+}\left[\arg\frac{\mu-\eta}{\bar{\mu}-\eta}-2\arg\mu-\pi\chi_\eta(\mu)\right]v(\mu)|d\mu|&=-2\operatorname{Re}\eta^2+\tilde{v}(\eta).\end{aligned} \tag{3.92}$$

由于 KdV 方程没有载波量, 这些载波性质是和 KdV 方程不同的. 还需要注意的是, 在 (理想气体) 极限 $u,v \to 0$ 下, $\tilde{k}_j = 2\tilde{u}(\eta_j) = -2\operatorname{Re}\eta$ 和 $\tilde{\omega}_j = -2\tilde{v}(\eta_j) = -4\operatorname{Re}\eta_j^2$ 的表达式与基本孤子公式 (3.72) 中振荡因子 $\mathrm{e}^{\mathrm{i}\phi}$ 的 ϕ 中 x 和 t 前面的系数相一致.

非线性色散关系可以用于描述一般运动呼吸子气体 (3.88), 也可称为 TW 呼吸子气体. 通过考虑 TW 呼吸子特定极限情况 [方程 (3.76)], 我们可以推导约化出描述 Akhmediev, Kuznetsov-Ma 和 Peregrine 呼吸子气体的非线性色散关系.

2. 二维情形

对于二维情形的研究, 我们首先放宽对谱轨迹的基本限制, 这个限制主要是用于推导呼吸子气体和孤子气体的色散关系和状态方程, 即 Γ 中 η 的要求, 其中 Γ 是复平面上的施瓦茨对称曲线. 假设当压缩带 γ_j 填满复平面的二维区域 Λ 时, 二维谱热力学谱标度为指数型的、次指数型的、超指数型的一种情形. 其中二维指数型谱标度可以通过式 (3.80) 给出, 而间隙标度则为 $\mathcal{O}\left(N^{-1}\right)$. 对于波数和频率, 我们引入新的与 (3.84) 不同的表达式:

$$k_j = \frac{\kappa_j}{N^2}, \quad \omega_j = -\frac{\nu_j}{N^2}, \quad N \gg 1, \tag{3.93}$$

其中 $\kappa_j = \kappa(\eta_j)$ 和 $\nu_j = \nu(\eta_j)$，且插值函数 $\kappa(\eta) \geqslant 0, \nu(\eta) \geqslant 0$ 是在 Λ^+ 上的光滑函数. 随后，根据非线性色散关系 (3.78) 的二维热力学极限可以得到相同的积分方程 (3.88)-(3.95)，只是将沿 Γ^+ 的线积分替换为对二维紧域 Λ^+ 的积分:

$$\int_{\Gamma^+} \cdots |d\mu| \to \iint_{\Lambda^+} \cdots d\xi d\zeta, \qquad (3.94)$$

其中 $\mu = \xi + i\zeta$. 在二维的情况下，状态 $u(\eta)$ 的密度是这样定义的: 假设气体是空间均匀的，$u(\mu^*)d\xi d\zeta$ 给出了谱复平面每一个元素 $[\xi^*, \xi^* + d\xi] \times [\zeta^*, \zeta^* + d\zeta]$ 和每个单位空间间隔的局域 (呼吸子或孤子) 状态的数量. 为了便于说明，下面我们将在一维和二维的情况下使用一维符号 $\int_{\Gamma^+} \cdots |d\mu|$，需要说明的是，在二维的情况下，积分定义由 (3.94) 给出.

3. 状态方程

现在更仔细地研究呼吸子气体和孤子气体色散关系中的孤子分量方程 (3.88) 和 (3.91). 在上述两种情形下，通过消除 $\sigma(\eta)$，可以得到单一方程:

$$s(\eta) = s_0(\eta) + \int_{\Gamma^+} \Delta(\eta, \mu)[s(\eta) - s(\mu)]u(\mu)|d\mu|, \qquad (3.95)$$

其中 $s(\eta) = v(\eta)/u(\eta)$, $s_0(\eta)$ 和 $\Delta(\eta, \mu)$ 定义如下. 对于呼吸子气体，我们有

$$\begin{aligned} s_0(\eta) &= -2\frac{\mathrm{Im}\,[\eta R_0(\eta)]}{\mathrm{Im}\, R_0(\eta)}, \\ \Delta(\eta, \mu) &= \frac{1}{\mathrm{Im}\, R_0(\eta)}\left[\ln\left|\frac{\mu - \bar{\eta}}{\mu - \eta}\right| + \ln\left|\frac{R_0(\eta)R_0(\mu) + \eta\mu - \delta_0^2}{R_0(\bar{\eta})R_0(\mu) + \bar{\eta}\mu - \delta_0^2}\right|\right]. \end{aligned} \qquad (3.96)$$

对于孤子气体 (令方程 (3.96) 中 $\delta_0 \to 0$)，我们有

$$s_0(\eta) = -4\,\mathrm{Re}\,\eta, \quad \Delta(\eta, \mu) = \frac{1}{\mathrm{Im}\,\eta}\ln\left|\frac{\mu - \bar{\eta}}{\mu - \eta}\right|. \qquad (3.97)$$

联立方程 (3.96) 或 (3.97) 以及 (3.95)，那么我们就可以得到呼吸 (孤子) 气体的状态方程.

由于 $\kappa(\eta)$ 和 $\nu(\eta)$ 分别是热力学极限下的标度波数和频率 (定义如 (3.84))，因此方程 (3.95) 中的量 $s(\eta) = v(\eta)/u(\eta) = \nu(\eta)/\kappa(\eta)$ 在物理上可以明确地表示呼吸 (孤子) 气体中 "示踪" 呼吸 (孤子) 的平均速度. 如前所述，在空间非均匀呼吸子气体中，由式 (3.95) 和式 $u(\eta) \equiv u(\eta; x, t)$ 定义的函数 $s(\eta) \equiv s(\eta, x, t)$ 表示

气体的传输速度, 如方程 (3.137) 所示. 对于聚焦非线性薛定谔方程来说, 最初在文献 [73] 中用物理推理提出了孤子气体状态方程 (3.95) 和 (3.97), 而 KdV 方程的对应状态方程则是在文献 [70] 中用类似于 (3.80) 的指数谱标度推导出来的 (事实上, KdV 谱标度是沿着实轴发生的). 本节的推导, 对 [73] 的聚焦非线性薛定谔结果的数学证明, 提供了新的物理意义.

我们对状态方程 (3.95) 可以有一个很好的物理解释. 第一项 $s_0(\eta)$ 表示 "自由" (孤立) 呼吸子或孤子的速度, 其谱参数为 η. 事实上, 在表达式 (3.97) 中, $s_0(\eta) = -4\,\text{Re}\,\eta$ 是与聚焦非线性薛定谔孤子 (3.72) 的群速度 c_g 一致的, 而表示式 (3.96) 的第一式 $\left(s_0(\eta) = -2\dfrac{\text{Im}[\eta R_0(\eta)]}{\text{Im}\,R_0(\eta)}\right)$ 则是 TW 呼吸子 (3.71) 的群速度 [在式 (3.96) 中设 $\delta_0 = \mathrm{i}q$]. 方程 (3.95) 中的第二项 (积分) 描述了由于 "示踪" 呼吸子 (孤子) 与气体中其他呼吸子 (孤子) 相互作用而对其平均速度的修正效应. 孤子气体的相互作用核 $\Delta(\eta, \mu)$ [(3.97)] 与双孤子相互作用中的位置位移表达式[73,228] 一致. 因此我们得出如下结论: 表达式 (3.96) 描述了两呼吸子相互作用中的位置转移. 最近在文献 [86,140] 中得到了两个 TW 呼吸子相互作用中位置位移的表达式, 但是其形式不太明确. 虽然我们无法给出一种明显的方法来验证这两个表示之间的等价性, 但我们已经对文献 [86] 中获得的一系列参数的表示进行了数值比较, 证实了两者之间的完全一致.

在不假设气体有任何稀释性质的情况下, 状态方程 (3.95) 中出现了两两相互作用核 (3.96) 和 (3.97), 这一事实意味着在整个容许密度范围内呼吸子气体和孤子气体的性质完全由 "基本" 两粒子相互作用决定. 我们还注意到, 谱热力学极限只产生孤子-孤子 (呼吸-呼吸) 相互作用核, 而不产生孤子 (呼吸子) 与连续谱分量相互作用相关的核, 从而证实了本节开始给出的前提, 即有限间带势的热力学极限对应于 "真正的" 孤子 (呼吸) 气体.

最后我们注意到方程 (3.88) 中的不等式 $\sigma(\eta) \geqslant 0$ 对函数 $u(\eta)$ 强加了一个基本约束条件

$$\int_{\Gamma^+} \Delta(\eta, \mu) u(\mu) |d\mu| \leqslant 1. \tag{3.98}$$

接下来给出几个多分量呼吸子气体的例子.

多分量呼吸子气体 考虑一种呼吸子气体, 其状态密度以 Dirac δ-函数的线性组合形式为特征, 这些函数以不同的谱点 $\eta^{(j)}$ 为中心 (我们使用上指标来区分这些谱点和之前在热力学标度构造中使用的谱带中心 η_j)

$$u(\eta) = \sum_{j=1}^{M} w_j \delta\left(\eta - \eta^{(j)}\right), \tag{3.99}$$

其中 $w_j > 0$ 是给定分量的权重, 对于任意的 j, 有 $\text{Im}\,\eta^{(j)} > 0$. 在文献 [74] 中研究了 KdV 型广义孤子气体 [即 (3.95) 积分沿实线区间发生时] 状态方程的多组分约化结构. 对于一个特殊的双组分 ($M = 2$) 聚焦非线性薛定谔孤子气体, 在文献 [73] 中考虑了这种约化. 这里我们把文献 [73,74] 的结果直接推广到呼吸子气体. 将 (3.99) 代入状态方程 (3.95), 我们得到一个气体组分速度 $s^{(j)} \equiv s\left(\eta^{(j)}\right)$ 的线性方程组

$$s^{(j)} = s_0^{(j)} + \sum_{m=1, m \neq j}^{M} \Delta_{jm} w_m \left(s^{(j)} - s^{(m)}\right), \quad j = 1, 2, \cdots, M, \qquad (3.100)$$

其中, $s_0^{(j)} \equiv s_0\left(\eta^{(j)}\right) = s_{\text{TW}}\left(\eta^{(j)}\right)$, $\Delta_{jm} = \Delta\left(\eta^{(j)}, \eta^{(m)}\right)$ [对于呼吸子气体, $\Delta(\eta, \mu)$ 为方程 (3.96)]. 当 $M = 2$ 时, 系统 (3.100) 可以给出显式解为

$$\begin{aligned}
s^{(1)} &= s_0^{(1)} + \frac{\Delta_{12} w_2 \left(s_0^{(1)} - s_0^{(2)}\right)}{1 - (\Delta_{12} w_2 + \Delta_{21} w_1)}, \\
s^{(2)} &= s_0^{(2)} - \frac{\Delta_{21} w_1 \left(s_0^{(1)} - s_0^{(2)}\right)}{1 - (\Delta_{12} w_2 + \Delta_{21} w_1)}.
\end{aligned} \qquad (3.101)$$

这里需要说明一下状态密度 $u(\eta)$ 中拟设 δ-函数 (3.99) 的意义. 事实上, 方程 (3.99) 是一种比较理想化的数学表示, 只是在形式上对状态积分方程 (3.95) 有意义, 但是由于它同时出现在积分项和长期项中, 因此不能应用于原离散关系 (3.88) 中. 在实际操作过程中, (3.99) 中的 δ-函数应该可以用一些在谱点 $\eta(j)$ 周围的狭窄分布所取代, 即, 我们首先取极限 $N \to \infty$, 然后允许分布急剧达到峰值. 因此, 方程 (3.88) 对 $u(\eta)$ 施加了约束条件 (3.98), 这意味着方程 (3.100) 中的分母必须是正的. 由于聚焦非线性薛定谔方程某些统计参数要求一些特定的非负性特性, 因此可能还会出现一些其他的约束 (参考 [71] 中 KdV 方程孤子气体的考虑), 这里我们不再考虑. 接下来分析孤子或者呼吸子在气体中的传播.

3.3.3 孤子或呼吸子在气体中的传播

用状态方程 (3.95) 可以描述具有谱参数 $\eta \notin \Gamma^+$ 的孤子 (呼吸子) 在已知态密度为 $u(\mu)$ 的孤子气体中的传播 [相应的速度 $s(\mu)$ 如方程 (3.95) 所示], 其中 $\mu \in \Gamma^+$. 我们称这样的孤子为试验孤子 [不要与 Γ^+ 中的示踪孤子 (呼吸子) 相混淆]. 除了作为一种方便验证理论发展的数值工具 (比较 [36] 的 KdV 孤子气体情况) 外, 已知的试验孤子 (呼吸子) 速度对 n 的依赖关系 [例如, 通过对在同一气体中传播的不同振幅的试验孤子 (呼吸子) 的平均速度的一系列测量] 可以用来提出反问题: 从给定的函数 $s(\eta), \eta \notin \Gamma^+$ 恢复呼吸子或孤子气体的态密度

$u(\mu), \mu \in \Gamma^+$, 也就是说, 用试验呼吸子或孤子照射气体并测量它们在气体中传播的速度来确定气体.

从 (3.95) 中求解 $s(\eta)$, 我们得到了试验呼吸子或孤子平均速度的表达式为

$$s(\eta) = \frac{s_0(\eta) - \int_{\Gamma^+} \Delta(\eta,\mu) u(\mu) s(\mu) |d\mu|}{1 - \int_{\Gamma^+} \Delta(\eta,\mu) u(\mu) |d\mu|}. \tag{3.102}$$

我们注意到, 从形式上看, 只有当 $\eta \in \Gamma^+$ 时, 表达式 (3.95) 才是对的, 但是总是假设可以在 Γ^+ 上添加一个孤立点 $\eta \in \mathbb{C}^+$, 且在其附近满足 $u(\mu) = w\delta(\mu-\eta)$. 然后, 将这个 "延拓的" $u(\mu)$ 代入方程 (3.95), 取极限 $\omega \to 0^+$ 之后, 可以得到 (3.102).

这里想强调与表达式 (3.102) 有关的一个很容易被忽视的地方. 对于 $\eta \in \Gamma^+$, 表达式 (3.102) 等价于状态方程 (3.95), 因此它可以表示 $s(\eta)$ 的积分方程. 然而, 当 $\eta \notin \Gamma^+$ 时, 根据方程 (3.95) 可知 (3.102) 的右边是已知的, 所以在这种情况下, (3.102) 代表的是 $s(\eta)$ 的表达式, 而不是一个需要求解的方程. 下面给出一个试验呼吸子通过在单组分呼吸子气体中的传播的例子.

考虑一个具有谱参数 $\eta = \eta^{(1)}$ 的试验呼吸子, 在参数为 $u(\eta) = w_2 \delta(\eta - \eta^{(2)})$, $s(\eta^{(2)}) = s_0(\eta^{(2)}) \equiv s_0^{(2)}$ 的单组分呼吸子气体传播, 其中 $\operatorname{Im} \eta^{(1)} > |\delta_0|$ [很明显, 在单组分气体中, 由于没有相互作用, 气体的速度与自由孤子速度一致; 如 (3.102) 可以消去交互项]. 根据式 (3.102), 得到

$$s^{(1)} = \frac{s_0^{(1)} - \Delta_{12} w_2 s_0^{(2)}}{1 - \Delta_{12} w_2}, \tag{3.103}$$

在极限条件 $w_1 \to 0^+$ 下, 方程 (3.103) 和 (3.100) 是相容的.

Peregrine 气体 现在考虑当 $\eta^{(2)} = \delta_0 = iq$ 时的情况, 其中 $q \in \mathbb{R}^+$, 也就是说 δ 函数的 "质量" ω 在异常带 $\gamma_0 = [-\delta_0, \delta_0]$ 的端点, 此时对应 Peregrine 气体的 "谱特征". 那么 (3.88) 中的对数型的核在 $\mu = \delta_0$ 时转化为

$$-\ln\left|\frac{\delta_0 - \eta}{\delta_0 - \bar\eta}\right| + \ln\left|\frac{\eta\delta_0 - \delta_0^2}{\bar\eta\delta_0 - \delta_0^2}\right| = 0, \tag{3.104}$$

其中 η 是在上半平面含有支割线 $[0, \delta_0]$ 的任意一点. 因此, 根据方程 (3.96), $\Delta_{12} = 0$ 以及 (3.103), 可以得到 $s^{(1)}(\eta) = s_0^{(1)}(\eta)$, 这就是 (自由)TW 呼吸子的群速度, 因此, 试验 TW 呼吸子通过 Peregrine 气体的传播是冲击性的.

Kuznetsov-Ma 呼吸子气体　对于 KM 呼吸子来说, 参数满足 $\eta^{(2)} = \mathrm{i}p$, 其中 $p > q$, 那么我们可以得到 $s_0^{(2)} = 0$ [借助 (3.71)], 因此, 由表达式 (3.103) 可得试验呼吸子通过 KM 气体中的传播速度为 $s^{(1)} = s_0^{(1)}/(1 - \Delta_{\mathrm{KM}} w_2)$, 其中 $\Delta_{\mathrm{KM}} = \Delta_{12}, \mu = \mathrm{i}p$ 和 $p > |\delta_0|$.

Akhmediev 呼吸子气体　最后对 AB 呼吸子进行分析, 其参数满足 $\eta^{(2)} = \mathrm{i}p \pm \epsilon$, 其中 $p \in (0, |\delta_0|), \epsilon \to 0$, 那么我们可以得到 $s_0^{(2)} \to \pm\infty$ [借助 (3.71)]. 将相互作用核表示为 $\Delta_{12} \equiv \Delta_{AB}$. 那么当 $\epsilon \to 0$ 时, 试验呼吸子通过 AB 气体传播的速度为 $s^{(1)} \sim -\dfrac{\Delta_{AB} w_2}{1 - \Delta_{AB} w_2} s_0^{(2)}$. 需要注意的是, 由于 AB 的无限空间范围, 我们应该要求 AB 气体的密度满足 $w_2 \to 0$, 使得后一个表达式满足 $w_2 s_0^{(2)} = \mathcal{O}(1)$, 从而确保呼吸子的有限传输速度. 当然这些都是初步的考虑, 因为 AB 气体的情况需要进一步仔细研究.

呼吸或孤子气体中的呼吸或孤子相互作用不仅改变了示踪呼吸 (孤子) 的 "粒子" 群速度 c_g, 而且还改变了其载体的 "波" 相速度 c_p. 呼吸子气体载波相速度的分布可以自然地定义为 $\tilde{s}(\eta) = \tilde{v}/\tilde{u}$, 其中 $\tilde{u}(\eta)$ 和 $\tilde{v}(\eta)$ 分别是满足色散关系 (3.90)(呼吸子气体) 和 (3.92)(孤子气体) 的连续载波波数和频率函数. 因此我们可以得到

$$\tilde{s}(\eta) = \frac{\tilde{s}_0 - \int_{\Gamma^+} \tilde{\Delta}(\eta, \mu) u(\mu) s(\mu) |d\mu|}{1 - \int_{\Gamma^+} \tilde{\Delta}(\eta, \mu) u(\mu) |d\mu|}. \tag{3.105}$$

对于呼吸子气体来说, 有

$$\begin{aligned} \tilde{s}_0 &= -\frac{2\,\mathrm{Re}\,[\eta R_0(\eta)]}{\mathrm{Re}\,[R_0(\eta)]}, \\ \tilde{\Delta}(\eta, \mu) &= \frac{1}{\mathrm{Re}\,[R_0(\eta)]} \left[\arg \frac{\eta - \mu}{\eta - \bar{\mu}} - \arg \frac{R_0(\eta) R_0(\mu) + \eta\mu - \delta_0^2}{R_0(\eta) R_0(\bar{\mu}) + \eta\bar{\mu} - \delta_0^2} - \pi \chi_\eta(\mu) \right], \end{aligned} \tag{3.106}$$

对于孤子气体来说, 有

$$\begin{aligned} \tilde{s}_0 &= -\frac{2\,\mathrm{Re}\,[\eta^2]}{\mathrm{Re}\,\eta}, \\ \tilde{\Delta}(\eta, \mu) &= \frac{1}{\mathrm{Re}\,\eta} \left[\arg \frac{\eta - \mu}{\eta - \bar{\mu}} - 2\arg\mu - \pi\chi_\eta(\mu) \right]. \end{aligned} \tag{3.107}$$

方程 (3.106) 和 (3.107) 中 $\tilde{s}_0(\eta)$ 的表达式分别与 TW 呼吸子 [(3.71)] 和孤子 [(3.72)] 中载体的相速度 c_p 相一致. 相互作用核 $\tilde{\Delta}$ 与双呼吸子 (双孤子) 相互作

用的相移表达式明显相关 (但不一致) (见 [86,140,228]). 我们还注意到方程式之间的相似之处, (3.103) 和 (3.105) 分别定义了呼吸子 (孤子) 气体中 "试验" 或 "示踪" 呼吸 (孤子) 的群速度和相速度. 然而, 我们需要强调的是, 尽管这些表达式有明显的相似性, 但它们有非常不同的结构. 事实上, 表达式 (3.103) 只包含一种类型的速度 (群速度), 而表达式 (3.105) 连接了两种不同类型的速度. 此外, 表达式 (3.103) 对 $\eta \in \Gamma^+$ ("示踪" 呼吸子或孤子) 或 $\eta \notin \Gamma^+$ ("试验" 呼吸子或孤子) 有不同的意义, 而式 (3.105) 却没有区分这两种传播呼吸子或孤子.

3.3.4 稀薄呼吸子、孤子气体和孤子凝聚体

在假设一般指数谱标度 (3.80) 的条件下, 导出了呼吸子气体和孤子气体的非线性色散关系 (3.88) 和 (3.91), 这些结果表明这些非线性色散关系中的积分项和长期项在一般情况下具有相同的阶数. 而在 3.3.1 节所考虑的另外两个比例尺中, 积分项和长期项中有一个必须是次要的: 其正好对应超指数标度的积分项和次指数标度的非积分项.

根据参数化色散关系 (3.88) 和 (3.91) 中的函数 $\sigma(\eta)$ 来表示谱尺度和相应的呼吸子、孤子气体是很方便的. 根据方程 (3.88), 我们可以给出呼吸子气体形式为

$$\sigma(\eta) = \frac{\text{Im}\,[R_0(\eta)] \left[1 - \int_{\Gamma^+} \Delta(\eta,\mu) u(\mu) |d\mu|\right]}{u(\eta)} \geq 0, \tag{3.108}$$

其中相互作用核 $\Delta(\eta,\mu)$ 由 (3.96) 给出. 而对于孤子气体来说, $\sigma(\eta)$ 表达式需要方程 (3.108) 中的 $\text{Im}\,R_0(\eta)$ 替换为 $\text{Im}\,\eta$, 相应的孤子气体 (3.97) 中的 $\Delta(\eta,\mu)$ 表达式也需要替换为 $\text{Im}\,\eta$. 对于指数标度 $\sigma(\eta) = \mathcal{O}(1)$ 来说, 其极限情况 $\sigma \to \infty$ 和 $\sigma \to 0$ 分别对应于超指数和次指数谱标度.

1. 稀薄的呼吸子气体和孤子气体

稀薄呼吸子和孤子气体表示弱相互作用呼吸子和孤子的无限随机集合, 其特征是态密度小, $u \ll 1$, 因此根据表达式 (3.108) 有 $\sigma \gg 1$. 我们将极限 $u \to 0, \sigma \to \infty, u\sigma = \mathcal{O}(1)$ 称为理想气体极限, 因为它对应于非相互作用的呼吸子 (孤子) 的气体. 在谱上, 这个极限对应于超指数谱标度 (3.82). 对于稀薄气体, 状态方程 (3.95) 中的相互作用项 (积分项) 是次主导项, 因此领头项 $s(\eta) = s_0(\eta)$ 描述了理想呼吸子 (孤子) 气体中的群速度分布. 对理想气体速度 $s_0(\eta)$ 的第一次修正很容易计算出来, 即

$$s(\eta) \approx s_0(\eta) + \int_{\Gamma^+} \Delta(\eta,\mu) \left[s_0(\eta) - s_0(\mu)\right] u(\mu) |d\mu|. \tag{3.109}$$

表达式 (3.109) 表示在文献 [241] 中获得稀薄 KdV 孤子气体中孤子速度方程相对应的聚焦非线性薛定谔呼吸子和孤子气体. 同样, 理想气体中的载体相速度由 (3.105) 中的领头项 $\tilde{s}(\eta) = \tilde{s}_0(\eta)$ 决定, 根据稀薄气体中的弱相互作用可以导出如下表达式

$$\tilde{s}(\eta) \approx \tilde{s}_0(\eta) + \int_{\Gamma^+} \tilde{\Delta}(\eta,\mu) \left[\tilde{s}_0(\eta) - s_0(\mu)\right] u(\mu)|d\mu|. \tag{3.110}$$

[需要注意的是, 与方程 (3.109) 不同, 方程 (3.110) 中的积分项涉及自由呼吸子和孤子的相速度和群速度之差.]

在理想气体极限下, 呼吸子气体复杂非线性色散关系 (3.85) 中的相互作用项是次主导的, 因此可以给出如下关系式

$$\tilde{u}(\eta) - \mathrm{i}\sigma(\eta)u(\eta) = -R_0(\eta), \quad \tilde{v}(\eta) - \mathrm{i}\sigma(\eta)v(\eta) = 2\eta R_0(\eta). \tag{3.111}$$

提取 (3.111) 的实部和虚部, 我们给出了理想呼吸子气体 (极限 $\delta_0 \to 0$ 的孤子气体) 中群速度 $s_0(\eta)$ 的表达式 (3.96) 和 (3.97) 和载波相速度 s_0 的表达式 (3.106) 和 (3.107). 此外, 我们还观察到呼吸子气体和孤子气体在这种情况下的比率

$$\frac{\tilde{v}(\eta) - \mathrm{i}\sigma(\eta)v(\eta)}{\tilde{u}(\eta) - \mathrm{i}\sigma(\eta)u(\eta)} = -2\eta \tag{3.112}$$

也是一样的. 我们注意到 (3.112) 对应的离散 ($2N$ 带解) 形式

$$\frac{\tilde{\omega}_j + \dfrac{2\mathrm{i}\ln|\delta_j|}{\pi}\omega_j}{\tilde{k}_j + \dfrac{2\mathrm{i}\ln|\delta_j|}{\pi}k_j} = -2\eta_j, \quad j = 1,\cdots,N, \tag{3.113}$$

给出了以下波数-频率尺度变换:

$$k_j \sim \omega_j \sim \ln^{-1}|\delta_j|. \tag{3.114}$$

由于这种形式的尺度变换包括 N 个, 因此它是和表达式 (3.84) (1 维) 和 (3.93) (2 维) 不同的. 特别地, 波数频率标度 (3.114) 和超指数谱标度 (3.82) 涵盖了 N 固定时 $2N$-带解到 N-孤子解的过渡情况.

2. 孤子和呼吸子凝聚体

通过前面介绍, 已经知道了表达式 (3.108) 中的不等式 $\sigma(\eta) \geqslant 0$ 对状态密度 $u(\eta)$ 施加了一个基本约束. 正如在 3.3.1 节中讨论的, 临界值 $\sigma(\eta) = 0$ 对应于次指数谱标度 (3.81). 从非线性色散关系 (3.88) 可以看出, 在这种情况下, 气体性质

完全由相互作用项 (积分) 决定, 而关于单个准粒子的信息 (由长期项描述) 完全丢失. 通过与玻色-爱因斯坦凝聚体的类比, 我们将 $\sigma = 0$ 时的呼吸 (孤子) 气体称为呼吸 (孤子) 凝聚体. 根据 (3.108), 我们可以得到临界条件

$$\int_{\Gamma^+} \Delta(\eta,\mu) u(\mu) |d\mu| = 1. \tag{3.115}$$

这是约束条件 (3.98) 的极限情况. 对于给定的相互作用核 $\Delta(\eta,\mu)$ [呼吸子气体的 (3.96)式和孤子气体的 (3.97) 式], 表达式 (3.115) 表示临界态密度 $u = u_c(\eta)$ 的一个积分方程 (Fredholm 第一类积分方程).

方程 (3.115) 有很好的物理意义. 事实上, 引入凝聚体的总态密度, $\rho_c = \int_{\Gamma^+} u_c(\mu) |d\mu|$, 我们把 (3.115) 重写为

$$\langle \Delta \rangle = \rho_c^{-1}, \tag{3.116}$$

其中 $\langle \cdots \rangle$ 表示对谱度量 $\rho_c^{-1} u_c(\eta)$ 的平均. 表达式 (3.116) 则表明在孤子 (呼吸子) 凝聚体中, 碰撞引起的平均位置位移等于准粒子之间的平均距离. 如果谱轨迹曲线 Γ 属于垂直线 (一种束缚态气体), 则表达式 (3.115) 与孤子气体相互作用核 (3.97) 可以用希尔伯特变换的反演公式显式求解. 当曲线 Γ 表示圆或是复平面上的圆弧时, 可以得到孤子凝聚体密度的另一个显式解. 下面我们考虑这两个重要的例子.

例 3.3.1 凝聚体孤子的束缚态 令 $\delta_0 = 0$ (孤子气体情形), $\Gamma = [-iq, iq]$, 其中 $q > 0$ 被称为孤子凝聚强度. 那么 $v(\eta) \equiv 0$ 是方程 (3.90) 第二个式子的解. 而剩下的第一个方程在条件 $\sigma \equiv 0$ 和 $\eta \in \Gamma$ 下可以改为

$$\int_{-iq}^{iq} \ln|\mu - \eta| u(\mu) \mathrm{i} d\mu = \mathrm{Im}\, \eta, \tag{3.117}$$

其中我们在 $[-iq, 0]$ 上引入了 $u(\mu)$ 的奇 (反施瓦茨对称) 扩展. 事实上, 我们有

$$\ln\left|\frac{\mu - \bar{\eta}}{\mu - \eta}\right| u(\mu) = -[\ln|\mu - \eta| u(\mu) + \ln|\bar{\mu} - \eta| u(\bar{\mu})], \tag{3.118}$$

其中我们对于任意的 $\mu \in [0, \mathrm{i}q]$, 都有 $u(\bar{\mu}) = -u(\mu)$. 进一步地, 引入新的变量 $\xi = \mathrm{Im}\, \eta, y = \mathrm{Im}\, \mu$, 我们可以得到如下关系式

$$-\int_{-q}^{q} \ln|\xi - y| \hat{u}(y) dy = \xi, \tag{3.119}$$

其中 $\hat{u}(y) = u(\mathrm{i}y)$. 对方程 (3.119) 求微分, 可以得到

$$\pi H[\hat{u}](\xi) := \int_{-q}^{q} \frac{\hat{u}(y)dy}{y-\xi} = 1, \tag{3.120}$$

其中 $H[\hat{u}]$ 是 $\hat{u}$ 在 $[-q,q]^{[58]}$ 上的有限希尔伯特变换 (finite Hilbert transform, FHT). 随后求逆 FHT, 且对 H 强加一个额外的约束条件 $H[\hat{u}](0) = 0$, 我们就得到了束缚态孤子凝聚体的密度

$$u(\eta) = \frac{-\mathrm{i}\eta}{\pi\sqrt{\eta^2 + q^2}}, \quad \eta \in (-\mathrm{i}q, \mathrm{i}q). \tag{3.121}$$

可以观察到, 孤子凝聚体的边界密度 (3.121) 与矩形的离散 Zakharov-Shabat 谱的规范化半经典分布相一致. 根据 ZS 算子的 Bohr-Sommerfeld 量子化规则, 它可以作为相应的 Weyl 定律的导数 (见 [112, 228]).

现在用方程 (3.92) 计算束缚态孤子凝聚体载波参数 $\tilde{u}, \tilde{v}$. 由于 $\arg\mu = \frac{\pi}{2}$ 和

$$\arg\frac{\eta - \mu}{\eta - \bar{\mu}} - \pi\chi_\eta(\mu) = -\pi,$$

其中 χ 代表特征函数, 且 μ, η 满足 $\mu, \eta \in [0, \mathrm{i}q]$, 当 $\eta \in [-\mathrm{i}q, \mathrm{i}q]$ 时, $v(\eta) = 0$, 因此可以给出如下的表达式

$$\tilde{u}(\eta) = -2q, \quad \tilde{u}(\eta) = 2\,\mathrm{Re}\left(\eta^2\right).$$

那么孤子凝聚体中的载波速度等于

$$\tilde{s}(\eta) = \frac{\tilde{v}(\eta)}{\tilde{u}(\eta)} = -\frac{\mathrm{Re}\left(\eta^2\right)}{q}.$$

为了计算 $\eta \notin [-\mathrm{i}q, \mathrm{i}q]$ 时孤子凝聚束缚态中传播的试验孤子的速度, 将表达式 (3.121) 代入 (3.109), 可以得到

$$s(\eta) = \frac{-4\,\mathrm{Im}\,\eta\,\mathrm{Re}\,\eta}{\mathrm{Im}\,\eta - \frac{1}{\pi}\,\mathrm{Re}\int_{-\mathrm{i}q}^{\mathrm{i}q}\ln(\mu - \eta)\frac{\mu d\mu}{\sqrt{\mu^2 + q^2}}}. \tag{3.122}$$

根据分步积分以及留数定理, 有

$$s(\eta) = -\frac{4\,\mathrm{Im}\,\eta\,\mathrm{Re}\,\eta}{\mathrm{Im}\sqrt{\eta^2 + q^2}}. \tag{3.123}$$

不难发现, q 强度孤子凝聚体的试验孤子的群速度 (3.123) 与具有相同孤子本征值 η 和相同背景强度 q 的 TW 呼吸子的群速度 c_g 之间的关系是很有趣的. 通过比较可以看出, 尽管这两个速度的表达式不同, 但它们二阶领头项存在相同的渐近特性: $s(\eta) = -4\operatorname{Re}\eta(1 - d^2/2) + \mathcal{O}\left(d^4\right)$, 其中 $d = q/\operatorname{Im}\eta \ll 1, \operatorname{Re}(\eta) = \mathcal{O}(1)$. 对上述例子进行总结可知, 最近文献 [88] 中的数值研究结果表明, 由 N-孤子解 ($n \gg 1$) 和 "Weyl" 态密度 (3.121) 决定的束缚态孤子气体的统计特征 (概率密度函数、傅里叶功率谱和自相关函数) 与自发调制不稳定性描述的可积湍流 (即, 受到小噪声扰动的平面波 q 的调制不稳定性) 的渐近性, 长时间行为具有一定的一致性, 具体可以参考文献 [8] 中数值研究以及 [126] 中的实验研究.

例 3.3.2 非束缚态"圆形"孤子凝聚体 现在给出一个非束缚态的孤子凝聚体的例子, 也就是说动态孤子凝聚体. 现在考虑圆 $|\eta| = \rho > 0$ 上以圆弧形式逆时针连接的谱 Γ, 也就是说 Γ 上的点 $\bar{\eta}_1$ 和 η_1 满足 $|\eta_1| = \rho$. 为了在这种条件下对方程 (3.115) 求解, 引入一个新的变量 $\mu = \rho e^{i\theta}, \eta = \rho e^{i\xi}$. 那么方程 (3.115) 转化为

$$\rho \int_0^{\xi_1} \ln\left|\frac{\sin\dfrac{\xi-\theta}{2}}{\sin\dfrac{\xi+\theta}{e}}\right| \hat{u}(\theta)d\theta = -\rho\sin\xi, \tag{3.124}$$

其中 $\hat{u}(\theta) = u(\rho e^{i\theta}), \eta_1 = \rho e^{i\xi_1}$. 对方程 (3.124) 关于 ξ 两次求导可以得到

$$\frac{1}{\pi}\int_b^1 \frac{f(q)}{q-p}dq = -\frac{p}{\pi}, \tag{3.125}$$

其中这里引入了新的变量 $p = \cos\xi, q = \cos\theta$ 以及新的标记 $b = \cos\xi_1, f(p) = \hat{u}(\arccos p)$. 方程 (3.125) 左边积分表示函数 f 在 $[b,1]$ 上的 FHT $H[f](p)$, 见参考文献 [169, 222]. 为了保证 (3.125) 中 FHT 反演的唯一性, 我们强加了一个约束 $f(1) = 0$, 它等价于一个物理自然条件 $\hat{u}(0) = 0$. 在这里我们将计算过程省略, 直接给出最终结果

$$f(p) = -\frac{(p-1)\left(p+\dfrac{1-b}{2}\right)}{\pi R_+(p)}, \tag{3.126}$$
$$R_+(p) = \sqrt{(1-p)(p-b)},$$

其中根号选择正的一支. 我们注意到当 $p \in [b,1)$ 时, 有 $f(p) > 0$. 由此, 得到了圆孤子凝聚体的态密度为

$$u(\eta) = \frac{1}{\pi}\sqrt{\frac{1-\cos\xi}{\cos\xi - \cos\xi_1}}\left(\cos\xi + \frac{1-b}{2}\right)$$

$$= \frac{1}{\pi}\left(\frac{\operatorname{Re}\eta}{|\eta|} + \frac{1-b}{2}\right)\sqrt{\frac{|\eta| - \operatorname{Re}\eta}{\operatorname{Re}\eta - \operatorname{Re}\eta_1}}. \tag{3.127}$$

当方程 (3.91) $v(\eta)$ 中参数满足 $\sigma = 0$ 时, 可以类似给出解. 因此, 孤子的群速度 $s(\eta) = v(\eta)/u(\eta)$ 为

$$\begin{aligned} s(\eta) &= -8\rho \frac{\cos^{(2)}\xi + \dfrac{1-b}{2}\cos\xi - \dfrac{(b+1)^2}{8}}{\cos\xi + \dfrac{1-b}{2}} \\ &= -\frac{8(\operatorname{Re}\eta)^2 + 4(1-b)|\eta|\operatorname{Re}\eta - (b+1)^2|\eta|^2}{\operatorname{Re}\eta + \dfrac{1-b}{2}|\eta|}. \end{aligned} \tag{3.128}$$

特别地, 当 Γ 是一个圆, 即 $b = -1$ 时, 我们有

$$u(\eta) = \frac{\operatorname{Im}\eta}{\pi\rho}, \quad v(\eta) = -8\frac{\operatorname{Re}\eta \operatorname{Im}\eta}{\pi\rho}, \quad s(\eta) = -8\operatorname{Re}\eta. \tag{3.129}$$

后一个表达式表示在 "圆形" 孤子凝聚体内的孤子速度正好是具有相同谱参数 η 的自由孤子速度 $s_0(\eta) = -4\operatorname{Re}\eta$ 的两倍. 根据单侧极限 $b \to 1^-$ (也就是在原点附近的一个小圆, 参数为 $\cos\xi \to 1^-$) 可以得到 $s(\eta) \approx -8\rho\dfrac{\cos^2\xi - \dfrac{1}{2}}{\cos\xi} \approx -4\operatorname{Re}\eta$, 这是和自由 (无相互作用) 基本孤子解 (3.72) 的速度相容的.

通过方程 (3.127) 和 (3.128) 中的 $u(\eta), v(\eta) = u(\eta)s(\eta)$, "圆形" 凝聚体中载波的波数 $\tilde{u}(\eta)$ 和频率 $\tilde{v}(\eta)$ 可由方程 (3.92) 求出.

3. 从理想孤子气体到孤子凝聚体

前面得到的孤子凝聚体的显式结果可以很容易地推广到一些 "真正的" (非凝聚的) 孤子气体, 使其在理想孤子气体和孤子凝聚体之间能够随密度不断增加并连续变化. 对于束缚态孤子气体和动态圆孤子气体, 可以给出上述例子对应的结果. 利用积分表达式 (3.117) 中 [(3.91) 的第一式] 的孤子凝聚束缚态求解方程 (3.121) 可以得到当 $\sigma \neq 0$ 时方程 (3.91) 中第一式的完整解. 令 $u = u_c(\eta)$ 是 (3.121) 中的 "Weyl" 分布并且假设对于 $m \geqslant 0$ 都有 $\sigma(\eta)u_c(\eta) = m\operatorname{Im}\eta$, 那么 $u(\eta) = u_c(\eta)/(m+1)$ 是方程 (3.91) 中第一式的解, 其中 $\sigma(\eta) = m\pi\sqrt{\eta^2 + q^2}$. 此外, 在极限条件 $m \to 0^+$ 下, 我们有 $u \to u_c$, 也就是说孤子气体接近凝聚体, 反之在极限条件 $m \to +\infty$ 下, 孤子气体会接近理想气体, 参数满足 $u(\eta) \to 0^+, \sigma(\eta) \to +\infty, u\sigma \to \pi u_c\sqrt{\eta^2 + q^2} = -\mathrm{i}\eta$.

3.3 聚焦非线性薛定谔方程孤子和呼吸气体的谱理论

现在我们推导具有谱参数 η 的试验孤子在 $[-iq, iq]$ 上通过束缚态孤子气体的速度. 将密度函数 $u = u_c/(m+1)$ 代入试验孤子速度表达式 (3.105) 中, 可以得到如下形式 [方程 (3.122) 和 (3.123)]

$$s(\eta) = \frac{-4\operatorname{Im}\eta \operatorname{Re}\eta}{\operatorname{Im}\eta - \frac{1}{\pi(m+1)}\operatorname{Re}\int_{-iq}^{iq}\ln(\mu-\eta)\frac{\mu d\mu}{\sqrt{\mu^2+q^2}}}$$
$$= \frac{-4\operatorname{Im}\eta \operatorname{Re}\eta}{\frac{m}{m+1}\operatorname{Im}\eta - \frac{1}{m+1}\operatorname{Im}\sqrt{\eta^2+q^2}}, \quad (3.130)$$

如前所述, 根据分部积分和留数定理得到给出最终表达式.

特别地, 对于通过束缚态孤子凝聚 ($m = 0$) 传播的 "试验" 孤子, 可以得到公式 (3.123). 在相反的极限条件 $m \to +\infty$ (在理想孤子气体中传播的试验孤子) 下, 给出了自由孤子的速度 $-4\operatorname{Re}\eta$.

类似凝聚体的情况, 通过方程 (3.90) 来计算表达式 $\tilde{u}, \tilde{v}$

$$\tilde{u}(\eta) = -\frac{2q}{m+1}, \quad \tilde{v}(\eta) = 2\operatorname{Re}(\eta^2).$$

当 $m \to \infty$ (理想气体) 时, 有 $\tilde{u} = 0, \tilde{v}(\eta) = 2\operatorname{Re}(\eta^2)$, 这是完全符合孤立孤子 (3.72) 的参数.

进一步, 可以根据类似的方法将圆形凝聚体结果延拓到整个体系. 为简便见, 只给出了谱轨迹曲线 Γ 为一个完整圆 $|\eta| = \rho$ 时的结果. 为了研究理想孤子气体和相应的孤子凝聚体之间的能级范围, 选取 "种子" 凝聚体解 $u_c = \operatorname{Im}\eta/\pi\rho$ [方程 (3.127) 中参数为 $b = -1$] 作为态密度, 选择积分方程 (3.91) 中第一个方程中的 σ 使得 $\sigma(\eta)u_c(\eta) = m \operatorname{Im}\eta$, 其中 $m \geqslant 0$. 那么, 借助和束缚态孤子气体相同的方法, 可得到了循环气体中的态密度和群速度

$$u(\eta) = \frac{\operatorname{Im}\eta}{\pi\rho(m+1)}, \quad v(\eta) = -8\frac{\operatorname{Re}\eta \operatorname{Im}\eta}{\pi\rho(2m+1)},$$
$$s(\eta) = -8\operatorname{Re}\eta\frac{m+1}{2m+1}. \quad (3.131)$$

正如所期望的那样, 公式 (3.131) 展示了当 m 从 $m \to +\infty$ (理想气体) 变化到 $m = 0$ (凝聚体) 时, 循环孤子气体的态密度 u 的增长规律. 对于一般的 m, 示踪孤子的速度 $s(\eta)$ 位于 $m = \infty$ 时自由孤子的速度 $-4\operatorname{Re}\eta$ 和 $m = 0$ 时凝聚体速度 (3.129) 之间.

对于圆形气体, 可以借助方程 (3.90) 中的第一式来进行计算 $\tilde{u}, \tilde{v}$. 根据初等几何, 得到

$$\arg \frac{\eta - \mu}{\eta - \bar{\mu}} - \pi \chi_\eta(\mu) = \mu - \pi, \tag{3.132}$$

其中 χ_η 表示圆 $(1, \eta)$ 上的特征函数. 那么有等式

$$\int_\rho^{-\rho} \left[\arg \frac{\mu - \eta}{\mu - \bar{\eta}} - 2 \arg \mu - \pi \chi_\eta(\mu) \right] u(\mu) |d\mu| = \frac{-3\rho}{m+1}, \tag{3.133}$$

因此, 可以得到

$$\tilde{u}(\eta) = -\operatorname{Re} \eta - \frac{3\rho}{m+1},$$

$$\tilde{v}(\eta) = 2 \operatorname{Re}(\eta)^2 + \frac{6\rho^2}{2m+1},$$

其中积分 $\tilde{v}$ 可以根据 (3.133) 类似地给出. 此时, 可以得到相速度为

$$\tilde{s}(\eta) = -2\rho \frac{\cos(2 \arg \eta) + \dfrac{3}{2m+1}}{\cos(\arg \eta) + \dfrac{3}{m+1}}, \tag{3.134}$$

当 $m \to \infty$ 时, 期望极限值 $-2\dfrac{\operatorname{Re} \eta^2}{\operatorname{Re} \eta}$ 可以用来和孤子 (3.72) 的相速度进行比较. 在凝聚体状态下, 表达式 (3.134) 可以转化为

$$\tilde{s}(\eta) = -2\rho \frac{\cos(2 \arg \eta) + 3}{\cos(\arg \eta) + 3}.$$

接下来给出呼吸子气体和孤子气体的动力学方程.

3.3.5 呼吸子气体和孤子气体的动力学方程

1. 一般性的构造

假设孤子气体或者呼吸子气体的谱特征 $u(\eta), v(\eta), \tilde{u}(\eta)$ 以及 $\tilde{v}(\eta)$ 都不依赖于参数 x, t. 称这种类型的孤子气体或者呼吸子气体为齐次的或者均匀气体. 对于非齐次孤子或者呼吸子来说, 假设气体参数的变化发生在更大的时空尺度 $\Delta x, \Delta t$ 上, 而不是单个孤子或孤子振动的尺度 $\Delta x \sim \Delta t = \mathcal{O}(1)$ 上, 引入了新的变量 $u \equiv u(\eta, x, t), v \equiv v(\eta, x, t), \tilde{u} \equiv \tilde{u}(\eta, x, t), \tilde{v} \equiv \tilde{v}(\eta, x, t)$.

为了推导呼吸子或孤子气体的演化方程, 需要借助方程 (3.70) 中定义的黎曼面 $\mathcal{R}$ 上依赖于固定分支点 α 的原始的有限带的离散波数和频率分量 $k_j(\alpha)$,

3.3 聚焦非线性薛定谔方程孤子和呼吸气体的谱理论

$\omega_j(\alpha), \tilde{k}_j(\alpha)$ 和 $\tilde{\omega}_j(\alpha)$. 现在考虑一个慢调制的有限带, 使得 $\alpha = \alpha(x,t)$ 成立. 此方程可以用于描述聚焦非线性薛定谔方程中 $\alpha = \alpha(x,t)$ 的演化, 即所谓的 Whitham 调制方程[233]. 当 $n=1$ 时, 文献 [180] 中有详细的介绍, 对于任意亏格 n, 文献 [233] 进行了分析. 分支点 $\alpha_j(x,t)$ 的 $2n$ 拟线性调制方程组具有无穷多个守恒定律, 其中包括 n "波守恒" 定律 $k_t = \omega_x$ 的有限子集, 将其写成满足非线性色散关系 (3.77) 的特殊波数-频率集,

$$\partial_t k_j(\alpha) = \partial_x \omega_j(\alpha), \quad j=1,2,\cdots,N, \tag{3.135}$$

$$\partial_t \tilde{k}_j(\alpha) = \partial_x \tilde{\omega}_j(\alpha), \quad j=1,2,\cdots,N \tag{3.136}$$

(和以前一样, 假设亏格为 $n=2N$). 由于支割点 α_j 是黎曼不变量的类似物[33], 因此固定异常带 γ_0 使其与 Whitham 方程相容.

现在将热力学波数频率标度 (3.84) 应用于守恒方程 (3.136) 和 (3.135) 中. 令 $K_M = \sum_{j=1}^{M} k_j, W_M = \sum_{j=1}^{M} \omega_j$, 其中 $1 \leqslant M \leqslant N$. 为了方便, 将对一维谱问题进行分析, 其结果对二维仍然有效. 借用方程 (3.84) 中的尺度变换, 可以得到

$$K_M = \sum_{j=1}^{M} \frac{\kappa(\eta_j)}{N} \to \int_{\eta_\infty}^{\eta} \kappa(\mu)\varphi(\mu)|d\mu| \equiv \mathcal{K}(\eta),$$

其中, 在连续极限上使用了一个替换 $\eta_M \to \eta$. 此时, 根据方程 (3.87), 得到 $\mathcal{K}'(\eta) = u(\eta)$, 其中 "'" 是指沿着 Γ^+ 上的导数. 因此, $\mathcal{K}(\eta)$ 可以表示呼吸子或孤子气体的积分密度. 类似地, 根据

$$W_M = -\sum_{j=1}^{M} \frac{\nu(\eta_j)}{N} \to -\int_{\eta_\infty}^{\eta} \nu(\mu)\varphi(\mu)|d\mu| \equiv \mathcal{V}(\eta)$$

可以得到 $\mathcal{V}(\eta) = -\nu(\eta)$. 那么, 根据由方程 (3.135) 中的热力学极限可以得到状态密度 $u(\eta, x, t)$ 的连续性方程:

$$\partial_t u + \partial_x (us) = 0, \tag{3.137}$$

其中 $u = u(\eta, x, t)$, $s = v(\eta, x, t)/u(\eta, x, t)$, 依赖关系 $s[u]$ 由状态方程 (3.95) 给出. 由方程 (3.137) 可以看出呼吸子或孤子群速度 $s(\eta, x, t)$ 可以表示相应气体的传输速度. 方程 (3.137) 与状态方程 (3.95) 共同构成呼吸子气体 [用式 (3.106)] 或孤子气体 [用式 (3.107)] 的动力学方程. 类似地, 对于载波分量, 在热力学极限状

态下, 我们有 $\tilde{k}_j \to 2\tilde{u}(\eta,x,t)$, $\tilde{\omega}_j \to -2\tilde{v}(\eta,x,t) = \tilde{u}(\eta,x,t)\tilde{s}(\eta,x,t)$, 方程 (3.136) 转化为载波数为 $\tilde{u}$ 的单一方程

$$\partial_t \tilde{u} + \partial_x(\tilde{u}\tilde{s}) = 0, \tag{3.138}$$

其中相速度 $\tilde{s}$ 也对载波数的传输速度有影响, $\tilde{u}[u]$, $\tilde{s}[u]$ 由方程 (3.90) 的第一式和方程 (3.105) 给出. 结合载波非线性色散关系 (3.90) 中的第一式, 可以给出载波的 "卫星" 动力学方程 (3.138), 它反映了呼吸子和孤子的双重"波粒"性质. 需要强调的是, 以前关于孤子气体动力学方程的文献 (见 [52,73,74]) 只涉及"粒子"方程 (3.137).

人们可能会注意到, 基于尺度分离理论, 对 Whitham 调制方程应用热力学极限显然与 Whitham 理论[233] 的原始前提相冲突, 其中时空调制尺度相对于多周期的波长和周期较大. 然而, 注意到, Whitham 方程的孤子极限, 虽然形式上与调制理论的原始假设不一致, 但众所周知, 它可以精确描述各种问题中单个孤子和孤子列的动力学行为, 包括色散激波理论[72] 和最近引入的由直接数值模拟和物理实验证实的孤子平均流相互作用理论[145,208]. 事实上, Whitham 在他的书中展示了如何通过适当的调制系统极限来描述孤立波列[233].

2. 多分量流体动力约化

假设气体组分的密度 w_j 和速度 $s^{(j)}$ 是 x,t 的慢函数, 那么利用状态密度 u 的多组分拟设 δ-函数(3.99), 可以将动力学方程 (3.137) 和 (3.95) 简化为拟线性偏微分方程组. 正如在前面提到的, 对于 w_j 的容许值存在一定的约束; 假定这些约束条件是满足的.

根据多分量状态方程 (3.100) 中给出的闭合条件, 可以得到 $w_j(x,t), s^{(j)}(x,t)$, $j = 1,\cdots,M$ 具有流体力学守恒量形式的方程组

$$(w_j)_t + \left(w_j s^{(j)}\right)_x = 0, \quad j = 1,\cdots,M. \tag{3.139}$$

在文献 [74] 中广泛地研究了流体动力型系统 (3.139) 和 (3.100), 证明了对于任意的 $M \in \mathbb{N}$, 它是一个双曲可积线性退化系统. 因此, 之前得到的有限分量 KdV 型孤子气体[74] 的一般数学结果可以很容易地推广到聚焦非线性薛定谔孤子和呼吸子气体的情况. 特别地, 当 $M = 2$ 时, 文献 [73,74] 中已经给出. 根据方程 (3.101) 中 $s^{(1,2)}$ 和 $w^{1,2}$ 的关系, 方程 (3.139) 和 (3.100) 可简化为

$$\left(s^{(1)}\right)_t + s^{(2)}\left(s^{(1)}\right)_x = 0, \quad \left(s^{(2)}\right)_t + s^{(1)}\left(s^{(2)}\right)_x = 0. \tag{3.140}$$

系统 (3.140) 表示所谓的 Chaplygin 气体方程的对角部分, 这种等熵气体动力学系统, 其状态方程为 $p = -A/\rho$, 其中 p 为压力, ρ 为气体密度, $A > 0$ 为常

数. 此方程出现在某些宇宙学理论中 (见, 如 [21]), 同时它也等价于非线性电磁场理论中出现的一维 Born-Infeld 方程[30,233].

注意到流体动力系统 (3.139) 和 (3.100) 的双曲性在聚焦非线性薛定谔方程的背景下可能看起来令人惊讶, 因为已知聚焦非线性薛定谔方程 Whitham 系统对于一般调制参数集和任何亏格是椭圆的. 通过聚焦非线性薛定谔 Whitham 系统在孤子极限上给出的实本征值 (特征速度), 可以很好地解决此悖论. 例如, 在亏格为 1 的情况下, 调制矩阵的两对复共轭特征值退化为一个单的、四重退化的实特征值, 其正好对应于孤子的速度[75].

由于守恒量 (3.139) 的可实用性, 可以求解由方程 (3.139) 和 (3.100) 所描述的多分量呼吸子气体的一般黎曼问题. 众所周知, 流体力学守恒律系统 (3.139) 的黎曼问题的弱解通常由 $M+1$ 个不同的常数状态组成, 这些状态由 M 个传播不连续面或稀疏波 (每一族中的一个) 分开, 其中 ω^i 和 s^i 在不连续面的跳跃由 Rankine-Hugoniot 条件确定[136]. 系统 (3.139) 和 (3.100) 的线性退化意味着不存在稀疏波, 并且冲击波是接触不连续的, 其速度与相关组分的速度一致[199]. 重要的是, 接触不连续不需要通过高阶机制进行正则化, 如色散或耗散. 根据 KdV 和聚焦非线性薛定谔孤子气体的结果[36,73], 本节给出了二分量聚焦非线性薛定谔呼吸子气体的黎曼问题的解.

考虑 "激波管" 型初始条件, 令系统 (3.139) 和 (3.101) 中 $M = 2$, 因此我们可以得到

$$w_1(x,0) = w_0^1, \quad w_2(x,0) = 0, \quad x < 0,$$
$$w_2(x,0) = w_0^2, \quad w_1(x,0) = 0, \quad x > 0, \tag{3.141}$$

其中 $w_0^1, w_0^2 > 0$ 是常数. 假定 $s_0^{(1)} > s_0^{(2)} > 0$ 使得气体发生追赶相互作用的时候形成一个扩大的相互作用区域 $c^-t < x < c^+t$, 其中这两个分量都会存在这种现象. 需要注意的是, 与经典的气体动力学激波管问题不同, 呼吸子气体的初始速度不是零, 对应的表达式 (3.101) 完全由密度分布 (3.141) 决定.

w_1 和 w_2 的弱解可以写成如下分段常函数形式:

$$w_1(x,t) = \begin{cases} w_0^1, & x < c^-t, \\ w_c^1, & c^-t < x < c^+t, \\ 0, & x > c^+t, \end{cases}$$

$$w_2(x,t) = \begin{cases} 0, & x < c^-t, \\ w_c^2, & c^-t < x < c^+t, \\ w_0^2, & x > c^+t, \end{cases}$$

其中 c^- 和 c^+ 分别为左右两侧不连续的速度, w_c^1, w_c^2 和 $s_c^{(1)}, s_c^{(2)}$ 是在相互作用区域 $x \in [c^-t, c^+t]$ 呼吸子气体分量的密度和速度. 速度值 $s_c^{(1)}$ 和 $s_c^{(2)}$ 可以通过 (3.101) 由 w_c^1, w_c^2 表示出来. 相互作用区域的密度 w_c^1, w_c^2 以及接触不连续速度 $c^\pm$ 均可以由 Rankine-Hugoniot 条件给出:

$$-c^- \left[w_0^1 - w_c^1\right] + \left[w_0^1 s_0^{(1)} - w_c^1 s_c^{(1)}\right] = 0,$$
$$-c^- \left[0 - w_c^2\right] + \left[0 - w_c^2 s_c^{(2)}\right] = 0,$$
$$-c^+ \left[w_c^1 - 0\right] + \left[w_c^1 s_c^{(1)} - 0\right] = 0,$$
$$-c^+ \left[w_c^2 - w_0^2\right] + \left[w_c^2 s_c^{(2)} - w_0^2 s_0^{(2)}\right] = 0.$$

因此有

$$w_c^1 = \frac{w_0^1 \left(1 - \Delta_{21} w_0^2\right)}{1 - \Delta_{12}\Delta_{21} w_0^1 w_0^2},$$
$$w_c^2 = \frac{w_0^2 \left(1 - \Delta_{12} w_0^1\right)}{1 - \Delta_{12}\Delta_{21} w_0^1 w_0^2},$$
$$c^- = s_0^{(2)} - \frac{\left(s_0^{(1)} - s_0^{(2)}\right)\Delta_{12} w_c^1}{1 - (\Delta_{12} w_c^1 + \Delta_{21} w_c^2)},$$
$$c^+ = s_0^{(1)} + \frac{\left(s_0^{(1)} - s_0^{(2)}\right)\Delta_{21} w_c^2}{1 - (\Delta_{12} w_c^1 + \Delta_{21} w_c^2)}.$$

综上所述, 注意到, 作为一个可积流体动力型系统, 方程 (3.140) 和 (3.100) 符合广义速矢图变换, 原则上可以构造所有非常数光滑解[57]. 确实, 在文献 [74] 中已经给出了许多非平凡的精确解 (如相似解和准周期解). 它们在聚焦非线性薛定谔呼吸子和孤子气体方面的物理解释是非常有趣的.

3.4 孤子气体——N-孤子解的极限

KdV 方程纯 N-孤子解的黎曼-希尔伯特问题 (见 [96]) 如下: 存在一个二维行向量 M, 使得

(i) $M(\lambda)$ 是 $\mathbb{C}$ 上的亚纯函数, 其简单极点 $\{\lambda_j\}_{j=1}^N$ 在 $i\mathbb{R}_+$ 上, 它们对应的共轭点 $\{\lambda_j^*\}_{j=1}^N$ 位于 $i\mathbb{R}_-$ 上.

3.4 孤子气体——N-孤子解的极限

(ii) M 满足如下的留数条件

$$\operatorname*{Res}_{\lambda=\lambda_j} M(\lambda) = \lim_{\lambda \to \lambda_j} M(\lambda) \begin{bmatrix} 0 & 0 \\ \dfrac{c_j \mathrm{e}^{2\mathrm{i}\lambda_j x}}{N} & 0 \end{bmatrix},$$

$$\operatorname*{Res}_{\lambda=\lambda_j^*} M(\lambda) = \lim_{\lambda \to \lambda_j^*} M(\lambda) \begin{bmatrix} 0 & \dfrac{-c_j \mathrm{e}^{-2\mathrm{i}\lambda_j^* x}}{N} \\ 0 & 0 \end{bmatrix},$$

(3.142)

其中 $c_j \in \mathrm{i}\mathbb{R}_+$.

(iii) 当 $\lambda \to \infty$ 时, 有 $M(\lambda) = [1 \ \ 1] + \mathcal{O}\left(\dfrac{1}{\lambda}\right)$.

(iv) M 满足如下的对称性

$$M(-\lambda) = M(\lambda) \begin{bmatrix} 0 & 1 \\ 1 & 0 \end{bmatrix}.$$

上述黎曼-希尔伯特的解可以表示为

$$M(\lambda) = \left(1 + \sum_{j=1}^{N} \frac{\mathrm{e}^{\mathrm{i}\lambda_j x} \alpha_j}{\lambda - \lambda_j}, 1 - \sum_{j=1}^{N} \frac{\mathrm{e}^{\mathrm{i}\lambda_j x} \alpha_j}{\lambda + \lambda_j}\right),$$

其中常数 α_j 是由留数条件 (3.142) 唯一决定的. 那么 N-孤子解 $u(x)$ 可通过 M 给出:

$$u(x) = 2\frac{d}{dx}\left(\lim_{\lambda \to \infty} \frac{\lambda}{\mathrm{i}} (M_1(\lambda) - 1)\right),$$

其中 $M_1(\lambda)$ 为向量 $M(\lambda)$ 的第一个元素. 特别地, 当 $N = 1$ 时, KdV 方程的单孤子解为

$$u(x,t) = -2\eta^2 \operatorname{sech}^2(2\eta(x - 4\eta^2 t - x_0)), \quad x_0 = \frac{1}{4\eta_1} \ln \frac{c_1}{2\mathrm{i}\eta_1} \in \mathbb{R}. \tag{3.143}$$

人们感兴趣的是当 $N \to +\infty$ 时孤子的形态. 为了分析孤子极限, 不妨假设如下条件:

(i) 所有的极点 $\left\{\lambda_j^{(N)}\right\}_{j=1}^{N}$ 均可以从密度函数 $\varrho(\lambda)$ 采样得到, 使得 $\displaystyle\int_{\eta_1}^{-\mathrm{i}\lambda_j} \varrho(\eta) d\eta = j/N$, 其中 $j = 1, \cdots, N$.

(ii) 所有的系数 $\{c_j\}_{j=1}^N$ 都是纯虚数 (也就是说 $c_j \in i\mathbb{R}_+$) 且是如下给定函数的离散化

$$c_j = \frac{i(\eta_2 - \eta_1) r_1(\lambda_j)}{\pi}, \quad j = 1, \cdots, N, \tag{3.144}$$

其中当 λ 在 $(i\eta_1, i\eta_2)$ 和 $(-i\eta_2, -i\eta_1)$ 中间时, $r_1(\lambda)$ 是解析函数且满足对称性 $r_1(\lambda^*) = \overline{r_1(\lambda)}$; 进一步地, 当 $\lambda \in [i\eta_1, i\eta_2]$ 时, $r_1(\lambda)$ 是正实的且不为零的函数.

当 $x \to +\infty$ 时, 很容易注意到, 所有留数条件 (3.142) 只包含指数小项, 因此, 通过一个小范数估计, 势函数 $u(x,t)$ 是指数小的.

另一方面, 当 $x \to -\infty$ 时, 所有的留数条件都是指数级大的. 为了说明在这种情况下, 势函数解 $u(x,t)$ 仍然是指数小的, 我们可以通过定义一个新的函数

$$A(\lambda) = M(\lambda) \prod_{j=1}^{N} \left(\frac{\lambda - \lambda_j}{\lambda - \overline{\lambda_j}} \right)^{\sigma_3}$$

来反转留数条件的三角形度. 此时留数条件转化为

$$\operatorname*{Res}_{\lambda = \lambda_j} A(\lambda) = \lim_{\lambda \to \lambda_j} A(\lambda) \begin{bmatrix} 0 & \dfrac{N}{c_j} e^{-2i\lambda_j x}(\lambda_j - \lambda_j^*)^2 \prod_{k \neq j} \left(\dfrac{\lambda_j - \lambda_k^*}{\lambda_j - \lambda_k} \right)^2 \\ 0 & 0 \end{bmatrix},$$

$$\operatorname*{Res}_{\lambda = \lambda_j^*} A(\lambda) = \lim_{\lambda \to \lambda_j^*} A(\lambda) \begin{bmatrix} 0 & 0 \\ -\dfrac{N}{c_j} e^{2i\lambda_j^* x}(\lambda_j^* - \lambda_j)^2 \prod_{k \neq j} \left(\dfrac{\lambda_j^* - \lambda_k}{\lambda_j^* - \lambda_k^*} \right)^2 & 0 \end{bmatrix}. \tag{3.145}$$

而势函数 $u(x,t)$ 仍然是根据 $A(\lambda)$ 类似地给出

$$u(x) = 2 \frac{d}{dx} \left(\lim_{\lambda \to \infty} \frac{\lambda}{i} (A_1(\lambda) - 1) \right).$$

此时, 当 $x \to -\infty$ 时, $e^{-2i\lambda_j x}$ 指数衰减, 这意味着势函数 $u(x)$ 在 $x \to -\infty$ 时也是指数衰减的. 但是, 乘积项是以 N 指标指数增大的. 因此我们可以假设存在 $C > 0$ 使得对于任意的 $j = 1, \cdots, N$, 都有

$$\left| \frac{N}{c_j} (\lambda_j - \lambda_j^*) \prod_{k \neq j} \left(\frac{\lambda_j - \lambda_k^*}{\lambda_j - \lambda_k} \right)^2 \right| < D e^{CN}.$$

不难看出只有当 x 负向很大时, 指数项才开始指数衰减. 事实上, 为了使留数条件都指数小, 参数必须满足 $x \ll -CN$. 换句话说, 我们所考虑的 N-孤子解有更大

3.4 孤子气体——N-孤子解的极限

的支集, 假如考虑大 N 极限, 那么当 $x \to -\infty$ 时, 它不会指数衰减. 更精确地说, 上面的计算可以用来给出下面的引理.

引理 3.4.1 对任意的 $0 < \tilde{k} < \eta_1/2$, 存在常数 $\tilde{C}$ 使得当 $x < -\tilde{C}N$ 时, 有

$$|u(x)| < \mathrm{e}^{-\tilde{k}|x|}.$$

换句话说, 当 $x < -\tilde{C}N$ 时, 势函数 $u(x)$ 是指数减小的.

我们可以直接证明这个引理. 根据引理的假设, 所有留数条件都是指数小的. 因此可以用包含极点的小圆上的跳跃来代替留数条件, 跳跃形式为 $I + \mathcal{O}\left(\mathrm{e}^{-\tilde{k}|x|}\right)$, 所以小范数存在理论是适用的.

下面展示如何从一个 N-孤子解极限对应的亚纯黎曼-希尔伯特问题中导出一个反射系数为 r_1 (如 [63] 所述) 的孤子气体的黎曼-希尔伯特问题. 首先, 我们需要将极点移除, 具体方法为在上半平面 $\mathbb{C}_+$ 逆时针环绕极点的闭合曲线 γ_+ 内定义

$$Z(\lambda) = M(\lambda) \begin{bmatrix} 1 & 0 \\ -\dfrac{1}{N} \sum_{j=1}^{N} \dfrac{c_j \mathrm{e}^{2\mathrm{i}\lambda x}}{\lambda - \lambda_j} & 1 \end{bmatrix}, \tag{3.146}$$

且在下半平面 $\mathbb{C}_-$ 顺时针环绕极点的闭合曲线 γ_- 内定义

$$Z(\lambda) = M(\lambda) \begin{bmatrix} 1 & \dfrac{1}{N} \sum_{k=1}^{N} \dfrac{c_j \mathrm{e}^{-2\mathrm{i}\lambda x}}{\lambda - \lambda_j^*} \\ 0 & 1 \end{bmatrix}, \tag{3.147}$$

在集合外, 定义 $Z(\lambda) = M(\lambda)$. 那么跳跃条件转化为

$$Z_+(\lambda) = Z_-(\lambda) \begin{cases} \begin{bmatrix} 1 & 0 \\ -\dfrac{1}{N} \sum_{j=1}^{N} \dfrac{c_j \mathrm{e}^{2\mathrm{i}\lambda x}}{\lambda - \lambda_j} & 1 \end{bmatrix}, & \lambda \in \gamma_+, \\ \begin{bmatrix} 1 & -\dfrac{1}{N} \sum_{k=1}^{N} \dfrac{c_j \mathrm{e}^{-2\mathrm{i}\lambda x}}{\lambda - \lambda_j^*} \\ 0 & 1 \end{bmatrix}, & \lambda \in \gamma_-, \end{cases} \tag{3.148}$$

其中当 $\lambda \in \gamma_+$ 或者 γ_- 时, 边界值 $Z_+(\lambda)$ 和 $Z_-(\lambda)$ 分别对应左侧极限值和右侧极限值. 当 $\lambda \to \infty$ 时, $Z(\lambda)$ 满足规范化条件 $Z(\lambda) = [1 \quad 1] + \mathcal{O}\left(\lambda^{-1}\right)$.

当极点数趋于无穷时, 我们假设极点按密度 $\varrho(\lambda)$ 分布, 密度的紧支集在 $(i\eta_1, i\eta_2)$ 上 (在下半平面的相应区间上对称扩展).

为简单起见, 可以假设 N 极点沿 $(i\eta_1, i\eta_2)$ 等距分布, 两极之间的距离为 $|\Delta\lambda| = \dfrac{\eta_2 - \eta_1}{N}$, 并且具有 (原子) 密度

$$\varrho_N(\lambda) = \frac{1}{Z_N} \sum_{j=1}^{N} c_j \delta_{\lambda_j}(\lambda), \quad \lambda \in (i\eta_1, i\eta_2), \tag{3.149}$$

其中 Z_N 是一些规范化常数.

注解 3.4.1　当极点分布为更一般的度量 $\varrho(\lambda)$ 时, 分析过程比较类似. 跳跃矩阵将会添加密度函数, 它可以融入到反射系数 $r_1(\lambda)$ 的定义中.

在度量的支集内, 随着极点的增加, 如下结果成立.

命题 3.4.1　对于包含区间 $[i\eta_1, i\eta_2]$ 的任意开集 K_+ 和包含区间 $[-i\eta_2, -i\eta_1]$ 的任意开集 K_-, 当 $\lambda \in \mathbb{C} \setminus K_+$ 时, 下面的极限是成立的

$$\lim_{N \to +\infty} \frac{1}{N} \sum_{j=1}^{N} \frac{c_j}{\lambda - \lambda_j} = \int_{i\eta_1}^{i\eta_2} \frac{2i r_1(\zeta)}{\lambda - \zeta} \frac{d\zeta}{2\pi i}, \tag{3.150}$$

此外, 当 $\lambda \in \mathbb{C} \setminus K_-$ 时, 下面极限也是成立的

$$\lim_{N \to +\infty} \frac{1}{N} \sum_{j=1}^{N} \frac{c_j}{\lambda - \lambda_j^*} = \int_{-i\eta_2}^{-i\eta_1} \frac{2i r_1(\zeta)}{\lambda - \zeta} \frac{d\zeta}{2\pi i}, \tag{3.151}$$

其中当 λ 位于 $(i\eta_1, i\eta_2)$ 和 $(-i\eta_2, -i\eta_1)$ 之间时, $r_1(\lambda)$ 是一个解析函数, 当 $\lambda \in [i\eta_1, i\eta_2]$ 时, 假设 $r_1(\lambda)$ 是一个正实值非零函数.

证明　根据系数关系 (3.144), 跳跃矩阵可以改写为

$$\frac{1}{N} \sum_{j=1}^{N} \frac{c_j}{\lambda - \lambda_j} = \frac{1}{N} \sum_{j=1}^{N} \frac{1}{\lambda - \lambda_j} \frac{(\eta_2 - \eta_1) i r_1(\lambda_j)}{\pi} = \frac{1}{2\pi i} \sum_{j=1}^{N} \frac{2i r_1(\lambda_j)}{\lambda - \lambda_j} \Delta\lambda. \tag{3.152}$$

这种收敛是由 $\mathbb{R}$ 的任意紧子集 x 在 K 上的黎曼和收敛到黎曼-斯蒂尔切斯积分得到的. $r_1(\lambda)$ 的正定性来源于 $c_j \in i\mathbb{R}_+$.　　　　证毕.

根据上述命题以及一个小范数论证, 我们得到了一个极限黎曼-希尔伯特问题

(我们仍然称它为 Z).

$$Z_+(\lambda) = Z_-(\lambda) \begin{cases} \begin{bmatrix} 1 & 0 \\ e^{2i\lambda x} \int_{i\eta_1}^{i\eta_2} \dfrac{2ir_1(\zeta)}{\zeta - \lambda} \dfrac{d\zeta}{2\pi i} & 1 \end{bmatrix}, & \lambda \in \gamma_+, \\ \begin{bmatrix} 1 & e^{-2i\lambda x} \int_{-i\eta_2}^{-i\eta_1} \dfrac{2ir_1(\zeta)}{\zeta - \lambda} \dfrac{d\zeta}{2\pi i} \\ 0 & 1 \end{bmatrix}, & \lambda \in \gamma_-, \end{cases} \quad (3.153)$$

$$Z(\lambda) = [1 \quad 1] + \mathcal{O}\left(\dfrac{1}{\lambda}\right), \quad \lambda \to \infty.$$

此时, 围道 $(i\eta_1, i\eta_2)$ 和 $(-i\eta_2, -i\eta_1)$ 的方向都是向上的, 这在后面的分析中很重要.

接下来在圈 γ_+ 上定义

$$X(\lambda) = Z(\lambda) \begin{bmatrix} 1 & 0 \\ -e^{2i\lambda x} \int_{i\eta_1}^{i\eta_2} \dfrac{2ir_1(\zeta)}{\zeta - \lambda} \dfrac{d\zeta}{2\pi i} & 1 \end{bmatrix}, \quad (3.154)$$

在圈 γ_- 定义

$$X(\lambda) = Z(\lambda) \begin{bmatrix} 1 & e^{-2i\lambda x} \int_{-i\eta_2}^{-i\eta_1} \dfrac{2ir_1(\zeta)}{\zeta - \lambda} \dfrac{d\zeta}{2\pi i} \\ 0 & 1 \end{bmatrix}, \quad (3.155)$$

在这两条曲线之外定义 $X(\lambda) = Z(\lambda)$. 此时曲线上的跳跃不再存在了, 但是由于积分在区间 $(i\eta_1, i\eta_2)$ 和 $(-i\eta_2, -i\eta_1)$ 上有跳跃, 因此新定义的矩阵在这些区间上存在跳跃矩阵.

根据 Sokhotski-Plemelj 公式, 可以得到 X 的黎曼-希尔伯特问题:

$$X_+(\lambda) = X_-(\lambda) \begin{cases} \begin{bmatrix} 1 & 0 \\ -2ir_1(\lambda)e^{2i\lambda x} & 1 \end{bmatrix}, & \lambda \in (i\eta_1, i\eta_2), \\ \begin{bmatrix} 1 & 2ir_1(\lambda)e^{-2i\lambda x} \\ 0 & 1 \end{bmatrix}, & \lambda \in (-i\eta_2, -i\eta_1), \end{cases}$$
(3.156)

$$X(\lambda) = [1 \quad 1] + \mathcal{O}\left(\dfrac{1}{\lambda}\right), \quad \lambda \to \infty,$$

$$X(-\lambda) = X(\lambda) \begin{bmatrix} 0 & 1 \\ 1 & 0 \end{bmatrix}.$$

其中借助了转置关系以及 $\lambda \in (-\mathrm{i}\eta_1, -\mathrm{i}\eta_2)$ 上的对称关系 $r_1(\lambda^*) = r_1(\lambda)$, 此黎曼-希尔伯特问题是和文献 [63] 中当 $r_2(\lambda) = 0$ 时等价的 (这里 X 是一个行向量, 而在 [63] 中黎曼-希尔伯特问题的解是一个列向量). 这和文献 [63] 中的符号有差异, 不过并不会影响最终结果.

由于这个黎曼-希尔伯特问题是通过一个极限过程推导出来的, 所以根本不清楚它实际上是否存在解. 下面证明黎曼-希尔伯特问题解的存在唯一性:

$Y(\lambda)$ 在 $\lambda \in \mathbb{C}\setminus\{\Sigma_1 \cup \Sigma_2\}$ 上是解析的

$$Y_+(\lambda) = Y_-(\lambda) \begin{cases} \begin{bmatrix} 1 & 0 \\ -\mathrm{i}r(\lambda;x,t) & 1 \end{bmatrix}, & \lambda \in \Sigma_1, \\ \begin{bmatrix} 1 & \mathrm{i}r(\lambda;x,t) \\ 0 & 1 \end{bmatrix}, & \lambda \in \Sigma_2, \end{cases} \tag{3.157}$$

$$Y(\lambda) = [a, b] + \mathcal{O}\left(\frac{1}{\lambda}\right), \quad \lambda \to \infty, \tag{3.158}$$

$$Y(-\lambda) = Y(\lambda) \begin{bmatrix} 0 & \dfrac{b}{a} \\ \dfrac{a}{b} & 0 \end{bmatrix}, \tag{3.159}$$

其中参数 $a > 0$ 和 $b > 0$, Σ_1, Σ_2 定义见图 3.3, $r(\lambda;x,t) = r(\lambda)\mathrm{e}^{8\lambda t(\lambda^2 - \frac{x}{4t})}$, 和以前分析一样, 我们在端点 $\pm\eta_j$ 处寻找有对数奇性的解.

为了证明黎曼-希尔伯特问题 (3.157)-(3.159) 存在解, 我们寻找如下形式的 y_1,

$$y_1 = a + \frac{1}{2\pi\mathrm{i}} \int_{\eta_1}^{\eta_2} \frac{\sqrt{r(s;x,t)}f(s)}{s - \lambda} ds. \tag{3.160}$$

它与 (3.157) 中的跳跃关系一致, 其中第一项在 $(-\eta_2, -\eta_1)$ 上是解析的, 在 (η_1, η_2) 上存在跳跃关系. 将 (3.160) 代入 (η_1, η_2) 上的跳跃关系, 可得

$$f(\lambda) + \frac{b}{a}\frac{\sqrt{r(\lambda;x,t)}}{2\pi} \int_{\eta_1}^{\eta_2} \frac{\sqrt{r(s;x,t)}f(s)}{s + \lambda} ds = -\mathrm{i}b\sqrt{r(\lambda;x,t)}. \tag{3.161}$$

读者可以验证这个积分方程 (在某些操作之后) 出现在跳跃关系的两项中.

现在出现在 (3.161) 左边的积分算子是紧的 (因为它显然可以用一个有限维算子序列来近似), 因此指标是零. 它也是正定的, 这表明这个积分方程是唯一可逆的.

3.4 孤子气体——N-孤子解的极限

为了证明积分算子是正定的, 遵循经典的 [121] 中的方法 [公式 (2.9)], 从简单的恒等式开始

$$\frac{1}{s+\lambda} = \int_{-\infty}^{0} e^{(s+\lambda)z} dz, \tag{3.162}$$

当 f 不等于 0 时, 有

$$\int_{\eta_1}^{\eta_2} \sqrt{r(\lambda;x,t)} f^*(\lambda) \int_{\eta_1}^{\eta_2} \frac{\sqrt{r(s;x,t)} f(s)}{s+\lambda} ds d\lambda$$

$$= \int_{-\infty}^{0} \int_{\eta_1}^{\eta_2} \int_{\eta_1}^{\eta_2} \sqrt{r(\lambda;x,t)} f^*(\lambda) \sqrt{r(s;x,t)} f(s) e^{(s+\lambda)z} ds d\lambda dz$$

$$= \int_{-\infty}^{0} \left| \int_{\eta_1}^{\eta_2} \sqrt{r(s;x,t)} f(s) e^{sz} ds \right|^2 dz > 0. \tag{3.163}$$

关于唯一性, 如果 $\tilde{Y}$ 是黎曼-希尔伯特问题 (3.157)-(3.159) 的一个解, 当 $s \in (\eta_1,\eta_2)$ 时, 设 $\tilde{f}(s) = -i\sqrt{r(s;x,t)}\tilde{Y}_2(s)$, 就可以证明 $\tilde{f}$ 必须满足积分方程 (3.161), 该方程显然具有唯一解.

回到黎曼-希尔伯特问题 (3.157)-(3.159), 如果取 $(a,b)=(1,1)$, 那么就建立了孤子气体黎曼-希尔伯特问题解的存在唯一性. 但更重要的是, 如果单独考虑 $(a,b)=(1,2)$, 那么就可以找到黎曼-希尔伯特问题的第二个独立解, 这两个解结合起来可以得到以下黎曼-希尔伯特问题的 2×2 型的矩阵解:

$Y(\lambda)$ 在 $\lambda \in \mathbb{C}\setminus\{\Sigma_1 \cup \Sigma_2\}$ 上是解析的,

$$Y_+(\lambda) = Y_-(\lambda) \begin{cases} \begin{bmatrix} 1 & 0 \\ -ir(\lambda;x,t) & 1 \end{bmatrix}, & \lambda \in \Sigma_1, \\ \begin{bmatrix} 1 & ir(\lambda;x,t) \\ 0 & 1 \end{bmatrix}, & \lambda \in \Sigma_2, \end{cases} \tag{3.164}$$

$$Y(\lambda) = \begin{bmatrix} 1 & 1 \\ 1 & 2 \end{bmatrix} + \mathcal{O}\left(\frac{1}{\lambda}\right), \quad \lambda \to \infty.$$

对于所有的 $\lambda \in \mathbb{C}$, 根据 $\det Y \equiv 1$ 可知解都是可逆的.

进一步地, 有如下的引理:

引理 3.4.2 设 B 是一个任意正数. 对所有的 x 使得 $|x| < B$, (3.146)-(3.147) 中定义的满足跳跃关系 (3.148) 的 Z 收敛为 $N \to \infty$ 时黎曼-希尔伯特问题 (3.153) 的解, N-孤子解 $u(x)$ 收敛于孤子气体黎曼-希尔伯特问题 (3.147)-(3.149) 解所确定的势.

注解 3.4.2　在研究聚焦非线性薛定谔方程[25,26] 时, 文献中已经出现了本节介绍的类似的极限过程. 在这些文献中, 极限过程 $N \to \infty$ 是指非线性薛定谔方程的孤子或呼吸子的阶. 从另一个角度来看, 极限过程可以理解为用反射系数的半经典极限代替反射系数, 例如 [138, 220].

3.4.1　当 $x \to -\infty$ 时势函数 $u(x,0)$ 的渐近性

考虑 (3.156) 的孤子气体黎曼-希尔伯特问题, 其中 $0 < \eta_1 < \eta_2$, 且反射系数 $r_1(\lambda)$ 定义在 $(i\eta_1, i\eta_2)$ 上, 使其可以解析延拓到该区间的一个小邻域. 更进一步地, 令 $\Sigma_1 = (\eta_1, \eta_2)$ 和 $\Sigma_2 = (-\eta_2, -\eta_1)$, 且在纯虚轴上假设 $r_1(-\lambda) = r_1(\lambda)$. 那么 X 满足如下的黎曼-希尔伯特问题:

$X(\lambda)$ 在 $\lambda \in \mathbb{C} \setminus \{i\Sigma_1 \cup i\Sigma_2\}$ 上解析,

$$X_+(i\lambda) = X_-(i\lambda) \begin{cases} \begin{bmatrix} 1 & 0 \\ -2ir_1(i\lambda)e^{-2\lambda x} & 1 \end{bmatrix}, & \lambda \in \Sigma_1, \\ \begin{bmatrix} 1 & 2ir_1(i\lambda)e^{2\lambda x} \\ 0 & 1 \end{bmatrix}, & \lambda \in \Sigma_2, \end{cases} \quad (3.165)$$

$$X(\lambda) = \begin{bmatrix} 1 & 1 \end{bmatrix} + \mathcal{O}\left(\frac{1}{\lambda}\right), \quad \lambda \to \infty.$$

正如文献 [63] 中所给出的那样, 可以用如下公式恢复薛定谔算子的势函数 $u(x)$,

$$u(x) = 2\frac{d}{dx}\left[\lim_{\lambda \to \infty} \frac{\lambda}{i}(X_1(\lambda; x) - 1)\right], \quad (3.166)$$

其中 $X_1(\lambda; x)$ 是解向量 X 第一个分量的元素.

首先引入一个旋转变换使得跳跃矩阵转移到实线上. 令

$$Y(\lambda) = X(i\lambda), \quad r(\lambda) = 2r_1(i\lambda), \quad (3.167)$$

那么 Y 满足的黎曼-希尔伯特问题为

$$Y_+(\lambda) = Y_-(\lambda) \begin{cases} \begin{bmatrix} 1 & 0 \\ -ir(\lambda)e^{-2\lambda x} & 1 \end{bmatrix}, & \lambda \in \Sigma_1, \\ \begin{bmatrix} 1 & ir(\lambda)e^{2\lambda x} \\ 0 & 1 \end{bmatrix}, & \lambda \in \Sigma_2, \end{cases}$$

$$Y(\lambda) = \begin{bmatrix} 1 & 1 \end{bmatrix} + \mathcal{O}\left(\frac{1}{\lambda}\right), \quad \lambda \to \infty,$$

3.4 孤子气体——N-孤子解的极限

$$Y(-\lambda) = Y(\lambda) \begin{bmatrix} 0 & 1 \\ 1 & 0 \end{bmatrix}, \tag{3.168}$$

它的跳跃矩阵如图 3.3 所示, 那么相应的势函数 $u(x)$ 可以转化为

$$u(x) = 2\frac{d}{dx}\left[\lim_{\lambda \to \infty} \lambda \left(Y_1(\lambda; x) - 1\right)\right]. \tag{3.169}$$

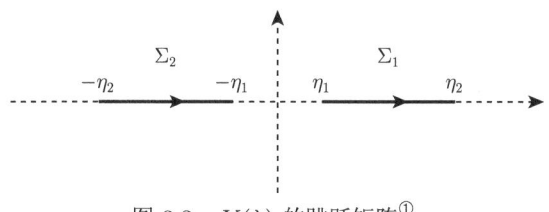

图 3.3 $Y(\lambda)$ 的跳跃矩阵[①]

更进一步地, 引入新的向量函数为

$$T(\lambda) = Y(\lambda)\mathrm{e}^{xg(\lambda)\sigma_3} f(\lambda)^{\sigma_3},$$

其中 $g(\lambda)$ 和 $f(\lambda)$ 是未知的标量函数, 要求 g 函数满足如下条件:

- $g(\lambda)$ 在 $\mathbb{C}\backslash[-\eta_2, \eta_2]$ 上是解析的, 且满足如下的跳跃关系

$$\begin{aligned} g_+(\lambda) + g_-(\lambda) &= 2\lambda, & \lambda \in \Sigma_1 \cup \Sigma_2, \\ g_+(\lambda) - g_-(\lambda) &= \Omega, & \lambda \in [-\eta_1, \eta_1], \\ g(\lambda) &= \mathcal{O}\left(\frac{1}{\lambda}\right), & \lambda \to \infty, \end{aligned} \tag{3.170}$$

其中 Ω 是不依赖于 x 的未知常数.

- $f(\lambda)$ 在 $\mathbb{C}\backslash[-\eta_2, \eta_2]$ 上是解析的, 并且当 $\lambda \to \infty$ 时, 有

$$f(\lambda) = 1 + \mathcal{O}\left(\frac{1}{\lambda}\right). \tag{3.171}$$

为了求解标量黎曼-希尔伯特问题 (3.170) 中的 g 函数, 观察到 g 函数满足

[①] 图 3.3—图 3.7 引用文献: Girotti M, Grava T, Jenkins R, McLaughlin K D T-R. Rigorous asymptotics of a KdV soliton gas. Communications in Mathematical Physics, 2021, 384: 733-784.

$$g'_+(\lambda) + g'_-(\lambda) = 2, \quad \lambda \in \Sigma_1 \cup \Sigma_2,$$
$$g'_+(\lambda) - g'_-(\lambda) = 0, \quad \lambda \in [-\eta_1, \eta_1], \tag{3.172}$$
$$g'(\lambda) = \mathcal{O}\left(\frac{1}{\lambda^2}\right), \quad \lambda \to \infty.$$

根据式 (3.172), 我们可以将 $g'(\lambda)$ 表示为

$$g'(\lambda) = 1 - \frac{\lambda^2 + \kappa}{R(\lambda)}, \tag{3.173}$$

其中

$$R(\lambda) = \sqrt{(\lambda^2 - \eta_1^2)(\lambda^2 - \eta_2^2)} \tag{3.174}$$

是在 $(\eta_2, +\infty)$ 上的实值函数, 对应的支割线为 Σ_1 和 Σ_2, 其中 κ 是未知常数. 通过积分, 可以得到

$$g(\lambda) = \lambda - \int_{\eta_2}^{\lambda} \frac{\zeta^2 + \kappa}{R(\zeta)} d\zeta. \tag{3.175}$$

根据条件 (3.170) 可知

$$\int_{-\eta_1}^{\eta_1} \frac{\zeta^2 + \kappa}{R(\zeta)} d\zeta = 0,$$
$$\Omega = 2 \int_{\eta_1}^{\eta_2} \frac{\zeta^2 + \kappa}{R_+(\zeta)} d\zeta. \tag{3.176}$$

因此有

$$\Omega = \frac{2\pi i}{\int_{-\eta_1}^{\eta_1} \frac{d\zeta}{R(\xi)}} = -\frac{i\pi \eta_2}{K(m)} \in i\mathbb{R}_-, \quad m = \frac{\eta_1}{\eta_2}, \tag{3.177}$$

其中 $K(m) = \int_0^{\frac{\pi}{2}} \frac{d\vartheta}{\sqrt{1 - m^2 \sin \vartheta}}$ 是第一类完全椭圆积分, 对应的模数为 $m = \eta_1/\eta_2$, 此外我们还有如下关系式

$$\kappa = -\int_{-\eta_1}^{\eta_1} \frac{\zeta^2 \Omega}{R(\zeta)} \frac{d\zeta}{2\pi i} = \eta_2^2 \left(\frac{E(m)}{K(m)} - 1\right) \in \mathbb{R}_-, \tag{3.178}$$

其中 $E(m) = \int_0^{\frac{\pi}{2}} \sqrt{1 - m^2 \sin \vartheta} d\vartheta$ 是第二类完全椭圆积分. 那么 $T(\lambda)$ 对应的黎曼-希尔伯特问题为

3.4 孤子气体——N-孤子解的极限

$$T_+(\lambda) = T_-(\lambda)V_T(\lambda),$$

其中

$$V_T(\lambda) = \begin{cases} \begin{bmatrix} e^{x(g_+(\lambda)-g_-(\lambda))}\dfrac{f_+(\lambda)}{f_-(\lambda)} & 0 \\ -\mathrm{i}r(\lambda)f_+(\lambda)f_-(\lambda) & e^{-x(g_+(\lambda)-g_-(\lambda))}\dfrac{f_-(\lambda)}{f_+(\lambda)} \end{bmatrix}, & \lambda \in \Sigma_1, \\[2ex] \begin{bmatrix} e^{x(g_+(\lambda)-g_-(\lambda))}\dfrac{f_+(\lambda)}{f_-(\lambda)} & \dfrac{\mathrm{i}r(\lambda)}{f_+(\lambda)f_-(\lambda)} \\ 0 & e^{-x(g_+(\lambda)-g_-(\lambda))}\dfrac{f_-(\lambda)}{f_+(\lambda)} \end{bmatrix}, & \lambda \in \Sigma_2, \\[2ex] \begin{bmatrix} e^{x\Omega}\dfrac{f_+(\lambda)}{f_-(\lambda)} & 0 \\ 0 & e^{-x\Omega}\dfrac{f_-(\lambda)}{f_+(\lambda)} \end{bmatrix}, & \lambda \in [-\eta_1, \eta_1], \end{cases}$$

$$T(\lambda) = \begin{bmatrix} 1 & 1 \end{bmatrix} + \mathcal{O}\left(\frac{1}{\lambda}\right), \quad \lambda \to \infty. \tag{3.179}$$

为了求解 $T(\lambda)$ 所对应的黎曼-希尔伯特问题，希望得到一个常数跳跃矩阵 J_T，为了达到这个目的，对函数 f 作以下拟设

$$\begin{aligned} f_+(\lambda)f_-(\lambda) &= \frac{1}{r(\lambda)}, \quad \lambda \in \Sigma_1, \\ f_+(\lambda)f_-(\lambda) &= r(\lambda), \quad \lambda \in \Sigma_2, \\ \frac{f_+(\lambda)}{f_-(\lambda)} &= e^{\Delta}, \quad \lambda \in [-\eta_1, \eta_1], \\ f(\lambda) &= 1 + \mathcal{O}\left(\frac{1}{\lambda}\right), \quad \lambda \to \infty. \end{aligned} \tag{3.180}$$

可以很容易得到 $f(\lambda)$ 的解为

$$f(\lambda) = \exp\left\{\frac{R(\lambda)}{2\pi\mathrm{i}}\left[\int_{\Sigma_1}\frac{\log\dfrac{1}{r(\zeta)}}{R_+(\zeta)(\zeta-\lambda)}d\zeta + \int_{\Sigma_2}\frac{\log r(\zeta)}{R_+(\zeta)(\zeta-\lambda)}d\zeta \right.\right.$$
$$\left.\left. + \int_{-\eta_1}^{\eta_1}\frac{\Delta}{R(\zeta)(\zeta-\lambda)}d\zeta\right]\right\}. \tag{3.181}$$

方程 (3.180) 第三式中的常数跳跃关系可以通过如下关系给出，并且满足方程

(3.180) 中的第四式,

$$\Delta = \left[\int_{\Sigma_1} \frac{\log r(\zeta)}{R_+(\zeta)} d\zeta - \int_{\Sigma_2} \frac{\log r(\zeta)}{R_+(\zeta)} d\zeta\right] \left[\int_{-\eta_1}^{\eta_1} \frac{d\zeta}{R(\zeta)}\right]^{-1} \quad (3.182)$$
$$= -\frac{\eta_2}{K(m)} \int_{\eta_1}^{\eta_2} \frac{\log r(\zeta)}{R_+(\zeta)} d\zeta,$$

其中 (3.182) 最后一个关系式借助了条件 $r(-\lambda) = r(\lambda)$. 在计算过程中假设函数 r 在 Σ_1 和 Σ_2 上是不为 0 的正实数. $r(\lambda)$ 恒为正这一条件确保了 Δ 是纯虚数.

1. 围道形变

首先定义函数 $r(\lambda)$ 在区间 $(-\eta_2, -\eta_1) \cup (\eta_1, \eta_2)$ 之外的解析延拓函数为 $\hat{r}(\lambda)$, 使得

$$\hat{r}_\pm(\lambda) = \pm r(\lambda), \quad \lambda \in (-\eta_2, -\eta_1) \cup (\eta_1, \eta_2). \quad (3.183)$$

可以按照如下方式对跳跃矩阵 J_T 在 Σ_1 上进行分解

$$\begin{bmatrix} e^{x(g_+(\lambda)-g_-(\lambda))}\dfrac{f_+(\lambda)}{f_-(\lambda)} & 0 \\ -i & e^{-x(g_+(\lambda)-g_-(\lambda))}\dfrac{f_-(\lambda)}{f_+(\lambda)} \end{bmatrix}$$
$$= \begin{bmatrix} 1 & -\dfrac{ie^{x(g_+(\lambda)-g_-(\lambda))}}{\hat{r}_-(\lambda)f_-^2(\lambda)} \\ 0 & 1 \end{bmatrix} \begin{bmatrix} 0 & -i \\ -i & 0 \end{bmatrix} \begin{bmatrix} 1 & \dfrac{ie^{-x(g_+(\lambda)-g_-(\lambda))}}{\hat{r}_+(\lambda)f_+^2(\lambda)} \\ 0 & 1 \end{bmatrix}.$$

在 Σ_2 上, 有

$$\begin{bmatrix} e^{x(g_+(\lambda)-g_-(\lambda))}\dfrac{f_+(\lambda)}{f_-(\lambda)} & i \\ 0 & e^{-x(g_+(\lambda)-g_-(\lambda))}\dfrac{f_-(\lambda)}{f_+(\lambda)} \end{bmatrix}$$
$$= \begin{bmatrix} 1 & 0 \\ i\dfrac{f_-^2(\lambda)}{\hat{r}_-(\lambda)}e^{-x(g_+(\lambda)-g_-(\lambda))} & 1 \end{bmatrix} \begin{bmatrix} 0 & i \\ i & 0 \end{bmatrix} \begin{bmatrix} 1 & 0 \\ -i\dfrac{f_+^2(\lambda)}{\hat{r}_+(\lambda)}e^{x(g_+(\lambda)-g_-(\lambda))} & 1 \end{bmatrix}.$$

现在可以继续进行围道形变. 重新定义一个新的向量函数 $S(\lambda)$ 为

$$S(\lambda) = \begin{cases} T(\lambda) \begin{bmatrix} 1 & -\dfrac{\mathrm{i}}{\hat{r}(\lambda)f^2(\lambda)}\mathrm{e}^{-2x(g(\lambda)-\lambda)} \\ 0 & 1 \end{bmatrix}, & \lambda \text{ 在上半平面, 在 } \Sigma_1 \text{ 上面,} \\[2ex] T(\lambda) \begin{bmatrix} 1 & -\dfrac{\mathrm{i}}{\hat{r}(\lambda)f^2(\lambda)}\mathrm{e}^{-2x(g(\lambda)-\lambda)} \\ 0 & 1 \end{bmatrix}, & \lambda \text{ 在下半平面, 在 } \Sigma_1 \text{ 下面,} \\[2ex] T(\lambda) \begin{bmatrix} 1 & 0 \\ \mathrm{i}\dfrac{f^2(\lambda)}{\hat{r}(\lambda)}\mathrm{e}^{2x(g(\lambda)-\lambda)} & 1 \end{bmatrix}, & \lambda \text{ 在上半平面, 在 } \Sigma_2 \text{ 上面,} \\[2ex] T(\lambda) \begin{bmatrix} 1 & 0 \\ \mathrm{i}\dfrac{f^2(\lambda)}{\hat{r}(\lambda)}\mathrm{e}^{2x(g(\lambda)-\lambda)} & 1 \end{bmatrix}, & \lambda \text{ 在下半平面, 在 } \Sigma_2 \text{ 下面,} \\[2ex] T(\lambda), & \lambda \text{ 其他位置,} \end{cases}$$

(3.184)

那么 $S(\lambda)$ 满足

$$S_+(\lambda) = S_-(\lambda)V_S(\lambda),$$
$$S(\lambda) = [1 \ \ 1] + \mathcal{O}\left(\frac{1}{\lambda}\right), \quad \lambda \to \infty,$$

(3.185)

其中 $S(\lambda)$ 中的跳跃矩阵如图 3.4. 为了继续分析, 引入如下引理:

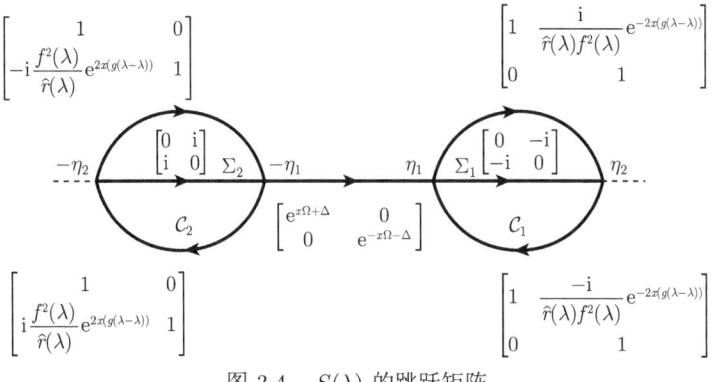

图 3.4 $S(\lambda)$ 的跳跃矩阵

引理 3.4.3 有如下不等式成立

$$\begin{aligned}\operatorname{Re}(g(\lambda) - \lambda) < 0, \quad \lambda \in \mathcal{C}_1 \setminus \{\eta_1, \eta_2\}, \\ \operatorname{Re}(g(\lambda) - \lambda) > 0, \quad \lambda \in \mathcal{C}_2 \setminus \{-\eta_1, -\eta_2\},\end{aligned} \tag{3.186}$$

其中 $\mathcal{C}_1$ 和 $\mathcal{C}_2$ 是图 3.4 中的围道图.

证明 考虑到 $\lambda = x + \mathrm{i}y$, 可以写出 $g_+(\lambda) - \lambda = u(x,y) + \mathrm{i}v(x,y)$. 根据关系式 (3.175) 中的 g, 可知 $g_+(\lambda) - \lambda$ 在 $\Sigma_1 \cup \Sigma_2$ 上是一个纯虚数, 更进一步地, 当 $\lambda \in \Sigma_1$ 时, 有

$$v_x = \operatorname{Im}\left(g'_+(\lambda) - 1\right) = \frac{\lambda^2 + \kappa}{|R_+(\lambda)|} = \frac{\Omega}{|R_+(\lambda)|} \int_{-\eta_1}^{\eta_1} \frac{\lambda^2 - \zeta^2}{R(\zeta)} \frac{\mathrm{d}\zeta}{2\pi\mathrm{i}} > 0. \tag{3.187}$$

运用柯西-黎曼方程可知, 当 $\lambda \in \Sigma_1$ 时有 $u_y = -v_x < 0$, 因此当 λ 在 Σ_1 上面且 $\lambda \in \mathcal{C}_1$ 时, 有 $\operatorname{Re}(g(\lambda) - \lambda) < 0$. 同样地, 可以分析函数 $g_-(\lambda) - \lambda$, 当 λ 在 Σ_1 下面且 $\lambda \in \mathcal{C}_1$ 时, 有 $\operatorname{Re}(g(\lambda) - \lambda) < 0$. 类似地, (3.186) 中第二个不等式也成立. 证毕.

引理 3.4.3 确保了跳跃矩阵的副对角元素当 $x \to -\infty$ 时都是指数型很小的, 因此这些跳跃矩阵在 $\pm \eta_1$ 和 $\pm \eta_2$ 小邻域外面均渐近于单位矩阵. 那么最后余下的模型问题为

$$S_+^\infty(\lambda) = S_-^\infty(\lambda) \begin{cases} \begin{bmatrix} \mathrm{e}^{x\Omega + \Delta} & 0 \\ 0 & \mathrm{e}^{-x\Omega - \Delta} \end{bmatrix}, & \lambda \in [-\eta_1, \eta_1], \\ \begin{bmatrix} 0 & -\mathrm{i} \\ -\mathrm{i} & 0 \end{bmatrix}, & \lambda \in \Sigma_1, \\ \begin{bmatrix} 0 & \mathrm{i} \\ \mathrm{i} & 0 \end{bmatrix}, & \lambda \in \Sigma_2, \end{cases} \tag{3.188}$$

$$S^\infty(\lambda) = [1 \quad 1] + \mathcal{O}\left(\frac{1}{\lambda}\right), \quad \lambda \to \infty. \tag{3.189}$$

S^∞ 的黎曼-希尔伯特问题曾出现在具有阶梯初始数据的 KdV 的长时间渐近研究中[68]. 接下来根据文献 [68] 中的思想给出 KdV 方程外部解.

2. 外部参数化矩阵 S^∞

为了求解黎曼-希尔伯特 (3.188) 和 (3.189), 引入一个和多值函数有关的亏格为 1 的双叶黎曼面 $\mathfrak{X}$, 也就是说

$$\mathfrak{X} = \left\{(\lambda, \eta) \in \mathbb{C}^2 \mid \eta^2 = R^2(\lambda) = \left(\lambda^2 - \eta_1^2\right)\left(\lambda^2 - \eta_2^2\right)\right\}.$$

3.4 孤子气体——N-孤子解的极限

第一叶黎曼面是指当 $\lambda \in (\eta_2, +\infty)$ 时, $R(\lambda)$ 是实的正函数. 引入了一个正则同调基, 其中 B 环顺时针包围着 Σ_1, A 环从 Σ_2 到 Σ_1, 然后返回到 Σ_2. 黎曼面上无穷远处记为 $\infty^{\pm}$, 其中 ∞^+ 是指在第一叶上而 ∞^- 是指在第二叶上, 如图 3.5 所示.

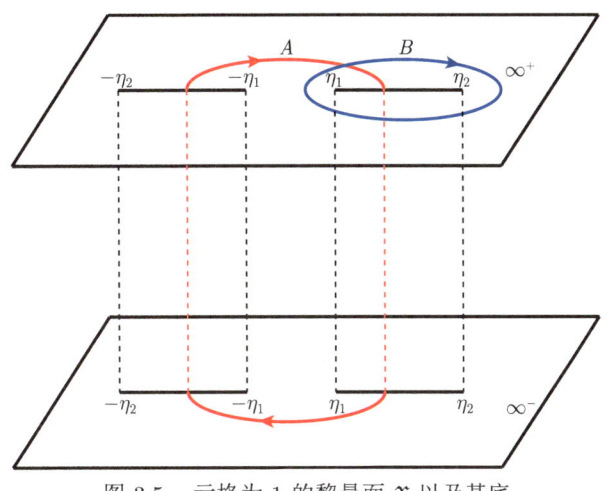

图 3.5 亏格为 1 的黎曼面 $\mathfrak{X}$ 以及基底

接下来引入全纯微分

$$\omega = \frac{\Omega}{R(\lambda)} \frac{d\lambda}{4\pi \mathrm{i}} \tag{3.190}$$

使得

$$\oint_A \omega = 1.$$

并且还有如下关系式

$$\tau = \oint_B \omega = \frac{\mathrm{i}}{2} \frac{K\left(\sqrt{1-m^2}\right)}{K(m)}, \quad m = \frac{\eta_1}{\eta_2}.$$

下一步, 引入雅可比椭圆函数

$$\vartheta_3(z; \tau) = \sum_{n \in \mathbb{Z}} \mathrm{e}^{2\pi \mathrm{i} n z + \pi n^2 \mathrm{i} \tau}, \quad z \in \mathbb{C}, \tag{3.191}$$

它是关于 z 的一个函数并且满足周期性条件

$$\vartheta_3(z + h + k\tau; \tau) = \mathrm{e}^{-\pi \mathrm{i} k^2 \tau - 2\pi \mathrm{i} k z} \vartheta_3(z; \tau), \quad h, k \in \mathbb{Z}. \tag{3.192}$$

具有半周期 τ 的雅可比椭圆函数在半周期 $\frac{\tau}{2}+\frac{1}{2}$ 上等于 0. 最后, 定义积分

$$w(\lambda) = \int_{\eta_2}^{\lambda} \omega. \tag{3.193}$$

根据 $w(\lambda)$ 定义可知, 如下几个简单的关系式

$$w(+\infty) = -\frac{1}{4}, \quad w_+(\eta_1) = -\frac{\tau}{2}, \quad w_+(-\eta_1) = -\frac{\tau}{2} - \frac{1}{2}, \tag{3.194}$$

以及当 $\lambda \in \mathbb{C}\backslash\mathbb{R}$ 时, 有

$$w(-\lambda) = -w(\lambda) - 1/2 \tag{3.195}$$

成立. 随后引入下列函数

$$\Psi_1(\lambda) = \frac{\vartheta_3\left(2w(\lambda) + \dfrac{x\Omega + \Delta}{2\pi\mathrm{i}} - \dfrac{1}{2}; 2\tau\right)}{\vartheta_3\left(2w(\lambda) - \dfrac{1}{2}; 2\tau\right)} \frac{\vartheta_3(0; 2\tau)}{\vartheta_3\left(\dfrac{\pi\Omega + \Delta}{2\pi\mathrm{i}}; 2\tau\right)},$$

$$\Psi_2(\lambda) = \frac{\vartheta_3\left(-2w(\lambda) + \dfrac{x\Omega + \Delta}{2\pi\mathrm{i}} - \dfrac{1}{2}; 2\tau\right)}{\vartheta_3\left(-2w(\lambda) - \dfrac{1}{2}; 2\tau\right)} \frac{\vartheta_3(0; 2\tau)}{\vartheta_3\left(\dfrac{x\Omega + \Delta}{2\pi\mathrm{i}}; 2\tau\right)}.$$

不难发现, 这些雅可比椭圆函数有如下关系

$$\begin{cases} \vartheta_3\left(\pm 2w_+(\eta_1) - \dfrac{1}{2}; 2\tau\right) = \vartheta_3\left(\mp\tau - \dfrac{1}{2}; 2\tau\right) = 0, \\ \vartheta_3\left(\pm 2w_+(-\eta_1) - \dfrac{1}{2}; 2\tau\right) = \vartheta_3\left(\mp\tau \mp 1 - \dfrac{1}{2}; 2\tau\right) = 0. \end{cases}$$

因此, 函数 Ψ_1 和 Ψ_2 除了在 $\lambda = \pm\eta_1$ 点外其余地方都是解析的, 它们最多存在平方根奇点. 更进一步地, w 满足如下的跳跃关系

$$\begin{aligned}
w_+(\lambda) - w_-(\lambda) &= 0, \quad \lambda \in [\eta_2, +\infty), \\
w_+(\lambda) + w_-(\lambda) &= 0, \quad \lambda \in \Sigma_1, \\
w_+(\lambda) - w_-(\lambda) &= -\tau, \quad \lambda \in (-\eta_1, \eta_1), \\
w_+(\lambda) + w_-(\lambda) &= -1, \quad \lambda \in \Sigma_2.
\end{aligned} \tag{3.196}$$

3.4 孤子气体——N-孤子解的极限

因此, 当 $\lambda \in \Sigma_1 \cup \Sigma_2$ 时, 有

$$\Psi_{1+}(\lambda) = \Psi_{2-}(\lambda), \quad \Psi_{2+}(\lambda) = \Psi_{1-}(\lambda), \tag{3.197}$$

而当 $\lambda \in (-\eta_1, \eta_1)$ 时, 有

$$\Psi_{1+}(\lambda) = \Psi_{1-}(\lambda) e^{x\Omega_+\Delta}, \quad \Psi_{2+}(\lambda) = \Psi_{2-}(\lambda) e^{-x\Omega_-\Delta}. \tag{3.198}$$

接下来, 引入一个新的变量 $\gamma(\lambda)$, 定义为

$$\gamma(\lambda) = \left(\frac{\lambda^2 - \eta_1^2}{\lambda^2 - \eta_2^2} \right)^{\frac{1}{4}}.$$

那么 $\gamma(\lambda)$ 在 $\mathbb{C} \setminus (\Sigma_1 \cup \Sigma_2)$ 上是解析的, 并且在 $\lambda \to \infty$ 时有规范化条件 $\gamma(\lambda) \to 1$, 因此有

$$\text{当 } \lambda \in \Sigma_1 \text{ 时 } \gamma_+(\lambda) = -i\gamma_-(\lambda), \quad \text{当 } \lambda \in \Sigma_2 \text{ 时 } \gamma_+(\lambda) = i\gamma_-(\lambda). \tag{3.199}$$

定理 3.4.1 黎曼-希尔伯特 (3.188) 的解 $S^\infty(\lambda)$ 为

$$S^\infty(\lambda) = \gamma(\lambda) \frac{\vartheta_3(0; 2\tau)}{\vartheta_3\left(\dfrac{x\Omega + \Delta}{2\pi i}; 2\tau\right)}$$

$$\times \left[\frac{\vartheta_3\left(2w(\lambda) + \dfrac{x\Omega + \Delta}{2\pi i} - \dfrac{1}{2}; 2\tau\right)}{\vartheta_3\left(2w(\lambda) - \dfrac{1}{2}; 2\tau\right)} \frac{\vartheta_3\left(-2w(\lambda) + \dfrac{x\Omega + \Delta}{2\pi i} - \dfrac{1}{2}; 2\tau\right)}{\vartheta_3\left(-2w(\lambda) - \dfrac{1}{2}; 2\tau\right)} \right]. \tag{3.200}$$

证明 $S^\infty(\lambda)$ 在分支点上最多有四个奇点, 并且它在复平面上的其他地方都有界. 根据关系式 (3.192) 和 (3.194), 有 $S^\infty(\infty) = [1 \quad 1]$, 也就是说条件 (3.189) 是满足的. 结合关系式 (3.197), (3.198) 和 (3.199), 我们可知跳跃条件 (3.188) 也是满足的. 证毕.

对于所有不在端点处的 λ, 这个向量解给出了图 3.4 中黎曼-希尔伯特问题的解 S 的渐近行为. 然而, 为了证明这一点, 需要构造一个黎曼-希尔伯特的矩阵解, 称之为 $P^\infty(\lambda)$. 构造的矩阵解在 $\lambda = 0$ 处有一个极点, 然而这个极点并不影响局部和外部参数的向量行为. 接下来, 进一步构造第二个独立向量解.

3. 外部参数化矩阵 P^∞

考虑形式 $\mathrm{d}p(\lambda) = (1 - g'(\lambda))\mathrm{d}\lambda = \dfrac{\lambda^2 + \kappa}{R(\lambda)}d\lambda$ 以及 Abel 积分:

$$p(\lambda) = \int_{\eta_2}^{\lambda} dp, \tag{3.201}$$

那么它将满足如下关系式

$$\begin{aligned} p_+(\lambda) + p_-(\lambda) &= 0, \quad \lambda \in \Sigma_1 \cup \Sigma_2, \\ p_+(\lambda) - p_-(\lambda) &= -\Omega, \quad \lambda \in (-\eta_1, \eta_1), \end{aligned} \tag{3.202}$$

当 $\lambda \in \mathbb{C}\backslash\mathbb{R}$ 时, 有

$$p(-\lambda) = -p(\lambda). \tag{3.203}$$

那么函数

$$\Psi := [\varphi_1 \quad \varphi_2] = [S_1^\infty \quad S_2^\infty]e^{xp(\lambda)\sigma_3} \tag{3.204}$$

是常数跳跃矩阵 (不依赖于 x) 的黎曼-希尔伯特问题的解. 事实上, 在 $\Sigma_1 \cup \Sigma_2$ 上, 有

$$\begin{aligned} \Psi_+(\lambda) &= [S_{1+}^\infty \quad S_{2+}^\infty]e^{xp_+(\lambda)\sigma_3} = [S_{1-}^\infty \quad S_{2-}^\infty] \begin{bmatrix} 0 & \mp i \\ \mp i & 0 \end{bmatrix} e^{xp_+(\lambda)\sigma_3} \\ &= \Psi_-(\lambda)e^{-xp_-(\lambda)\sigma_3}\begin{bmatrix} 0 & \mp i \\ \mp i & 0 \end{bmatrix}e^{xp_+(\lambda)\sigma_3} \\ &= \Psi_-(\lambda)\begin{bmatrix} 0 & \mp i \\ \mp i & 0 \end{bmatrix}, \end{aligned} \tag{3.205}$$

其中符号 $\mp$ 分别对应 Σ_1 和 Σ_2, 最后等式是通过关系式 (3.202) 得到的. 在区间 $(-\eta_1, \eta_1)$ 上, 有

$$\begin{aligned} \Psi_+(\lambda) &= [S_{1+}^\infty \quad S_{2+}^\infty]e^{xp_+(\lambda)\sigma_3} = [S_{1-}^\infty \quad S_{2-}^\infty]e^{(x\Omega+\Delta)\sigma_3}e^{xp_+(\lambda)\sigma_3} \\ &= \Psi_-(\lambda)e^{-xp_-(\lambda)\sigma_3}e^{(x\Omega+\Delta)\sigma_3}e^{xp_+(\lambda)\sigma_3} \\ &= \Psi_-(\lambda)e^{\Delta\sigma_3}, \end{aligned} \tag{3.206}$$

其中最后一个等式是根据关系式 (3.202) 中第二个等式得到的. 因此, (3.204) 中 Ψ 对 x 的导数为

$$\Psi_x(\lambda) = [\varphi_{1x} \quad \varphi_{2x}] = [S_{1x}^\infty \quad S_{2x}^\infty]e^{xp(\lambda)\sigma_3} + [p(\lambda)S_1^\infty \quad -p(\lambda)S_2^\infty]e^{xp(\lambda)\sigma_3},$$

3.4 孤子气体——N-孤子解的极限

和 $\Psi(\lambda)$ 在 $(-\eta_2, \eta_2)$ 上有同样的跳跃矩阵. 因此可考虑矩阵函数 $\Phi(\lambda)$ 为[39]

$$\Phi(\lambda) := \begin{bmatrix} \varphi_1(\lambda) & \varphi_2(\lambda) \\ \varphi_{1x}(\lambda) & \varphi_{2x}(\lambda) \end{bmatrix}$$

$$= \begin{bmatrix} S_1^\infty(\lambda) & S_2^\infty(\lambda) \\ p(\lambda)S_1^\infty(\lambda) + S_{1x}^\infty(\lambda) & -p(\lambda)S_2^\infty(\lambda) + S_{2x}^\infty(\lambda) \end{bmatrix} e^{xp(\lambda)\sigma_3}$$

$$= \frac{1}{2}\begin{bmatrix} 1 & 1 \\ \lambda & -\lambda \end{bmatrix} \begin{bmatrix} \left(1+\dfrac{p(\lambda)}{\lambda}\right)S_1^\infty + \dfrac{1}{\lambda}S_{1x}^\infty & \left(1-\dfrac{p(\lambda)}{\lambda}\right)S_2^\infty + \dfrac{1}{\lambda}S_{2x}^\infty \\ \left(1-\dfrac{p(\lambda)}{\lambda}\right)S_1^\infty - \dfrac{1}{\lambda}S_{1x}^\infty & \left(1+\dfrac{p(\lambda)}{\lambda}\right)S_2^\infty - \dfrac{1}{\lambda}S_{2x}^\infty \end{bmatrix} e^{xp(\lambda)\sigma_3},$$

(3.207)

其中最后一个表达式是一个代数操作, 可以通过运用矩阵乘法来验证. 那么当 $\lambda \neq 0$ 时, 在区间 $(-\eta_2, \eta_2)$ 上, 矩阵 $\begin{bmatrix} 1 & 1 \\ \lambda & -\lambda \end{bmatrix}^{-1} \Phi(\lambda)$ 和 $\Psi(\lambda)$ 有同样的跳跃矩阵, 矩阵 $\begin{bmatrix} 1 & 1 \\ \lambda & -\lambda \end{bmatrix}^{-1} \Phi(\lambda) e^{-xp(\lambda)\sigma_3}$ 和由 (3.200) 定义的 S^∞ 有同样的跳跃矩阵. 因此可以将外部参数化矩阵表示为

$$p^\infty(\lambda) = \frac{1}{2}\begin{bmatrix} \left(1+\dfrac{p(\lambda)}{\lambda}\right)S_1^\infty + \dfrac{1}{\lambda}S_{1x}^\infty & \left(1-\dfrac{p(\lambda)}{\lambda}\right)S_2^\infty + \dfrac{1}{\lambda}S_{2x}^\infty \\ \left(1-\dfrac{p(\lambda)}{\lambda}\right)S_1^\infty - \dfrac{1}{\lambda}S_{1x}^\infty & \left(1+\dfrac{p(\lambda)}{\lambda}\right)S_2^\infty - \dfrac{1}{\lambda}S_{2x}^\infty \end{bmatrix}. \quad (3.208)$$

它满足如下的黎曼-希尔伯特问题:

$P^\infty(\lambda)$ 在 $\lambda \in \mathbb{C}\setminus [-\eta_2, \eta_2]$ 上是解析的, 且在 $\lambda = 0$ 处有奇性,

$$P_+^\infty(\lambda) = P_-^\infty(\lambda) \begin{cases} \begin{bmatrix} e^{x\Omega+\Delta} & 0 \\ 0 & e^{-x\Omega-\Delta} \end{bmatrix}, & \lambda \in [-\eta_1, \eta_1], \\ \begin{bmatrix} 0 & -i \\ -i & 0 \end{bmatrix}, & \lambda \in \Sigma_1, \\ \begin{bmatrix} 0 & i \\ i & 0 \end{bmatrix}, & \lambda \in \Sigma_2, \end{cases} \quad (3.209)$$

$$P^\infty(\lambda) = \begin{bmatrix} 1 & 0 \\ 0 & 1 \end{bmatrix} + \mathcal{O}\left(\frac{1}{\lambda}\right), \quad \lambda \to \infty.$$

尽管矩阵 $P^\infty(\lambda)$ 在 $\lambda = 0$ 处有奇点, 但它的行列式等于 1. 在证明这一事实之前, 发现 S_1^∞ 和 S_2^∞ 的 x 导数可以写成这样的形式

$$S_{1x}^\infty(\lambda) = \gamma(\lambda) \frac{\vartheta_3(0; 2\tau)}{\vartheta_3\left(2w(\lambda) - \frac{1}{2}; 2\tau\right)} \frac{\Omega}{2\pi\mathrm{i}}$$

$$\times \frac{d}{dz}\left[\frac{\vartheta_3\left(z + 2w(\lambda) + \frac{x\Omega + \Delta}{2\pi\mathrm{i}} - \frac{1}{2}; 2\tau\right)}{\vartheta_3\left(z + \frac{x\Omega + \Delta}{2\pi\mathrm{i}}; 2\tau\right)}\right]\bigg|_{z=0}.$$

$S_2^\infty(\lambda)$ 可写成类似地形式. 由于在 3.4.2 节中, 将使用类似的公式, 将 Ω 替换为依赖于 x 和 t 的 $\tilde{\Omega}$, 重要的是要将关于 x 的导数运算与上面表达式右边的运算区分开来. 出于这个原因, 引入符号

$$\nabla_\Omega S_1^\infty(\lambda) := \gamma(\lambda) \frac{\vartheta_3(0; 2\tau)}{\vartheta_3\left(2w(\lambda) - \frac{1}{2}; 2\tau\right)} \frac{\Omega}{2\pi\mathrm{i}}$$

$$\times \frac{d}{dz}\left[\frac{\vartheta_3\left(z + 2w(\lambda) + \frac{x\Omega + \Delta}{2\pi\mathrm{i}} - \frac{1}{2}; 2\tau\right)}{\vartheta_3\left(z + \frac{x\Omega + \Delta}{2\pi\mathrm{i}}; 2\tau\right)}\right]\bigg|_{z=0}.$$

$S_2^\infty(\lambda)$ 可以类似地给出. 显然地, 当 Ω 与 x 无关时可以得到 $\nabla_\Omega S^\infty(\lambda) \equiv S_x(\lambda)$. 因此, (3.208) 中的外部参数化矩阵 P^∞ 将写成这样的形式

$$P^\infty(\lambda)$$
$$= \frac{1}{2}\begin{bmatrix} \left(1 + \frac{p(\lambda)}{\lambda}\right)S_1^\infty(\lambda) + \frac{1}{\lambda}\nabla_\Omega S_1^\infty(\lambda) & \left(1 - \frac{p(\lambda)}{\lambda}\right)S_2^\infty(\lambda) + \frac{1}{\lambda}\nabla_\Omega S_2^\infty(\lambda) \\ \left(1 - \frac{p(\lambda)}{\lambda}\right)S_1^\infty(\lambda) - \frac{1}{\lambda}\nabla_\Omega S_1^\infty(\lambda) & \left(1 + \frac{p(\lambda)}{\lambda}\right)S_2^\infty(\lambda) - \frac{1}{\lambda}\nabla_\Omega S_2^\infty(\lambda) \end{bmatrix}.$$
(3.210)

接下来, 对 P^∞ 给出一个引理.

引理 3.4.4 对于 P^∞, 有

$$\det P^\infty(\lambda) \equiv 1. \tag{3.211}$$

证明 观察到

$$\det P^\infty(\lambda) = -\frac{1}{2\lambda}(-2p(\lambda)S_2^\infty(\lambda)S_1^\infty(\lambda) + S_1^\infty(\lambda)\nabla_\Omega S_2^\infty(\lambda)$$

$$- \nabla_\Omega S_1^\infty(\lambda) S_2^\infty(\lambda)) \tag{3.212}$$

在复平面上不存在跳跃矩阵,因此它在复平面上是一个亚纯函数. 在 $\lambda = \eta_2$ 附近考虑 $S_1^\infty(\lambda)$, 可以得到

$$S_1^\infty(\lambda) = \frac{1}{(\lambda-\eta_2)^{\frac{1}{4}}} \left(\sum_{k=0}^\infty \gamma_k (\lambda-\eta_2)^k \right)$$
$$\times \left(\sum_{j=0}^\infty S_j^{(1)} (\lambda-\eta_2)^j + \sqrt{\lambda-\eta_2} \sum_{j=0}^\infty S_j^{(2)} (\lambda-\eta_2)^j \right),$$

其中 γ_k 是函数 $\gamma(\lambda)$ 的 Puiseux 展开的系数, $S_j^{(1)}$ 和 $S_j^{(2)}$ 是 $S_1^\infty(\lambda)$ 的 ϑ_3 函数项在 $\lambda = \eta_2$ 附近的 Puiseux 展开式的系数; 特别地, 我们有 $\gamma_0 \neq 0$ 和 $S_0^{(1,2)} \neq 0$. 根据类似的方法, 可以得到

$$S_2^\infty(\lambda) = \frac{1}{(\lambda-\eta_2)^{\frac{1}{4}}} \left(\sum_{k=0}^\infty \gamma_k (\lambda-\eta_2)^k \right)$$
$$\times \left(\sum_{j=0}^\infty S_j^{(1)} (\lambda-\eta_2)^j - \sqrt{\lambda-\eta_2} \sum_{j=0}^\infty S_j^{(2)} (\lambda-\eta_2)^j \right)$$

和

$$p(\lambda) = 2\sqrt{\lambda - \eta_2} \sum_{k=0}^\infty c_k (\lambda - \eta_2)^k.$$

将上面的三个展开项代入方程 (3.212) 中去, 可以很容易地得到 $\det P^\infty(\lambda)$ 在 $\lambda = \eta_2$ 处的泰勒展开. 类似地, 可以验证 $\det P^\infty(\lambda)$ 在 $\lambda = \pm\eta_1$ 和 $\lambda = -\eta_2$ 处有泰勒展开. 对于点 $\lambda = 0$ 处的行为, 考虑在方程 (3.201) 中定义的 Abel 积分 $p(\lambda)$. 用 $p_\pm(\lambda)$ 表示 $p(\lambda)$ 在实轴上的边界值, 那么有

$$p_\pm(0) = \int_{\eta_2}^0 dp_\pm(\xi) = \int_{\eta_2}^{\eta_1} dp_\pm(\xi) + \int_{\eta_1}^0 dp(\xi) = \mp\frac{\Omega}{2}, \tag{3.213}$$

其中最后的一个等式关系是借助如下等式得到的

$$0 = \int_{-\eta_1}^{\eta_1} dp(\xi) = \int_{-\eta_1}^0 dp(\xi) + \int_0^{\eta_1} dp(\xi)$$
$$= \int_{\eta_1}^0 dp(-\xi) + \int_0^{\eta_1} dp(\xi) = 2\int_0^{\eta_1} dp(\xi).$$

在最后一个式子中, 没有使用 $dp_\pm(\lambda)$ 来区分, 这是因为函数 $R(\lambda)$ 在 $\lambda \notin (\Sigma_1 \cup \Sigma_2)$ 上是解析的, 这种性质对于 dp 也是同样适用的. 利用雅可比椭圆函数的周期性性质

$$\vartheta_3(z+h+k\tau;\tau) = \mathrm{e}^{-\pi \mathrm{i} k^2 \tau - 2\pi \mathrm{i} k z}\vartheta_3(z;\tau), \quad h,k \in \mathbb{Z},$$

可以得到

$$S_\pm^\infty(0) = \gamma(0)\frac{\vartheta_3(0;2\tau)}{\vartheta_3(\pm\tau;2\tau)}\frac{\vartheta_3\left(\pm\tau+\frac{x\Omega+\Delta}{2\pi\mathrm{i}};2\tau\right)}{\vartheta_3\left(\frac{x\Omega+\Delta}{2\pi\mathrm{i}};2\tau\right)}\left[\mathrm{e}^{\pm(x\Omega+\Delta)} \quad 1\right], \tag{3.214}$$

以及

$$\nabla_\Omega S_\pm^\infty(0) = \frac{\Omega}{2\pi\mathrm{i}}S_\pm^\infty(0)\partial_z\left[\log\frac{\vartheta_3\left(z\pm\tau+\frac{x\Omega+\Delta}{2\pi\mathrm{i}};2\tau\right)}{\vartheta_3\left(z+\frac{x\Omega+\Delta}{2\pi\mathrm{i}};2\tau\right)}\right]\bigg|_{z=0}$$
$$+ \left[\pm\Omega S_{1\pm}^\infty(0) \quad 0\right]. \tag{3.215}$$

因此, 当 $\lambda \to 0$ 时, 可以得到

$$(-2p(\lambda)S_2^\infty(\lambda)S_1^\infty(\lambda) + S_1^\infty(\lambda)\nabla_\Omega S_2^\infty(\lambda) - \nabla_\Omega S_1^\infty(\lambda)S_2^\infty(\lambda))_\pm$$
$$= \pm\Omega S_{2\pm}^\infty(0)S_{1\pm}^\infty(0)$$
$$+ S_{1\pm}^\infty(0)\frac{\Omega}{2\pi\mathrm{i}}S_{2\pm}^\infty(0)\partial_z\left[\log\frac{\vartheta_3\left(z\pm\tau+\frac{x\Omega+\Delta}{2\pi\mathrm{i}};2\tau\right)}{\vartheta_3\left(z+\frac{x\Omega+\Delta}{2\pi\mathrm{i}};2\tau\right)}\right]\bigg|_{z=0}$$
$$- \frac{\Omega}{2\pi\mathrm{i}}S_{1\pm}^\infty(0)S_{2\pm}^\infty(0)\partial_z\left[\log\frac{\vartheta_3\left(z\pm\tau+\frac{x\Omega+\Delta}{2\pi\mathrm{i}};2\tau\right)}{\vartheta_3\left(z+\frac{\pi\Omega+\Delta}{2\pi\mathrm{i}};2\tau\right)}\right]\bigg|_{z=0}$$
$$\mp \Omega S_{1\pm}^\infty(0)S_{2\pm}^\infty(0) + \mathcal{O}(\lambda) = \mathcal{O}(\lambda).$$

那么可知

$$\det P^\infty(\lambda) = -\frac{1}{2\lambda}(-2p(\lambda)S_2^\infty S_1^\infty(\lambda) + S_1^\infty(\lambda)\nabla_\Omega S_2^\infty(\lambda)$$

3.4 孤子气体——N-孤子解的极限

$$-\nabla_\Omega S_1^\infty(\lambda)S_2^\infty(\lambda))$$

在 $\lambda = 0$ 处是关于 λ 的一个全纯函数. 当 $\lambda \to \infty$ 时, 有

$$\det P^\infty(\lambda) = 1 + O(\lambda^{-1}), \quad \text{当} \lambda \to \infty.$$

因此根据 Liouville 定理, 可以得到

$$\det P^\infty(\lambda) \equiv 1. \qquad \text{证毕.}$$

注解 3.4.3 可以使用定义 (3.210), 以及对称关系 (3.195) 和 (3.203) 来验证 P^∞ 满足对称性

$$P^\infty(-\lambda) = \begin{bmatrix} 0 & 1 \\ 1 & 0 \end{bmatrix} P^\infty(\lambda) \begin{bmatrix} 0 & 1 \\ 1 & 0 \end{bmatrix}.$$

4. 端点处局部参数化矩阵 $P^{\pm\eta_j}$

根据引理 3.4.3 可知, 当 x 满足 $x \to -\infty$ 时, S 跳跃矩阵的非对角线项指数衰减, 然而在 g 函数的端点处, g 以平方根的形式衰减, 即

$$g_+(\lambda) - g_-(\lambda) = \mathcal{O}\left(\sqrt{\lambda \mp \eta_2}\right), \quad \text{当} \lambda \to \pm\eta_2 \tag{3.216}$$

和

$$g_+(\lambda) - g_-(\lambda) - \Omega = \mathcal{O}(\sqrt{\lambda \mp \eta_1}), \quad \text{当} \lambda \to \pm\eta_1. \tag{3.217}$$

此外, 黎曼-希尔伯特问题 (3.168) 的原始解 Y 在这些点上具有对数奇异性. 因此, S 的跳跃矩阵在这些点的邻域内是有界的 (但它们不接近恒等式).

另一方面, 在端点 $\lambda = \pm\eta_2, \pm\eta_1$ 处, P^∞ 存在四次方根的奇性, 而在远离这些点处, 外部参数化矩阵 P^∞ 是黎曼-希尔伯特问题解 S 的一个很好的近似. 因此, 需要在每个端点的适当邻域引入四个局部参数 $P^{\pm\eta_j}(j = 1, 2)$ 进行单独分析.

5. $\lambda = \eta_2$ 附近的局部参数化矩阵

接下来给出在 $\lambda = \eta_2$ 附近构造一个 (矩阵) 局部参数 P^{η_2} 的方法. 根据文献 [128] 第 6 节类似的思路, 将利用修正贝塞尔函数构造一个局部参数 P^{η_2}. 以 η_2 为圆心、ρ 为半径固定一个小圆盘 $B_\rho^{(\eta_2)} = \{\lambda \in \mathbb{C} | |\lambda - \eta_2| < \rho\}$, 接下来在圆盘内定义一个局部共形映射

$$\zeta = \frac{1}{4}[x(g(\lambda) - \lambda)]^2, \quad \lambda \in B_\rho^{(\eta_2)}. \tag{3.218}$$

为了在 $B_\rho^{(\eta_2)}$ 处定义局部参数化矩阵 P^{η_2}, 首先考虑

$$P(\lambda) = S(\lambda)\left(\frac{e^{i\pi/4}}{\sqrt{\pm \hat{r}f}}\right)^{\sigma_3}, \quad \lambda \in B_\rho^{(\eta_2)} \cap \mathbb{C}_\pm. \tag{3.219}$$

随后, 使用变换 $\zeta(\lambda)$ 的逆运算, 定义

$$P^{(1)}(\zeta) = P(\lambda(\zeta))e^{-2\zeta^{\frac{1}{2}}\sigma_3}\begin{bmatrix} 0 & 1 \\ 1 & 0 \end{bmatrix}, \quad \zeta \in \mathbb{C}, \tag{3.220}$$

其支割线位于 $(-\infty, 0]$. 那么 $P^{(1)}$ 满足如下的黎曼-希尔伯特问题

$$P_+^{(1)}(\zeta) = P_-^{(1)}(\zeta)\begin{cases} \begin{bmatrix} 1 & 0 \\ 1 & 1 \end{bmatrix}, & \text{上下平面跳跃矩阵} \cap B_\rho^{(\eta_2)}, \\ \begin{bmatrix} 0 & 1 \\ -1 & 0 \end{bmatrix}, & \zeta \in (-\infty, 0) \cap B_\rho^{(\eta_2)}. \end{cases} \tag{3.221}$$

根据 [128] 中方程 (6.16)-(6.20) 的方法, 可以引入模型参数化矩阵 $\Psi_{\text{Bes}}(\zeta)$. 那么 Ψ_{Bes} 满足如下的黎曼-希尔伯特问题:

(a) Ψ_{Bes} 在 $\zeta \in \mathbb{C}\setminus\Gamma_\Psi$ 上是解析的, 其中 Γ_Ψ 是三个围道 $\Gamma_\pm = \left\{\arg\zeta = \pm\frac{2\pi}{3}\right\}$ 和 $\Gamma_0 = \{\arg\zeta = \pi\}$ 的集合.

(b) Ψ_{Bes} 满足如下的跳跃关系

$$\Psi_{\text{Bes}+}(\zeta) = \Psi_{\text{Bes}-}(\zeta)\begin{cases} \begin{bmatrix} 1 & 0 \\ 1 & 1 \end{bmatrix}, & \zeta \in \Gamma_+ \cup \Gamma_-, \\ \begin{bmatrix} 0 & 1 \\ -1 & 0 \end{bmatrix}, & \zeta \in \Gamma_0. \end{cases} \tag{3.222}$$

(c) 当 $\lambda \to 0$ 时, 有

$$\Psi_{\text{Bes}}(\zeta) = \begin{bmatrix} \mathcal{O}(\ln|\zeta|) & \mathcal{O}(\ln|\zeta|) \\ \mathcal{O}(\ln|\zeta|) & \mathcal{O}(\ln|\zeta|) \end{bmatrix}. \tag{3.223}$$

那么 $\Psi_{\text{Bes}}(\zeta)$ 的解为

$\Psi_{\mathrm{Bes}}(\zeta)$

$$= \begin{cases} \begin{bmatrix} I_0(2\zeta^{\frac{1}{2}}) & \dfrac{\mathrm{i}}{\pi} K_0(2\zeta^{\frac{1}{2}}) \\ 2\pi\mathrm{i}\zeta^{\frac{1}{2}} I_0'(2\zeta^{\frac{1}{2}}) & -2\zeta^{\frac{1}{2}} K_0(2\zeta^{\frac{1}{2}}) \end{bmatrix}, & |\arg\zeta| < \dfrac{2}{3}\pi, \\[2ex] \begin{bmatrix} \dfrac{1}{2} H_0^{(1)}\left(2(-\zeta)^{\frac{1}{2}}\right) & \dfrac{1}{2} H_0^{(2)}\left(2(-\zeta)^{\frac{1}{2}}\right) \\ \pi\zeta^{\frac{1}{2}}\left[H_0^{(1)}\left(2(-\zeta)^{\frac{1}{2}}\right)\right]' & \pi\zeta^{\frac{1}{2}}\left[H_0^{(2)}\left(2(-\zeta)^{\frac{1}{2}}\right)\right]' \end{bmatrix}, & \dfrac{2\pi}{3} < |\arg\zeta| < \pi, \\[2ex] \begin{bmatrix} \dfrac{1}{2} H_0^{(2)}\left(2(-\zeta)^{\frac{1}{2}}\right) & -\dfrac{1}{2} H_0^{(1)}\left(2(-\zeta)^{\frac{1}{2}}\right) \\ -\pi\zeta^{\frac{1}{2}}\left[H_0^{(2)}\left(2(-\zeta)^{\frac{1}{2}}\right)\right]' & \pi\zeta^{\frac{1}{2}}\left[H_0^{(1)}\left(2(-\zeta)^{\frac{1}{2}}\right)\right]' \end{bmatrix}, & -\pi < |\arg\zeta| < -\dfrac{2\pi}{3}. \end{cases}$$
(3.224)

当 $\zeta \to \infty$ 时, 在复平面上除跳跃点外都有如下形式的渐近性

$$\Psi_{\mathrm{Bes}}(\zeta) = \left(2\pi\zeta^{\frac{1}{2}}\right)^{-\frac{1}{2}\sigma_3} \frac{1}{\sqrt{2}} \begin{bmatrix} 1 & \mathrm{i} \\ \mathrm{i} & 1 \end{bmatrix} \left(I + \mathcal{O}\left(\frac{1}{\zeta^{\frac{1}{2}}}\right)\right) \mathrm{e}^{2\zeta^{\frac{1}{2}}\sigma_3}.$$

上述 $I_0(\zeta), K_0(\zeta)$ 分别为第一、第二类修正贝塞尔函数[3], 其中 $H^{(j)}(\zeta)$ 为 Hankel 函数. 综上所述, 在端点 $\lambda = \eta_2$ 附近的局部参数为

$$P^{\eta_2}(\lambda) = A(\lambda)\Psi_{\mathrm{Bes}}(\zeta(\lambda)) \begin{bmatrix} 0 & 1 \\ 1 & 0 \end{bmatrix} \mathrm{e}^{2\zeta(\lambda)^{\frac{1}{2}}\sigma_3} \left(\frac{\mathrm{e}^{\mathrm{i}\pi/4}}{\sqrt{\pm\hat{r}(\lambda)}f(\lambda)}\right)^{-\sigma_3},$$
$$\lambda \in B_\rho^{(\eta_2)} \cap \mathbb{C}_\pm,$$
(3.225)

其中 A 可以由如下条件决定:

$$P^{\eta_2}(\lambda)\left(P^\infty(\lambda)\right)^{-1} = I + \mathcal{O}\left(|x|^{-1}\right), \quad \text{当 } x \to -\infty, \quad \text{对 } \lambda \in \partial B_p^{(\eta_2)} \backslash \Sigma_\Psi.$$

因此, 可以设

$$A(\lambda) = P^\infty(\lambda) \left(\frac{\mathrm{e}^{\mathrm{i}\pi/4}}{\sqrt{\pm\hat{r}(\lambda)}f(\lambda)}\right)^{\sigma_3} \frac{1}{\sqrt{2}} \begin{bmatrix} -\mathrm{i} & 1 \\ 1 & -\mathrm{i} \end{bmatrix} \left(2\pi\zeta^{\frac{1}{2}}\right)^{\frac{1}{2}\sigma_3},$$
$$\lambda \in B_\rho^{(\eta_2)} \cap \mathbb{C}_\pm.$$
(3.226)

通过定义可知 A 除了在支割线处, 在 η_2 的邻域中都有很好的解析性. 另外, 很容易看到 A 是可逆的 ($\det A(\lambda) \equiv 1$). 接下来给出一个引理来证明 $A(\lambda)$ 的解析性.

引理 3.4.5 $A(\lambda)$ 在 η_2 的邻域 $B_\rho^{(\eta_2)}$ 中是处处解析的.

证明 为了证明这个命题, 需要验证 A 在区间 $\Sigma_1 \cap B_\rho^{(\eta_2)}$ 上是不存在跳跃的, 并且它在 $\lambda = \eta_2$ 处最多有一个可去奇点. 根据 (3.226) 以及 (3.180) 和 (3.183) 可以知道, 当 $\lambda \in \Sigma_1$ 时, 有 $\sqrt{\hat{r}(\lambda)}f_+(\lambda) = \left(\sqrt{-\hat{r}(\lambda)}f_-(\lambda)\right)^{-1}$. 根据 P^∞ 在 Σ_1 上的跳跃矩阵 (3.209), 有

$$\begin{aligned}
A_+(\lambda) &= P_-^\infty(\lambda) \begin{bmatrix} 0 & -\mathrm{i} \\ -\mathrm{i} & 0 \end{bmatrix} \left(\frac{\mathrm{e}^{\mathrm{i}\pi/4}}{\sqrt{\hat{r}_-(\lambda)}f_-(\lambda)}\right)^{-\sigma_3} \\
&\quad \times \mathrm{i}^{\sigma_3} \frac{1}{\sqrt{2}} \begin{bmatrix} -\mathrm{i} & 1 \\ 1 & -\mathrm{i} \end{bmatrix} \mathrm{i}^{\sigma_3} \left(2\pi\zeta_-^{\frac{1}{2}}\right)^{\frac{1}{2}\sigma_3} \\
&= P_-^\infty(\lambda) \left(\frac{\mathrm{e}^{\mathrm{i}\pi/4}}{\sqrt{\hat{r}_-(\lambda)}f_-(\lambda)}\right)^{\sigma_3} \begin{bmatrix} 0 & -\mathrm{i} \\ -\mathrm{i} & 0 \end{bmatrix} \\
&\quad \times \mathrm{i}^{\sigma_3} \frac{1}{\sqrt{2}} \begin{bmatrix} -\mathrm{i} & 1 \\ 1 & -\mathrm{i} \end{bmatrix} \mathrm{i}^{\sigma_3} \left(2\pi\zeta_-^{\frac{1}{2}}\right)^{\frac{1}{2}\sigma_3} \\
&= P_-^\infty(\lambda) \left(\frac{\mathrm{e}^{\mathrm{i}\pi/4}}{\sqrt{\hat{r}_-(\lambda)}f_-(\lambda)}\right)^{\sigma_3} \frac{1}{\sqrt{2}} \begin{bmatrix} -\mathrm{i} & 1 \\ 1 & -\mathrm{i} \end{bmatrix} \left(2\pi\zeta_-^{\frac{1}{2}}\right)^{\frac{1}{2}\sigma_3} \\
&= A_-(\lambda).
\end{aligned}$$

证毕.

需要注意的是, $\zeta(\lambda)$ 在 η_2 处有一个简单的零点, 因此 $\zeta(\lambda)^{\frac{1}{4}\sigma_3}$ 在 η_2 点最多有一个四次方根奇点. 而且外部参数 $P^\infty(\lambda)$ 在 η_2 附近最多有一个四次方根奇点, 因此 $A(\lambda)$ 的所有项在 $\lambda = \eta_2$ 处最多有一个平方根奇点.

另一方面, 根据 $A(\lambda)$ 在 $B_\rho^{(\eta_2)} \setminus \{\eta_2\}$ 中的解析性可知, 点 $\lambda = \eta_2$ 是一个可移动的奇点而 $A(\lambda)$ 在 $B_\rho^{(\eta_2)}$ 中处处是解析性的.

6. 在其他支割点处的局部拟基本解构造

在 η_1 邻域的 $B_\rho^{(\eta_1)}$ 附近的参数矩阵的构造是非常相似的, 所以这里不再详细叙述. 对于 $-\eta_2$ 和 $-\eta_1$ 附近的拟基本解构造, 可以通过 $\lambda \mapsto -\lambda$ 对称显式构造出来, 如下所示:

$$\begin{aligned}
P^{-\eta_2} &:= \begin{bmatrix} 0 & 1 \\ 1 & 0 \end{bmatrix} P^{\eta_2}(-\lambda) \begin{bmatrix} 0 & 1 \\ 1 & 0 \end{bmatrix}, \\
P^{-\eta_1} &:= \begin{bmatrix} 0 & 1 \\ 1 & 0 \end{bmatrix} P^{\eta_1}(-\lambda) \begin{bmatrix} 0 & 1 \\ 1 & 0 \end{bmatrix}.
\end{aligned} \tag{3.227}$$

3.4 孤子气体——N-孤子解的极限

首先, 可以验证如果 P^{η_j} 满足以 η_j 为圆心的圆盘内的跳跃矩阵, 那么 $P^{-\eta_j}$ 同样满足以 $-\eta_j$ 为圆心的圆盘内的跳跃矩阵. 在这个过程中, $\lambda \in \mathbb{C}\setminus(-\eta_2, \eta_2)$ 需要以下对称关系 (并且很容易建立):

$$\begin{aligned}\hat{r}(-\lambda) &= \hat{r}(\lambda), \\ f^2(-\lambda) &= f^{-2}(\lambda), \\ g(-\lambda) &= -g(\lambda).\end{aligned} \qquad (3.228)$$

进一步地, 当 λ 在 $B_\rho^{(\eta_j)}$ (以 η_j 为圆心、ρ 为半径的小圆盘) 的边界时, 构造出的 P^{η_j} 满足

$$P^{\eta_j}(\lambda)P^\infty(\lambda)^{-1} = I + \mathcal{O}\left(\frac{1}{x}\right), \quad x \to -\infty,$$

同样地, 当 λ 在以 $-\eta_j$ 为圆心的圆盘 $B_\rho^{(-\eta_j)}$ 的边界时, $P^{-\eta_j}$ 满足

$$P^{-\eta_j}(\lambda)P^\infty(\lambda)^{-1} = I + \mathcal{O}\left(\frac{1}{x}\right), \quad x \to -\infty.$$

最后需要计算拟基本解与原始黎曼-希尔伯特问题解的误差估计.

7. 当 $-x$ 很大时, $u(x,0)$ 的渐近性

定义误差函数

$$\mathcal{E}(\lambda) = S(\lambda)(P(\lambda))^{-1}. \qquad (3.229)$$

其中全局拟解 $P(\lambda)$ 定义

$$P(\lambda) = \begin{cases} P^\infty(\lambda), & \lambda \in \mathbb{C}\setminus\bigcup_{j=1,2} B_\rho^{(\pm\eta_j)}, \\ P^{\eta_2}(\lambda), & \lambda \in B_\rho^{(\eta_2)}, \\ P^{\eta_1}(\lambda), & \lambda \in B_\rho^{(\eta_1)}, \\ P^{-\eta_1}(\lambda), & \lambda \in B_\rho^{(-\eta_1)}, \\ P^{-\eta_2}(\lambda), & \lambda \in B_\rho^{(-\eta_2)}. \end{cases} \qquad (3.230)$$

那么矩阵 $\mathcal{E}$ 跳跃围道如图 3.6.

$$\mathcal{E}_+(\lambda) = \mathcal{E}_-(\lambda)V_\mathcal{E}(\lambda), \qquad (3.231)$$

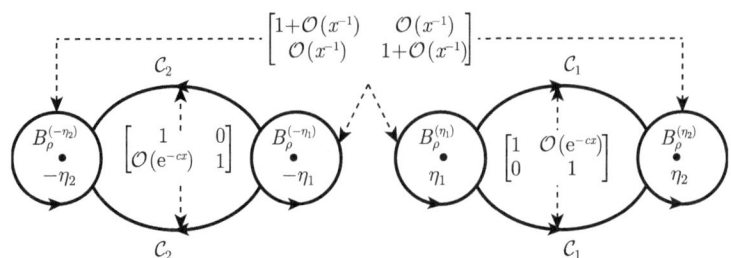

图 3.6 误差矩阵 $\mathcal{E}$ 对应的黎曼-希尔伯特问题

其中

$$V_{\mathcal{E}}(\lambda) = (\mathcal{E}_-(\lambda))^{-1} \mathcal{E}_+(\lambda) = P_-(\lambda)(S_-(\lambda))^{-1} S_+(\lambda)(P_+(\lambda))^{-1}$$
$$= P_-(\lambda) V_S(\lambda)(V_P(\lambda))^{-1}(P_-(\lambda))^{-1}.$$

跳跃矩阵 V_S 定义如图 3.4 所示, V_P 是指 P 的跳跃矩阵. 当 S 或 P 在解析区域时, 这两个跳跃矩阵可以被认为单位矩阵. 观察到无论是在圆盘 $B_\rho^{(\pm \eta_j)}, j=1,2$ 内还是在圆盘外, 在区间 $(-\eta_2, \eta_2)$ 上, 跳跃矩阵 V_S 和 V_P 都是相容的, 因此误差函数 $\mathcal{E}$ 在这些围道上不存在跳跃关系. 在圆盘外的围道上, 有 $V_P = I$, 因此有

$$V_{\mathcal{E}}(\lambda) = (P^\infty(\lambda)) V_S(\lambda)(P^\infty(\lambda))^{-1} = \left(I + \mathcal{O}\left(e^{-cx}\right)\right), \quad \lambda \in \mathcal{C}_j, j=1,2. \tag{3.232}$$

然而在以 $\pm \eta_j$ 为圆心的圆上 (方向为逆时针方向), 有

$$V_{\mathcal{E}}(\lambda) = (P^\infty(\lambda))^{-1} P^{\pm \eta_j}(\lambda) = \left(I + \mathcal{O}\left(x^{-1}\right)\right), \quad \lambda \in \partial B_\rho^{(\pm \eta_j)}, \quad j=1,2. \tag{3.233}$$

最后, 由于在 $\lambda = 0$ 附近 $P = P^\infty(\lambda)$ 是有奇性存在的, 因此需要在 $\lambda = 0$ 点处进行单独分析.

引理 3.4.6 由 (3.229) 和 (3.230) 定义的误差函数 $\mathcal{E}(\lambda)$ 在 $\lambda = 0$ 处是正则的.

证明 在 $\lambda = 0$ 附近, 有 $\mathcal{E}(\lambda) = S(\lambda)(P^\infty(\lambda))^{-1}$. 此外有 $S(\lambda) = Y(\lambda)e^{xg(\lambda)\sigma_3} f(\lambda)^{\sigma_3}$, 其中 $g(\lambda)$ 和 $f(\lambda)$ 定义分别为 (3.175) 和 (3.181), $Y(\lambda)$ 是黎曼-希尔伯特问题 (3.168) 的解. 那么需要证明

$$Y(\lambda) e^{xg(\lambda)\sigma_3} f(\lambda)^{\sigma_3} (P^\infty(\lambda))^{-1}$$

在 $\lambda = 0$ 处是正则的, 其中 $Y(\lambda)$ 满足对称性 (3.168) 中的三式, 那么有 $Y_1(0) =$

3.4 孤子气体——N-孤子解的极限

$Y_2(0)$. 根据 (3.213) 可知 $g(\lambda) = \lambda - p(\lambda)$ 满足

$$g_\pm(0) = \pm \frac{\Omega}{2}.$$

因此有

$$\mathrm{e}^{xg_\pm(\lambda)\sigma_3} = \mathrm{e}^{\pm \frac{x\Omega}{2}\sigma_3}(1 + \mathcal{O}(\lambda)), \quad \lambda \to 0. \tag{3.234}$$

根据类似的方法, 可以证明当 $\lambda \to 0$ 时有 $f_\pm(\lambda) = \mathrm{e}^{\pm \frac{\Delta}{2}}(1 + \mathcal{O}(\lambda))$. 运用上述展开方式, 可以证明当 $\lambda \to 0_+$ 时, 有

$$Y_+(\lambda)\mathrm{e}^{xg_+(\lambda)\sigma_3}f_+(\lambda)^{\sigma_3}\left(P_+^\infty(\lambda)\right)^{-1}$$

$$= -\frac{Y_1(0)}{2\lambda}\left[\mathrm{e}^{\frac{x\Omega+\Delta}{2}}\ \mathrm{e}^{-\frac{x\Omega+\Delta}{2}}\right]$$

$$\times \left(\begin{bmatrix} p_+(0)S_{2+}^\infty(0) - \nabla_\Omega S_{2+}^\infty(0) & p_+(0)S_{2+}^\infty(0) - \nabla_\Omega S_{2+}^\infty(0) \\ p_+(0)S_{1+}^\infty(0) + \nabla_\Omega S_{1+}^\infty(0) & p_+(0)S_{1+}^\infty(0) + \nabla_\Omega S_{1+}^\infty(0) \end{bmatrix} + \mathcal{O}(\lambda)\right). \tag{3.235}$$

根据关系式 (3.214) 和 (3.215), 得到

$$Y_+(\lambda)\mathrm{e}^{xg_+(\lambda)\sigma_3}f_+(\lambda)^{\sigma_3}\left(P_+^\infty(\lambda)\right)^{-1} = \mathcal{O}(1), \quad \lambda \to 0_+.$$

根据同样的方法, 也可以证明它在 $\lambda \to 0_-$ 时的正则行为, 证明完毕.

令 $\Sigma_\mathcal{E}$ 是图 3.6 中的围道. 上述分析证明误差矩阵 $\mathcal{E}(\lambda)$ 满足如下的黎曼-希尔伯特问题:

$$\mathcal{E}_+(\lambda) = \mathcal{E}_-(\lambda)V_\mathcal{E}(\lambda), \quad \lambda \in \Sigma_\mathcal{E},$$

当 $\lambda \to \infty$ 时,

$$\mathcal{E}(\lambda) = [1\ \ 1] + \mathcal{O}\left(\lambda^{-1}\right), \tag{3.236}$$

其中跳跃矩阵 $V_\mathcal{E}$ 满足

$$V_\mathcal{E}(\lambda) = \begin{cases} I + \mathcal{O}\left(\mathrm{e}^{-c|x|}\right), & \lambda \in \mathcal{C}_j, \quad j = 1, 2, \\ I + \mathcal{O}\left(|x|^{-1}\right), & \lambda \in \partial B_\rho^{\pm \eta_j}, \quad j = 1, 2. \end{cases} \tag{3.237}$$

因此, 通过标准的小范数论据 (见文献 [106] 中 5.1.3 节), 存在唯一的解 $\mathcal{E}$, 它在 $-x$ 处以及大 λ 处有如下形式的渐近展开

$$\mathcal{E}(\lambda) = [1\ \ 1] + \frac{\mathcal{E}_1(x)}{x\lambda} + \mathcal{O}\left(\frac{1}{\lambda^2}\right), \tag{3.238}$$

其中 $\mathcal{E}_1(x)$ 关于 x 的导数是有界的.

顺便说明一下, 矩阵值的全局近似构造是非常有意义的, 因为直接可以得到小范数黎曼-希尔伯特问题.

并且还注意到构造出的解 $\mathcal{E}$ 满足如下的对称性

$$\mathcal{E}(-\lambda) = \mathcal{E}(\lambda) \begin{bmatrix} 0 & 1 \\ 1 & 0 \end{bmatrix}. \tag{3.239}$$

事实上, $\mathcal{E}$ 的跳跃矩阵 $V_{\mathcal{E}}$ 也满足对称性条件

$$V_{\mathcal{E}}(-\lambda) = \begin{bmatrix} 0 & 1 \\ 1 & 0 \end{bmatrix} V_{\mathcal{E}}(\lambda) \begin{bmatrix} 0 & 1 \\ 1 & 0 \end{bmatrix}, \tag{3.240}$$

其中 $V_{\mathcal{E}}$ 由 (3.232) 和 (3.233) 给出. 为了满足这个要求, 必须要求黎曼-希尔伯特问题 $\mathcal{E}$ 的围道相对于映射 $\lambda \mapsto -\lambda$ 是对称的, 然后验证 $V_{\mathcal{E}}(\lambda)$ 满足 (3.240). 根据前面的介绍, 可知圆形轮廓应具有这种对称性, 很明显, 轮廓边界条件也需要满足这种对称性.

根据定义 (3.227), 可以验证 (3.240) 中 λ 在四个小圆上的对称性. 由 S 的跳跃矩阵可以验证在围道边界的对称性. 根据方程 (3.240) 可以直接推导出 (3.239).

由于 $\mathcal{E}$ 在 $\lambda = 0$ 附近是解析的, 因此当 $\lambda \to 0$ 时, 对称关系 (3.239) 表明 $\mathcal{E}(\lambda)$ 可以展开为如下形式

$$\mathcal{E}(\lambda) = \hat{c}_0 \begin{bmatrix} 1 & 1 \end{bmatrix} + \lambda \hat{c}_1 \begin{bmatrix} 1 & -1 \end{bmatrix}, \quad \lambda \text{ 在零点附近}, \tag{3.241}$$

其中 $\hat{c}_0$ 和 $\hat{c}_1$ 是常数. 考虑到所做的所有变换, 现在可以在较大的负 x 范围内显式地求解原始的黎曼-希尔伯特问题 Y:

$$\begin{aligned} Y(\lambda) &= T(\lambda) e^{-xg(\lambda)\sigma_3} f(\lambda)^{-\sigma_3} = S(\lambda) e^{-xg(\lambda)\sigma_3} f(\lambda)^{-\sigma_3} \\ &= \mathcal{E}(\lambda) P(\lambda) e^{-xg(\lambda)\sigma_3} f(\lambda)^{-\sigma_3} \\ &= \left(\begin{bmatrix} 1 & 1 \end{bmatrix} + \frac{\mathcal{E}_1(x)}{x\lambda} + \mathcal{O}\left(\frac{1}{\lambda^2}\right) \right) P(\lambda) e^{-xg(\lambda)\sigma_3} f(\lambda)^{-\sigma_3}, \end{aligned} \tag{3.242}$$

其中 $P(\lambda)$ 是由 (3.230) 定义的全局拟解.

特别地, 当 λ 在 0 附近时, 式 (3.242) 中出现的 $\mathcal{E}(\lambda)P(\lambda)$ 实际上就是 $\mathcal{E}(\lambda)P^{\infty}(\lambda)$. 根据前面的分析可知 P^{∞} 在 $\lambda = 0$ 处是存在极点的 [见 (3.210)]. 然而, 根据表达式 (3.241) 可知当 $\lambda \to 0$ 时, 乘积项 $\mathcal{E}(\lambda)P^{\infty}(\lambda)$ 在 $\lambda = 0$ 处是不存在极点的. 因此, 势函数 $u(x)$ 可以根据 $Y(\lambda)$ 得到

$$u(x) = 2\frac{d}{dx}\left[\lim_{\lambda \to \infty} \lambda \left(Y_1(\lambda; x) - 1\right)\right], \tag{3.243}$$

其中 $Y_1(\lambda;x)$ 是 Y 的第一个元素.

定理 3.4.2 当 $x \to -\infty$ 时, 势函数 $u(x)$ 有如下的渐近性

$$u(x) = \eta_2^2 - \eta_1^2 - 2\eta_2^2 \frac{E(m)}{K(m)} - 2\frac{\partial^2}{\partial x^2} \ln \vartheta_3 \left(\frac{\eta_2}{2K(m)}(x+\phi); 2\tau \right)$$
$$+ \mathcal{O}\left(|x|^{-1}\right), \tag{3.244}$$

其中 $E(m)$ 和 $K(m)$ 分别为第一类和第二类椭圆积分, 相应的模数均为 $m = \eta_1/\eta_2$, 其中 ϕ 定义为

$$\phi = \int_{\eta_1}^{\eta_2} \frac{\ln r(\zeta)}{R_+(\zeta)} \frac{d\zeta}{\pi \mathrm{i}} \in \mathbb{R}, \tag{3.245}$$

$2\tau = \mathrm{i}\dfrac{K(m')}{K(m)}, m' = \sqrt{1-m^2}$. 渐近表达式 (3.244) 可以改写为一个等价形式

$$u(x) = \eta_2^2 - \eta_1^2 - 2\eta_2^2 \mathrm{dn}^2\left(\eta_2(x+\phi) + K(m) \mid m\right) + \mathcal{O}\left(|x|^{-1}\right), \tag{3.246}$$

其中 $\mathrm{dn}(z \mid m)$ 是模数为 m 的雅可比椭圆函数.

证明 关注的主要是 $Y(\lambda)$ 在无穷远处展开时 λ^{-1} 的系数, 根据 (3.242), 可知

$$Y(\lambda) = \left(\begin{bmatrix} 1 & 1 \end{bmatrix} + \frac{\mathcal{E}_1(x)}{x\lambda} + \mathcal{O}\left(\frac{1}{\lambda^2}\right)\right) P^\infty(\lambda) \mathrm{e}^{-xg(\lambda)\sigma_3} f(\lambda)^{-\sigma_3}$$
$$= \left(S^\infty(\lambda) + \frac{\mathcal{E}_1(x)}{x\lambda} + \mathcal{O}\left(\frac{1}{\lambda^2}\right)\right) \mathrm{e}^{-xg(\lambda)\sigma_3} f(\lambda)^{-\sigma_3},$$

因此有

$$Y_1(\lambda) = \left[S_1^\infty(\lambda) + \frac{(\mathcal{E}_1)_1(x)}{x\lambda} + \mathcal{O}\left(\frac{1}{\lambda^2}\right)\right] \frac{\mathrm{e}^{-xg(\lambda)}}{f(\lambda)}. \tag{3.247}$$

根据 (3.175) 中 g 的表达式可知

$$\mathrm{e}^{-xg(\lambda)} = 1 - \frac{x}{\lambda}\left[\frac{\eta_1^2+\eta_2^2}{2} + \eta_2^2\left(\frac{E(m)}{K(m)} - 1\right)\right] + \mathcal{O}\left(\frac{1}{\lambda^2}\right). \tag{3.248}$$

由 (3.181) 中 $f(\lambda)$ 的表达式可知

$$f(\lambda) = 1 + \frac{f_1}{\lambda} + \mathcal{O}\left(\frac{1}{\lambda^2}\right), \tag{3.249}$$

其中 f_1 是不依赖于参数 x 的. 从 (3.200) 中的向量 $S^\infty(\lambda)$ 开始, 观察到 $\gamma(\lambda) = 1 + \mathcal{O}\left(\lambda^{-2}\right)$, 通过关系式 (3.181) 和 (3.193) 可知

$$2w(\lambda) = -\frac{1}{2} - \frac{1}{\lambda}\frac{\Omega}{2\pi\mathrm{i}} + \mathcal{O}\left(\frac{1}{\lambda^2}\right), \quad \frac{\Omega}{2\pi\mathrm{i}} = -\frac{\eta_2}{2K(m)}.$$

将 (3.200) 展开可得

$$\begin{aligned}S_1^\infty(\lambda) &= 1 - \frac{1}{\lambda}\frac{\Omega}{2\pi\mathrm{i}}\left[\frac{\vartheta_3'\left(\frac{x\Omega+\Delta}{2\pi\mathrm{i}};2\tau\right)}{\vartheta_3\left(\frac{x\Omega+\Delta}{2\pi\mathrm{i}};2\tau\right)} - \frac{\vartheta_3'(0;2\tau)}{\vartheta_3(0;2\tau)}\right] + \mathcal{O}\left(\frac{1}{\lambda^2}\right) \\ &= 1 - \frac{1}{\lambda}\frac{\partial}{\partial x}\ln\vartheta_3\left(\frac{x\Omega+\Delta}{2\pi\mathrm{i}};2\tau\right) + \mathcal{O}\left(\frac{1}{\lambda^2}\right),\end{aligned}$$

其中借助了 $\vartheta_3'(0;2\tau)=0$ 这一性质. 因此

$$\begin{aligned}Y_1(\lambda) = 1 + \frac{1}{\lambda}&\left(f_1 - x\left[\frac{\eta_1^2+\eta_2^2}{2} + \eta_2^2\left(\frac{E(m)}{K(m)}-1\right)\right]\right.\\ &\left.- \frac{\partial}{\partial x}\ln\vartheta_3\left(\frac{x\Omega+\Delta}{2\pi\mathrm{i}};2\tau\right) + \frac{(\mathcal{E}_1(x))_1}{x}\right) + \mathcal{O}\left(\frac{1}{\lambda^2}\right).\end{aligned}$$

根据上述渐近展开以及 (3.243) 和 (3.182) 中 Δ 的显式表达式, 得到 (3.244) 中的 $u(x)$ 的表达式. 进一步地, 为了得到表达式 (3.246), 需要借助如下恒等式来进行分析 (见参考文献 [133])

$$\frac{1}{4K^2(m)}\frac{d^2}{dz^2}\ln\vartheta_3(z;2\tau) = -\frac{E(m)}{K(m)} + \mathrm{dn}^2(2K(m)z + K(m) \mid m), \quad (3.250)$$

其中 $\mathrm{dn}(z\mid m)$ 是模数为 m、周期为 $2K(m)$ 的雅可比椭圆函数, 根据 τ 与 $K(m)$ 的关系式 $2\tau = \mathrm{i}K(m')/K(m)$, 有

$$\frac{\partial^2}{\partial x^2}\ln\vartheta_3\left(\frac{x\Omega+\Delta}{2\pi\mathrm{i}};2\tau\right) = -\eta_2^2\frac{E(m)}{K(m)} + \eta_2^2\mathrm{dn}^2\left(\eta_2(x+\phi) + K(m) \mid m\right),$$

因此, (3.244) 中 $u(x)$ 的表达式可以改写为 (3.246). $\qquad$ 证毕.

3.4.2 当 $t \to +\infty$ 时 $u(x,t)$ 的渐近性

根据 KdV 方程分析势函数 $u(x,t)$ 随时间变化, 即反射系数变化为 $r(\lambda;t) = r(\lambda)\mathrm{e}^{-8\lambda^3 t}$. 此时, 我们可以得到如下形式孤子气体的黎曼-希尔伯特问题:

$$Y_+(\lambda) = Y_-(\lambda) \begin{cases} \begin{bmatrix} 1 & 0 \\ -\mathrm{i}r(\lambda)\mathrm{e}^{8\lambda t(\lambda^2 - \frac{x}{4t})} & 1 \end{bmatrix}, & \lambda \in \Sigma_1, \\ \begin{bmatrix} 1 & \mathrm{i}r(\lambda)\mathrm{e}^{-8\lambda t(\lambda^2 - \frac{x}{4t})} \\ 0 & 1 \end{bmatrix}, & \lambda \in \Sigma_2, \end{cases} \quad (3.251)$$

$$Y(\lambda) = [1 \quad 1] + \mathcal{O}\left(\frac{1}{\lambda}\right), \quad \lambda \to \infty. \quad (3.252)$$

此处感兴趣的是 $Y(\lambda)$ 在长时间 ($t \to +\infty$) 时的渐近性. 在跳跃矩阵中, 出现在指数中的相位根据下面 ξ 值的不同呈现出不同的符号

$$\xi = \frac{x}{4t} \in \mathbb{R}. \quad (3.253)$$

很明显, 当 $\xi > \eta_2^2$ 时, 跳跃的相位在 $t \to +\infty$ 时呈指数衰减, 因此通过一个简单的小范数论证, 得出结论

$$Y(\lambda) = [1 \quad 1] + \mathcal{O}\left(\mathrm{e}^{-8\eta_1(\xi^2 - \eta_2^2)t}\right), \quad 当 t \to +\infty 且 \xi^2 > \eta_2^2, \quad (3.254)$$

此时势函数 $u(x,t)$ 变得很小.

下面研究更有趣的 $\xi \leqslant \eta_2^2$ 情形. 当从 $\xi > \xi_{\mathrm{crit}}$ ("超临界" 情况) 过渡到 $\xi \leqslant \xi_{\mathrm{crit}}$ ("亚临界" 情况) 时, ξ 会存在临界值, 并且相应的相位项在临界值处会发生明显的改变. 在超临界时, 方程的渐近解是一个调制行波解 (波参数随时间缓慢变化), 而在亚临界情况下, 渐近解是一个行波. 接下来我们给出详细的介绍.

1. 依赖 α 的超临界状态

首先假设 ξ 满足

$$\xi_{\mathrm{crit}} < \xi < \eta_2^2,$$

其中 $\xi_{\mathrm{crit}} \in \mathbb{R}$ 定义如 (3.269).

为了研究这种情况下 Y 的黎曼-希尔伯特问题, 我们需要将围道进行如下分割: 设 $\alpha \in (\eta_1, \eta_2)$ 并定义子区间

$$\Sigma_{1,\alpha} = (\alpha, \eta_2) \subseteq \Sigma_1 \quad 和 \quad \Sigma_{2,\alpha} = (-\eta_2, -\alpha) \subseteq \Sigma_2, \quad (3.255)$$

其中 α 是关于 ξ 的函数, 由 (3.267) 给出.

再次引入标量函数 $g(\lambda)$ 和 $f(\lambda)$ (稍微滥用一下符号, 我们使用相同的字母 g 和 f 来表示这些函数, 尽管可能应该正确地使用 g_α 和 f_α).

对 $Y(\lambda) \mapsto T(\lambda)$ 作第一次变换

$$T(\lambda) = Y(\lambda) e^{tg(\lambda)\sigma_3} f(\lambda)^{\sigma_3} \tag{3.256}$$

使得

$$\begin{aligned} &g_+(\lambda) + g_-(\lambda) + 8\lambda^3 - 8\xi\lambda = 0, \quad \lambda \in \Sigma_{1,\alpha} \cup \Sigma_{2,\alpha}, \\ &g_+(\lambda) - g_-(\lambda) = \widetilde{\Omega}, \quad \lambda \in [-\alpha, \alpha], \\ &g(\lambda) = \mathcal{O}\left(\frac{1}{\lambda}\right), \quad \lambda \to \infty. \end{aligned} \tag{3.257}$$

进一步地, 在 $\lambda = \pm\alpha$ 附近, 我们强加条件使得 $g(\lambda) - 4\lambda^3 + 4\xi\lambda - \tilde{\Omega}$ 表现为 $(\lambda \mp \alpha)^{\frac{3}{2}}$. 此外, 该函数还必须满足两类不等式才可能成功进行黎曼-希尔伯特分析. 首先, 需要在集合 $\Sigma_{1,\alpha}$ 和 $\Sigma_{2,\alpha}$ 的补集 (相对于 $\Sigma_1 \cup \Sigma_2$) 上满足不等式:

$$\operatorname{Re}\left[g_+(\lambda) + g_-(\lambda) + 8\lambda^3 - 8\xi\lambda\right] < 0, \quad \lambda \in (\eta_1, \alpha), \tag{3.258}$$

$$\operatorname{Re}\left[g_+(\lambda) + g_-(\lambda) + 8\lambda^3 - 8\xi\lambda\right] > 0, \quad \lambda \in (-\alpha, -\eta_1). \tag{3.259}$$

其次, 还要求在 Σ_1 和 Σ_2 上有一定的单调性:

$$-\mathrm{i}\left(g_+(\lambda) - g_-(\lambda)\right) \text{ 是纯实的, 在 } (\alpha, \eta_2) \text{ 上是单调递减的}, \tag{3.260}$$

$$-\mathrm{i}\left(g_+(\lambda) - g_-(\lambda)\right) \text{ 是纯实的, 在 } (-\eta_2, -\alpha) \text{ 上是单调递增的}. \tag{3.261}$$

根据上述要求, 可以唯一地确定 g 函数满足的方程. 为方便起见, 首先分析 g 的导数, 从而唯一地确定 g. 定义

$$g'(\lambda) = -12\lambda^2 + 4\xi + 12\frac{Q_2(\lambda)}{R_\alpha(\lambda)} - 4\xi\frac{Q_1(\lambda)}{R_\alpha(\lambda)}, \tag{3.262}$$

其中

$$R_\alpha(\lambda) = \sqrt{(\lambda^2 - \alpha^2)(\lambda^2 - \eta_2^2)} \tag{3.263}$$

在 $\mathbb{C} \setminus \{\Sigma_{1,\alpha} \cup \Sigma_{2,\alpha}\}$ 上是解析的, 并且在 $(\eta_2, +\infty)$ 上是实的. 进一步地, 令

$$Q_1(\lambda) = \lambda^2 + c_1, \quad Q_2(\lambda) = \lambda^4 - \frac{1}{2}\lambda^2\left(\alpha^2 + \eta_2^2\right) + c_2. \tag{3.264}$$

3.4 孤子气体——N-孤子解的极限

常数 c_1 和 c_2 需要满足

$$\int_{-\alpha}^{\alpha} \frac{Q_2(\zeta)}{R_{\alpha+}(\zeta)} \mathrm{d}\zeta = 0, \quad \int_{-\alpha}^{\alpha} \frac{Q_1(\zeta)}{R_{\alpha+}(\zeta)} \mathrm{d}\zeta = 0. \tag{3.265}$$

由上述定义可以显然地知道上述常数

$$c_1 = -\eta_2^2 + \eta_2^2 \frac{E(m_\alpha)}{K(m_\alpha)}, \quad c_2 = \frac{1}{3}\alpha^2\eta_2^2 + \frac{1}{6}\left(\eta_2^2 + \alpha^2\right)c_1, \quad m_\alpha = \frac{\alpha}{\eta_2}, \tag{3.266}$$

其中 $K(m_\alpha)$ 和 $E(m_\alpha)$ 分别是第一类和第二类椭圆积分.

参数 α 的选择需要使得函数 $g(\lambda) - 4\lambda^3 + 4\xi\lambda - \widetilde{\Omega}$ 在 $\lambda = \pm\alpha$ 处有零点, 根据此条件, 可以得到如下方程

$$\xi = 3\frac{Q_2(\pm\alpha)}{Q_1(\pm\alpha)} = \frac{1}{2}\left(\alpha^2 + \eta_2^2\right) + \frac{\alpha^2\left(\alpha^2 - \eta_2^2\right)}{\alpha^2 - \eta_2^2 + \eta_2^2\dfrac{E(m_n)}{K(m_\alpha)}}, \tag{3.267}$$

那么 α 即为 ξ 的一个隐式函数.

在进一步分析之前, 首先对式 (3.267) 进行一下说明. 不妨改写其为如下形式

$$\xi = \frac{x}{4t} = \frac{\eta_2^2}{2}W(m_\alpha), \quad W(m_\alpha) = \left[1 + m_\alpha^2 + 2\frac{m_\alpha^2(1 - m_\alpha^2)}{1 - m_\alpha^2 - \dfrac{E(m_\alpha)}{K(m_\alpha)}}\right], \tag{3.268}$$

这个关系式将参数 α 表示为 ξ 的表达式. $\eta_2^2 W(m_\alpha)$ 是由 Whitham 在他的 KdV 方程的行波解的调制理论中推导出来的[233]. 在一般的 Whitham 理论中, 通常含有三个参数, 而在我们的例子中, 两个参数是固定的: 一个是 0; 另一个是 $\eta/2$. 这种特殊情况可以给出 Whitham 方程的自相似解. 该解由 Gurevich-Pitaevskii 推导并用于描述性波的调制, 它可以在阶梯型初始数据 $u(x) = -\eta_2^2, x < 0$, $u(x) = 0, x > 0$ 条件下由 KdV 方程的解给出, 类似于阶梯型初始数据条件下 Hopf 方程中冲击波的形成. 进一步地, 利用椭圆函数的展开式我们可以得到

$$\frac{E(m_\alpha)}{K(m_\alpha)} = 1 - \frac{1}{2}m_\alpha^2 + \mathcal{O}(m_\alpha^4), \quad m_\alpha \to 0,$$

$$\frac{E(m_\alpha)}{K(m_\alpha)} \simeq \frac{2}{\log(8/(1 - m_\alpha))}, \quad m_\alpha \to 1.$$

因此有
$$\lim_{\alpha \to 0} \frac{3Q_2(\alpha)}{Q_1(\alpha)} = -\frac{3\eta_2^2}{2} \quad 和 \quad \lim_{\alpha \to \eta_2} \frac{3Q_2(\alpha)}{Q_1(\alpha)} = \eta_2^2.$$

Whitham 方程是严格双曲型方程[45], 那么当 $0 < \alpha < \eta_2$ 时, 有 $\frac{\partial}{\partial \alpha} W(m_\alpha) > 0$. 因此, 根据隐函数存在定理, 方程 (3.268) 定义的 α 在 $\xi \in [\xi_{\text{crit}}, \eta_2^2]$ 上关于 ξ 单调递减, 其中 ξ_{crit} 为

$$\xi_{\text{crit}} = \frac{3Q_2(\eta_1)}{Q_1(\eta_1)} = \frac{1}{2}(\eta_1^2 + \eta_2^2) + \frac{\eta_1^2(\eta_1^2 - \eta_2^2)}{\eta_1^2 - \eta_2^2 + \eta_2^2 \frac{E(m)}{K(m)}}, \quad m = \frac{\eta_1}{\eta_2}. \tag{3.269}$$

很显然, 有 $\xi_{\text{crit}} > -\frac{3\eta_2^2}{2}$. 随后根据 $g'(\lambda)$, 可以得到 $g(\lambda)$ 的表达式

$$g(\lambda) = -4\lambda^3 + 4\xi\lambda + 12\int_{\eta_2}^{\lambda} \frac{Q_2(\zeta)}{R_\alpha(\zeta)} d\zeta - 4\xi \int_{\eta_2}^{\lambda} \frac{Q_1(\zeta)}{R_\alpha(\zeta)} d\zeta. \tag{3.270}$$

联合 (3.257) 和 (3.270), 可以得到

$$\tilde{\Omega} = 24 \int_{\eta_2}^{\alpha} \frac{Q_2(\zeta)}{R_{\alpha+}(\zeta)} d\zeta - 8\xi \int_{\eta_2}^{\alpha} \frac{Q_1(\zeta)}{R_{\alpha+}(\zeta)} d\zeta. \tag{3.271}$$

为了进一步研究, 需要 $tg(\lambda)$ 和 $t\tilde{\Omega}$ 对 x 的导数值. 在计算之前, 首先给出一个辅助关系

$$\tilde{\Omega} = 24 \int_{\eta_2}^{\alpha} \frac{Q_2(\zeta) - Q_2(\alpha)}{R_{\alpha+}(\zeta)} d\zeta - 8\xi \int_{\eta_2}^{\alpha} \frac{Q_1(\zeta) - Q_1(\alpha)}{R_{\alpha+}(\zeta)} d\zeta.$$

根据黎曼双线性关系, 可以得到 (见文献 [209]),

$$\tilde{\Omega} = 2\pi i \frac{4\xi - 2(\alpha^2 + \eta_2^2)}{\int_{-\alpha}^{\alpha} \frac{d}{R_\alpha(\xi)}} = 2\pi i \eta_2 \frac{\alpha^2 + \eta_2^2 - 2\xi}{K(m_\alpha)} \in i\mathbb{R}, \quad m_\alpha = \frac{\alpha}{\eta_2}. \tag{3.272}$$

引理 3.4.7 tg' 和 $t\tilde{\Omega}$ 满足

$$\frac{\partial}{\partial x} tg'(\lambda) = 1 - \frac{Q_1(\lambda)}{R_\alpha(\lambda)}, \tag{3.273}$$

$$\frac{\partial}{\partial x} t\tilde{\Omega} = -\frac{\pi i \eta_2}{K(m_\alpha)}. \tag{3.274}$$

3.4 孤子气体——N-孤子解的极限

证明 根据 (3.262) 定义的 $g'(\lambda)$ 可知 $d\lambda$ 在黎曼面 $\mathfrak{X}_\alpha$ 上是亚纯的 1-形式, 其中 $\mathfrak{X}_\alpha$ 定义为

$$\mathfrak{X}_\alpha = \left\{(\eta,\lambda) \in \mathbb{C}^2 \mid \eta^2 = R_\alpha^2(\lambda) = (\lambda^2 - \alpha^2)(\lambda^2 - \eta_2^2)\right\}.$$

通过以下这种方式在 $\mathfrak{X}_\alpha$ 上定义全纯基底: B 环顺时针环绕 $[\alpha, \eta_2]$, A 环从上半叶的支割线 $[-\eta_2, -\alpha]$ 绕到支割线 $[\alpha, \eta_2]$, 随后从第二个叶回到支割线 $[-\eta_2, -\alpha]$, 见图 3.5, 其中, 点 $\eta_1 = \alpha$. 那么我们有

$$\oint_A g'(\zeta)d\zeta = 0, \quad \oint_B g'(\zeta)d\zeta = -\widetilde{\Omega}. \tag{3.275}$$

根据 (3.273) 中第一个关系式, 可得

$$\frac{\partial}{\partial x} tg'(\lambda)d\lambda = \frac{\partial}{\partial x}\left[-12t\lambda^2\,d\lambda + x\,d\lambda + 12t\frac{Q_2(\lambda)}{R_\alpha(\lambda)}d\lambda - x\frac{Q_1(\lambda)}{R_\alpha(\lambda)}d\lambda\right]$$

$$= d\lambda - \frac{Q_1(\lambda)}{R_\alpha(\lambda)}d\lambda + \frac{\partial}{\partial \alpha}\left[12t\frac{Q_2(\lambda)}{R_\alpha(\lambda)}d\lambda - x\frac{Q_1(\lambda)}{R_\alpha(\lambda)}d\lambda\right]\frac{\partial \alpha}{\partial x}$$

$$= d\lambda - \frac{Q_1(\lambda)}{R_\alpha(\lambda)}d\lambda, \tag{3.276}$$

由于 $\dfrac{\partial}{\partial \alpha}\left[12t\dfrac{Q_2(\lambda)}{R_\alpha(\lambda)}d\lambda - x\dfrac{Q_1(\lambda)}{R_\alpha(\lambda)}d\lambda\right]$ 是全纯的 1-形式 (在 $\pm\alpha$ 和 ∞ 处都没有奇性), 并且根据 (3.275) 可知它是规范到 0 的, 因此它恒等于 $0^{[93,95,127]}$. 另一种证明方法是计算导数, 并使用 (3.266) 中常数 c_1 和 c_2 表达式. 通过简单的计算可得

$$\frac{\partial}{\partial x}e^{-tg(\lambda)} = -\frac{1}{\lambda}\left[\frac{\alpha^2 + \eta_2^2}{2} + \eta_2^2\left(\frac{E(m_\alpha)}{K(m_\alpha)} - 1\right)\right] + \mathcal{O}\left(\frac{1}{\lambda^2}\right).$$

借助关系式 (3.274), (3.273) 以及 (3.275), 我们可知

$$\frac{\partial}{\partial x}(t\widetilde{\Omega}) = -\frac{\partial}{\partial x}\oint_B tg'(\lambda)d\lambda = -\oint_B \frac{\partial}{\partial x}(tg'(\lambda)d\lambda) = -\frac{\pi i\eta_2}{K(m_\alpha)}. \quad \text{证毕.}$$

正如前面章节处理技巧, 通过选择下述形式的 f 以简化 $\Sigma_{1,\alpha}$ 和 $\Sigma_{2,a}$ 上的跳跃矩阵,

$$\begin{aligned}
f_+(\lambda)f_-(\lambda) &= \frac{1}{r(\lambda)}, \quad \lambda \in \Sigma_{1,\alpha}, \\
f_+(\lambda)f_-(\lambda) &= r(\lambda), \quad \lambda \in \Sigma_{2,\alpha}, \\
\frac{f_+(\lambda)}{f_-(\lambda)} &= e^{\widetilde{\Delta}}, \quad \lambda \in [-\alpha,\alpha], \\
f(\lambda) &= 1 + \mathcal{O}\left(\frac{1}{\lambda}\right), \quad \lambda \to \infty.
\end{aligned} \tag{3.277}$$

很容易可知函数 $f(\lambda)$ 等于

$$f(\lambda) = \exp\left\{\frac{R_\alpha(\lambda)}{2\pi\mathrm{i}}\left[\int_{\Sigma_{1,\alpha}}\frac{\log\frac{1}{r(\zeta)}}{R_{\alpha+}(\zeta)(\zeta-\lambda)}d\zeta + \int_{\Sigma_{2,\alpha}}\frac{\log r(\zeta)}{R_{\alpha+}(\zeta)(\zeta-\lambda)}d\zeta\right.\right.$$
$$\left.\left. + \int_{-\alpha}^{\alpha}\frac{\tilde{\Delta}}{R_\alpha(\zeta)(\zeta-\lambda)}d\zeta\right]\right\}. \tag{3.278}$$

根据 $f(\lambda)$ 边界条件可知

$$\tilde{\Delta} = \left[\int_{\Sigma_{1,\alpha}}\frac{\log r(\zeta)}{R_{\alpha+}(\zeta)}d\zeta - \int_{\Sigma_{2,\alpha}}\frac{\log r(\zeta)}{R_{\alpha+}(\zeta)}d\zeta\right]\left[\int_{-\alpha}^{\alpha}\frac{d\zeta}{R_\alpha(\zeta)}\right]^{-1}$$
$$= 2\left[\int_{\Sigma_{1,\alpha}}\frac{\log r(\zeta)}{R_{\alpha+}(\zeta)}d\zeta\right]\left[\int_{-\alpha}^{\alpha}\frac{d\zeta}{R_\alpha(\zeta)}\right]^{-1}, \tag{3.279}$$

其中, (3.279) 中最后的等式关系运用了关系式 $r(-\lambda) = r(\lambda)$.

因此, T 满足如下的黎曼-希尔伯特问题:

$$T_+(\lambda) = T_-(\lambda)$$
$$\times \begin{cases} \begin{bmatrix} \mathrm{e}^{t(g_+(\lambda)-g_-(\lambda))}\dfrac{f_+(\lambda)}{f_-(\lambda)} & 0 \\ -\mathrm{i} & \mathrm{e}^{-t(g_+(\lambda)-g_-(\lambda))}\dfrac{f_-(\lambda)}{f_+(\lambda)} \end{bmatrix}, & \lambda \in \Sigma_{1,\alpha}, \\[2ex] \begin{bmatrix} \mathrm{e}^{t(g_+(\lambda)-g_-(\lambda))}\dfrac{f_+(\lambda)}{f_-(\lambda)} & \mathrm{i} \\ 0 & \mathrm{e}^{-t(g_+(\lambda)-g_-(\lambda))}\dfrac{f_-(\lambda)}{f_+(\lambda)} \end{bmatrix}, & \lambda \in \Sigma_{2,\alpha}, \\[2ex] \begin{bmatrix} \mathrm{e}^{\tilde{\Omega}t+\tilde{\Delta}} & 0 \\ -\mathrm{i}r(\lambda)f_+(\lambda)f_-(\lambda)\mathrm{e}^{t(g_+(\lambda)+g_-(\lambda)+8\lambda^3-8\xi\lambda)} & \mathrm{e}^{-\tilde{\Omega}t-\tilde{\Delta}} \end{bmatrix}, & \lambda \in [\eta_1,\alpha], \\[2ex] \begin{bmatrix} \mathrm{e}^{\tilde{\Omega}t+\tilde{\Delta}} & \mathrm{e}^{-t(g_+(\lambda)+g_-(\lambda)+8\lambda^3-8\xi\lambda)}\dfrac{\mathrm{i}r(\lambda)}{f_+(\lambda)f_-(\lambda)} \\ 0 & \mathrm{e}^{-\tilde{\Omega}t-\tilde{\Delta}} \end{bmatrix}, & \lambda \in [-\alpha,-\eta_1], \\[2ex] \begin{bmatrix} \mathrm{e}^{\tilde{\Omega}t+\tilde{\Delta}} & 0 \\ 0 & \mathrm{e}^{-\tilde{\Omega}t-\tilde{\Delta}} \end{bmatrix}, & \lambda \in [-\eta_1,\eta_1], \end{cases}$$
$$T(\lambda) = \begin{bmatrix} 1 & 1 \end{bmatrix} + \mathcal{O}\left(\frac{1}{\lambda}\right), \quad \lambda \to \infty. \tag{3.280}$$

2. 围道形变

首先需要计算 $T(\lambda)$ 在 $\Sigma_{1,\alpha}$ 或 $\Sigma_{2,\alpha}$ 上的跳跃矩阵, 并证明它们在这些区间上的解析延拓. 当 $\lambda \in \Sigma_{1,\alpha}$ 以及 $\lambda \in \Sigma_{2,\alpha}$ 时, 假设 $g(\lambda)$ 满足

$$\begin{aligned} g_+(\lambda) - g_-(\lambda) &= 2g_+(\lambda) + 8\lambda^3 - 8\xi\lambda, \\ g_+(\lambda) - g_-(\lambda) &= -\left(2g_-(\lambda) + 8\lambda^3 - 8\xi\lambda\right). \end{aligned} \tag{3.281}$$

当 $\lambda \in \Sigma_{1,\alpha}$ 时, 有

$$\frac{f_+(\lambda)}{f_-(\lambda)} = -\frac{1}{f_-^2(\lambda)\hat{r}_-(\lambda)} \quad \text{和} \quad \frac{f_-(\lambda)}{f_+(\lambda)} = \frac{1}{f_+^2(\lambda)\hat{r}_+(\lambda)}, \tag{3.282}$$

而当 $\lambda \in \Sigma_{2,\alpha}$ 时, 则有

$$\frac{f_-(\lambda)}{f_+(\lambda)} = -\frac{f_-^2(\lambda)}{\hat{r}_-(\lambda)} \quad \text{和} \quad \frac{f_+(\lambda)}{f_-(\lambda)} = \frac{f_+^2(\lambda)}{\hat{r}_+(\lambda)}. \tag{3.283}$$

正如前面分析一样, 可将跳跃矩阵在 $\Sigma_{1,\alpha}$ 上进行如下分解

$$\begin{bmatrix} e^{t(g_+(\lambda)-g_-(\lambda))}\dfrac{f_+(\lambda)}{f_-(\lambda)} & 0 \\ -i & e^{-t(g_+(\lambda)-g_-(\lambda))}\dfrac{f_-(\lambda)}{f_+(\lambda)} \end{bmatrix}$$

$$= \begin{bmatrix} 1 & -\dfrac{ie^{-t(2g_-(\lambda)+8\lambda^3-8\xi\lambda)}}{f_-^2(\lambda)\hat{r}_-(\lambda)} \\ 0 & 1 \end{bmatrix} \begin{bmatrix} 0 & -i \\ -i & 0 \end{bmatrix} \begin{bmatrix} 1 & \dfrac{ie^{-t(2g_+(\lambda)+8\lambda^3-8\xi\lambda)}}{\hat{r}_+(\lambda)f_+^2(\lambda)} \\ 0 & 1 \end{bmatrix}.$$

而在 $\Sigma_{2,\alpha}$ 上有

$$\begin{bmatrix} e^{t(g_+(\lambda)-g_-(\lambda))}\dfrac{f_+(\lambda)}{f_-(\lambda)} & i \\ 0 & e^{-t(g_+(\lambda)-g_-(\lambda))}\dfrac{f_-(\lambda)}{f_+(\lambda)} \end{bmatrix}$$

$$= \begin{bmatrix} 1 & 0 \\ i\dfrac{f_-^2(\lambda)}{\hat{r}_-(\lambda)}e^{t(2g_-(\lambda)+8\lambda^3-8\xi\lambda)} & 1 \end{bmatrix} \begin{bmatrix} 0 & i \\ i & 0 \end{bmatrix} \begin{bmatrix} 1 & 0 \\ -i\dfrac{f_+^2(\lambda)}{\hat{r}_+(\lambda)}e^{t(2g_+(\lambda)+8\lambda^3-8\xi\lambda)} & 1 \end{bmatrix},$$

这些分解可以定义新的变换矩阵为

$$
S(z) = \begin{cases} T(z) \begin{bmatrix} 1 & \dfrac{-\mathrm{i}}{\hat{r}(\lambda)f^2(\lambda)}\mathrm{e}^{-2t(g(\lambda)+\lambda^3-4\xi\lambda)} \\ 0 & 1 \end{bmatrix}, & \text{在围道 } \mathcal{C}_1 \text{ 里面的区域}, \\[2ex] T(z) \begin{bmatrix} 1 & 0 \\ \dfrac{\mathrm{i}f^2(\lambda)}{\hat{r}(\lambda)}\mathrm{e}^{2t(g(\lambda)+\lambda^3-4\xi\lambda)} & 1 \end{bmatrix}, & \text{在围道 } \mathcal{C}_2 \text{ 里面的区域}, \\[2ex] T(z), & \text{其他区域}, \end{cases} \tag{3.284}
$$

那么相应的关于 $S(z)$ 跳跃关系的围道图如图 3.7.

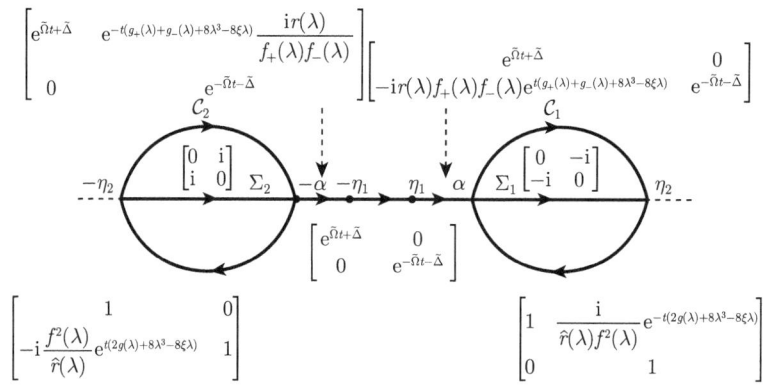

图 3.7 $S(\lambda)$ 的跳跃矩阵, $\mathcal{C}_1$ 和 $\mathcal{C}_2$ 为边界围道

引理 3.4.8 下列不等式成立

$$
\begin{aligned}
&\mathrm{Re}\left[2g(\lambda)+8\lambda^3-8\xi\lambda\right] > 0, & \lambda \in \mathcal{C}_1\setminus\{\alpha,\eta_2\}, \\
&\mathrm{Re}\left[2g(\lambda)+8\lambda^3-8\xi\lambda\right] < 0, & \lambda \in \mathcal{C}_2\setminus\{-\eta_2,-\alpha\}, \\
&\mathrm{Re}\left[g_+(\lambda)+g_-(\lambda)+8\lambda^3-8\xi\lambda\right] < 0, & \lambda \in [\eta_1,\alpha), \\
&\mathrm{Re}\left[g_+(\lambda)+g_-(\lambda)+8\lambda^3-8\xi\lambda\right] > 0, & \lambda \in (-\alpha,-\eta_1].
\end{aligned} \tag{3.285}
$$

证明 根据关系式 (3.267), 由 (3.262) 定义的 $g'(\lambda)$ 可以改写为如下形式

$$
g'(\lambda) = -12\lambda^2 + 4\xi + 12\frac{Q_2(\lambda)-Q_2(\alpha)}{R_\alpha(\lambda)} - 4\xi\frac{Q_1(\lambda)-Q_1(\alpha)}{R_\alpha(\lambda)},
$$

因此有

$$g'_+(\lambda) - g'_-(\lambda) = -\mathrm{i}24\frac{\sqrt{\lambda^2 - \alpha^2}}{\sqrt{\eta_2^2 - \lambda^2}}\left[\lambda^2 - \left(\frac{\eta_2^2 - \alpha^2}{2} + \frac{\xi}{3}\right)\right]. \quad (3.286)$$

并且由 (5.14) 可推导出二次多项式在 $[0, \alpha]$ 区间内有一个根 ρ_+, 当 $\lambda > \alpha$ 时, 它是正的. 因此, 当 $\lambda \in \Sigma_{1,\alpha}$ 时, 有

$$\mathrm{Im}\left[g'_+(\lambda) - g'_-(\lambda)\right] = -24\frac{\sqrt{\lambda^2 - \alpha^2}}{\sqrt{\eta_2^2 - \lambda^2}}\left[\lambda^2 - \left(\frac{\eta_2^2 - \alpha^2}{2} + \frac{\xi}{3}\right)\right] < 0. \quad (3.287)$$

根据 (3.270) 中 g 的表达式可知, 当 $\lambda \in [\eta_1, \alpha]$ 时, 有

$$\begin{aligned}&g_+(\lambda) + g_-(\lambda) + 8\lambda^3 - 8\xi\lambda \\ &= -24\int_\lambda^\alpha \frac{\sqrt{\alpha^2 - \zeta^2}}{\sqrt{\eta_2^2 - \zeta^2}}\left[\zeta^2 - \left(\frac{\eta_2^2 - \alpha^2}{2} + \frac{\xi}{3}\right)\right]d\zeta.\end{aligned} \quad (3.288)$$

令

$$h_{\alpha,\xi}(\zeta) = \frac{\sqrt{\alpha^2 - \zeta^2}}{\sqrt{\eta_2^2 - \zeta^2}}\left[\zeta^2 - \left(\frac{\eta_2^2 - \alpha^2}{2} + \frac{\xi}{3}\right)\right], \quad (3.289)$$

那么只需要证明当 $\lambda \in [\eta_1, \alpha]$ 时, 有

$$H_{\alpha,\xi}(\lambda) = \int_\lambda^\alpha -h_{\alpha,\xi}(\zeta) < 0. \quad (3.290)$$

很容易可以验证 $H_{\alpha,\xi}(\alpha) = 0$ 和 $H_{\alpha,\xi}(0) = 0$ (参考 (3.265)). 下一步可知 $H'_{\alpha,\xi}(\lambda) = h_{\alpha,\xi}(\lambda)$ 在 $[0, \rho_+]$ 上是负的, 在 $[\rho_+, \alpha]$ 上是正的. 这就意味着不等式 (3.290) 在区间 $[\eta_1, \alpha]$ 上是成立的. 证毕.

根据引理 3.4.8 可知当 $t \to +\infty$ 时, 跳跃矩阵在 $\pm\alpha$ 和 $\pm\eta_2$ 邻域的外部将会指数衰减到常数矩阵. 因此可以得到 $\widetilde{S}^\infty(\lambda)$ 范式黎曼-希尔伯特问题:

$$\widetilde{S}^\infty_+(\lambda) = \widetilde{S}^\infty_-(\lambda)\begin{cases}\begin{bmatrix} \mathrm{e}^{t\widetilde{\Omega}+\widetilde{\Delta}} & 0 \\ 0 & \mathrm{e}^{-t\widetilde{\Omega}-\widetilde{\Delta}} \end{bmatrix}, & \lambda \in [-\alpha, \alpha], \\ \begin{bmatrix} 0 & -\mathrm{i} \\ -\mathrm{i} & 0 \end{bmatrix}, & \lambda \in \Sigma_{1,\alpha}, \\ \begin{bmatrix} 0 & \mathrm{i} \\ \mathrm{i} & 0 \end{bmatrix}, & \lambda \in \Sigma_{2,\alpha}, \end{cases} \quad (3.291)$$

$$\widetilde{S}^\infty(\lambda) = [1 \ \ 1] + \mathcal{O}\left(\frac{1}{\lambda}\right), \quad \lambda \to \infty. \tag{3.292}$$

3. 外部拟解 $\widetilde{P}^\infty$

与前面类似, 构造一个 (矩阵) 范式黎曼-希尔伯特问题, 其解渐近到上述黎曼-希尔伯特问题的解. 由于这个模型问题的解是可逆的, 可以得到一个小范数的黎曼-希尔伯特问题来分析大时间渐近性的误差, 这比只考虑向量黎曼-希尔伯特问题更直接. 因此, 寻求一个矩阵值函数 $\widetilde{P}^\infty$, 它在 $\mathbb{C}\setminus(-\eta_2, \eta_2)$ 中是解析的, 并且满足下面的黎曼-希尔伯特条件

$$\widetilde{P}^\infty_+(\lambda) = \widetilde{P}^\infty_-(\lambda) \begin{cases} \begin{bmatrix} e^{t\widetilde{\Omega}+\widetilde{\Delta}} & 0 \\ 0 & e^{-t\widetilde{\Omega}-\widetilde{\Delta}} \end{bmatrix}, & \lambda \in [-\alpha, \alpha], \\ \begin{bmatrix} 0 & -i \\ -i & 0 \end{bmatrix}, & \lambda \in \Sigma_{1,\alpha}, \\ \begin{bmatrix} 0 & i \\ i & 0 \end{bmatrix}, & \lambda \in \Sigma_{2,\alpha}, \end{cases} \tag{3.293}$$

$$\widetilde{P}^\infty(\lambda) = \begin{bmatrix} 1 & 0 \\ 0 & 1 \end{bmatrix} + \mathcal{O}\left(\frac{1}{\lambda}\right), \quad \lambda \to \infty. \tag{3.294}$$

为了得到上述黎曼-希尔伯特问题的解, 引入如下的向量

$$\widetilde{S}^\infty(\lambda) = \gamma(\lambda) \frac{\vartheta_3(0; 2\tau)}{\vartheta_3\left(\dfrac{t\widetilde{\Omega}+\widetilde{\Delta}}{2\pi i}; 2\tau\right)}$$

$$\times \left[\frac{\vartheta_3\left(2\widetilde{w}(\lambda) + \dfrac{t\widetilde{\Omega}+\widetilde{\Delta}}{2\pi i} - \dfrac{1}{2}; 2\tau\right)}{\vartheta_3\left(2\widetilde{w}(\lambda) - \dfrac{1}{2}; 2\tau\right)} \ \frac{\vartheta_3\left(-2\widetilde{w}(\lambda) + \dfrac{t\widetilde{\Omega}+\widetilde{\Delta}}{2\pi i} - \dfrac{1}{2}; 2\tau\right)}{\vartheta_3\left(-2\widetilde{w}(\lambda) - \dfrac{1}{2}; 2\tau\right)} \right], \tag{3.295}$$

其中 $\widetilde{w}(\lambda)$ 定义为

$$\widetilde{w}(\lambda) = \int_{\eta_2}^{\lambda} \frac{\Omega_\alpha}{R_\alpha(\lambda)} \frac{d\lambda}{4\pi i}, \tag{3.296}$$

Ω_α 为 $\Omega_\alpha = -\dfrac{\pi i \eta_2}{K(m_\alpha)}$. 进一步地, 根据 (3.272) 可得

$$\tilde{\Omega} = 2\pi i \eta_2 \frac{\alpha^2 + \eta_2^2}{K(m_\alpha)} + 4\xi \Omega_\alpha$$

和

$$p_\alpha(\lambda) = \int_{\eta_2}^{\lambda} \frac{Q_1(\zeta)}{R_\alpha(\zeta)} d\zeta, \quad \Omega_\alpha = -2p_{\alpha+}(\alpha),$$

其中 Q_1 定义如 (3.264). 注意到当 $\lambda \in (-\alpha, \alpha)$ 时, 有

$$p_{\alpha+}(\lambda) - p_{\alpha-}(\lambda) = -\Omega_\alpha. \tag{3.297}$$

那么黎曼-希尔伯特问题 (3.293) 和 (3.294) 的解 $\tilde{P}^\infty(\lambda)$ 可以被显式地表示为

$$\tilde{P}^\infty(\lambda) = \frac{1}{2}$$

$$\times \begin{bmatrix} \left(1 + \dfrac{p_\alpha(\lambda)}{\lambda}\right) \tilde{S}_1^\infty(\lambda) + \dfrac{1}{\lambda} \nabla_{\Omega_\alpha} \tilde{S}_1^\infty(\lambda) & \left(1 - \dfrac{p_\alpha(\lambda)}{\lambda}\right) \tilde{S}_2^\infty(\lambda) + \dfrac{1}{\lambda} \nabla_{\Omega_\alpha} \tilde{S}_2^\infty(\lambda) \\ \left(1 - \dfrac{p_\alpha(\lambda)}{\lambda}\right) \tilde{S}_1^\infty(\lambda) - \dfrac{1}{\lambda} \nabla_{\Omega_\alpha} \tilde{S}_1^\infty(\lambda) & \left(1 + \dfrac{p_\alpha(\lambda)}{\lambda}\right) \tilde{S}_2^\infty(\lambda) - \dfrac{1}{\lambda} \nabla_{\Omega_\alpha} \tilde{S}_2^\infty(\lambda) \end{bmatrix},$$
$$\tag{3.298}$$

其中 $\tilde{S}_1^\infty$ 和 $\tilde{S}_2^\infty$ 是 $\tilde{S}^\infty$ 的行向量元素, 定义为 (3.295), 此外还有

$$\nabla_{\Omega_\alpha} \tilde{S}_1^\infty(\lambda)$$

$$:= \gamma(\lambda) \frac{\vartheta_3(0; 2\pi)}{\vartheta_3\left(2\tilde{w}(\lambda) - \dfrac{1}{2}; 2\tau\right)} \frac{\Omega_\alpha}{2\pi i} \frac{d}{dz} \left[\frac{\vartheta_3\left(z + 2\tilde{w}(\lambda) + \dfrac{t\tilde{\Omega} + \tilde{\Delta}}{2\pi i} - \dfrac{1}{2}; 2\tau\right)}{\vartheta_3\left(z + \dfrac{t\tilde{\Omega} + \tilde{\Delta}}{2\pi i}; 2\tau\right)} \right]_{z=0},$$

$$\nabla_{\Omega_\alpha} \tilde{S}_2^\infty(\lambda)$$

$$:= \gamma(\lambda) \frac{\vartheta_3(0; 2\pi)}{\vartheta_3\left(-2\tilde{w}(\lambda) - \dfrac{1}{2}; 2\tau\right)} \frac{\Omega_\alpha}{2\pi i} \frac{d}{dz} \left[\frac{\vartheta_3\left(z - 2\tilde{w}(\lambda) + \dfrac{t\tilde{\Omega} + \tilde{\Delta}}{2\pi i} - \dfrac{1}{2}; 2\tau\right)}{\vartheta_3\left(z + \dfrac{t\tilde{\Omega} + \tilde{\Delta}}{2\pi i}; 2\tau\right)} \right]_{z=0},$$
$$\tag{3.299}$$

上述构造方式是通过修正 (3.210) 中的 P^∞ 得到的, 运用这种方法可知 $\tilde{P}^\infty(\lambda)$ 是黎曼-希尔伯特问题 (3.293) 和 (3.294) 的解, 其中有 $\det \tilde{P}^\infty(\lambda) = 1$ 以及

$$\tilde{P}^\infty(-\lambda) = \begin{bmatrix} 0 & 1 \\ 1 & 0 \end{bmatrix} \tilde{P}^\infty(\lambda) \begin{bmatrix} 0 & 1 \\ 1 & 0 \end{bmatrix}.$$

4. 局部拟解 $P^{\pm\alpha}$

接下来需要构造在 $\lambda = \pm\alpha$ 处的局部参数化矩阵. 在点 $\lambda = \pm\eta_2$ 处的局部拟解是和 3.4.1 节中 $\lambda \to \eta_2$ 处类似的.

下面再次关注端点 $\lambda = -\alpha$ 处的一个小的且固定的邻域 $B_\rho^{(-\alpha)} = \{\lambda \in \mathbb{C}| \ |\lambda + \alpha| < \rho\}$. 在邻域内定义局部共形映射

$$\begin{aligned}\zeta &= \left(\frac{3}{4}\right)^{\frac{2}{3}} \left[t \int_{-\alpha}^{\lambda} (g'_+(s) - g'_-(s))ds\right]^{\frac{2}{3}} \\ &= \left[18t \int_{-\alpha}^{\lambda} \left(\frac{\sqrt{\alpha^2 - s^2}}{\sqrt{\eta_2^2 - s^2}}\right)_+ \left(s^2 - \frac{\eta_2^2 - \alpha^2}{2} - \frac{\xi}{3}\right) ds\right]^{\frac{2}{3}}.\end{aligned} \quad (3.300)$$

为了在 $B_\rho^{(-\alpha)}$ 内定义局部参数化矩阵 $P^{-\alpha}$, 考虑一个新的函数

$$P(\lambda) = S(\lambda) e^{\frac{\pi i}{4}\sigma_3} \left(\frac{\sqrt{\pm \hat{r}(\lambda)}}{f(\lambda)}\right)^{\sigma_3} e^{\mp\frac{1}{2}(\tilde{\Omega}t+\tilde{\Delta})\sigma_3}, \quad \lambda \in B_\rho^{(-\alpha)} \cap \mathbb{C}_\pm.$$

然后根据变换 $\zeta(\lambda)$ 的反问题, 定义支割线在 $(-\infty, 0]$ 上的 $P^{(1)}(\zeta)$ 为

$$P^{(1)}(\zeta) = P(\lambda(\zeta)) e^{-\frac{2}{3}\zeta^{\frac{3}{2}}\sigma_3}, \quad \zeta \in \mathbb{C}.$$

通过构造, $P^{(1)}$ 满足一个黎曼-希尔伯特问题, 它在 $\zeta = 0$ 的邻域内的跳跃关系和 Airy 函数类似. 接下来分析一下 Airy 函数相关的渐近性.

引入 (局部) Airy 参数 (见 [46,47]): 设 $\Psi_{\text{Ai}}(\zeta)$ 为下列黎曼-希尔伯特问题的解

(a) Ψ_{Ai} 在 $\zeta \in \mathbb{C}\backslash\Gamma_\Psi$ 上是解析的, 其中 Γ_Ψ 围道定义为 $\Gamma_\pm = \left\{\arg\zeta = \pm\frac{2\pi}{3}\right\}$, $\Gamma_{0,-} = \{\arg\zeta = \pi\}$ 和 $\Gamma_{0,+} = \{\arg\zeta = 0\}$.

(b) Ψ 满足如下的跳跃关系

$$\Psi_{\mathrm{Ai}+}(\zeta) = \Psi_{\mathrm{Ai}-}(\zeta) \begin{cases} \begin{bmatrix} 1 & 0 \\ 1 & 1 \end{bmatrix}, & \zeta \in \Gamma_+ \cap \Gamma_-, \\ \begin{bmatrix} 0 & 1 \\ -1 & 0 \end{bmatrix}, & \zeta \in \Gamma_{0,-}, \\ \begin{bmatrix} 1 & 1 \\ 0 & 1 \end{bmatrix}. & \zeta \in \Gamma_{0,+}. \end{cases}$$

(c) 当 $\xi \to \infty$ 时, 有

$$\Psi_{\mathrm{Ai}}(\zeta) = \zeta^{-\frac{1}{4}\sigma_3} \frac{1}{\sqrt{2}} \begin{bmatrix} 1 & \mathrm{i} \\ \mathrm{i} & 1 \end{bmatrix} \left(I + \mathcal{O}\left(\frac{1}{\zeta^{\frac{3}{2}}}\right) \right) \mathrm{e}^{-\frac{2}{3}\zeta^{\frac{3}{2}}\sigma_3}.$$

(d) 当 $\zeta \to 0$ 时, Ψ_{Ai} 是有界的, 其中 $\zeta \in \mathbb{C}\backslash\Gamma_\Psi$. 此黎曼-希尔伯特问题的解可以借助 Airy 函数来构造. 设 $\omega = \mathrm{e}^{\frac{2\pi\mathrm{i}}{3}}$, 那么我们有

$$\Psi_{\mathrm{Ai}}(\zeta) = \sqrt{2\pi} \begin{bmatrix} \mathrm{Ai}(\zeta) & -\omega^2 \mathrm{Ai}\left(\omega^2\zeta\right) \\ -\mathrm{i}\mathrm{Ai}'(\zeta) & \mathrm{i}\omega \mathrm{Ai}'\left(\omega^2\zeta\right) \end{bmatrix}, \quad 0 < \arg\zeta < \frac{2\pi}{3},$$

$$\Psi_{\mathrm{Ai}}(\zeta) = \sqrt{2\pi} \begin{bmatrix} -\omega\mathrm{Ai}(\omega\zeta) & -\omega^2 \mathrm{Ai}\left(\omega^2\zeta\right) \\ \mathrm{i}\omega^2\mathrm{Ai}'(\zeta) & \mathrm{i}\omega \mathrm{Ai}'\left(\omega^2\zeta\right) \end{bmatrix}, \quad \frac{2\pi}{3} < \arg\zeta < \pi,$$

$$\Psi_{\mathrm{Ai}}(\zeta) = \sqrt{2\pi} \begin{bmatrix} -\omega^2 \mathrm{Ai}\left(\omega^2\zeta\right) & \omega\mathrm{Ai}(\omega\zeta) \\ \mathrm{i}\omega\mathrm{Ai}'(\omega^2\zeta) & -\mathrm{i}\omega^2\mathrm{Ai}'(\zeta) \end{bmatrix}, \quad -\pi < \arg\zeta < -\frac{2\pi}{3},$$

$$\Psi_{\mathrm{Ai}}(\zeta) = \sqrt{2\pi} \begin{bmatrix} \mathrm{Ai}(\zeta) & \omega\mathrm{Ai}(\omega\zeta) \\ -\mathrm{i}\mathrm{Ai}'(\zeta) & -\mathrm{i}\omega^2\mathrm{Ai}'(\omega\zeta) \end{bmatrix}, \quad -\frac{2\pi}{3} < \arg\zeta < 0,$$

其中 $\mathrm{Ai}(\zeta)$ 是指 Airy 函数. 总之, 局部拟阵可以定义为

$$P^{-\alpha}(\zeta(\lambda)) = A(\lambda)\Psi_{\mathrm{Ai}}(\zeta(\lambda))\mathrm{e}^{\frac{2}{3}\zeta^{\frac{3}{2}}\sigma_3}\mathrm{e}^{\pm\frac{1}{2}(\tilde{\Omega}t+\tilde{\Delta})}\left(\frac{f(\lambda)}{\sqrt{\pm\hat{r}(\lambda)}}\right)^{\sigma_3}\mathrm{e}^{-\frac{\pi\mathrm{i}}{4}\sigma_3},$$

$$\lambda \in B_\rho^{(-\alpha)} \cap \mathbb{C}_\pm, \tag{3.301}$$

其中 A 是一个解析因子, 它的表达式可以通过下面关系式

$$P^{-\alpha}(\lambda)\left(\tilde{P}^\infty(\lambda)\right)^{-1} = I + \mathcal{O}\left(t^{-1}\right), \quad \text{当 } t \to +\infty, \lambda \in \partial B_\rho^{(-\alpha)}\backslash\Gamma_\Psi$$

给出. 根据这种渐近行为, 不妨假设

$$A(\lambda) = \widetilde{P}^\infty e^{\mp \frac{1}{2}(\widetilde{\Omega}t+\widetilde{\Delta})\sigma_3} e^{\frac{\pi i}{4}\sigma_3} \left(\frac{\sqrt{\pm \widehat{r}(\lambda)}}{f(\lambda)} \right)^{\sigma_3} \frac{1}{\sqrt{2}} \begin{bmatrix} 1 & -i \\ -i & 1 \end{bmatrix} \zeta(\lambda)^{\frac{1}{4}\sigma_3},$$

$$\lambda \in B_\rho^{(-\alpha)} \cap \mathbb{C}_\pm. \tag{3.302}$$

此种构造方式使得 A 在 $\lambda = -\alpha$ 邻域内去掉 $(-\infty, -\alpha] \cup [-\alpha, +\infty)$ 之后是解析的, 此外, A 是可逆的 ($\det A(\lambda) \equiv 1$). 下面给出一个引理来分析 $A(\lambda)$ 的解析性.

引理 3.4.9 $A(\lambda)$ 在 $\lambda = -\alpha$ 的开邻域内是解析的.

证明 这个需要证明 A 在区间 $(-\alpha - \rho, -\alpha + \rho)$ 上不存在跳跃矩阵, 并且它在 $\lambda = -\alpha$ 处最多有一个可移动的奇点. 根据 $\widetilde{P}^\infty$ 满足的跳跃关系以及上述定义, 可以证明在区间 $(-\alpha - \rho, -\alpha + \rho)$ 上有 $A_+(\lambda) = A_-(\lambda)$, 证明留给读者自己证明.

共形映射 $\zeta(\lambda)$ 在 $\lambda = -\alpha$ 处有一个简单零点, 因此 $\zeta(\lambda)^{-\frac{1}{4}\sigma_3}$ 在 $-\alpha$ 处最多有一个四次方根的奇性. 类似地, $\widetilde{P}^\infty(\lambda)$ 在 $\lambda = -\alpha$ 处也有一个四次方根的奇性, 那么 $A(\lambda)$ 中所有元素在 $\lambda = -\alpha$ 处最多存在平方根次的奇性, 并且 $A(\lambda)$ 在 $B_\rho^{(-\alpha)} \setminus \{-\alpha\}$ 上是解析的. 因此点 $\lambda = -\alpha$ 是可移动奇点, 这也意味着 $A(\lambda)$ 在 $B_\rho^{(-\alpha)}$ 中是处处解析的. 证毕.

λ 在 α 附近的局部拟解构造可以由 $-\alpha$ 附近的局部拟阵得到, 在此邻域内定义

$$P^\alpha := \begin{bmatrix} 0 & 1 \\ 1 & 0 \end{bmatrix} P^{-\alpha}(-\lambda) \begin{bmatrix} 0 & 1 \\ 1 & 0 \end{bmatrix}.$$

注解 3.4.4 就像对 $t = 0$ 和 $x \to -\infty$ 的分析一样, 可以选择围道图, 使它们在变换 $\lambda \mapsto -\lambda$ 下保持不变. 此外, 对于 $\widetilde{P}^\infty$ 的构造可以通过对称关系给出

$$\widetilde{P}^\infty(-\lambda) = \begin{bmatrix} 0 & 1 \\ 1 & 0 \end{bmatrix} \widetilde{P}^\infty(\lambda) \begin{bmatrix} 0 & 1 \\ 1 & 0 \end{bmatrix}.$$

5. 当 $t \to +\infty$ 时 $u(x,t)$ 的渐近表达式

类似地, 通过将 (3.230) 中 P^ξ 替换为 $\widetilde{P}^\xi$, 进而定义全局参数化矩阵 P^ξ, $\xi = \infty, \pm\alpha, \pm\eta_2$. 然后可以得到具有如下形式的 "误差" 黎曼-希尔伯特问题:

$$\mathcal{E}(\lambda) = S(\lambda) P(\lambda)^{-1}. \tag{3.303}$$

3.4 孤子气体——N-孤子解的极限

存在常数 $c > 0$, 使得矩阵 $\mathcal{E}$ 满足

$$\mathcal{E}_|(\lambda) = \begin{cases} \mathcal{E}_-(\lambda)\left(\mathbb{I} + \mathcal{O}(e^{-ct})\right), & \text{圆盘外上下棱形区域中}, \\ \mathcal{E}_-(\lambda)\left(\mathbb{I} + \mathcal{O}(t^{-1})\right), & \text{圆端点处}. \end{cases} \quad (3.304)$$

当 $\lambda \to \infty$ 时有

$$\mathcal{E}(\lambda) = \begin{bmatrix} 1 & 1 \end{bmatrix} + \mathcal{O}\left(\frac{1}{\lambda}\right). \quad (3.305)$$

进一步可知, $\mathcal{E}(\lambda)$ 在 $\lambda = 0$ 的邻域内是解析的, 相应的跳跃矩阵 $V_{\mathcal{E}}$ 满足对称关系

$$V_{\mathcal{E}}(-\lambda) = \begin{bmatrix} 0 & 1 \\ 1 & 0 \end{bmatrix} V_{\mathcal{E}}(\lambda) \begin{bmatrix} 0 & 1 \\ 1 & 0 \end{bmatrix}. \quad (3.306)$$

因此, 通过一个小范数分析 (见 [106, 5.1.3 节]), 我们知道黎曼-希尔伯特问题存在唯一的解 $\mathcal{E}$, 并且 (如在 3.6 节中) 该解满足对称关系

$$\mathcal{E}(-\lambda) = \mathcal{E}(\lambda) \begin{bmatrix} 0 & 1 \\ 1 & 0 \end{bmatrix}.$$

此外, $\mathcal{E}(\lambda)$ 在 $\lambda \to \infty$ 时的渐近展开式满足

$$\mathcal{E}(\lambda) = \begin{bmatrix} 1 & 1 \end{bmatrix} + \frac{\mathcal{E}_1(x,t)}{\lambda t} + \mathcal{O}\left(\frac{1}{\lambda^2}\right),$$

其中 $\mathcal{E}_1(x,t)$ 和它的导数都是有界的.

根据变换函数可以进一步恢复势函数 $u(x,t)$. 对于初始的矩阵 Y, 原始的黎曼-希尔伯特问题满足

$$\begin{aligned} Y(\lambda) &= T(\lambda)\mathrm{e}^{-tg(\lambda)\sigma_3} f(\lambda)^{-\sigma_3} = S(\lambda)\mathrm{e}^{-tg(\lambda)\sigma_3} f(\lambda)^{-\sigma_3} \\ &= \left(\begin{bmatrix} 1 & 1 \end{bmatrix} + \frac{\mathcal{E}_1(x,t)}{\lambda t} + \mathcal{O}\left(\frac{1}{\lambda^2}\right)\right) P(\lambda)\mathrm{e}^{-tg(\lambda)\sigma_3} f(\lambda)^{-\sigma_3}. \end{aligned}$$

特别地, 解 $Y(\lambda)$ 在 $\lambda \to \infty$ 处的展开式

$$\begin{aligned} Y(\lambda) &= \left(\begin{bmatrix} 1 & 1 \end{bmatrix} + \frac{\mathcal{E}_1(x,t)}{\lambda t} + \mathcal{O}\left(\frac{1}{\lambda^2}\right)\right) \tilde{P}^\infty(\lambda)\mathrm{e}^{-tg(\lambda)\sigma_3} f(\lambda)^{-\sigma_3} \\ &= \left(\widetilde{S}^\infty(\lambda) + \frac{\mathcal{E}_1(x,t)}{\lambda t} + \mathcal{O}\left(\frac{1}{\lambda^2}\right)\right) \mathrm{e}^{-tg(\lambda)\sigma_3} f(\lambda)^{-\sigma_3}, \end{aligned}$$

那么有

$$Y_1(\lambda) = \left[\tilde{S}_1^\infty(\lambda) + \frac{\mathcal{E}_1(x,t)}{\lambda t} + \mathcal{O}\left(\frac{1}{\lambda^2}\right)\right] e^{-tg(\lambda)} f(\lambda)^{-1}, \tag{3.307}$$

其中 $\tilde{S}_1^\infty$ 是 (3.295) 中 $\tilde{S}^\infty$ 的第一行元素，由于

$$u(x,t) = 2\frac{d}{dx}\left[\lim_{\lambda \to \infty} \lambda\left(Y_1(\lambda;x,t) - 1\right)\right],$$

可以得到下面的定理.

定理 3.4.3 令 $\xi = \dfrac{x}{4t}$，在区域 $\xi_{\text{crit}} < \xi < \eta_2^2$ 中，当 $t \to \infty$ 时，KdV 方程的解为

$$\begin{aligned}u(x,t) = {}& \eta_2^2 - \alpha^2 - 2\eta_2^2 \frac{E(m_\alpha)}{K(m_\alpha)} \\ & - 2\frac{\partial^2}{\partial x^2}\log\vartheta_3\left(\frac{\eta_2}{2K(m_\alpha)}\left(x - 2\left(\alpha^2 + \eta_2^2\right)t + \tilde{\phi}\right); 2\tau_\alpha\right) \\ & + \mathcal{O}\left(t^{-1}\right),\end{aligned} \tag{3.308}$$

其中 $E(m_\alpha)$ 和 $K(m_\alpha)$ 分别为第一类和第二类椭圆积分，相应的模数为 $m_\alpha = \dfrac{\alpha}{\eta_2}$；$2\tau_\alpha = \mathrm{i}\dfrac{K(m'_\alpha)}{K(m_\alpha)}$，且有 $m'_\alpha = \sqrt{1 - m_\alpha^2}$，

$$\tilde{\phi} = \int_\alpha^{\eta_2} \frac{\log r(\zeta)}{R_{\alpha+}(\zeta)} \frac{d\zeta}{\pi \mathrm{i}} \in \mathbb{R},$$

参数 $\alpha = \alpha(\xi)$ 是根据如下方程确定的:

$$\xi = \frac{\eta_2^2}{2}\left[1 + m_\alpha^2 + 2\frac{m_\alpha^2(1 - m_\alpha^2)}{1 - m_\alpha^2 - \dfrac{E(m_\alpha)}{K(m_\alpha)}}\right],$$

误差项 $\mathcal{O}\left(t^{-1}\right)$ 在 t 充分大时是一致有界的. 另外，我们还可以写为

$$\begin{aligned}u(x,t) = {}& \eta_2^2 - \alpha^2 - 2\eta_2^2 \mathrm{dn}^2\left(\eta_2\left(x - 2\left(\alpha^2 + \eta_2^2\right)t + \tilde{\phi}\right) + K(m_\alpha) \mid m_\alpha\right) \\ & + \mathcal{O}\left(t^{-1}\right),\end{aligned} \tag{3.309}$$

其中 $\mathrm{dn}(z \mid m)$ 是雅可比椭圆函数.

3.4 孤子气体——N-孤子解的极限

证明 从关系式 (3.307) 出发, 将 $Y_1(\lambda)$ 中每一项均在 $\lambda \to \infty$ 处渐近展开. 根据 (3.305) 定义的 $f(\lambda)$, 有

$$f(\lambda) = 1 + \frac{f_1(\alpha, \eta_2)}{\lambda} + \mathcal{O}\left(\frac{1}{\lambda^2}\right),$$

其中

$$f_1(\alpha, \eta_2) = \left[\int_\alpha^{\eta_2} \frac{\zeta^2 \log r(\zeta)}{R_\alpha(\zeta)} \frac{d\zeta}{\pi i} - \widetilde{\Delta} \int_{-\alpha}^\alpha \frac{\zeta^2}{R_\alpha(\zeta)} \frac{d\zeta}{2\pi i}\right].$$

对于 $e^{-tg(\lambda)}$, 我们感兴趣的是这个表达式的 x 导数. 根据 (3.273), 有

$$\frac{\partial}{\partial x} e^{-tg(\lambda)} = -\frac{1}{\lambda}\left[\frac{\alpha^2 + \eta_2^2}{2} + \eta_2^2\left(\frac{E(m_\alpha)}{K(m_\alpha)} - 1\right)\right] + \mathcal{O}\left(\frac{1}{\lambda^2}\right).$$

对于 $\widetilde{S}_1^\infty(\lambda)$, 我们有

$$\widetilde{S}_1^\infty(\lambda) = 1 + \frac{1}{\lambda}\left[\left(\log \vartheta_3\left(\frac{t\widetilde{\Omega} + \widetilde{\Delta}}{2\pi i}; 2\tau\right)\right)' - \frac{\vartheta_3'(0)}{\vartheta_3(0)}\right] \frac{\eta_2}{2K(m_\alpha)} + \mathcal{O}\left(\frac{1}{\lambda^2}\right),$$

其中 "$'$" 是指对辐角 ϑ 的导数. 根据 (3.274), 有

$$\frac{\partial}{\partial x}\widetilde{S}_1^\infty(\lambda) = \frac{1}{\lambda}\left[\log \vartheta_3\left(\frac{t\widetilde{\Omega} + \widetilde{\Delta}}{2\pi i}; 2\tau\right)\right]'' \frac{\eta_2}{2K(m_\alpha)}\left(-\frac{\eta_2}{2K(m_\alpha)} + \frac{\partial}{\partial x}\frac{\widetilde{\Delta}}{2\pi i}\right)$$
$$+ \mathcal{O}\left(\frac{1}{\lambda^2}\right), \tag{3.310}$$

其中 "$''$" 代表 ϑ 的二次导数. 考虑到 $\Delta = \Delta(\alpha(\xi), \eta_2)$, 根据 (3.267) 可知 $\frac{\partial}{\partial x}\Delta(\alpha(\xi), \eta_2) = \mathcal{O}(t^{-1})$, 那么上述表达式可以改写为

$$\frac{\partial}{\partial x}\widetilde{S}_1^\infty(\lambda) = -\frac{1}{\lambda}\left[\frac{\partial^2}{\partial x^2}\log \vartheta_3\left(\frac{t\widetilde{\Omega} + \widetilde{\Delta}}{2\pi i}; 2\tau\right) + \mathcal{O}\left(\frac{1}{t}\right)\right] + \mathcal{O}\left(\frac{1}{\lambda^2}\right).$$

利用 $\mathcal{E}_1(x, t)$ 及其导数有界的事实, 根据 (3.272) 和 (3.279) 中显式表达式的 $\widetilde{\Omega}$ 和 $\widetilde{\Delta}$ 可以得到 (3.308). 同样在这种情况下, 使用与定理 (3.4.2) 相同的计算, 可以将 $u(x, t)$ 的表达式简化为 (3.309). 证毕.

公式 (3.308) 和 (3.309) 的等价性比定理 3.4.2 的情况要稍微复杂一些, 需要借助方程 (3.250) 和关系 (3.274) 来分析, 这是在 Whitham 调制理论背景下[127] 获得的更一般关系的一个特殊情况.

在色散激波理论中, 公式 (3.308) 和 (3.309) 是等价的, 它出现在调制行波的区域 (例如, 参见综述 [94]). 这种等价性对 Whitham 调制方程的任何解都是有效的. 对于在 KdV 的长时间渐近分析中出现的 Whitham 调制方程的特解, 其等价性在文献 [69] 中得到了证明.

6. 亚临界情况

随着参数 $\xi < \eta_2^2$ 的减小, 可以证明了存在一个临界值 ξ_{crit} (方程 (3.269)), 使得

$$\alpha(\xi_{\text{crit}}) = \eta_1. \tag{3.311}$$

当 $\xi < \xi_{\text{crit}}$ 时, 定义

$$g'(\lambda) = -12\lambda^2 + 4\xi + 12\frac{Q_2(\lambda)}{R(\lambda)} - 4\xi\frac{Q_1(\lambda)}{R(\lambda)}, \tag{3.312}$$

其中 R 定义如 (3.174), 特别地, 有 $R(\lambda) = \sqrt{(\lambda^2 - \eta_1^2)(\lambda^2 - \eta_2^2)}$ 和

$$Q_1(\lambda) = \lambda^2 + c_1, \quad Q_2(\lambda) = \lambda^4 - \frac{1}{2}\lambda^2(\eta_1^2 + \eta_2^2) + c_2, \tag{3.313}$$

其中常数 c_1 和 c_2 需要满足

$$\int_0^{\eta_1} \frac{Q_2(\zeta)}{R_+(\zeta)} d\zeta = 0, \quad \int_0^{\eta_1} \frac{Q_1(\zeta)}{R_+(\zeta)} d\zeta = 0. \tag{3.314}$$

对 g' 积分可得

$$g(\lambda) = -4\lambda^3 + 4\xi\lambda + \int_{\eta_1}^{\lambda} \frac{12Q_2(\zeta) - 4\xi Q_1(\zeta)}{R(\zeta)} d\zeta. \tag{3.315}$$

通过这种构造方法可知 g 满足如下约束条件:

$$\begin{aligned} &g_+(\lambda) + g_-(\lambda) + 8\lambda^3 - 8\xi\lambda = 0, \quad \lambda \in \Sigma_1 \cup \Sigma_2, \\ &g_+(\lambda) - g_-(\lambda) = \bar{\Omega}, \quad \lambda \in [-\eta_1, \eta_1], \\ &g(\lambda) = \mathcal{O}\left(\frac{1}{\lambda}\right), \quad \lambda \to \infty, \end{aligned} \tag{3.316}$$

其中有

$$\bar{\Omega} = 2\pi i \eta_2 \frac{2\xi - (\eta_1^2 + \eta_2^2)}{K(m)} \in i\mathbb{R}. \tag{3.317}$$

3.4 孤子气体——N-孤子解的极限

注解 3.4.5 当 $\xi = \xi_{\text{crit}}$ 时, (3.312) 中的函数 $g(\lambda; \eta_1, \eta_2)$ 与 (3.270) 中的函数 $g(\lambda; \alpha = \eta_1, \eta_2)$ 是一致的.

为了证明通常的围道变形是可行的, 需要验证 $\text{Re}\left[2g(\lambda) + 8\lambda^3 - 8\xi^2\lambda\right]$ 在围道 $\mathcal{C}_1$ 上为正, 在围道 $\mathcal{C}_2$ 上为负, 这些围道如图 3.4 所示.

为了达到这个目的, 我们考虑二次多项式

$$q(r;\xi) = 12\left(r^2 - \frac{1}{2}r\left(\eta_1^2 + \eta_2^2\right) + c_2\right) - 4\xi\left(r + c_1\right), \tag{3.318}$$

其中 $r \in [0, \eta_1^2]$. 经过简单的计算可以得到 $q\left(\eta_1^2; \xi_{\text{crit}}\right) = 0$ 以及 $q(0; \xi_{\text{crit}}) > 0$, 并且对于所有的 $\xi \in \mathbb{R}$, 有

$$\frac{\partial q}{\partial \xi}(0;\xi) > 0 \quad \text{和} \quad \frac{\partial q}{\partial \xi}(\eta_1^2;\xi) < 0. \tag{3.319}$$

因此, 对于所有的 $\xi < \xi_{\text{crit}}$, 有 $0 = q\left(\eta_1^2; \xi_{\text{crit}}\right) < q\left(\eta_1^2; \xi\right)$, 由此可见, 当 $\xi < \xi_{\text{crit}}$ 时, 多项式 $q(r;\xi)$ 在区间 $(0, \eta_1^2)$ 上内存在两个根, 且该多项式在 $[\eta_1^2, \eta_2^2]$ 上严格为正.

反之, 使用与证明引理 3.4.8 几乎相同的参数, 即

$$\begin{aligned}
\text{Re}\left[2g(\lambda) + 8\lambda^3 - 8\xi^2\lambda\right] > 0, \quad \lambda \in \mathcal{C}_1 \setminus \{\eta_1, \eta_2\}, \\
\text{Re}\left[2g(\lambda) + 8\lambda^3 - 8\xi^2\lambda\right] < 0, \quad \lambda \in \mathcal{C}_2 \setminus \{-\eta_1, -\eta_2\}.
\end{aligned} \tag{3.320}$$

根据此定义以及 3.4.1 节中 $t = 0$ 对应的黎曼-希尔伯特问题分析细节, 可以得到与之相同的外部模型 $P^\infty(\lambda)$ [(3.210)], 只需要用 $t\bar{\Omega}$ 替换 $x\Omega$ (其中 $\bar{\Omega}$ 定义如 (3.317))、在每个端点 $\pm\eta_1, \pm\eta_2$ 附近, 也选用相同的方法进行局部参数化构造. 因此, 得到如下结果.

定理 3.4.4 当 $t \to +\infty, \xi < \xi_{\text{crit}}$ 时, 势函数 $u(x,t)$ 的渐近性为

$$u(x,t) = \eta_2^2 - \eta_1^2 - 2\eta_2^2 \text{dn}^2\left(\eta_2\left(x - 2\left(\eta_1^2 + \eta_2^2\right)t + \phi\right) + K(m) \mid m\right)$$
$$+ \mathcal{O}\left(t^{-1}\right), \tag{3.321}$$

其中有 $m = \eta_1/\eta_2$ 和

$$\phi = \int_{\eta_1}^{\eta_2} \frac{\log r(\zeta)}{R_+(\zeta)} \frac{d\zeta}{\pi \mathrm{i}}. \tag{3.322}$$

第 4 章 波 湍 流

湍流问题是理论物理学的核心问题之一. 虽然湍流理论已被广泛研究, 但波湍流理论研究较少, 部分原因是它发展较晚. 波湍流发生在非线性色散波的物理系统中. 在大多数应用中, 非线性较小、色散波相互作用较弱. 弱湍流理论是一种描述具有随机相位的弱非线性系统统计行为的理论框架. 弱波湍流理论和等离子体物理中的一些问题密切相关. 目前的研究仅限于一维波湍流[146,245], 主要是因为更精细的计算网格可以用于数值计算.

4.1 一维模型的色散波湍流

4.1.1 一维模型

考虑双参数色散波模型

$$\mathrm{i}\psi_t = |\partial_x|^\alpha \psi + |\partial_x|^{-\beta/4}\left(\left||\partial_x|^{-\beta/4}\psi\right|^2 |\partial_x|^{-\beta/4}\psi\right), \tag{4.1}$$

其对应的哈密顿量为

$$H = \int \left(\left||\partial_x|^{\alpha/2}\psi\right|^2 + \frac{1}{2}\left||\partial_x|^{-\beta/4}\psi\right|^4\right) dx. \tag{4.2}$$

参数 α 决定了色散关系

$$\omega = \Omega(k) = |k|^\alpha. \tag{4.3}$$

当 $\alpha = 2$ 时, 为通常意义下的非线性薛定谔方程, 而 $\alpha = 1/2$ 时则可以刻画水波色散定律 $\omega = |k|^{1/2}$. 我们可以看到, 当 $\alpha \geqslant 1$ 时, 离散关系 $\Omega(k)$ 是凸的, 但当 $\alpha < 1$ 时这种凸性则不成立. 色散关系的凸性将影响共振波的性质. 参数 β 则主要 "展现" 非线性特性. $\beta = 0$ 对应标准三次幂律, 由于 x 方向的非局域光滑性, 当 β 较大时, 方程的非线性实际上变弱.

该模型的弱湍流理论依赖于参数 α 和 β 的值. 事实上, 这些参数的临界值能够通过弱湍流理论预测分析得到. 其结果可以在数值模拟中观察到, 并作为弱湍流理论有效性的检验.

除了哈密顿量 (4.2) 之外, 根据时间演化模型 (4.1) 可知它的 L^2-范数

$$|\psi|_{L^2}^2 = \int |\psi|^2 dx$$

和线性动量

$$P = \int \left(\psi\bar{\psi}_x - \psi_x\bar{\psi}\right) dx$$

都是守恒量.

在下面的计算中, 为方便起见, 我们将方程 (4.1) 记录在傅里叶空间中:

$$\mathrm{i}\hat{\psi}_t = \Omega(k)\hat{\psi} + \int \frac{\hat{\psi}_1\hat{\psi}_2\overline{\hat{\psi}_3}}{|k_1|^{\frac{\beta}{4}}|k_2|^{\frac{\beta}{4}}|k_3|^{\frac{\beta}{4}}|k|^{\frac{\beta}{4}}}\delta\left(k_1 + k_2 - k_3 - k\right) dk_1 dk_2 dk_3. \tag{4.4}$$

4.1.2 四波共振方程

这里主要对弱色散波的能量传递机制非常感兴趣, 这些机制由共振效应主导. 对于方程 (4.1) 来说, 可以描述这种传递效应的最简单的例子是四波共振方程. 为了更好地理解这一机理, 我们考虑如下形式的解

$$\psi(x,t) = \epsilon\left[\sum_{j=1}^{4} A_j(T)\mathrm{e}^{\mathrm{i}[k_j x - \Omega(k_j)t]} + \epsilon^2 \tilde{\psi}(x,t)\right], \tag{4.5}$$

其中 $\Omega(k)$ 表示色散关系, 慢时间变量由 $T = \epsilon^2 t$ 给出. 将 (4.5) 代入 (4.1) 中, 可以得到关于 $\tilde{\psi}$ 的等式:

$$(\mathrm{i}\partial_t - |\partial_x|^\alpha)\tilde{\psi}$$

$$= \sum_{j=1}^{4} \mathrm{e}^{\mathrm{i}[k_j x - \Omega(k_j)t]}\left[-\mathrm{i}A_j'(T) + \left(\frac{|A_j|^2}{k_j^{\frac{\beta}{2}}} + 2\sum_{l \neq j}\frac{|A_l|^2}{k_l^{\frac{\beta}{2}}}\right)\frac{A_j}{k_j^{\frac{\beta}{2}}}\right.$$

$$\left. + 2\sum_{l_{1,2,3} \neq j}\frac{A_1(T)A_2(T)\bar{A}_3(T)}{|k_1|^{\frac{\beta}{4}}|k_2|^{\frac{\beta}{4}}|k_3|^{\frac{\beta}{4}}|k_j|^{\frac{\beta}{4}}}\mathrm{e}^{\mathrm{i}[(k_1+k_2-k_3-k_j)x - (\omega_1+\omega_2-\omega_3-\omega_j)t]}\right], \tag{4.6}$$

其中, 为了简化符号, 我们用 $A_{1,2,3}$ 表示 $A_{l_{1,2,3}}$, 用 $k_{1,2,3}$ 表示 $k_{l_{1,2,3}}$, 用 ω_l 来表示 $\Omega(k_l)$. 该方程对应于一个受迫线性振荡器, 除非括号内频率为零的项可以消去, 否则, 它将在 $\psi(k,t)$ 的时间内表现出长期增长. 这种消去可以产生一个关于 A_j 的常微分方程组. 如果满足谐振条件

$$k_1 + k_2 = k_3 + k_4, \tag{4.7}$$

$$\omega_1 + \omega_2 = \omega_3 + \omega_4, \tag{4.8}$$

那么相应的模型将最大限度地交换能量, 然后得到常微分方程组

$$\begin{aligned}
\mathrm{i}A_1'(T) &= \left(\frac{|A_1|^2}{k_1^{\frac{\beta}{2}}} + 2\sum_{l=2,3,4}\frac{|A_l|^2}{k_l^{\frac{\beta}{2}}}\right)\frac{A_1}{k_1^{\frac{\beta}{2}}} + \frac{2A_3 A_4 \bar{A}_2}{|k_1|^{\frac{\beta}{4}}|k_2|^{\frac{\beta}{4}}|k_3|^{\frac{\beta}{4}}|k_4|^{\frac{\beta}{4}}}, \\
\mathrm{i}A_2'(T) &= \left(\frac{|A_2|^2}{k_2^{\frac{\beta}{2}}} + 2\sum_{l=1,3,4}\frac{|A_l|^2}{k_l^{\frac{\beta}{2}}}\right)\frac{A_2}{k_2^{\frac{\beta}{2}}} + \frac{2A_3 A_4 \bar{A}_1}{|k_1|^{\frac{\beta}{4}}|k_2|^{\frac{\beta}{4}}|k_3|^{\frac{\beta}{4}}|k_4|^{\frac{\beta}{4}}}, \\
\mathrm{i}A_3'(T) &= \left(\frac{|A_3|^2}{k_3^{\frac{\beta}{2}}} + 2\sum_{l=1,2,4}\frac{|A_l|^2}{k_l^{\frac{\beta}{2}}}\right)\frac{A_3}{k_3^{\frac{\beta}{2}}} + \frac{2A_1 A_2 \bar{A}_4}{|k_1|^{\frac{\beta}{4}}|k_2|^{\frac{\beta}{4}}|k_3|^{\frac{\beta}{3}}|k_4|^{\frac{\beta}{4}}}, \\
\mathrm{i}A_4'(T) &= \left(\frac{|A_4|^2}{k_4^{\frac{\beta}{2}}} + 2\sum_{l=1,2,3}\frac{|A_l|^2}{k_l^{\frac{\beta}{2}}}\right)\frac{A_4}{k_4^{\frac{\beta}{2}}} + \frac{2A_1 A_2 \bar{A}_3}{|k_1|^{\frac{\beta}{4}}|k_2|^{\frac{\beta}{4}}|k_3|^{\frac{\beta}{4}}|k_4|^{\frac{\beta}{4}}}.
\end{aligned} \tag{4.9}$$

[方程 (4.9) 右侧的前两项, 即使不满足共振条件 (4.7) 和 (4.8), 它们也始终存在, 不会影响模之间的能量交换. 事实上, 人们可以将它们视为对线性频率 $\Omega(k)$ 的弱非线性项的校正.]

因此, 为了应用方程 (4.9), 需要证明色散关系 (4.3) 满足方程 (4.7) 和 (4.8) 中的四波共振条件. 为此, 将共振条件重新改写为以下形式:

$$k_3 - k_1 = k_2 - k_4 = k_*,$$

$$\omega_3 - \omega_1 = \omega_2 - \omega_4 = \omega_*.$$

注解 4.1.1 在推导方程 (4.9) 的过程中, 隐含着色散关系 $\Omega(k)$ 不存在以下形式的三波共振条件

$$k_1 = k_2 + k_3, \tag{4.10}$$

$$\omega_1 = \omega_2 + \omega_3. \tag{4.11}$$

对于一维中的色散关系 (4.3), 这确实是正确的. 方程 (4.9) 可以用椭圆函数[43] 显式地给出积分表达式.

4.1.3 聚焦和耗散的无量纲化

这里感兴趣的是模型 (4.1) 的湍流级联 (cascade) 的统计学行为, 即以某种长度尺度不断加入到系统中的能量, 在内部被转移到一个非常不同的尺度, 在这个尺度上它被耗散. 为了模拟这些行为, 需要在方程 (4.1) 或 (4.4) 中添加一些外力

4.1 一维模型的色散波湍流

和耗散效应. 为此, 可以由 (4.4) 得到如下等式:

$$i\hat{\psi}_t = |k|^\alpha \hat{\psi} + \int \frac{\hat{\psi}_1 \hat{\psi}_2 \overline{\hat{\psi}_3}}{|k_1|^{\frac{\beta}{4}} |k_2|^{\frac{\beta}{4}} |k_3|^{\frac{\beta}{4}} |k|^{\frac{\beta}{4}}} \delta(k_1 + k_2 - k_3 - k) \, dk_1 dk_2 dk_3$$

$$+ i \left[\left(\sum_j f_j \delta(k - |k_j|) \right) - \left(v^- |k|^{-d} + v^+ |k|^d \right) \right] \hat{\psi}. \tag{4.12}$$

这里已经采用了强制项的最简单形式, 因为该理论对它们的性质不敏感. 包含两个耗散项 (一个用于低频, 一个用于高频) 的原因是, 期望正级联和逆级联向谱的相反两端携带等效的能量和熵. 相应的功率 d 和 $-d$ 决定谱耗散端的锐度, 将暂时不受影响.

为了使方程无量纲化, 我们首先引入波数 (或 "逆长度") 尺度为 K. 振幅尺度不会和 K 无关; 我们假设振幅的平方是 ω 幂次的, 就像在任何类 Kolmogorov 谱中一样. 因此, 我们引入振幅尺度 $a = \epsilon K^{-(\alpha\gamma)/2}$, 其中 γ 的值将由理论测量或预测得到. 时间尺度变换是由方程 (4.12) 中的非线性项确定的, 其尺度为 a^3/K^β. 因此, "非线性流动时间" (nonlinear turnover time) T 为

$$T = \frac{K^{\beta + \alpha\gamma}}{\epsilon^2}. \tag{4.13}$$

通过 K, a 和 T 重新尺度化之后, 等式 (4.12) 变为

$$i\hat{\psi}_t = \left(\frac{K^{\alpha+\beta+\alpha\gamma}}{\epsilon^2} \right) |k|^\alpha \hat{\psi}$$

$$+ \int \frac{\hat{\psi}_1 \hat{\psi}_2 \overline{\hat{\psi}_3}}{|k_1|^{\frac{\beta}{4}} |k_2|^{\frac{\beta}{4}} |k_3|^{\frac{\beta}{4}} |k|^{\frac{\beta}{4}}} \delta(k_1 + k_2 - k_3 - k) \, dk_1 dk_2 dk_3$$

$$+ i \left[\sum_j \left(\frac{f_j K^{\beta+\alpha\gamma-1}}{\epsilon^2} \right) \delta \left(k - \frac{|k_j|}{K} \right) \right] \hat{\psi}$$

$$- i \left[\left(\frac{v^- K^{\beta+\alpha\gamma-d}}{\epsilon^2} \right) |k|^{-d} + \left(\frac{v^+ K^{\beta+\alpha\gamma+d}}{\epsilon^2} \right) |k|^d \right] \hat{\psi}. \tag{4.14}$$

弱非线性 ("强线性") 的条件为

$$\epsilon^2 \ll K^{\alpha+\beta+\alpha\gamma}. \tag{4.15}$$

为了使力在与非线性翻转时间相关的时间尺度上起作用, 须要求

$$f_j = \mathcal{O}\left(\frac{\epsilon^2}{|k_j|^{\beta+\alpha\gamma-1}} \right). \tag{4.16}$$

最后, 耗散尺度 K_- 和 K_+ 可以定义成

$$K_-^{\beta+\alpha\gamma-d} \equiv \frac{\epsilon^2}{v^-}, \tag{4.17}$$

$$K_+^{\beta+\alpha\gamma+d} \equiv \frac{\epsilon^2}{v^+}. \tag{4.18}$$

4.1.4 为什么会有级联?

在该模型中, 与二维湍流中的能量和涡度拟能 (enstrophy) 类似的两个量是粒子数或两点函数和能量, 其名称借用了自统计力学中的含义. 波数 k 处的粒子数, 或者说, 频率 ω 处的粒子数, 定义为 $|\psi|^2$ 的平均数:

$$N(\omega) = \left\langle |\hat{\psi}|^2 \right\rangle.$$

另一方面, 能量可以写成

$$e(\omega) = N(\omega)\omega.$$

在非强迫 (unforced) 非耗散模型 (4.4) 中, 粒子数和能量的 ω 积分守恒. 然而, 如果系统在某些波数下受力, 在另一些波数下受阻尼, 能量 $e(\omega)$ 将流向短波, 粒子数 $N(\omega)$ 将流向长波. 从粒子和能量的全局平衡性 (global balance) 可以很容易地看出这一点. 接着考虑一个理想化的情况, 其中每单位时间创建的频率为 ω 的粒子数为 N, N^- 和 N^+ 的粒子数在频率 ω^- 和 ω^+ 下被移除. 在稳定状态中, 粒子数和能量都是守恒的:

$$N = N^- + N^+,$$
$$N\omega = N^-\omega^- + N^+\omega^+.$$

N^- 和 N^+ 分别为

$$N^- = \frac{N(\omega^+ - \omega)}{\omega^+ - \omega^-}, \tag{4.19}$$

$$N^+ = \frac{N(\omega - \omega^-)}{\omega^+ - \omega^-}. \tag{4.20}$$

为了使结果为正, ω 必须介于 ω^- 和 ω^+ 之间, 因此可得到

$$\omega^- < \omega < \omega^+. \tag{4.21}$$

由于 N^- 和 N^+ 都不为零, 相应的能量 $\omega^- N^-$ 和 $\omega^+ N^+$ 也不为零, 那么从 ω 的两个方向都会有粒子通量和能量通量. 然而, 如果 ω^- 接近零, 在低频段几乎

没有能量移走, 能量的级联将主要从 ω 流向 ω^+, 从低频段流向高频段. 类似地, 如果 ω^+ 非常大, 那么从 (4.20) 可以看出, 在高频下, 只有极少数的粒子会被移走, 而粒子将主要从 ω 流向 ω^-, 流向低频. 因此, 可以看到, 如果耗散仅在接近零或者非常高的频率下发生, 那么将存在一个惯性范围, 其中能量从其源头流向高频 (直接级联), 而另一个惯性范围中, 粒子从其源头流向低频 (逆向级联).

4.1.5 显式可解的弱湍流理论

弱湍流理论[242,252] 为弱非线性色散波的统计描述提供了一种机制, 它可以表示为关于某些两点谱函数的方程. 在本节中, 根据随机初始数据, 对一维 PDE 模型 (4.1) 的动力学方程进行启发式推导. 此外, 我们还描述了这些方程的平衡和非平衡静态解, 它们刻画了模型 PDE (4.1) 的能谱.

为了推导这些方程, 从 k 空间中的基本演化方程 (4.4) 开始:

$$i\hat{\psi}_t = \omega(k)\hat{\psi} + \int \frac{\hat{\psi}_1 \hat{\psi}_2 \overline{\hat{\psi}_3}}{|k_1|^{\frac{\beta}{4}} |k_2|^{\frac{\beta}{4}} |k_3|^{\frac{\beta}{4}} |k|^{\frac{\beta}{4}}} \delta(k_1 + k_2 - k_3 - k) \, dk_1 dk_2 dk_3, \quad (4.22)$$

其中 $\hat{\psi}_j \equiv \hat{\psi}(k_j, t)$. 随机加入初始数据, 其形式为

$$\hat{\psi}(k, t=0) = g(k), \quad (4.23)$$

其中 $g(k)$ 表示复值独立高斯随机变量, 平均值为零, 相位均匀分布, 两点函数如下所示:

$$\langle g(k)\bar{g}(k') \rangle = n_0(k)\delta(k-k'),$$

这里 $\langle \cdot \rangle$ 表示关于概率分布的期望.

接下来, 介绍两点函数

$$n(k,t) \equiv \left\langle \hat{\psi}(k,t) \overline{\hat{\psi}(k,t)} \right\rangle. \quad (4.24)$$

弱湍流理论的动力学方程是一个封闭的方程组, 用于描述这两个点函数的近似时间演化 $n(k,t)$. 这些函数可以用于解释随机场 $\psi(x,t)$ 的谱密度 (在 k 空间),

$$\int |\psi(x,t)|^2 dx = \int n(k,t) dk, \quad (4.25)$$

因此, 动力学方程给出了谱的演化规律.

4.1.6 动力学方程的推导

在本节中, 根据文献 [242,252] 中的方法简述了一维模型动力学方程的推导过程. 首先, 从方程 (4.22) 出发, 可以得到恒等式

$$n_t = \int \frac{2\operatorname{Im}\left\langle \hat{\psi}_1 \hat{\psi}_2 \overline{\hat{\psi}_3} \overline{\hat{\psi}_k} \right\rangle}{|k_1|^{\frac{\beta}{4}} |k_2|^{\frac{\beta}{4}} |k_3|^{\frac{\beta}{4}} |k|^{\frac{\beta}{4}}} \delta\left(k_1 + k_2 - k_3 - k\right) dk_1 dk_2 dk_3. \tag{4.26}$$

如果 $\hat{\psi}(k,t)$ 的演化是平凡的, 例如演化是由常系数线性演化方程刻画, 独立的高斯变量将保持独立, 那么方程 (4.26) 的右边将等于零. 演化方程 (4.22) 中的非线性项破坏了这种高斯分布的特性. 然而, 对于小振幅的波来说, 非线性是一个弱扰动, 因此变量 $\hat{\psi}$ 应保持接近高斯分布.

第一步: 准高斯随机相位近似. 从 (4.22) 我们计算四点函数的恒等式, 该恒等式依赖于六点函数, 然后为了闭合性, 使用准高斯假设将六阶矩减少为二阶矩的乘积:

$$\mathrm{i}\left\langle \hat{\psi}_1 \hat{\psi}_2 \overline{\hat{\psi}_3} \overline{\hat{\psi}_k} \right\rangle_t \approx (\omega_1 + \omega_2 - \omega_3 - \omega_k) \left\langle \hat{\psi}_1 \hat{\psi}_2 \overline{\hat{\psi}_3} \overline{\hat{\psi}_k} \right\rangle$$
$$+ 6 \frac{n_2 n_3 n_k + n_1 n_3 n_k - n_1 n_2 n_k - n_1 n_2 n_3}{|k_1|^{\frac{\beta}{4}} |k_2|^{\frac{\beta}{4}} |k_3|^{\frac{\beta}{4}} |k|^{\frac{\beta}{4}}}. \tag{4.27}$$

在线性情况下, (4.27) 的左边将消失, 而右边的两项将是有限的. 因此, 对于小的非线性, 可以忽略左侧, 使用多尺度分析将其改写为

$$\left\langle \hat{\psi}_1 \hat{\psi}_2 \overline{\hat{\psi}_3} \overline{\hat{\psi}_k} \right\rangle \approx -6 \frac{n_2 n_3 n_k + n_1 n_3 n_k - n_1 n_2 n_k - n_1 n_2 n_3}{|k_1|^{\frac{\beta}{4}} |k_2|^{\frac{\beta}{4}} |k_3|^{\frac{\beta}{4}} |k|^{\frac{\beta}{4}} (\omega_1 + \omega_2 - \omega_3 - \omega_k)}.$$

第二步: 共振集 Dirac δ-浓度. 对 ω 进行小虚部 (对应于原始系统中的耗散) 扰动得到

$$\operatorname{Im}\left\langle \hat{\psi}_1 \hat{\psi}_2 \overline{\hat{\psi}_3} \overline{\hat{\psi}_k} \right\rangle \approx 6\pi \frac{n_2 n_3 n_k + n_1 n_3 n_k - n_1 n_2 n_k - n_1 n_2 n_3}{|k_1|^{\frac{\beta}{4}} |k_2|^{\frac{\beta}{4}} |k_3|^{\frac{\beta}{4}} |k|^{\frac{\beta}{4}}}$$
$$\times \delta\left(\omega_1 + \omega_2 - \omega_3 - \omega\right), \tag{4.28}$$

其中在计算过程中运用到了关系式 $\operatorname{Im}\left(\dfrac{1}{\omega - \mathrm{i}\epsilon}\right) \to -\pi\delta(\omega)$. 通过这种方式可以将方程 (4.26) 改写为

$$n_t = 12\pi \int \frac{2n_2 n_3 n_k - n_1 n_2 n_k - n_1 n_2 n_3}{|k_1|^{\frac{\beta}{2}} |k_2|^{\frac{\beta}{2}} |k_3|^{\frac{\beta}{2}} |k|^{\frac{\beta}{2}}} \delta\left(\omega_1 + \omega_2 - \omega_3 - \omega\right)$$

4.1 一维模型的色散波湍流

$$\times \delta(k_1+k_2-k_3-k)\,dk_1dk_2dk_3, \tag{4.29}$$

这就是关于 n 的动力学方程.

第三步: 角度平均. 通常需要对 k 空间中的角度进行平均. 在一维模型中, 将简化为对符号 k 的平均. 将初始数据 $n_0(k)$ 限制为关于 k 的偶数, 并寻求仍然为偶数的解 $n(k,t)$. 如果 k 为正, 则有以下三种可能性: k_1,k_2 和 k_3 为负; k_1 和 k_2 是正的, 而 k_3 是负的; 或者 k_3 是正的, k_1 和 k_2 有相反的符号. 那么方程 (4.29) 变成

$$N(\omega)_t = T(n;\omega), \tag{4.30}$$

其中 $N(\omega) = n(k(\omega))\dfrac{dk}{dw}$, 以及

$$T(n;\omega) = \frac{12\pi}{\alpha^4}\int \frac{n_1n_3n_w+n_2n_3n_\omega-n_1n_2n_3}{\omega_1^{\frac{\beta/2+\alpha-1}{\sigma}}\omega_2^{\frac{\beta/2+\alpha-1}{\sigma}}\omega_3^{\frac{\beta/2+\alpha-1}{\alpha}}\omega^{\frac{\beta/2+\alpha-1}{\alpha}}}$$

$$\times \delta(\omega_1+\omega_2-\omega_3-\omega)$$

$$\times \left(\delta\left(\omega_1^{\frac{1}{\sigma}}+\omega_2^{\frac{1}{\alpha}}-\omega_3^{\frac{1}{\alpha}}+\omega^{\frac{1}{\alpha}}\right)\right.$$

$$+\delta\left(\omega_1^{\frac{1}{\alpha}}+\omega_2^{\frac{1}{\alpha}}+\omega_3^{\frac{1}{\alpha}}-\omega^{\frac{1}{\alpha}}\right)$$

$$+\delta\left(\omega_1^{\frac{1}{\alpha}}-\omega_2^{\frac{1}{\alpha}}-\omega_3^{\frac{1}{\sigma}}-\omega^{\frac{1}{\alpha}}\right)$$

$$+\delta\left(-\omega_1^{\frac{1}{\alpha}}+\omega_2^{\frac{1}{\alpha}}-\omega_3^{\frac{1}{\alpha}}-\omega^{\frac{1}{\alpha}}\right)\bigg)d\omega_1d\omega_2d\omega_3. \tag{4.31}$$

这里 n_i 表示 $n(k(\omega_i))$, n_ω 表示 $n(k(\omega))$. 方程 (4.30), (4.31) 构成了弱湍流理论的动力学方程, 我们将对其进行研究. 第一步至第三步总结了 Zakharov 及其合作者[242,252] 在推导方程时使用的三种主要近似方法. 接下来我们对动力学方程的解进行进一步分析.

4.1.7 动力学方程的显式解

在此节中, 将考虑动力学方程 (4.30) 的静态解, 它们对应于平衡和非平衡能谱. 不难看出

$$n_1(\omega) = c \tag{4.32}$$

和

$$n_2(\omega) = \frac{c}{\omega} \tag{4.33}$$

是方程的解, 因为它们使被积函数消失. 前者对应于粒子数的均分, 后者对应于能量的均分, 对应的能量的定义为

$$E_\omega = \int_{-\infty}^{\infty} \omega(k)n(k)dk = \int_0^{\infty} \omega N(\omega)d\omega. \tag{4.34}$$

(4.32) 和 (4.33) 都是下列给出的一般解的极限情况

$$n_{eq}(\omega) = \frac{1}{c_1 + c_2 \omega}, \tag{4.35}$$

它对应于粒子数和能量的线性组合的均分, 或者换句话说, 对应于频率空间中平移的能量均分.

Zakharov 等[242,252] 发现弱湍流理论的动力学方程往往具有幂次形式的解

$$n_K(\omega) = \frac{c}{\omega^\gamma}, \tag{4.36}$$

其中幂次 γ 不等于 0 和 1. 由于它们与流体湍流的 Kolmogorov 谱相似, 因此被称为 "Kolmogorov 解". Zakharov 通过将幂指数的拟设 (4.36) 代入交互核方程 (4.31) 中, 然后对得到的被积函数进行共形变换来求 $T(n;\omega)$ 的零点. 更进一步地, 内核 $T(n;\omega)$ 等价于如下简单形式:

$$T(n_K;\omega) = \omega^{-y-1} I(\alpha,\beta,\gamma), \tag{4.37}$$

其中

$$I(\alpha,\beta,\gamma) = -\int_\Delta (\xi_1\xi_2\xi_3)^{-\frac{\beta/2-1}{\alpha}-1-\gamma} (1-\xi_1^\gamma-\xi_2^\gamma+\xi_3^\gamma) \delta(1-\xi_1-\xi_2+\xi_3)$$
$$\times \delta\left(\xi_1^{\frac{1}{\alpha}}+\xi_2^{\frac{1}{\alpha}}+\xi_3^{\frac{1}{\alpha}}-1\right)(1-\xi_1^y-\xi_2^y+\xi_3^y) d\xi_1 d\xi_2 d\xi_3, \tag{4.38}$$

$$\Delta = \begin{cases} 0 < \xi_1 < 1, \\ 0 < \xi_2 < 1, \\ \xi_1 + \xi_2 > 1, \end{cases} \tag{4.39}$$

以及

$$y = \frac{2\beta - 3}{\alpha} + 3\gamma + 1. \tag{4.40}$$

1. Kolmogorov 解

4.1.7 节给出的平衡解满足

$$T(n_K;\omega) = \omega^{-y-1} I(\alpha,\beta,\gamma) = 0, \tag{4.41}$$

根据表达式 (4.38), 我们可以给出 4 个守恒律解: $\omega^{-\gamma}$: $\gamma = 0, \gamma = 1, y = 1$ 和 $y = 0$. 前两个 $\gamma = 0, \gamma = 1$ 对应等式的粒子数 (4.32) 和能量 (4.33). 后两个 ($y = 1$ 和 $y = 0$) 为 Kolmogorov 类型. 根据它们可以导出

$$n(\omega) = \begin{cases} c\omega^{\frac{2/3\beta-1}{\alpha}}, \\ c\omega^{\frac{2/3\beta-1+\alpha/3}{\alpha}}. \end{cases} \tag{4.42}$$

当 $d = 1$ 时, 与 [62] 的结果完全一致. 对于一般的 k, 有

$$n(k) = \begin{cases} c|k|^{2/3\beta-1}, \\ c|k|^{2/3\beta-1+\alpha/3}. \end{cases} \tag{4.43}$$

这些平衡解可以用于描述一个有趣的物理现象[242], 即现在描述的 ω (或 k) 空间中的通量. 可以将动力学方程 (4.31) 改写成两种等价守恒形式中的任意一种:

$$N(\omega)_t + Q(N;\omega)_\omega = 0, \tag{4.44}$$

$$e(\omega)_t + P(e;\omega)_\omega = 0, \tag{4.45}$$

其中

$$\begin{aligned} e(\omega) &= \omega N(\omega), \\ Q(N;\omega) &= -\int_0^\omega T(n;\omega)d\omega, \\ P(e;\omega) &= -\int_0^\omega \omega T(n;\omega)d\omega. \end{aligned} \tag{4.46}$$

根据这种方式定义的函数 Q 和 P 可以看作 ω-空间中的粒子通量和能量通量. 如 4.1.4 节所述, 我们期望能量从长波流向短波 ("正向级联"), 而粒子应该流向长波 ("逆向级联"), 这种行为对应于正的 P 和负的 Q. 接下来, 我们用 Kolmogorov 形式的解 (4.36) 计算这些通量

$$Q(N_K;\omega) = -\frac{\omega^{-y}}{-y}I,$$

$$P(e_K;\omega) = -\frac{\omega^{-y+1}}{-y+1}I,$$

由此可以计算出当 y 接近于 0 和 1 的平衡值时 Q 和 P 的符号. 因为 I 在这两个值处都等于 0, $Q(\omega)$ 在 $y=1$ 时等于 1, $P(\omega)$ 在 $y=0$ 时等于 0. 为了研究另外两种情况, 我们在计算 $\partial I/\partial y$ 后使用洛必达法则. 在一些假设下, 当 α 至少接近 $1/2$ 时, 我们得到了通量的参数依赖关系如下.

- 能量通量 P 为正:
$$3/2 < \beta < 3/2 - 1/2\alpha. \tag{4.47}$$

- 粒子通量 Q 为负:
$$3/2 - 2\alpha < \beta < 3/2 - 1/2\alpha.$$

假设 $\alpha = 1/2$, 对于逆向级联来说, Kolmogorov 解为
$$\begin{aligned} n_K(\omega) &= c\omega^{4/3\beta - 5/3}, \\ n_K(k) &= c|k|^{2/3\beta - 5/6}. \end{aligned} \tag{4.48}$$

当 $1/2 < \beta < 5/4$ 时, 粒子通量 Q 为负, 对于正向级联来说, Kolmogorov 解为
$$\begin{aligned} n_K(\omega) &= c\omega^{4/3\beta - 2}, \\ n_K(k) &= c|k|^{2/3\beta - 1}. \end{aligned} \tag{4.49}$$

当 $3/4 < \beta < 3/2$ 时, 能量通量 P 为正. 当 $3/4 < \beta < 5/4$ 时, 两种级联和物理直觉 (physical intuition) 具有一致的符号.

因此, 该模型问题的弱湍流理论预测了通量符号的分岔行为, 如果弱湍流理论是有效的, 在原始非线性波动方程的数值模拟中应该是明显的. 事实上, 人们可以期望这些分岔比两个 Kolmogorov 谱的直接区别更明显, 因为两个谱的幂次在正向, 逆向级联中仅相差 1/6.

2. Kolmogorov 解的推导

基于自相似的基本原理, 可以对导致 Kolmogorov 解的共形映射给出一个直观解释. 在本节中, 提出了一个新的论证, 揭示了这一逻辑, 从而诱导了 Zakharov 的 "共形变换", 并提供了一个更直观的平稳指数幂次的推导. 其主要思想是从模型 (4.12) 的统计稳态中得到自相似性. 在惯性范围内, 寻求一个比例不变的系统, 在这个系统中, 能量转移的机制在放大后应该是相同的. 在弱湍流区, 能量传递通过四方共振模型进行. 考虑这样一个四方模式 $(\omega_1, \omega_2, \omega_3, \omega_4)$. 在非平衡统计稳态下, 这四种模态之间存在一定的能量转移速率. 我们称 ω 为 ω_4, 并关注于它的能

量平衡. 在与其他三种共振模式的相互作用中, 将产生一个能量输入 (或输出, 取决于符号) e_4. 同样, 其他三种模式也会有平衡, 相应的能量输入为 e_1, e_2 和 e_3.

由于色散定律是齐次的, ω-空间中的自然对称群是拉伸的. 如果我们将四方项中所有 ω 乘以任何常数 λ, 那么得到另一个四方共振. 由于统计稳态的自相似性, 相应的能量输入为 $\lambda^x e_1, \cdots, \lambda^x e_4$, 其中指数 x 是一个常数. 特别地, 我们可以选择 λ 的三个值, 使原始的 ω 出现在原始四方的拉伸版本中的位置为 3, 2 和 1. 例如, 如果 ω 是 7, 我们考虑四方共振 $(2,3,6,7)$ (其中 $\alpha = 1/2$), 其他三个四边形可以乘以 $7/6, 7/3$ 和 $7/2$; 它们分别为 $(7/3, 7/2, 7, 49/6), (14/3, 7, 14, 49/3)$ 和 $(7, 21/2, 21, 49/2)$.

原始四方及其三种拉伸版本的 ω 模式的净输入能量为

$$e_\omega = e_4 + \left(\frac{\omega}{\omega_3}\right)^x e_3 + \left(\frac{\omega}{\omega_2}\right)^x e_2 + \left(\frac{\omega}{\omega_1}\right)^x e_1. \tag{4.50}$$

根据自相似性, 我们认为输入能量 e_ω 必须为 0. 基于以下的结构假设: 在一个自相似的体系中, 每一种能量转移机制必须独自平衡. 这里的 "机制" 是一种四方共振的类型, 这种类型被定义为四方商空间中被拉伸作用的一个量. 换句话说, 通过特定四方模式进入的能量不应该通过其他类型的四方模型离开. 当然, 这涉及比之前假设的更高程度的自相似性. 然而, 在一种自相似的机制中, 一种机制将能量带入模式, 另一种机制将能量带走, 这似乎很难令人信服.

因此 e_ω 必须消失. 能量平衡 $-e_1, -e_2$ 和 e_3 分别和 e_4 成正比, 比例常数由 $\omega_i/\omega, i = 1, 2, 3$ 的幂次给出, 可以通过式 (4.51) 计算得到. 这样 $e_\omega = 0$ 就转化为如下形式

$$1 - \left(\frac{\omega_1}{\omega}\right)^y - \left(\frac{\omega_2}{\omega}\right)^y + \left(\frac{\omega_3}{\omega}\right)^y = 0, \tag{4.51}$$

其中 y 是一个新的常数. 因为 $\omega_1 + \omega_2 = \omega_3 + \omega$, 等式 (4.51) 成立当且仅当 $y = 0$ 或 $y = 1$. 同样的论点可以不加修改地适用于粒子的数目 n.

利用这种对称, 我们可以得到如下形式的共形变化: 将 Kolmogorov 形式的解 $n = \omega^{-\gamma}$ 代入方程 (4.31) 的 $T(n; \omega)$. 令 $c = \left(\alpha^4/12\pi\right)^{1/3}$, 得到

$$T(n_K; \omega) = -\int (\omega_1 \omega_2 \omega_3 \omega)^{-\frac{\beta/2+\alpha-1}{\sigma}-\gamma} \left(\omega_1^\gamma + \omega_2^\gamma - \omega_3^\gamma - \omega^\gamma\right) \delta(\omega_1 + \omega_2 - \omega_3 - \omega)$$
$$\times \left(\delta\left(\omega_1^{\frac{1}{\alpha}} + \omega_2^{\frac{1}{\alpha}} - \omega_3^{\frac{1}{\alpha}} + \omega^{\frac{1}{\alpha}}\right) + \delta\left(\omega_1^{\frac{1}{\alpha}} + \omega_2^{\frac{1}{\alpha}} + \omega_3^{\frac{1}{\alpha}} - \omega^{\frac{1}{\alpha}}\right)\right.$$
$$+ \delta\left(\omega_1^{\frac{1}{\alpha}} - \omega_2^{\frac{1}{\alpha}} - \omega_3^{\frac{1}{\alpha}} - \omega^{\frac{1}{\alpha}}\right)$$
$$\left. + \delta\left(-\omega_1^{\frac{1}{\alpha}} + \omega_2^{\frac{1}{\alpha}} - \omega_3^{\frac{1}{\alpha}} - \omega^{\frac{1}{\alpha}}\right)\right) d\omega_1 d\omega_2 d\omega_3. \tag{4.52}$$

需要注意的是, 幂次解很自然地与拉伸群相对应. 上述积分是四项之和, 分别对应于四方共振中 ω 的四个位置. 我们通过拉伸和重新排列 ω, 将最后三项映射成与第一项成比例的项. 对方程 (4.52) 中的任意一项, 根据 λ 拉伸所有的 ω, 得到的结果就是将这一项乘以因子

$$\lambda^{-\frac{2\beta+4\alpha-4}{\alpha}-4\gamma+\gamma-1-\frac{1}{\alpha}+3} = \lambda^{-\frac{2\beta-3}{\alpha}-3\gamma-2},$$

其中因子 λ 可以选择为 ω_i/ω, i 分别取第二、第三和第四项中的值 3, 1 和 2. 如果, 我们把 ω 换成 ω_i, 运用等式 $\omega_1 + \omega_2 = \omega_3 + \omega$, 引入一个额外的因子 ω/ω_j, 那么, 我们可以置换 ω 和 ω_3, 但要置换 ω 和 ω_1 或 ω_2, 我们还需要置换 ω_3 和其余的 ω_i. 后一种排列在 (4.52) 前面引入了一个减号.

因此, 进行拉伸和排列变换, 将四个积分相加, 可以得到因子 (4.51), 其中

$$y = \frac{2\beta - 3}{\alpha} + 3\gamma + 1.$$

γ 对应于 $y = 1$ 和 0 的值是

$$\gamma = \frac{-2/3\beta + 1}{\alpha}$$

和

$$\gamma = \frac{-2/3\beta + 1}{\alpha} - \frac{1}{3}.$$

因此, 我们给出了方程 (4.42) 中正向级联和逆向级联的推导.

4.1.8 Zakharov 的原始推导

为了方便起见, 我们总结了 Zakharov 对 Kolmogorov 解的原始推导, 因为它适用于我们的模型问题. 我们从方程 (4.52) 开始, 其中已经包含了 Kolmogorov 拟设 (4.36). 只要我们对 ω_3 进行积分, 那么在 ω_1, ω_2 平面上的积分域就是凸区域, 即

$$\omega_1 > 0, \quad \omega_2 > 0, \quad \omega_1 + \omega_2 > \omega,$$

我们把它们细分成四个区域

$$\Delta_1 = \begin{cases} 0 < \omega_1 < \omega, \\ 0 < \omega_2 < \omega, \\ \omega_1 + \omega_2 > \omega, \end{cases}$$

$$\Delta_2 = \begin{cases} 0 < \omega_1 < \omega, \\ \omega_2 > \omega, \end{cases} \quad \Delta_3 = \begin{cases} \omega_1 > \omega, \\ 0 < \omega_2 < \omega, \end{cases} \quad \Delta_4 = \begin{cases} \omega_1 > \omega, \\ \omega_2 > \omega. \end{cases}$$

4.1 一维模型的色散波湍流

最后三个可以用共形映射转化为 Δ_1.

$$C_2 = \begin{cases} \omega_1 = \dfrac{\omega(\omega_1' + \omega_2' - \omega)}{\omega_2'}, \\ \omega_2 = \dfrac{\omega^2}{\omega_2'}, \\ \omega_3 = \dfrac{\omega\omega_1'}{\omega_2'}, \end{cases}$$

$$C_3 = \begin{cases} \omega_1 = \dfrac{\omega^2}{\omega_1'}, \\ \omega_2 = \dfrac{\omega(\omega_1' + \omega_2' - \omega)}{\omega_1'}, \\ \omega_3 = \dfrac{\omega\omega_2'}{\omega_1'}, \end{cases}$$

$$C_4 = \begin{cases} \omega_1 = \dfrac{\omega\omega_1'}{\omega_1' + \omega_2' - \omega}, \\ \omega_2 = \dfrac{\omega\omega_2'}{\omega_1' + \omega_2' - \omega}, \\ \omega_3 = \dfrac{\omega^2}{\omega_3'}. \end{cases} \quad (4.53)$$

雅可比转换矩阵 $(\omega_1, \omega_2, \omega_3) \to (\omega_1', \omega_2', \omega_3')$ (其中 $\omega_3' = \omega_1' + \omega_2' - \omega$) 为

$$J_2 = -\left(\frac{\omega}{\omega_2'}\right)^4, \quad J_3 = -\left(\frac{\omega}{\omega_1'}\right)^4, \quad J_4 = \left(\frac{\omega}{\omega_3'}\right)^4.$$

基于上述转换, 乘积 $\omega_1\omega_2\omega_3\omega$ 转化为

$$\omega_1\omega_2\omega_3\omega = \begin{cases} \omega_1'\omega_2'\omega_3'\omega\left(\dfrac{\omega}{\omega_2'}\right)^4, \\ \omega_1'\omega_2'\omega_3'\omega\left(\dfrac{\omega}{\omega_1'}\right)^4, \\ \omega_1'\omega_2'\omega_3'\omega\left(\dfrac{\omega}{\omega_3'}\right)^4. \end{cases}$$

然后可以将 (4.52) 转化为

$$T(n_K;\omega) = \int_{\Delta_1} (\omega_1\omega_2\omega_3\omega)^{-\frac{\beta/2-1}{\alpha}-1-\gamma}$$

$$\times \left(\omega_1^\gamma + \omega_2^\gamma - \omega_3^\gamma - \omega^\gamma\right)\delta\left(\omega_1 + \omega_2 - \omega_3 - \omega\right)$$
$$\times \left(\delta\left(\omega_1^{\frac{1}{\alpha}} + \omega_2^{\frac{1}{\alpha}} - \omega_3^{\frac{1}{\alpha}} + \omega^{\frac{1}{\alpha}}\right) + \delta\left(\omega_1^{\frac{1}{\alpha}} + \omega_2^{\frac{1}{\alpha}} + \omega_3^{\frac{1}{\alpha}} - \omega^{\frac{1}{\alpha}}\right)\right.$$
$$\left.+\delta\left(\omega_1^{\frac{1}{\alpha}} - \omega_2^{\frac{1}{\alpha}} - \omega_3^{\frac{1}{\alpha}} - \omega^{\frac{1}{\alpha}}\right) + \delta\left(-\omega_1^{\frac{1}{\alpha}} + \omega_2^{\frac{1}{\alpha}} - \omega_3^{\frac{1}{\alpha}} - \omega^{\frac{1}{\alpha}}\right)\right)$$
$$\times \left(1 - \left(\frac{\omega_1}{\omega}\right)^y - \left(\frac{\omega_2}{\omega}\right)^y + \left(\frac{\omega_3}{\omega}\right)^y\right) d\omega_1 d\omega_2 d\omega_3$$
$$= 0,$$

其中

$$y = 4\left(\frac{\beta/2 - 1}{\alpha} + 1 + \gamma\right) - \gamma + 1 + \frac{1}{\alpha} - 4 = 3\gamma + 1 + \frac{2\beta - 3}{\alpha}.$$

那么我们就可以得到指数为 γ 的 Kolmogorov 解. 然后我们可以更进一步对其进行化简, 对变量 $\omega_j \to \omega\xi_j$ 进行变换得到

$$T(n_K; \omega) = -\omega^{-y-1}\int_\Delta (\xi_1\xi_2\xi_3)^{-\frac{\beta/2-1}{\alpha}-1-\gamma}$$
$$\times (1 - \xi_1^\gamma - \xi_2^\gamma + \xi_3^\gamma)\delta(1 - \xi_1 - \xi_2 + \xi_3)$$
$$\times \left(\delta\left(\xi_1^{\frac{1}{\alpha}} + \xi_2^{\frac{1}{\alpha}} - \xi_3^{\frac{1}{\alpha}} + 1\right) + \delta\left(\xi_1^{\frac{1}{\alpha}} + \xi_2^{\frac{1}{\alpha}} + \xi_3^{\frac{1}{\alpha}} - 1\right)\right.$$
$$\left.+\delta\left(\xi_1^{\frac{1}{\alpha}} - \xi_2^{\frac{1}{\alpha}} - \xi_3^{\frac{1}{\alpha}} - 1\right) + \delta\left(-\xi_1^{\frac{1}{\alpha}} + \xi_2^{\frac{1}{\alpha}} - \xi_3^{\frac{1}{\alpha}} - 1\right)\right)$$
$$\times (1 - \xi_1^y - \xi_2^y + \xi_3^y) d\xi_1 d\xi_2 d\xi_3$$
$$= \omega^{-y-1}I,$$

其中 Δ 的区域为

$$\Delta = \begin{cases} 0 < \xi_1 < 1, \\ 0 < \xi_2 < 1, \\ \xi_1 + \xi_2 > 1. \end{cases}$$

现在我们将 $T(n_K; \omega)$ 写成四个积分的和. 由于每个共振都在 Δ_j 的一个域中成立, 因此只有在第二种情况下, δ-函数在 Δ 中才成立. 保角变换后, 只剩下 Δ_1 中成立的那个. 那么 T 的方程简化为

$$T(n_K; \omega) = \omega^{-y-1}I(\alpha, \beta, \gamma),$$

从而得到 (4.37), 其中 $I(\alpha, \beta, \gamma)$ 定义为 (4.38).

4.1.9 一种新的惯性范围缩放理论

在本节中, 将概述惯性范围缩放的理论, 该理论在很大程度上依赖于精细自相似性的应用, 正如在 4.1.7 节中介绍的那样. 新理论从两点函数 $n(k)$ 演化的恰当方程 (4.26) 开始:

$$n_t = \int \frac{2\,\mathrm{Im}\left\langle \hat{\psi}_1\hat{\psi}_2\overline{\hat{\psi}_3}\overline{\hat{\psi}_k}\right\rangle}{|k_1|^{\frac{\beta}{4}}|k_2|^{\frac{\beta}{4}}|k_3|^{\frac{\beta}{4}}|k|^{\frac{\beta}{4}}}\delta\left(k_1+k_2-k_3-k\right)dk_1dk_2dk_3. \tag{4.54}$$

在此基础上, 假设 C 具有形式 $C = \hat{C}\left(n_1n_2n_3n_4\right)^{1/2}$, 其中 $\hat{C}$ 是一个常数, 那么我们可以通过 (4.54) 得到以下近似结果:

$$2\,\mathrm{Im}\left\langle \hat{\psi}_1\hat{\psi}_2\overline{\hat{\psi}_3}\overline{\hat{\psi}_4}\right\rangle \sim \hat{C}\frac{(n_1n_2n_3n_4)^{1/2}}{\omega_1+\omega_2-\omega_3-\omega_4}. \tag{4.55}$$

接下来, 为 (4.55) 中的 n 给出一个合适的幂次

$$n(k) = |k|^{-\alpha\gamma}, \tag{4.56}$$

将 (4.54) 右边替换为表达式 (4.55), 那么可以得到

$$n(k)_t = \hat{C}\int \frac{(|k_1||k_2||k_3||k|)^{-\frac{2\alpha\gamma+\beta}{4}}}{(\omega_1+\omega_2-\omega_3-\omega)}\delta\left(k_1+k_2-k_3-k\right)dk_1dk_2dk_3. \tag{4.57}$$

现在将 4.1.7 节的参数应用到方程 (4.57) 中. 给定任意四次方函数 (k_1,k_2,k_3,k), 为了达到论证的目的, 甚至都不需要共振条件, 考虑它的三个拉伸版本, 其中 k 占据了其他三个位置. 基于改进的自相似性, 假设此四方数对 $n(k)$ 的贡献加起来必须是零. 将 (4.57) 右边的 k 拉伸为因子 $|k_j|/|k|$, 并将 k 和 k_j 进行置换, 那么得到一个因子

$$\left(\frac{|k_j|}{|k|}\right)^y.$$

指数 y 等于

$$y = -2\alpha\gamma - \beta - \alpha - 1 + 3 + 1, \tag{4.58}$$

其中前五项直接来自于拉伸变换, 最后一项来自排列变换, 它影响 k 空间中的体积元素. 当 ω 与 ω_1 或 ω_2 置换时, 这种排列也会带来一个负号, 最后我们得到了如下形式的表达式

$$0 = n(k)_t$$

$$= \int F(k_{123}, k)\left(|k_1|^y + |k_2|^y - |k_3|^y - |k|^y\right) \delta(k_1$$
$$+ k_2 - k_3 - k) dk_1 dk_2 dk_3. \tag{4.59}$$

它的解为 $y = 0, y = 1$. 相应的指数 $\alpha\gamma$ 为

$$\alpha\gamma = \frac{3}{2} - \frac{\alpha + \beta}{2}, \quad 当 y = 0 \tag{4.60}$$

和

$$\alpha\gamma = 1 - \frac{\alpha + \beta}{2}, \quad 当 y = 1. \tag{4.61}$$

两种理论的预测截然不同. 新理论部分符合所有的实验证据, 而对弱湍流则明显不成立. 我们猜想表达式 (4.61) 中的指数 $y = 1$ 对于逆向级联是有意义的[146].

4.2 一维波湍流

湍流问题是理论物理的主要问题之一. 虽然湍流理论已经得到了广泛的研究 (见 Kolmogorov 的先锋著作 [124] 和书 [81] 对湍流发展的评述), 但扰动波理论的研究较少, 部分原因是它发展较晚. 波湍流 (wave turbulence) 发生在非线性色散波的物理系统中. 波之间的能量转移主要发生在波的共振之间. 波湍流是一种非常常见的自然现象. 它在以下多个领域中都可以看到: 毛细管波[31-34,104,201,236]、有无磁场的等离子体[119,153,157]、磁流体动力学[82,83,163,210]、超流氦和玻色-爱因斯坦凝聚体过程[1,123,162]、非线性光学[62]、声波 (流动为势的可压缩流体, 构成一组相互作用的声波). 波湍流在物理海洋学和大气物理中发挥着重要作用[14,15], 在大气物理中激发不同类型和不同尺度的波浪. 这些波浪是海洋表面的毛细波和重力波、海洋内部的内波、海洋和大气中的 Rossby 波和惯性重力波.

在大多数例子中, 非线性项很小, 波的相互作用很弱. 那么波的相互作用可以用一个或几个平方振幅的波平均动力学方程来描述. 关于波湍流的最初工作是由 Hasselmann[101] 完成的, 他提出了水波的四波方程. 与此同时, 三波方程在等离子体物理学中出现. 此后不久, 四波方程也出现在等离子体物理学中. 这些等离子体物理学家的早期成就在 Kadomtsev 的专著[113,217] 中进行了总结. 后来 Benney 和 Saffman[20] 以及 Benney 和 Newell[19] 也引入了基于共振波相互作用的统计闭包. 由此得到的动力学方程具有精确的 Kolmogorov 型解族. 这些解是 Zakharov 在 20 世纪 60 年代中期发现的, 首先是在等离子体中弱湍流的情况下[240], 然后是在表面波的情况下[247,248] 发现的. 跟随 Balk[16] 思路, 我们称其为 Kolmogorov-Zakharov 谱 (KZ 谱). 谱描述了运动积分 (能量、波作用、动量) 向小尺度或大

尺度区域的传输. 我们认为 KZ 谱在波湍流中起核心作用, 目前已经有强有力的实验证据支持这一观点. 毛细管波湍流的 KZ 谱分别在三个实验室 (加州大学洛杉矶分校物理系[236]、丹麦 Niels Bohr 研究所[104,201] 和俄罗斯研究院固体物理研究所[31-34]) 中观测到. 风驱动重力波的高频尾波可以用谱[247] $E(\omega) \approx \omega^{-4}$ 完美描述, 它是具有恒定能量通量的动力学方程[105,114,183,218] 的 KZ 解. 其中 ω 表示频率, E 表示自由地表高程 (在频率空间中) 的谱密度. 最近, 将普遍观测到的内波的 Garrett-Munk 谱和相应的 KZ 谱[143] 相比较可以知道两者的谱看起来非常相似.

对动力学方程解的时间依赖性进行多次数值模拟, 得到了 KZ 谱[187]. 此外, KZ 谱的理论看起来优雅而独立. 因此, 这个理论不应该被忽视. 但需要进一步的发展和验证来加强它. 事实上, 动力学波动方程的有效性, 即使在小非线性的极限下, 也应更仔细地研究.

动力学方程的推导是基于相位随机性假设, 即波系综的统计量尽可能接近高斯分布而得到的. 这是一个非常强的假设, 需要更强的理论基础. Majda, McLaughlin 和 Tabak (MMT) 的结果对弱湍流 (weak turbulence, WT) 情景的普遍适用性提出了质疑[146], 他们根据大规模数值计算一维波相互作用模型 (MMT 模型), 发现在某些情况下谱与弱湍流的 KZ 谱是不同的 (参照文献 [22] 中 Benney-Luke-type 方程的计算). MMT 模型的引入是了解波湍流的关键一步.

普遍认为, MMT 研究团队 的结果可以用相干 (interference) 非线性结构的干涉来解释. 一般来说, 波湍流并不完全是弱的, 和弱湍流分量结合, 它可以包括相干结构. 在这种结构内部, 相位相关性非常强. 相干分量的存在在一定程度上违反了相位随机性的假设, 并可能导致光谱偏离 KZ 形式. 文献 [29,165] 中讨论了与非线性相干结构相关的间歇事件对弱湍流近似的动态破坏.

关于可能的相干结构的理论还远远不够完善. 到目前为止, 只有三种类型的相干结构得到了适当的研究——孤子、准孤子和坍缩[250,251]. 在本节中, 将展示另一种相干结构, 即所谓的 "广泛坍塌", 这是在 "负" (聚焦) MMT 模型的数值解中观察到的.

稳定孤子是目前最受关注的相干结构. 在一些可积模型中, 如非线性薛定谔方程和 sine-Gordon 方程, 它们具有弹性相互作用, 碰撞后振幅不发生变化. 在一般情况下, 孤子间的相互作用是非弹性的, 因此有融合的趋势, 形成一种罕见的高振幅孤子气体. 这种气体可以称为 "孤子湍流". 在现实中, 孤子湍流总是与弱湍流混合在一起, 弱湍流带走孤子碰撞后剩下的东西.

波坍塌是一种非平衡的局域相干结构, 它会导致奇点的形成. 通常 (但不总是) 坍塌是由孤子的不稳定性而出现的. 孤子的合并和奇点的形成都是能量传输到大波数的机制, 这与弱湍流的 Kolmogorov 能量级联相竞争.

准孤子实际上是 "包络孤子", 当 "真" 孤子不能形成时, 它可以存在. 它们只存在有限的时间, 可以与核物理中的不稳定粒子相比较. 认为它们在波湍流中起着重要作用. 准孤子碰撞, 无论是否有弹性碰撞, 合并后都会产生 "准孤子湍流". 高振幅准孤子可能是不稳定的, 并导致奇点的形成. 准孤子的碰撞、合并和坍塌解提供了一种能量正向级联的机制, 这与弱湍流 Kolmogorov 级联有很大的不同.

人们认为, MMT 数值实验的结果可以用准孤子湍流的形成来解释. MMT[146] 的一个显著作用是引起了人们对一维模型波湍流数值模拟的关注. 弱湍流理论的基本结论可以由原始方程的直接数值模拟来检验, 这一想法并不新鲜. 1992 年文献 [62] 对二维非线性薛定谔方程进行了大量数值模拟. 四年后, 成功地给出了毛细波湍流的直接数值模拟[188] (最近的计算参见 [65, 189]). 根据数值实验对二维重力波进行了研究[59,60,171,215] (修正的非线性薛定谔方程的计算参照文献 [67], Zakharov 方程的计算参照文献 [111]). 所有这些实验都支持二维弱湍流理论.

然而, 在一维 (1D) 原方程中波湍流的数值模拟是非常重要的. 在一维计算中, 可以使用比二维多得多的模型. 经典的二维实验是在一个 256×256 模式的网格上进行的. 在一维模型中, 计算网格的模数可以达到 10^4. 它有可能有一个更大的惯性范围 (例如 20 年), 并对波场的基本统计特征进行仔细地测量, 包括频谱的频率扩展、累积量和高阶矩. 此外, 在一维情况下, 相干结构的作用比在高维情况下更重要. 孤子或准孤子湍流以及波坍缩引起的湍流的研究是一个有趣的问题. 人们不应该认为一维波湍流是一个纯学术兴趣的课题. 在许多实际情况下, 湍流几乎是一维的. 对于风驱动的重力波来说尤其如此. 它们的能谱通常很窄. 可以说它们是 "准一维".

相干结构会产生一些从实用角度来看很重要的效应. 在海洋中, 具有非常大的振幅和陡度的 "怪波" 或 "异常怪波" 的形成显然可以用相干结构的存在来解释[170]. 真正的反常波不是一维的, 但仔细研究一维的极限是非常必要的.

4.2.1 MMT 模型方程中的弱湍流

本小节介绍的大部分结果都是基于如下形式的动力学方程族

$$\mathrm{i}\frac{\partial \psi}{\partial t} = \left|\frac{\partial}{\partial x}\right|^{\alpha} \psi + \lambda \left|\frac{\partial}{\partial x}\right|^{\beta/4} \left(\left|\left|\frac{\partial}{\partial x}\right|^{\beta/4}\psi\right|^2 \left|\frac{\partial}{\partial x}\right|^{\beta/4}\psi\right), \quad \lambda = \pm 1, \quad (4.62)$$

其中 $\psi(x,t)$ 表示复波场. 实参数 α 控制色散项, 而实参数 β 控制非线性项. 分数阶导数 $|\partial/\partial x|^{\alpha}$ 的定义为

$$D^{\alpha}\Psi(x) = \frac{d}{dx^m}\left[D^{-(m-\alpha)}\Psi(x)\right], \quad (4.63)$$

$$D^{-v}\psi(x) = \frac{1}{\Gamma(v)} \int_0^x (x-\xi)^{v-1} + \psi(\xi)d\xi,$$

其中 $\Gamma(v)$ 为伽马函数, $v > 0$, m 是满足 $m \geqslant \lceil \alpha \rceil$ 的整数, 符号 $\lceil x \rceil$ 代表 cciling 函数. 它在傅里叶空间中的解释很清楚, $|\partial/\partial x|^\alpha \psi$ 可简写成 $|k|^\alpha \hat{\psi}_k$, 其中 $\hat{\psi}_k$ 为 ψ 的傅里叶变换. 根据等式 $|\partial/\partial x|^2 = -\partial^2/\partial x^2$, 可知非线性薛定谔方程是方程 (4.62) 参数为 $\alpha = 2, \beta = 0$ 的一个特殊情况. 双参数色散波方程族 (4.62) 首先在文献 [146] 中给出, 其中 $\lambda = 1$ (散焦模型). 当 $\alpha < 1$ 时, 该一维模型具有四方共振效应, 并且具有精确可解的弱湍流理论, 其预测的波谱明显地依赖于参数 α 和 β.

此节中的参数 β 与 MMT 原论文中的参数 β 相反. 等式 (4.62) 中的扩展项 $\lambda = \pm 1$ 已经在文献 [35] 和 [99] 中独立处理. 这个扩展是不平凡的, 因为非线性和色散项之间的平衡根据 λ 的符号改变而改变.

系统 (4.62) 的哈密顿系统为

$$H = E + H_{\rm NL} = \int \left| \left| \frac{\partial}{\partial x} \right|^{\alpha/2} \psi \right|^2 dx + \frac{1}{2}\lambda \int \left| \left| \frac{\partial}{\partial x} \right|^{\beta/4} \psi \right|^4 dx, \qquad (4.64)$$

其中 E 为哈密顿量的一部分, 对应于方程 (4.62) 的线性化部分. 非线性项 ϵ 定义为哈密顿量的非线性部分 $H_{\rm NL}$ 与线性部分 E 的比值, 即

$$\epsilon = \frac{H_{\rm NL}}{E}. \qquad (4.65)$$

上式对以后监测湍流的程度很有用. 除了哈密顿量外, 系统 (4.62) 还保留了另外两个运动积分: 波作用量和动量

$$N = \int |\psi|^2 dx \quad \text{和} \quad M = \frac{1}{2}{\rm i}\int \left(\psi \frac{\partial \psi^*}{\partial x} - \frac{\partial \psi}{\partial x} \psi^* \right) dx, \qquad (4.66)$$

式中 "*" 表示复共轭. 在傅里叶空间中, 方程 (4.62) 转变为

$${\rm i}\frac{\partial \hat{\psi}_k}{\partial t} = \omega(k)\hat{\psi}_k + \lambda \int T_{123k} \hat{\psi}_1 \hat{\psi}_2 \hat{\psi}_3^* \delta(k_1 + k_2 - k_3 - k) dk_1 dk_2 dk_3, \qquad (4.67)$$

其中

$$\hat{\psi}_k(t) = \frac{1}{2\pi} \int_{-\infty}^{\infty} \psi(x,t){\rm e}^{-{\rm i}kx}dx, \quad k \in \mathbb{R}.$$

根据傅里叶逆变换可以得到

$$\psi(x,t) = \int_{-\infty}^{\infty} \hat{\psi}_k(t){\rm e}^{{\rm i}kx}dk, \quad x \in \mathbb{R},$$

在式 (4.67) 中, MMT 模型类似于由下列线性色散关系

$$\omega(k) = |k|^\alpha, \quad \alpha > 0 \tag{4.68}$$

和简单的相互作用系数

$$T_{123k} = T(k_1, k_2, k_3, k) = |k_1 k_2 k_3 k|^{\beta/4} \tag{4.69}$$

决定的一维 Zakharov 方程. 在傅里叶空间中, 哈密顿量为

$$\begin{aligned} H = & \int \omega(k) \left|\hat{\psi}_k\right|^2 dk \\ & + \frac{1}{2}\lambda \int T_{123k} \hat{\psi}_1 \hat{\psi}_2 \hat{\psi}_3^* \hat{\psi}_k^* \delta(k_1 + k_2 - k_3 - k) \, dk_1 dk_2 dk_3 dk, \end{aligned} \tag{4.70}$$

方程 (4.67) 可以改写为

$$i\frac{\partial \hat{\psi}_k}{\partial t} = \frac{\delta H}{\delta \hat{\psi}_k^*}. \tag{4.71}$$

运动 N (波动作用) 和 M (动量) 的积分为

$$N = \int \left|\hat{\psi}_k\right|^2 dk \quad \text{和} \quad M = \int k \left|\hat{\psi}_k\right|^2 dk. \tag{4.72}$$

很容易看出, 核 T_{123k} 具有对称性, 这与公式 (4.62) 是哈密顿量密切相关:

$$T_{123k} = T_{213k} = T_{12k3} = T_{3k12}. \tag{4.73}$$

最后一个等式是根据哈密顿量是实数得来的. 此外, 方程中的绝对值 (4.68) 和 (4.69) 保证了各向同性和尺度不变性的基本假设. 换句话说, $\omega(k)$ 和 T_{123k} 对于对称 $k \to -k$ 是不变的 (这相当于高维上的旋转不变性), 它们分别是辐角为 α 和 β 的函数, 即

$$\omega(\xi k) = \xi^\alpha \omega(k), \quad T(\xi k_1, \xi k_2, \xi k_3, \xi k) = \xi^\beta T(k_1, k_2, k_3, k), \quad \xi > 0. \tag{4.74}$$

当交互作用系数 (k_1, k_2, k_3, k) 中出现一些波数相等的情况时, 我们引入一个简写符号, 见表 4.1.

表 4.1 交互作用系数的各种简写形式 $T(k_1, k_2, k_3, k)$

符号	T_{123k}	T_{0k}	T_0	R_{kk_0}
含义	$T(k_1, k_2, k_3, k)$	$T(k_0, k, k_0, k)$	$T(k_0, k_0, k_0, k_0)$	$T(k, 2k_0 - k, k_0, k_0)$

4.2 一维波湍流

基于 MMT 理论, 我们将 $\alpha = \frac{1}{2}$ 类比为深水重力波, 其色散关系 $\omega(k) = (g|k|)^{1/2}$, g 为重力加速度. 如果要将水波与 MMT 模型的类比扩展到非线性项, 则功率 β 应取 3. 本节给出的大多数新结果都是在 $\beta = 3$ 情况下进行的. 为了与流体力学的比较更明显, 我们引入变量

$$\eta(x,t) = \int_{-\infty}^{\infty} e^{ikx} \sqrt{\frac{\omega_k}{2}} \left(\hat{\psi}_k + \hat{\psi}_{-k}^* \right) dk. \tag{4.75}$$

在表面波理论中, 公式 (4.75) 给出了振幅 $\hat{\psi}_k$ 与自由面的形状 $\eta(x,t)$ 之间的联系. 另一个有用的变量是 $|\psi(x,t)|^2$. 值得注意的是, Willemsen 在文献 [234, 235] 中给出了一种替代模型模拟深水中水波效应.

下列方程 (4.67) 描述了满足共振条件的四波相互作用过程

$$k_1 + k_2 = k_3 + k, \tag{4.76}$$

$$\omega_1 + \omega_2 = \omega_3 + \omega. \tag{4.77}$$

当不允许三波衰减时, 有时使用术语非衰减来描述该情况. 用方程 (4.76) 和 (4.77) 描述的四波相互作用称为 $2 \to 2$ 交互波. 当 $\alpha > 1$ 时, 等式 (4.76) 和 (4.77) 只有平凡解 $k_3 = k_1, k = k_2$ 或者 $k_3 = k_2, k = k_1$. 当 $\alpha < 1$ 时, 其存在非平凡解. 在这种情况下, 波数的符号不可能完全相同. 例如, $k_1 < 0$ 和 $k_2, k_3, k > 0$. 如果 $\alpha = \frac{1}{2}$, 方程的非平凡解 (4.76) 和 (4.77) 可以通过运用 A 和 $\xi > 0$ 来参数化:

$$k_1 = -A^2\xi^2, \quad k_2 = A^2\left(1 + \xi + \xi^2\right)^2, \quad k_3 = A^2(1+\xi)^2, \quad k = A^2\xi^2(1+\xi)^2. \tag{4.78}$$

动力学方程 (4.77) 描述了 $\hat{\psi}_k(t) = \left|\hat{\psi}_k(t)\right| e^{i\varphi(k,t)}$ 的时间演化, 即波幅 $\left|\hat{\psi}_k(t)\right|$ 及其相位 $\varphi(k,t)$ 的变化. 对于弱非线性和大量的激发波, 这种描述是非常冗余的: 它包括振幅的缓慢进化 (常数的线性近似) 和快速但无意义的相位动力学特征 $\varphi(k,t) \approx -\omega(k)t$, 其中相位变化对振幅变化几乎未影响. 通过将 $\left|\hat{\psi}_k(t)\right|$ 和 $\varphi(k,t)$ 的波动系统的动态描述转换为以场 $\hat{\psi}_k(t)$ 的相关函数为依据的统计描述, 消除了这种冗余. 两点相关函数定义为

$$\left\langle \hat{\psi}_k(t) \hat{\psi}_{k'}^*(t) \right\rangle = n(k,t) \delta(k-k'),$$

其中括号表示整体平均. 函数 $n(k,t)$ 为波场的谱密度 (在 k 空间):

$$\int |\psi(x,t)|^2 dx = \int n(k,t) dk = N, \tag{4.79}$$

其中 N 由方程 (4.66) 给出. 接下来, 我们将使用函数 $e(k,t) = \omega(k)n(k,t)$ 来解释自由面高的谱密度 (在 k 空间中) 的演化:

$$\int |\eta(x,t)|^2 dx = \int e(k,t) dk = E. \tag{4.80}$$

这两个方程可以在频率空间中解释. 令

$$N(\omega,t) = n(k(\omega),t)\frac{dk}{d\omega} \quad \text{和} \quad E(\omega,t) = \omega N(\omega,t),$$

那么我们有

$$N = \int N(\omega) d\omega \quad \text{和} \quad E = \int E(\omega) d\omega.$$

此外, 引入四波相关函数

$$\left\langle \hat{\psi}_{k_1}(t)\hat{\psi}_{k_2}(t)\hat{\psi}_{k_3}^*(t)\hat{\psi}_k^*(t) \right\rangle = J_{123k}\delta\left(k_1 + k_2 - k_3 - k\right). \tag{4.81}$$

在此基础上, WT 理论导出了 $n(k,t)$ 的动力学方程, 并为求稳定幂次解提供了工具. 本节给出了应用于模型 (4.62) 的主要步骤如下所述.

首先给出函数 $n(k,t)$ 的原始方程. 为简单起见, 不妨引入符号 $n_k(t) = n(k,t)$. 根据等式 (4.67), 我们可以得到

$$\frac{\partial n_k}{\partial t} = 2\lambda \int \text{Im}\, J_{123k} T_{123k} \delta\left(k_1 + k_2 - k_3 - k\right) dk_1 dk_2 dk_3. \tag{4.82}$$

根据拟高斯随机相位近似效应, 我们有

$$\text{Re}\, J_{123k} \approx n_1 n_2 \left[\delta\left(k_1 - k_3\right) + \delta\left(k_1 - k\right)\right]. \tag{4.83}$$

J_{123k} 的虚部可以通过该相关函数方程的近似解求得. 其结果为 (见示例 [252])

$$\text{Im}\, J_{123k} \approx 2\pi\lambda T_{123k} \delta\left(\omega_1 + \omega_2 - \omega_3 - \omega\right)$$
$$\times \left(n_1 n_2 n_3 + n_1 n_2 n_k - n_1 n_3 n_k - n_2 n_3 n_k\right). \tag{4.84}$$

于是, 给出了动力学波动方程

$$\frac{\partial n_k}{\partial t} = 4\pi \int T_{123k}^2 \left(n_1 n_2 n_3 + n_1 n_2 n_k - n_1 n_3 n_k - n_2 n_3 n_k\right)$$
$$\times \delta\left(\omega_1 + \omega_2 - \omega_3 - \omega\right) \delta\left(k_1 + k_2 - k_3 - k\right) dk_1 dk_2 dk_3. \tag{4.85}$$

4.2 一维波湍流

文献 [252] 给出了与量子动力学方程类似的结果.

很明显, WT 方法独立于参数 λ. 需要指出的是, 文献 [146] 的式 (3.9) 是与方程 (4.85) 等价的. 12π 应该是 4π, 式 (4.85) 右边的负号应该是正号. 在决定波的作用和能量的通量时, 这个符号特别重要.

下一步是对波数的符号求平均 (这是高维角度平均的一维等价物), 我们有下列式子成立

$$\begin{aligned}\frac{\partial N(\omega)}{\partial t} =& \frac{4\pi}{\alpha^4} \int (\omega_1\omega_2\omega_3\omega)^{\frac{\beta/2-\alpha+1}{\alpha}} (n_1n_2n_3 + n_1n_2n_\omega - n_1n_3n_\omega - n_2n_3n_\omega) \\ & \times \delta(\omega_1 + \omega_2 - \omega_3 - \omega) \left[\delta\left(\omega_1^{1/\alpha} + \omega_2^{1/\alpha} - \omega_3^{1/\alpha} + \omega^{1/\alpha}\right) \right. \\ & + \delta\left(\omega_1^{1/\alpha} + \omega_2^{1/\alpha} + \omega_3^{1/\alpha} - \omega^{1/\alpha}\right) + \delta\left(\omega_1^{1/\alpha} - \omega_2^{1/\alpha} - \omega_3^{1/\alpha} - \omega^{1/\alpha}\right) \\ & \left. + \delta\left(-\omega_1^{1/\alpha} + \omega_2^{1/\alpha} - \omega_3^{1/\alpha} - \omega^{1/\alpha}\right) \right] d\omega_1 d\omega_2 d\omega_3, \quad \omega_i > 0, \quad (4.86)\end{aligned}$$

其中 n_ω 表示 $n(k(\omega))$.

下一步是插入幂次拟设

$$n(\omega) \approx \omega^{-\gamma}, \quad (4.87)$$

并运用 Zakharov 的共形变换[62,146,252]. 最后, 动力学方程变为

$$\frac{\partial N(\omega)}{\partial t} \approx \omega^{-y-1} I(\alpha, \beta, \gamma), \quad (4.88)$$

其中

$$\begin{aligned}I(\alpha, \beta, \gamma) =& \frac{4\pi}{\alpha^4} \int_\Delta (\xi_1\xi_2\xi_3)^{\beta/2\alpha+1/\alpha-1-\gamma} (1 + \xi_3^\gamma - \xi_1^\gamma - \xi_2^\gamma) \delta(1 + \xi_3 - \xi_1 - \xi_2) \\ & \times \delta\left(\xi_1^{1/\alpha} + \xi_2^{1/\alpha} + \xi_3^{1/\alpha} - 1\right)(1 + \xi_3^y - \xi_1^y - \xi_2^y) d\xi_1 d\xi_2 d\xi_3, \quad (4.89)\end{aligned}$$

$$\Delta = \{0 < \xi_1 < 1, 0 < \xi_2 < 1, \xi_1 + \xi_2 > 1\} \quad \text{和} \quad y = 3\gamma + 1 - \frac{2\beta+3}{\alpha}.$$

无量纲积分 $I(\alpha, \beta, \gamma)$ 可以利用变量变化 $\omega_j \to \omega\xi_j$ ($j = 1, 2, 3$) 得到.

如果方程 (4.86) 中的积分收敛, 那么拟设 (4.87) 是有意义的. 它可以在低频以及高频处 (4.87) 处发散. 在低频处收敛的条件可以很容易得到, 它是和方程 (4.89) 收敛的条件相容的, 也就是说

$$2\gamma < -1 + \frac{\beta+4}{\alpha}. \quad (4.90)$$

将表达式 (4.87) 代入 (4.86), 可以得到在高频处收敛的条件. 这里不再详细介绍细节, 只给出最后的结果为

$$\gamma > \frac{\beta + \alpha - 1}{\alpha}. \tag{4.91}$$

上述两个条件意味着 β 必须小于 $3(2-\alpha)$. 在本节讨论的所有情况中, 都需要满足条件 (4.90) 和 (4.91). 回想一下, 假设 $\alpha < 1$, 否则动力学方程 (4.86) 不成立, 取而代之的是六波动力学方程. 非线性薛定谔方程 ($\beta = 0, \alpha = 2$) 是一个可积系统, 在这种情况下弱湍流理论不适用于任何其他阶的非线性模型.

当 $\alpha = \dfrac{1}{2}$ 时, 可以将公式 (4.86) 转换为

$$\frac{\partial N(\omega)}{\partial t} = 64\pi\omega^{4(\beta+1)}\left(S_1 + S_2 + S_3 + S_4\right). \tag{4.92}$$

下面给出积分 S_1, S_2, S_3 和 S_4,

$$u_0 = \frac{1+u}{1+u+u^2}, \quad u_1 = \frac{u}{1+u+u^2}, \quad u_2 = \frac{u(1+u)}{1+u+u^2},$$

$$S_1 = 2\int_0^1 u_0^{\beta+2} u_1^{\beta+3} u_2^{\beta-1} \left[n(u_0\omega)\,n(u_1\omega)\,n(u_2\omega) + n(\omega)n(u_0\omega)\,n(u_2\omega)\right.$$
$$\left. - n(\omega)n(u_0\omega)\,n(u_1\omega) - n(\omega)n(u_1\omega)\,n(u_2\omega)\right]du,$$

$$S_2 = \int_0^1 \left[n\left(u_1^{-1}\omega\right)n\left(u_1^{-1}u_2\omega\right)n\left(u_0 u_1^{-1}\omega\right) + n(\omega)n\left(u_1^{-1}u_2\omega\right)n\left(u_0 u_1^{-1}\omega\right)\right.$$
$$\left. - n(\omega)n\left(u_1^{-1}\omega\right)n\left(u_0 u_1^{-1}\omega\right) - n(\omega)n\left(u_1^{-1}\omega\right)n\left(u_1^{-1}u_2\omega\right)\right]$$
$$\times u_0^{\beta+2} u_1^{-3\beta-2} u_2^{\beta-1} du,$$

$$S_3 = \int_0^1 \left[n(u\omega)n\left(u_0^{-1}\omega\right)n\left(u_0^{-1}u_1\omega\right) + n(\omega)n\left(u_0^{-1}\omega\right)n\left(u_0^{-1}u_1\omega\right)\right.$$
$$\left. - n(\omega)n(u\omega)n\left(u_0^{-1}\omega\right) - n(\omega)n(u\omega)n\left(u_0^{-1}u_1\omega\right)\right]$$
$$\times u_0^{-3\beta-3} u_1^{\beta+2} u_2^{\beta} du,$$

$$S_4 = \int_0^1 \left[n\left(u^{-1}\omega\right)n\left(u_2^{-1}\omega\right)n\left(u_1 u_2^{-1}\omega\right) + n(\omega)n\left(u_2^{-1}\omega\right)n\left(u_1 u_2^{-1}\omega\right)\right.$$
$$\left. - n(\omega)n\left(u^{-1}\omega\right)n\left(u_1 u_2^{-1}\omega\right) - n(\omega)n\left(u^{-1}\omega\right)n\left(u_2^{-1}\omega\right)\right]$$
$$\times u_0^{\beta+2} u_1^{\beta+1} u_2^{-3\beta-4} du.$$

方程 (4.92) 可用于弱湍流的数值模拟.

4.2 一维波湍流

接下来, 寻找动力学方程的稳定解. 从方程式 (4.88) 和 (4.89) 很容易看出只有当 $\gamma = 0, 1$ 和 $y = 0, 1$ 时, 稳定性条件

$$\frac{\partial N(\omega)}{\partial t} = 0 \Leftrightarrow I(\alpha, \beta, \gamma) = 0 \tag{4.93}$$

才成立.

$\gamma = 0$ 代表热力学静态解

$$n(\omega) = c, \tag{4.94}$$

其中 c 是任意常数, 而 $\gamma = 1$ 则表示平衡解

$$n(\omega) \approx \omega^{-1} = |k|^{-\alpha}, \tag{4.95}$$

其源于更一般的 Rayleigh-Jeans 分布

$$n_{\mathrm{RJ}}(\omega) = \frac{c_1}{c_2 + \omega}. \tag{4.96}$$

方程 (4.94) 和 (4.95) 给出的解分别对应于波作用 N 和二次能量 E 的均值

$$N = \int n(k)dk = \int N(\omega)d\omega, \tag{4.97}$$

$$E = \int \omega(k)n(k)dk = \int \omega N(\omega)d\omega. \tag{4.98}$$

在粒子物理学中, 起波动作用的量是粒子的数量. 这些平衡解不是我们要找的, 因为我们对开放系统感兴趣, 在开放系统中, 能量被注入系统, 然后通过粘性阻尼或破碎波消散. 我们要找的是平稳的非平衡分布的解. $y = 0, 1$ 分别给出非均衡 Kolmogorov 型解

$$n(\omega) \approx \omega^{-2\beta/3\alpha - 1/\alpha + 1/3} = |k|^{-2\beta/3 - 1 + \alpha/3} \tag{4.99}$$

和

$$n(\omega) \approx \omega^{-2\beta/3\alpha - 1/\alpha} = |k|^{-2\beta/3 - 1}. \tag{4.100}$$

这两种解都依赖于交互系数的参数 β. 通过类比可知, 真实的海洋谱可以看作 Kolmogorov 型的[183].

对于 $\alpha = \frac{1}{2}$ 和 $\beta = 0$ 的情况, Kolmogorov 型的解是

$$n(\omega) \approx \omega^{-5/3} = |k|^{-5/6}, \tag{4.101}$$

$$n(\omega) \approx \omega^{-2} = |k|^{-1}. \tag{4.102}$$

这两种指数类型的解都满足 (4.90), (4.91) 的局部条件.

稳定非平衡态与运动积分通量有关, 即方程 (4.79) 中的 N 和方程 (4.80) 中的 E. 波作用通量和二次能量可以被定义为

$$Q(\omega) = -\int_0^\omega \frac{\partial N(\omega')}{\partial t} d\omega', \tag{4.103}$$

$$P(\omega) = -\int_0^\omega \omega' \frac{\partial N(\omega')}{\partial t} d\omega'. \tag{4.104}$$

事实上, 通量 (4.104) 并不是一个 "精确的" 能量通量. 表达式 (4.104) 仅在弱非线性的情况下有效. 更一般的情况将在后面讨论. 解 (4.99), (4.100), 分别与一个恒定的平均通量 Q_0 和 P_0 的波作用以及相应的二次能源相关. 现在, 提出一个物理论证, 它在决定 Kolmogorov 型谱的可实现性方面起着至关重要的作用 (更详细的论证在本节的末尾给出——参见 [146, 252]). 假设爆破在 $\omega = \omega_f$ 附近的某些频率下存在, 在 ω 接近零和 $\omega \gg \omega_f$ 处衰减. 弱湍流理论表明, 能量按预期从 ω_f 流向高频 (正向级联 $P_0 > 0$), 而波作用主要流向低频 (逆向级联 $Q_0 < 0$). 因此, 需要对通量进行评估, 以便在丰富的幂指数表达式 (4.99) 和 (4.100) 中, 选择那些可能带有阻尼和聚焦公式 (4.62) 的数值模拟中得到结果.

将式 (4.88) 代入式 (4.103) 和 (4.104) 中, 可以得到

$$Q_0 \propto \lim_{y \to 0} \frac{\omega^{-y}}{y} I, \quad P_0 \propto \lim_{y \to 1} \frac{\omega^{-y+1}}{y-1} I, \tag{4.105}$$

从而有

$$Q_0 \propto \left.\frac{\partial I}{\partial y}\right|_{y=0}, \quad P_0 \propto \left.\frac{\partial I}{\partial y}\right|_{y=1}. \tag{4.106}$$

根据方程 (4.89) 可知方程 (4.106) 的导数为

$$-\left.\frac{\partial I}{\partial y}\right|_{y=0} = \int_\Delta S(\xi_1, \xi_2, \xi_3)(1 + \xi_3^\gamma - \xi_1^\gamma - \xi_2^\gamma)\delta(1 + \xi_3 - \xi_1 - \xi_2)$$
$$\times \ln\left(\frac{\xi_1 \xi_2}{\xi_3}\right) \delta\left(\xi_1^{1/\alpha} + \xi_2^{1/\alpha} + \xi_3^{1/\alpha} - 1\right) d\xi_1 d\xi_2 d\xi_3,$$

$$\left.\frac{\partial I}{\partial y}\right|_{y=1} = \int_\Delta S(\xi_1, \xi_2, \xi_3)(1 + \xi_3^\gamma - \xi_1^\gamma - \xi_2^\gamma)\delta(1 + \xi_3 - \xi_1 - \xi_2)$$
$$\times (\xi_3 \ln \xi_3 - \xi_2 \ln \xi_2 - \xi_1 \ln \xi_1)$$

$$\times \delta\left(\xi_1^{1/\alpha} + \xi_2^{1/\alpha} + \xi_3^{1/\alpha} - 1\right) d\xi_1 d\xi_2 d\xi_3,$$

其中

$$S(\xi_1, \xi_2, \xi_3) = \frac{4\pi}{\alpha^4} (\xi_1 \xi_2 \xi_3)^{\beta/2\alpha + 1/\alpha - 1 - \gamma}.$$

上面每个积分的符号由下面的因子决定 (参见 [62])

$$f(\gamma) = 1 + \xi_3^\gamma - \xi_1^\gamma - \xi_2^\gamma.$$

当

$$\gamma < 0 \quad \text{或者} \quad \gamma > 1 \tag{4.107}$$

时, $f(\gamma)$ 是正的. 对于与 MMT 相同的 β 值以及附加值 $\beta = 3$, 根据 (4.99), (4.100), 表 4.2 给出了相应的频率斜率 (frequency slopes), 其中 Q_0, P_0 的符号是根据等式 (4.107) 得到的.

表 4.2 具有色散关系 $\omega = |k|^{1/2}$ 的模型系统的 Kolmogorov 型解 (4.62) 的波作用通量和二次能量的符号

β	-1	$-\frac{3}{4}$	$-\frac{1}{2}$	$-\frac{1}{4}$	0	3
γ_Q	$\frac{1}{3}$	$\frac{2}{3}$	1	$\frac{4}{3}$	$\frac{5}{3}$	$\frac{17}{3}$
Q_0 的符号	$+$	$+$	0	$-$	$-$	$-$
γ_P	$\frac{2}{3}$	1	$\frac{4}{3}$	$\frac{5}{2}$	2	6
P_0 的符号	$-$	0	$+$	$+$	$+$	$+$

通过计算可知, WT 理论在 $\beta = 0$ (而不是 [146] 中的 $\beta = -1$) 时最有效. 它们产生 $Q_0 < 0$ 和 $P_0 > 0$ 两种情况. MMT 给出了在 $\beta = 0$ 时数值和理论之间的最小差异. 谱斜率小于 Rayleigh-Jeans 分布 (即 $\gamma < 1$) 的情况是非物理的. 在保守状态下, 热力学平衡是最好的. 因此, 我们不能严格依赖于 $\beta = -1, -\frac{3}{4}$ 的 Kolmogorov 型指数解来与聚焦状态下的数值结果进行比较. $\beta = -\frac{1}{2}$ 的情况是一个关键的情况. 只有在 $\beta > -\frac{1}{2}$ 的情况下才有 "正则" 的 WT 理论. 在 $\beta = -\frac{1}{2}$ 时, 虽然我们发现 $P_1 > 0$, 但预测的是纯热力学平衡状态 (即 $\gamma = 1$), 而不是逆向级联. 然而, 这是无效的, 因为必须有一个有限的波动通量作用于 $\omega = 0$. 正向级联可能会受到这样或那样的影响, 而理论可能不适用于整个谱. 根据条件 (4.107), 我们推导出的波的作用通量和能量通量在如下参数范围内同时具有正确的符号

$$\beta < -\frac{3}{2} \quad \text{和} \quad \beta > 2\alpha - \frac{3}{2} \tag{4.108}$$

或者

$$\beta < -\frac{3}{2} \quad \text{和} \quad \beta > -\frac{1}{2}, \quad \text{当} \ \alpha = \frac{1}{2}. \tag{4.109}$$

由于非线性强度随 β 的增大而增大, 因此 $\beta < -\frac{3}{2}$ 非常接近于线性问题情况, 从一般的观点来看它并不很有趣, 并且可能给数值计算带来一些困难.

进一步地, 假设 $\alpha = \frac{1}{2}$ 和 $\beta = 0$, 那么我们可以得到如下的谱

$$n(\omega) = aP^{1/3}\omega^{-2}, \tag{4.110}$$

其中 P 是流向高频的能量通量,

$$a = \left(\left.\frac{\partial I}{\partial y}\right|_{y=1}\right)^{-1/3} \tag{4.111}$$

是 Kolmogorov 常数. 通过数值计算可以得到

$$a = 0.376. \tag{4.112}$$

有趣的是, 在这种情况下, 波场的谱密度 $n(k)$ 与自由表面高度的谱密度 $E(\omega)$ 之间的联系为

$$E(\omega)d\omega = \omega_k n(k)dk,$$

在这种情况下, E 近似于常数, 但是这并不是均分. 相比较之下, 对于 Rayleigh-Jeans 谱 $n(k) \approx 1/\omega$, 或 $E \approx \omega$, 这是真实的均分.

动力学方程 (4.86) 的一般湍流解具有如下形式

$$n_k = \frac{P^{1/3}}{\omega^{2\beta/3-1}} F\left(\frac{Q_\omega}{P}\right),$$

其中 F 是单变量的函数, P 是能量通量 (4.104), Q 是波作用通量 (4.103). 这个解的意义为, 在 $\omega = 0$ 处有一个强度 P 的能量源, 在 $\omega \to \infty$ 处有一个强度 $-Q$ 的波作用源, 通量 P 和 Q 向相反方向流动 ($P > 0$ 和 $Q < 0$). 如果其中一个源的强度为零, 就会得到两个非平衡 KZ 解中的一个.

在实际情况中, 即使只有一个源头, 平稳分布的存在性要求在大的和小的 ω 处都存在阻尼区域. 在存在阻尼和线性不稳定性时, 表达式 (4.71) 可以写成

$$i\frac{\partial \hat{\psi}_k}{\partial t} = \frac{\delta H}{\delta \hat{\psi}_k^*} + iD(k)\hat{\psi}_k, \tag{4.113}$$

4.2 一维波湍流

其中 $D(k)$ 为阻尼 ($D(k) < 0$) 或不稳定增长速率 ($D(k) > 0$).

波作用 N 等于 $\int \left|\hat{\psi}_k\right|^2 dk$. 根据 (4.113) 可以得到描述波作用平衡的精确方程

$$Q = \frac{dN}{dt} = 2\int D(k)\left|\hat{\psi}_k\right|^2 dk, \tag{4.114}$$

求平均后可以得到

$$\langle Q\rangle = \frac{d\langle N\rangle}{dt} = 2\int D(k)n_k dk. \tag{4.115}$$

波作用 $\langle Q\rangle$ 的总平均通量在任何非线性水平上都是 n_k 的线性泛函.

对于总能量通量, 有精确的表达式

$$\frac{dH}{dt} = 2\int \omega(k)D(k)\left|\hat{\psi}_k\right|^2 dk + \frac{\lambda}{2}\int [D(k_1)+D(k_2)+D(k_3)+D(k)]$$
$$\times T_{123k}\hat{\psi}_1\hat{\psi}_2\hat{\psi}_3^*\hat{\psi}_k^*\delta(k_1+k_2-k_3-k)\,dk_1 dk_2 dk_3 dk. \tag{4.116}$$

求平均后可以得到

$$\frac{d\langle H\rangle}{dt} = 2\int \omega(k)D(k)n_k dk + \frac{\lambda}{2}\int [D(k_1)+D(k_2)+D(k_3)+D(k)]$$
$$\times T_{123k}\operatorname{Re} J_{123k}\delta(k_1+k_2-k_3-k)\,dk_1 dk_2 dk_3 dk. \tag{4.117}$$

如果非线性较弱, 则可以得到表达式 (4.117) 的右侧. 在这种情况下, 假设它们是高斯分布的, 那么有 (见 (4.83))

$$\operatorname{Re} J_{123k} \approx n_1 n_2 \left[\delta(k_1-k_3)+\delta(k_1-k)\right]. \tag{4.118}$$

经过简单的计算可以得到

$$\frac{d\langle H\rangle}{dt} = 2\int \widetilde{\omega}(k)D(k)n_k dk, \tag{4.119}$$

其中

$$\widetilde{\omega}(k) = \omega(k) + 2\lambda \int T_{1k}n(k_1)\,dk_1$$

为重整化频率 (T_{1k} 的定义见表 4.1).

当 $\beta = 0, T_{1k} = 1$ 时, 我们有

$$\frac{d\langle H\rangle}{dt} = 2\int \omega(k)D(k)n_k dk + 2\lambda N\langle Q\rangle. \tag{4.120}$$

在强非线性情况下, 总能量通量的估计比较复杂. 我们将证明在波爆破的情况下, 相干结构可以在不携带任何能量的情况下消散并将波的作用带到大波数区域.

在稳定状态下, 当波相互作用满足 $\langle Q \rangle = 0, d\langle H \rangle/dt = 0$ 时, 波的作用和总能量守恒. 回到弱非线性的情况, 我们把平衡方程写成

$$\int D(k)n_k dk = 0, \quad \int \omega(k)D(k)n_k dk = 0. \tag{4.121}$$

在这种特殊情况下, 频率的重整化不影响平衡方程. 总能量通量可用二次能量通量 P 代替.

平衡式 (4.121) 可以改写为

$$Q_0 = Q^+ + Q^-, \quad P_0 = P^+ + P^-, \tag{4.122}$$

其中 Q_0 和 P_0 是不稳定区域 $\omega \approx \omega_0$ 的波的作用和能量的输入, Q^+ 和 P^+ 是波的作用和能量在高频区域 $\omega \approx \omega^+$ 的汇点, Q^- 和 P^- 是波作用和能量在低频区域 $\omega \approx \omega^-$ 的汇点.

粗略地说,

$$P_0 \approx \omega_0 Q_0, \quad P^+ \approx \omega^+ Q^+, \quad P^- \approx \omega^- Q^-, \tag{4.123}$$

所以

$$Q_0 = Q^+ + Q^-, \quad \omega_0 Q_0 \approx \omega^+ Q^+ + \omega^- Q^-. \tag{4.124}$$

因此我们有

$$\frac{Q^+}{Q^-} \approx \frac{\omega_0 - \omega^-}{\omega^+ - \omega_0}, \quad \frac{P^+}{P^-} \approx \frac{\omega^+}{\omega^-}\frac{\omega_0 - \omega^-}{\omega^+ - \omega_0}. \tag{4.125}$$

当 $\omega^- \approx \omega_0 \ll \omega^+$ 时, 有

$$\frac{Q^+}{Q^-} \approx \frac{\omega_0 - \omega^-}{\omega^+}, \quad \frac{P^+}{P^-} \approx \frac{\omega_0 - \omega^-}{\omega^-}. \tag{4.126}$$

换句话说, 如果 $\omega_0 \ll \omega^+$, 大部分的波的作用在低频被吸收. 在这两个范围内吸收的能量有相同的数量级. 另外, 如果 $\omega^- \ll \omega_0, P^+ \gg P^-$, 大部分能量在高频被吸收. 这两种平衡情况如图 4.1 所示.

这些结论只有在湍流近似高斯分布的假设下才有效.

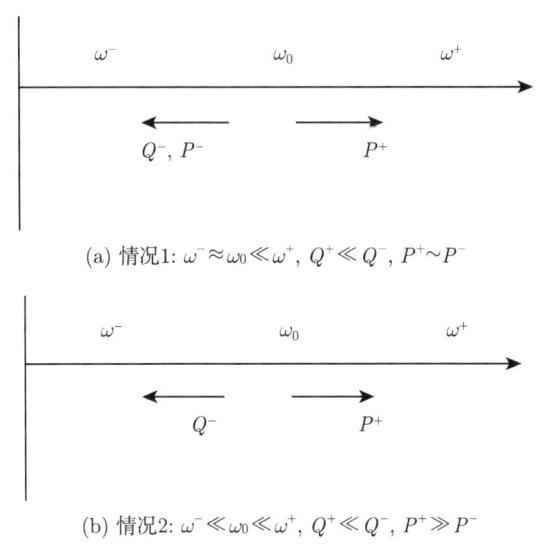

(a) 情况1: $\omega^- \approx \omega_0 \ll \omega^+$, $Q^+ \ll Q^-$, $P^+ \sim P^-$

(b) 情况2: $\omega^- \ll \omega_0 \ll \omega^+$, $Q^+ \ll Q^-$, $P^+ \gg P^-$

图 4.1 平衡的两种特殊情况. 通量的方向由箭头表示[①]

4.2.2 孤子和准孤子之间的区别

4.2.1 节概述了弱湍流理论, 波的湍流经常受到相干结构的影响. 在本节中, 我们介绍两种相干结构: 孤子和准孤子[251]. 形式上, 孤子和准孤子定义为表达式 (4.67) 的解

$$\hat{\psi}_k(t) = e^{i(\Omega - kV)t}\hat{\phi}_k, \tag{4.127}$$

这里 Ω 和 V 是常数. 在物理空间中

$$\psi(x,t) = e^{i\Omega t}\xi(x - Vt), \tag{4.128}$$

其中 $\xi(\cdot)$ 是 $\hat{\phi}_k$ 的傅里叶逆变换, V 是孤子或准孤子速度. 因此振幅 $|\psi(x,t)| = |\xi(x - Vt)|$ 的形式在传播过程中不发生变化. $\hat{\phi}_k$ 满足积分方程

$$\hat{\phi}_k = -\frac{\lambda}{\Omega - kV + \omega(k)} \int T_{123k}\hat{\phi}_1\hat{\phi}_2\hat{\phi}_3^*\delta(k_1 + k_2 - k_3 - k)\,dk_1dk_2dk_3. \tag{4.129}$$

接下来引入函数

$$T(k) = \lambda \int T_{123k}\hat{\phi}_1\hat{\phi}_2\hat{\phi}_3^*\delta(k_1 + k_2 - k_3 - k)\,dk_1dk_2dk_3 \tag{4.130}$$

和

[①] 图 4.1 和图 4.2 引用文献: Zakharov V, Dias F, Pushkarev A. One-dimensional wave turbulence. Physics Reports, 2004, 398: 1-65.

$$F = -\Omega + kV - \omega(k) = -\Omega + kV - |k|^\alpha. \tag{4.131}$$

物理量 $\hat{\phi}_k$ 的形式如下

$$\hat{\phi}_k = \frac{T(k)}{F}. \tag{4.132}$$

不难看出 $\hat{\phi}_k$ 的主要特征是分母 $\Omega - kV + \omega(k)$ 的存在. 如果这个分母在实轴 $k \in \mathbb{R}$ 上没有零点, 那么就可能存在孤子. 当 $T(0) = 0$ 且分母只在 $k = 0$ 时存在零点, 那么它们也可能存在孤子. 在这种情况下, $\Omega = 0$, 如果表达式 (4.132) 中的分子和分母零点相互抵消, 那么孤子可能存在. Korteweg-de Vries 方程中的 "经典" 孤子属于这种情况. MMT 模型中的孤子将在后面的部分讨论. 四种典型的 "孤子" 情况如图 4.2 所示. $\hat{\phi}_k$ 在波数 k_m 附近急剧局域化. 图 4.2(b) 所示的

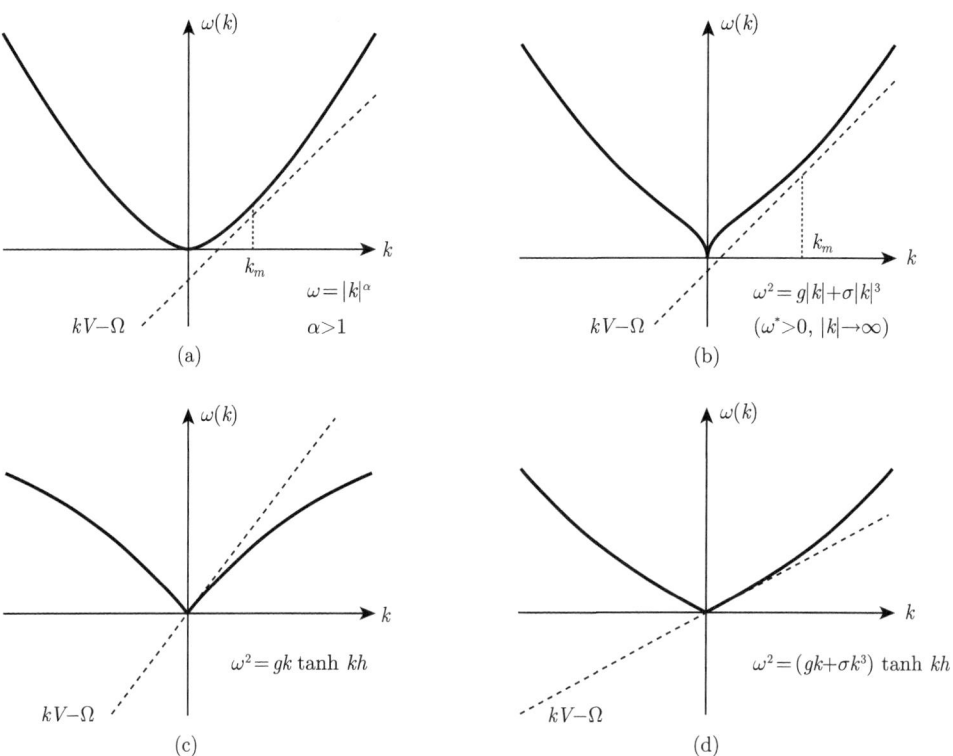

图 4.2 四个典型的 "孤子" 情形. (a) 色散关系为 $\omega = |k|^\alpha$, 其中 $\alpha > 1$. 对于 $\mathbb{R}$ 中的所有 k, 常数 Ω 是正的, 函数 F 是负的. $\alpha = 2$ 的情况对应于非线性薛定谔方程的色散关系. (b) 色散关系为 $\omega^2 = g|k| + \sigma|k|^3$, 其中 g 为重力加速度, σ 为表面张力系数. 常数 Ω 是正的, 但很小. 这种情况对应于毛细管重力波的稳定包络孤子. (c) 色散关系为 $\omega^2 = gk \tanh kh$. 这是重力波在有限深度流体层 (h) 表面的色散关系. 这种情况相当于浅水重力波的孤子. 它们的速度 V 大于 $\sqrt{gh}$. 常数 Ω 等于 0. (d) 离散关系为 $\omega^2 = (gk + \sigma k^3) \tanh kh$, 其中 $\sigma > gh^2/3$. 这种情况对应于常浅水上的毛细-重力波. 孤子速度 V 小于 $\sqrt{gh}$. 常数 Ω 等于 0

案例被广泛研究. 当相速度 $\omega(k)/k$ 在非零波数出现局部最小值时, 频谱 $\omega(k)$ 出现间隔. 根据群体的不同, 这种情况有不同的名称: 水波群体中带有阻尼振荡的毛细管重力波 (举例见 [49, 227])、冰波群体中 (举例见 [178]) 带有衰减振荡的冰波、理论物理群体中的 Cherenkov 辐射 (举例见 [251]). 最小相速度的存在类似于超流氦中声子-质子能谱朗道临界速度的存在性 (举例见 [184]).

4.2.3 聚焦 MMT 模型中的孤子和爆破

文献 [250] 表明 "真" 孤子只存在于聚焦的 MMT 模型 ($\lambda = -1$) 中. 孤子的结构主要取决于 α 的值. 如 4.2.2 节所述, 对于 $\alpha > 1$, 速度 V 的任意值都存在孤子. 然而, 当 $\alpha < 1$ 时, 孤子的速度只能为零. 它们都是方程 (4.67) 如下形式的解

$$\hat{\psi}_k(t) = e^{i\Omega t}\hat{\phi}_k, \tag{4.133}$$

其中 Ω 是一个正的常数. 在物理空间中,

$$\psi(x,t) = e^{i\Omega t}\xi(x), \tag{4.134}$$

其中 $\xi(x)$ 是 $\hat{\phi}_k$ 的傅里叶逆变换. 振幅 $\hat{\phi}_k$ 满足积分方程

$$(\Omega + |k|^\alpha)\hat{\phi}_k = \int |k_1 k_2 k_3 k|^{\beta/4} \hat{\phi}_1 \hat{\phi}_2 \hat{\phi}_3^* \delta(k_1 + k_2 - k_3 - k)\, dk_1 dk_2 dk_3. \tag{4.135}$$

自由参数 Ω 可以通过尺度变换来消除

$$\hat{\phi}_k = \Omega^{-\beta/2\alpha + 1/2 - 1/\alpha}\chi(K), \quad K = \Omega^{-1/\alpha}k, \tag{4.136}$$

其中 $\chi(K)$ 满足方程

$$(1 + |K|^\alpha)\chi(K)$$
$$= \int |K_1 K_2 K_3 K|^{\beta/4}\chi_1\chi_2\chi_3^*\delta(K_1 + K_2 - K_3 - K)\, dK_1 dK_2 dK_3. \tag{4.137}$$

孤子中总的波作用为

$$N = \int \left|\hat{\phi}_k\right|^2 dk = \Omega^{-\beta/\alpha + 1 - 1/\alpha} N_0, \tag{4.138}$$

其中

$$N_0 = \int |\chi|^2 dK. \tag{4.139}$$

稳定性问题可以通过计算 $\partial N/\partial \Omega$ 来给出. 众所周知 (见例子 [130]), 当 $\partial N/\partial \Omega > 0$ 时, 孤子是稳定的. 在我们的例子中它可以表示为

$$\frac{\partial N}{\partial \Omega} = -\left(\frac{\beta - \alpha + 1}{\alpha}\right)\frac{N}{\Omega}. \tag{4.140}$$

当 $\beta < \alpha - 1$ 时, 孤子是稳定的, 否则孤子是不稳定的. 对于 $\alpha = \frac{1}{2}$, 孤子不稳定的条件为

$$\beta > -\frac{1}{2}. \tag{4.141}$$

孤子不稳定性表明在负非线性情况下, 典型的相干结构是一个塌缩奇点. 通常, 这种奇异点的形成是由初始方程的自相似解来描述的. 方程 (4.67) 有如下自相似解:

$$\hat{\psi}_k(t) = (t_0 - t)^{p + i\varepsilon}\chi(K), \quad K = k(t_0 - t)^{1/\alpha}, \quad p = \frac{\beta - \alpha + 2}{2\alpha}, \tag{4.142}$$

其中 ε 是一个未知的实常数. 常数 ε 实际上是 $\chi(K)$ 的非线性边值问题的特征值:

$$\mathrm{i}(p + \mathrm{i}\varepsilon)\chi + \frac{\mathrm{i}}{\alpha}K\chi' + |K|^\alpha\chi$$
$$- \int |K_1 K_2 K_3 K|^{\beta/4} \chi_1 \chi_2 \chi_3^* \delta(K_1 + K_2 - K_3 - K) dK_1 dK_2 dK_3 = 0. \tag{4.143}$$

边界条件将在下面给出.

当 $t \to t_0$ 时, 解 (4.142) 应该是有限的. 这个要求使得 $\chi(K)$ 有以下渐近行为:

$$|\chi(K)| \to 常数 \times K^{-\beta/2 + \alpha/2 - 1}, \quad K \to 0. \tag{4.144}$$

在 $t = t_0$ 时刻, 解 (4.142) 变成类幂次函数

$$\left|\hat{\psi}_k\right| \to 常数 \times k^{-v}, \quad v = \alpha p = \frac{\beta - \alpha + 2}{2}. \tag{4.145}$$

实际上, 该自相似解是在物理空间的 L 阶有限域内实现的. 因此, 解 (4.145) 应该在 $k \approx 1/L$ 处截断. 在傅里叶空间中, 解 (4.145) 表示一个幂次 "尾巴" (4.145) 的形成. 集中在此尾巴上的波作用一定是有限的. 因此, 下列积分

$$\int_0^\infty \left|\hat{\psi}_k\right|^2 dk \tag{4.146}$$

在 $k \to \infty$ 时是收敛的. 收敛性需要参数满足

$$\beta > \alpha - 1, \tag{4.147}$$

这与孤子不稳定性的条件是一致的.

将 (4.142) 代入傅里叶空间 (4.70) 中的哈密顿量可以得到

$$H = \int \omega(k) \left|\hat{\psi}_k\right|^2 dk - \frac{1}{2} \int T_{123k} \hat{\psi}_1 \hat{\psi}_2 \hat{\psi}_3^* \hat{\psi}_k^* \delta(k_1 + k_2 - k_3 - k) \, dk_1 dk_2 dk_3 dk$$
$$= (t_0 - t)^{\beta/\alpha - 2 + 1/\alpha} H_0, \tag{4.148}$$

其中

$$H_0 = -\frac{1}{2} \int |K_1 K_2 K_3 K|^{\beta/4} \chi_1 \chi_2 \chi_3^* \chi^* \delta(K_1 + K_2 - K_3 - K) \, dK_1 dK_2 dK_3 dK$$
$$+ \int |K|^\alpha |\chi|^2 dK.$$

如果 $\alpha - 1 < \beta < 2\alpha - 1$, 除非

$$H_0 = 0, \tag{4.149}$$

否则当 $t \to t_0$ 时有 $H \to \infty$. 恒等式 (4.149) 是在整个区间 $\alpha - 1 < \beta < 2\alpha - 1$ 上成立的. 方程 (4.143) 的解必须在 β 中连续. 这同样适用于 H. 因此 H_0 在区间的边界处必须等于 0, 特别地, 当 $\beta = 2\alpha - 1$ 时它也成立. 条件 (4.149) 对常数 ε 施加了一个隐式约束. 实际上, 它只能对特定的 ε 值有效, 这个特定值是具有边界条件的边界问题 (4.143) 的一个特征值

$$|\chi(K)| \to 常数 \times K^{-\beta/2 + \alpha/2 - 1}, K \to 0 \quad 且 \quad |\chi(K)| \to 0, |K| \to \infty.$$

当 $\beta > 2\alpha - 1$ 时, 若 $t \to t_0$, 则有 $H \to 0$. H_0 的值则没有限制. 如果式 (4.145) 中 $v < 1$, 即 $\alpha - 1 < \beta < \alpha$ 时, 坍塌可以看作物理空间中可积奇点的形成. 如果 $v > 1$, 即 $\beta > \alpha$, 奇异点是由函数 $\psi(x)$ 或其导数的不连续性产生的.

奇异点的形成使得在傅里叶空间中形成了一个类似幂次形式的谱

$$n_k = \left\langle \left|\hat{\psi}_k\right|^2 \right\rangle \approx |k|^{-2v} = |k|^{-\beta + \alpha - 2}. \tag{4.150}$$

假设在哈密顿量 H (4.148) 中, 二次项 (线性部分) 和四次项 (非线性部分) 的数量级相同, 则可以精确地给出估计式 (4.150). 在较大的波数 (或较大的频率) 下, 频

谱 (4.150) 比 Kolmogorov 谱衰减更快. $\alpha = \frac{1}{2}, \beta = 0$ 则为边界条件 ($\beta = 2\alpha - 1$). 在这种情况下, 可得到

$$n_k \approx |k|^{-3/2} = \omega^{-3}, \tag{4.151}$$

而 KZ 谱中则为 $n_k \approx |k|^{-1}$. 二次能量

$$E = \int e(k,t)dk \approx \int \frac{1}{\omega}d\omega$$

在 $\omega \to \infty$ 时以对数形式发散. 这并不矛盾, 因为在任何爆破结构中总能量都是零.

通过与深水重力波的类比, 我们更详细地研究 $\alpha = \frac{1}{2}, \beta = 3$ 的情况. 谱表达式 (4.150)

$$n_k \approx |k|^{-9/2} = \omega^{-9} \tag{4.152}$$

可以类比于著名的深水波的 "ω^{-5} 谱", 它可以被称为 Phillips 谱[118]. KZ 谱为 $n_k \approx |k|^{-3}$. 对于这两个谱, 当 $\omega \to \infty$ 时, 总能量的二次部分是收敛的.

自由曲面的形状为

$$\eta_k = \frac{|k|^{1/4}}{\sqrt{2}} \left(\hat{\psi}_k + \hat{\psi}_{-k}^* \right). \tag{4.153}$$

由于 $\left\langle |\hat{\psi}_k| \right\rangle^2 \approx |k|^{-9/2}$, 因此我们可以得到 $\langle |\eta_k| \rangle^2 \approx |k|^{-4}$, 这意味着一阶空间导数的不连续与 Phillips 谱初始假设一致. 自由地表海拔 (free-surface elevation) 的谱密度 $e(k,t) = \omega(k)n(k,t)$ 为 $\left\langle |\eta_k|^2 \right\rangle$, 因此我们可以得到 $e(k) \approx |k|^{-4}$. 这个结果在一维和二维情况下都成立. 需要注意的是, Phillips 谱 $E(\omega) \approx \omega^{-5}$ 仅在二维情况下成立. 在一维情况下, 有

$$E(\omega)d\omega = e(k)\frac{dk}{d\omega}d\omega,$$

以及 $E(\omega) \approx \omega^{-7}$. 这是一维膨胀的极限谱. 同时, 波湍流的 KZ 谱 $E(\omega)$ 在任何维数上都可以表示为 $\langle |\eta_k|^2 \rangle \approx |k|^{-5/2}$.

在本节中, 已经证明了聚焦情况下奇点的形成使得谱比 KZ 谱更陡峭. 在 4.2.4 节中, 将描述相干结构在散焦情况下的影响.

4.2.4 散焦 MMT 模型中的准孤子

文献 [250] 表明准孤子是散焦 MMT 模型 ($\lambda = 1$) 中的重要结构. 对于准孤子来说, 允许方程 (4.129) 中的分母在 $k = k_0$ 处为零, 并且假设 $\hat{\phi}_k$ 在波数 $k = k_m$ 附近是一个急促局域化的函数. 令 $\hat{\phi}_k$ 的宽度在 $k = k_m$ 附近是 q.

回顾 $T(k)$ 的表达式 (4.130), 我们期望有

$$T(k_0) \approx e^{-C|k_m-k_0|/q} T(k_m), \qquad (4.154)$$

其中 C 是一个常数. 换句话说, $\hat{\phi}_k$ 在 $k=k_0$ 处有一个极点, 但是在这个极点处的留数是指数小的. 这也意味着方程 (4.128) 的解并不是完全局域化的, 而是一个非常小振幅的单色波, 当 $x \to -\infty$ 时, 波数为 $k=k_0$.

实际上, 准孤子是局域的. 它们向后辐射波数为 k_0 的准单色波. 如果 $q/k_m \ll 1$, 这种辐射是一个非常缓慢的过程. 根据下述方程可以导出准孤子的速度 V:

$$\left.\frac{\partial F}{\partial k}\right|_{k=k_m} = 0. \qquad (4.155)$$

这意味着

$$V = \alpha k_m^{\alpha-1}. \qquad (4.156)$$

对于傅里叶空间中较窄的准孤子, Ω 的形式为

$$\Omega = (\alpha-1)k_m^\alpha \left(1 + \frac{1}{2}\alpha\left(\frac{q}{k_m}\right)^2\right), \qquad (4.157)$$

其中 $q/k_m \ll 1$. 因此我们有

$$F = k_m^\alpha - |k|^\alpha + \alpha k_m^{\alpha-1}(k-k_m) + \frac{1}{2}\alpha(1-\alpha)k_m^{\alpha-2}q^2. \qquad (4.158)$$

对于任意 k_m, 如果 $\alpha<1$, F 在 $k=k_0<0$ 处有一个零点. 因此, $1/F$ 总是在负实轴上有一个极点, 孤子 (4.129) 不可能是实孤子. 但如果 $q \ll k_m$, 那么 $1/F$ 在 $k \approx k_m$ 处有一个急剧的极大值. 引入新的符号 $\kappa = |k-k_m|$, 我们可以得到一个近似表达式

$$F \approx \frac{1}{2}\alpha(1-\alpha)k_m^{\alpha-2}\left(\kappa^2+q^2\right), \qquad (4.159)$$

此外还可以给出 $1/F$ 的最大值的宽度为

$$\kappa \approx q. \qquad (4.160)$$

如果 $\kappa \ll |k_0|$, 那么可以在傅里叶空间 k_m 附近构造准孤子. 在一般情况下都有 $|k_0| \approx k_m$. 如果 $\alpha = \frac{1}{2}$ 和 $q=0$, 可以很容易得到

$$k_0 = -(\sqrt{2}-1)^2 k_m. \qquad (4.161)$$

准孤子以 $V(k_m)$ 的速度向右移动, 并向外辐射波数 k_0 的后向单色波. 当 $q \to 0$ 时, 准孤子的形状找到. 此时 $\kappa \ll k_m$, 我们有如下形式的近似

$$T(k) \approx k_m^\beta \int \hat{\phi}_1 \hat{\phi}_2 \hat{\phi}_3^* \delta(\kappa_1 + \kappa_2 - \kappa_3 - \kappa) d\kappa_1 d\kappa_2 d\kappa_3. \tag{4.162}$$

考虑方程 (4.159), 可以将方程 (4.129) 改写为

$$\frac{1}{2}\alpha(1-\alpha)k_m^{\alpha-2}\left(\kappa^2 + q^2\right)\hat{\phi}_\kappa$$
$$= k_m^\beta \int \hat{\phi}_1 \hat{\phi}_2 \hat{\phi}_3^* \delta(\kappa_1 + \kappa_2 - \kappa_3 - \kappa) d\kappa_1 d\kappa_2 d\kappa_3. \tag{4.163}$$

使用傅里叶逆变换, 可以将 (4.163) 转化为静态的非线性薛定谔方程

$$\frac{1}{2}\alpha(1-\alpha)k_m^{\alpha-2}\left(-\frac{\partial^2\phi}{\partial x^2} + q^2\phi\right) = k_m^\beta |\phi|^2 \phi, \tag{4.164}$$

其中孤子解为

$$\phi(x) = \sqrt{\frac{\alpha(1-\alpha)}{k_m^{\beta-\alpha+2}}} \frac{q}{\cosh qx}. \tag{4.165}$$

当 $\lambda = 1$ 时, 我们给出方程 (4.62) 的近似准孤子解如下:

$$\psi(x,t) = \phi(x - Vt)\mathrm{e}^{\mathrm{i}\Omega t}\mathrm{e}^{\mathrm{i}k_m(x-Vt)},$$
$$\Omega = -(1-\alpha)k_m^\alpha - \frac{1}{2}\alpha(1-\alpha)k_m^{\alpha-2}q^2, \tag{4.166}$$
$$V = \alpha k_m^{\alpha-1}.$$

准孤子解 (4.166) 是一种 "包络孤子". 在文献 [250] 中, 作者给出直接寻找这种形式解的方法, 即可以从式 (4.62) 中根据泰勒展开给出这种形式的解

$$\psi(x,t) = U(x,t)\mathrm{e}^{-\mathrm{i}(1-\alpha)k_m^\alpha t}\mathrm{e}^{\mathrm{i}k_m(x-Vt)}. \tag{4.167}$$

对领头项来说, U 需要满足非静态非线性薛定谔方程

$$\mathrm{i}\left(\frac{\partial U}{\partial t} + V\frac{\partial U}{\partial x}\right) = \frac{1}{2}\alpha(1-\alpha)k_m^{\alpha-2}\frac{\partial^2 U}{\partial x^2} + k_m^\beta |U|^2 U, \tag{4.168}$$

它有如下形式的孤子解

$$U(x,t) = \phi(x - Vt)\exp\left(-\frac{1}{2}\mathrm{i}\alpha(1-\alpha)k_m^{\alpha-2}q^2 t\right). \tag{4.169}$$

4.2 一维波湍流

为了更精确地找到准孤子的形状, 我们应该在泰勒展开中保留更多的项. 展开式应该以参数 q/k_m 的幂次为单位. 需要注意的是, 我们无法找到准孤子的存在时间. 只知道它的存在时间随着 $\mathrm{e}^{|k_0|/q}$ 的增长而增长, 其计算超出了摄动展开的范围.

事实上, 参数 q/k_m 对于准孤子是至关重要的. 它越小, 准孤子越接近 "真正的孤子". 准孤子的振幅与 q/k_m 成正比. 小振幅准孤子满足可积非线性薛定谔方程, 它是稳定的. 对于有限振幅的准孤子则不明显. 我们可以猜想, 至少在 $\beta > 0$ 的情况下, 当不禁止坍塌时, 准孤子的振幅存在一个临界值. 高于这个值, 它是不稳定的, 并在有限时间内产生奇点. 我们的数值实验证实了 $\beta = 3$ 的猜想.

准孤子以不同的速度运动并发生碰撞. 当准孤子振幅较小且速度接近时, 它们满足非线性薛定谔方程, 相互作用具有弹性. 人们可以猜想, 即使小振幅准孤子的速度有很大的不同, 此种理论也同样适用于它们. 这对于中等振幅的准孤子是不明显的. 人们可以推测它们的相互作用是非弹性的: 它们融合并形成一个振幅更大的准孤子.

4.2.5 数值方法的简要描述

对模型进行数值计算所采用的直接方法与文献 [146] 中所采用的方法相似. 为了观察正向级联和逆向级联, 完整的积分方程为

$$\mathrm{i}\frac{\partial \hat{\psi}_k}{\partial t} = \lambda \int T_{123k} \hat{\psi}_1 \hat{\psi}_2 \hat{\psi}_3^* \delta(k_1 + k_2 - k_3 - k) \, dk_1 dk_2 dk_3 \\ + \mathrm{i}[F(k) + D(k)]\hat{\psi}_k + \omega(k)\hat{\psi}_k. \tag{4.170}$$

聚焦项 F 和阻尼项 D 的表达式为

$$F(k) = \sum_j f_j \delta(k - k_j) \quad \text{且} \quad D(k) = -v^- |k|^{-d^-} - v^+ |k|^{d^+}.$$

聚焦项 $F(k)$ 表示局域在窄带内的局域不稳定性. 阻尼部分 $D(k)$ 包含大尺度下的波作用汇和小尺度下的能量汇. 如果假设两种不同通量从搅拌区向相反的 k-方向流动, 则汇聚点的存在是达到静止状态所必需的. 在我们的实验中, 令 $d^- = 8$ 和 $d^+ = 16$. 使用高阶黏度 (也称为高黏度) 的目的是将惯性和耗散范围明显地分开, 以尽量减少模拟光谱中中等尺度耗散的影响. 就 4.2.1 节而言, 我们介绍小波数时波作用的耗散率和二次能量

$$Q^- = 2 \int_{k < k_f} v^- |k|^{-d^-} \left|\hat{\psi}_k\right|^2 dk, \tag{4.171}$$

$$P^- = 2\int_{k<k_f} v^-|k|^{-d^-}\omega(k)\left|\hat{\psi}_k\right|^2 dk, \qquad (4.172)$$

对于较大的波数有

$$Q^+ = 2\int_{k>k_f} v^+|k|^{d^+}\left|\hat{\psi}_k\right|^2 dk, \qquad (4.173)$$

$$P^+ = 2\int_{k>k_f} v^+|k|^{d^+}\omega(k)\left|\hat{\psi}_k\right|^2 dk, \qquad (4.174)$$

其中 k_f 为强制的特征波数.

傅里叶模式的周期区间内根据拟谱代码求解方程 (4.170). 我们定义离散傅里叶变换 (FT) 为

$$\hat{\psi}(k_n) = \hat{\psi}_n = \mathrm{FT}(\psi_j) = \frac{1}{N_d}\sum_{j=0}^{N_d-1}\psi_j \mathrm{e}^{-\mathrm{i}k_n x_j}, \qquad (4.175)$$

以及离散傅里叶逆变换 $\left(\mathrm{FT}^{-1}\right)$ 为

$$\psi(x_j) = \psi_j = \mathrm{FT}^{-1}\left(\hat{\psi}_n\right) = \sum_{n=-N_d/2+1}^{N_d/2}\hat{\psi}_n \mathrm{e}^{\mathrm{i}k_n x_j}, \qquad (4.176)$$

其中, N_d 为网格点个数, $k_n = 2\pi n/L$ 为第 n 个波数, $x_j = jL/N_d$ 为第 j 个网格点的位置, L 为计算域的大小, $0 < x < L$. 我们通常选择 $L = 2\pi$, 这样 k_n 是整数, 并且傅里叶空间中的间距是 $\Delta k = 1$.

在我们的实验中, 沿着谱区间定义的积分的量以离散形式计算, 而没有任何重整化. 例如, 我们用

$$N = \sum_{n=-N_d/2+1}^{N_d/2}\left|\hat{\psi}_n\right|^2 \qquad (4.177)$$

表示波作用, 用

$$E = \sum_{n=-N_d/2+1}^{N_d/2}\omega(k_n)\left|\hat{\psi}_n\right|^2 \qquad (4.178)$$

表示能量的二次部分. 用积分因子技术对线性频率项进行精确处理, 从而将其从时步法过程中消去. 正如 MMT 所强调的, 该问题的自然刚度以及可能的数值不稳定性可以因此被避免. 因此, 我们不需要通过降低紫外吸收的截止点来缩短惯性间隔 (如 [189]). 非线性项通过快速傅里叶变换计算, 首先将其转换到实空间,

4.2 一维波湍流

在实空间中计算乘法, 然后再将其转换回谱空间. 对于乘法运算, 为了避免混淆误差, 需要两倍于有效网格点数. 四阶龙格-库塔方法对保守模型进行时间积分, 给出了在每一时间步长 Δt 上都应用对角因子 $\exp([F(k) + D(k)]\Delta t)$ 的解. 为了达到目的, 没有必要使用辛积分 (关于必须使用辛积分的情况, 请参见示例 [18]).

对方程 (4.170) 进行了一系列的数值模拟, 其分辨率达到 $N_d = 2048$ 处理模式. 仔细检查非线性的影响程度是很重要的. 以文献 [41, 186] 为例, 对于非常弱的非线性, 能够参与共振的模态, 即主动模态是非常稀疏的. 因此, 存在一个非线性的临界水平, 低于这个临界水平的能量级联是不可能的. 文献 [216] 通过直接数值模拟研究了谱离散化对表面重力波弱湍流演化的影响.

第 5 章　物理信息神经网络与可积模型

近年来,随着可用数据和计算资源的爆炸性增长,高性能计算机器的数据存储能力和计算能力不断增强,机器学习和数据分析已经在众多科学领域取得了变革性的进展,包括图像识别、认知科学和基因组学. 然而, 在分析复杂的物理、生物或工程系统的过程中, 获取数据的成本往往是令人望而生畏的, 我们不可避免地面临着需要在部分信息下得出结论和做出决策的挑战. 在这个小数据领域, 绝大多数最先进的机器学习技术 (例如, 深度/卷积/循环神经网络) 缺乏鲁棒性, 不能提供任何收敛的保证. 乍一看, 机器学习算法从少量输入和输出数据中准确识别非线性映射似乎很幼稚.

利用结构化先验信息来构建数据高效且具有物理信息学习机的前景最近已经在文献 [177,191,192] 中得到了初步进展. 文献中, 作者使用高斯过程回归策划给定线性算子的函数, 并对数学物理中的几个问题进行精确解的推断和不确定性估计. 在后续的研究中, Raissi 等[190,193] 在推理和系统识别方面提出了对非线性问题的扩展. 尽管高斯过程在编码先验信息方面具有灵活性和数学上的优雅性, 但非线性问题的处理引入了两个重要的局限性, 首先, 在文献 [190,193] 中, 作者必须对时间非线性项进行部分局部线性化, 从而限制了所提出的方法在离散时间域的适用性, 并损害了其在强非线性状态下预测的准确性. 其次, 高斯过程回归的贝叶斯特性要求一定的先验假设, 特别是对于非线性问题, 这可能会限制模型的表示能力, 并产生鲁棒性/脆性问题.

在这里, 我们运用一种不同的方法, 根据深度神经网络来对已知函数进行近似逼近. 在这种情况下, 我们可以直接处理非线性问题, 而不需要遵循任何先验假设、线性化或局部时步法. 我们利用自动微分的进展 (科学计算中最有用但可能未得到充分利用的技术之一) 对神经网络的输入坐标和模型参数进行微分, 以获得物理信息神经网络 (PINN). 这种神经网络都必须遵守任何对称性、不变性或守恒原则, 这些原则源于控制观测数据的物理定律, 由一般的依赖于时间的非线性偏微分方程建模. 这种简单而强大的结构使我们能够解决计算科学中广泛的问题, 并引入了一种潜在的变革性技术. 这种技术推动了新的高效率数据和物理信息学习机的发展, 提供了新数值方法求解非线性偏微分方程, 并给出了新的数据驱动的模型反演和系统识别方法. 我们的总体目标是为建模奠定基础, 使深度学习与数学物理学的长期发展相结合. 在整个工作中, 我们一直使用相对简单的深度前馈神经网络架构, 其具有双曲切线激活函数, 没有额外的正则化.

我们考虑了一般形式的参数化非线性偏微分方程:

$$u_t + \mathcal{N}[u;\lambda] = 0, \quad x \in \Omega, \quad t \in [0,T], \tag{5.1}$$

其中 $u(x,t)$ 表示潜在的隐藏解, $\mathcal{N}[\cdot;\lambda]$ 是和参数 λ 有关的非线性算子, Ω 是 $\mathcal{R}^D$ 的一个子集. 这个设置概括了广泛的数学物理问题, 包括守恒定律、扩散过程、对流-扩散-反应系统以及动力学方程. 例如在一维 Burgers 方程中, 有 $\mathcal{N}[u;\lambda] = \lambda_1 u u_x - \lambda_2 u_{xx}$, 其中 $\lambda = [\lambda_1, \lambda_2]$, 下标表示在时间或者空间上的偏导数. 给出系统的噪声测量之后, 我们对以下两个不同的问题感兴趣. 第一个问题是推断拟合偏微分方程的数值解, 其中包括对于给定的参数 λ, 未知隐藏层里面 $u(x,t)$ 会包含什么信息. 第二个问题是学习识别发现偏微分方程的数据驱动, 也就是说什么类型的参数 λ 可以很好地描述已经观察到的参数.

本章的内容与可积湍流没有直接的关系. 在未来的研究中, 深度学习将会在可积湍流的研究中扮演非常重要的角色. 主要的理由有两方面. 第一, 在湍流的研究中, 随机和统计的方法一直处于重要的位置, 而深度学习和统计方法紧密相连. 它们的结合定会给湍流的研究带来新的生命力. 第二, 深度学习的模式识别技术可能为湍流的研究提供新的工具[263].

5.1 偏微分方程的数据驱动解与解的 AI 修复

让我们从计算一般形式的偏微分方程的数据驱动解 (即上面概述的第一个问题) 开始,

$$u_t + \mathcal{N}[u] = 0, \quad x \in \Omega, \quad t \in [0,T], \tag{5.2}$$

其中 $u(x,t)$ 表示潜在的隐藏解, $\mathcal{N}[\cdot]$ 是非线性微分算子, Ω 是 $\mathcal{R}^D$ 的一个子集. 我们提出了两种不同类型的算法, 即连续时间模型和离散时间模型, 并通过不同的基准测试问题突出了它们的性质和性能.

1. 连续时间模型

定义 $f(x,t)$ 为方程 (5.2) 的左边, 即

$$f := u_t + \mathcal{N}[u], \tag{5.3}$$

然后用深度神经网络逼近函数 $u(x,t)$. 这种假设结合方程 (5.3) 给出了一个物理信息神经网络 $f(x,t)$. 该网络可以应用自动微分中的函数复合求导链式法则导出, 与网络表示 $u(x,t)$ 具有相同的参数, 但由于微分算子 $\mathcal{N}$ 的作用, 激活函数不

同. 通过如下形式的最小化均方误差损失来学习神经网络 $u(x,t)$ 和 $f(t,x)$ 之间的参数

$$\mathrm{MSE} = \mathrm{MSE}_u + \mathrm{MSE}_f, \tag{5.4}$$

其中

$$\mathrm{MSE}_u = \frac{1}{N_u}\sum_{i=1}^{N_u}\left|u\left(t_u^i, x_u^i\right) - u^i\right|^2, \quad \mathrm{MSE}_f = \frac{1}{N_f}\sum_{i=1}^{N_f}\left|f\left(t_f^i, x_f^i\right)\right|^2, \tag{5.5}$$

其中 $\{t_u^i, x_u^i, u^i\}_{i=1}^{N_u}$ 为 $u(x,t)$ 初始和边界的训练数据, $\{t_f^i, x_f^i\}_{i=1}^{N_f}$ 为 $f(x,t)$ 的指定分配点. 均方误差损失对应于初始和边界数据, 而均方误差则是在有限的配置点集合上满足方程 (5.2). 虽然类似地使用物理定律约束神经网络的思想在以前的研究中已经探索过[132,185], 但在这里, 我们使用现代计算工具重新审视它们, 并将它们应用于依赖时间变量的非线性偏微分方程描述的更具挑战性的动力学问题. 在这里, 我们应该强调这条工作路线和文献中阐述的在计算物理中使用机器学习的现有方法之间的重要区别. 以前文献中给出的方法都采用了机器学习算法, 如支持向量机、随机森林、高斯过程和前馈/卷积/循环神经网络等机器学习算法作为黑盒工具. 如上所述, 所提议的工作旨在通过研究定制 "自定义" 激活和损失函数的构造来更进一步研究基础微分算子. 这使得我们能够通过理解和欣赏自动微分在深度学习领域中发挥的关键作用来打开黑箱. 一般来说, 自动微分, 特别是反向传播算法, 是通过对模型参数 (例如, 权重和偏差) 求导来训练深度模型的主要方法. 在这里, 我们使用完全相同的自动微分技术, 通过对输入坐标 (即空间和时间) 求导来阐述物理量, 其中物理量是用偏微分方程描述的. 我们从经验上观察到, 这种结构化方法引入了一种正则化机制, 允许我们使用相对简单的前馈神经网络架构, 并使用少量数据对它们进行训练.

在所有与数据驱动的偏微分方程解相关的情况下, 训练数据的总数 N_u 相对较小 (几百到几千个点), 我们选择使用限内存拟牛顿法 (Limited-memory Broyden-Fletcher-Goldfarb-Shanno, L-BFGS) 来优化所有损失函数, 这是一种基于全批梯度的拟牛顿优化算法. 尽管没有理论保证这个过程收敛到全局最小值, 但是我们的经验证据表明, 如果给定的偏微分方程是适定的并且解是唯一的, 在给出一个充分的神经网络体系结构和充足数量的搭配点 N_f 情况下, 我们的方法能够给出良好的预测精度. 这一普遍的观察结果与方程 (5.4) 的均方误差损失所诱导出来的优化情形有深刻的关系.

下面详细介绍深度神经网络反向传播与自动微分算法.

反向传播技术在深度学习框架中逐渐发展和成熟, 是深度学习在各种任务中取得较好效果并受到广泛关注的基础. 目前在工业界应用范围最广的深度学习框

架为 Tensorflow, 而 PyTorch 因为其代码更为简洁、操作更为简单的特点在学术界广为流行, 逐渐在工业界也占有了一定地位. PyTorch 在众多深度学习框架中封装了很多功能模块, 其中最基础且最重要的是自动微分技术.

首先, 训练样本可以表示为 $[x, \hat{y}] = [(x_1, x_2, \cdots, x_n)^{\mathrm{T}}, (\hat{y}_1, \hat{y}_2, \cdots, \hat{y}_m)^{\mathrm{T}}]$, 其中 n, m 分别表示神经网络输入和输出的维度. 为了方便阐述神经网络的反向传播方法, 假设在一个神经网络模型中定义一个如下形式的损失函数

$$E = \frac{1}{2} \sum_{i=1}^{m} (\hat{y}_i - y_i)^2.$$

损失函数 E 可看作关于权重 W 和偏置 B 的函数, 通过对权重和偏置求梯度可以得到如下的神经网络参数更新式:

$$W_{s+1} = W_s - \eta \frac{\partial E}{\partial W_s},$$

$$B_{s+1} = B_s - \eta \frac{\partial E}{\partial B_s}.$$

上式中, s 表示当前迭代次数, η 表示步长, 又称学习率. 如此, 神经网络训练过程中每一步都对全体参数进行更新, 直到神经网络损失小于设定阈值或训练迭代次数达到预定标准.

反向传播的迭代过程中, 需要计算各个神经网络权重偏置的梯度. 计算机编程实现微分运算分为四类: ① 人工计算并编码; ② 数值微分; ③ 符号微分; ④ 自动微分. 数值微分是对微分的近似计算方法. 它根据一些函数上的离散点, 利用差分公式求得某点上的微元. 在微分方程的数值计算领域, 数值微分方法广泛应用于各种有限差分格式. 类似于人工计算, 符号微分为计算机通过微分运算规则完成计算微分的任务, 其最明显的局限性就是易出现表达式膨胀的现象, 严重影响计算效率.

自动微分算法的反向模式在正向传播计算输出结果后由储存的中间梯度函数完成对各个输入微分的计算. 自动微分算法在利用链式法则的同时代入数值进行运算, 因此不会出现表达式膨胀的现象. 由于反向模式需要储存中间梯度, 因此相较于正向模式, 反向模式会产生额外内存开销. 但当函数输入维度较输出维度更多时, 由于储存了中间梯度, 对各个输入求偏导时反向模式提高了中间梯度的利用率, 并且乘法次数少于正向模式, 因此该情况下一般采用反向模式计算微分.

PyTorch 动态计算图中通常包含张量 (tensor) 和函数 (function) 这两种元素. 张量是深度学习库中的一个基本数据类型, 函数则指计算图中某个节点运算操作, 包括加减乘除、卷积等正向计算, 也包括相应的反向求导计算. 函数类内部存在正向、反向两种方法, 分别对应了正向计算和反向求导计算. 在训练的正向

计算过程中, PyTorch 会同步为计算图中动态增加函数节点, 以实现储存梯度的作用. 以 PyTorch 中的单层单输入输出的神经网络为例来说明自动微分技术的工作流程和计算方法. 考虑如下形式的简化单层神经网络损失

$$\text{Loss} = L(\sigma(wx+b)), \tag{5.6}$$

式 (5.6) 中 σ 为 Sigmoid 激活函数, L 为损失函数. 除了自动微分技术之外, 我们再详细地给出另外一种四阶积分因子法.

四阶积分因子法是一种改进的拟谱方法, 该方法在空间上采用傅里叶变换并乘上一个积分因子, 在时间上采用四阶龙格-库塔法进行迭代.

对于如下形式的非线性薛定谔方程

$$\mathrm{i}\, u_t + \frac{1}{2}u_{xx} + |u|^2 u = 0, \tag{5.7}$$

将傅里叶变换作用于式 (5.7) 可以得到如下的方程形式

$$\hat{u}_t + \frac{1}{2}\mathrm{i}\, k^2 \hat{u} - \mathrm{i}\, \mathcal{F}(|u|^2 u) = 0,$$

其中 $\hat{u} = \mathcal{F}(u)$ 且 $\mathcal{F}$ 表示傅里叶变换, k 为傅里叶波数. 令 $\hat{h} = \hat{u}\mathrm{e}^{\frac{1}{2}\mathrm{i} k^2 t}$, 对时间 t 求导则可以得到

$$\hat{h}_t = \left(\hat{u}_t + \frac{1}{2}\mathrm{i}k^2\hat{u}\right)\mathrm{e}^{\frac{1}{2}\mathrm{i}k^2 t} = \mathrm{i}\,\mathrm{e}^{\frac{1}{2}\mathrm{i}k^2 t}\mathcal{F}(|u|^2 u), \tag{5.8}$$

式 (5.8) 中 $u = \mathcal{F}^{-1}(\hat{h}\mathrm{e}^{-\frac{1}{2}\mathrm{i}k^2 t})$. 这个关于 $\hat{h}$ 的非线性方程可以通过龙格-库塔法在时间上完成迭代, 从而求得非线性薛定谔方程的数值解.

以 $f(\hat{h}, t)$ 表示式 (5.8) 中的右端项, 则四阶积分因子法的数值格式可以表示为

$$\hat{h}_{n+1} = \hat{h}_n + \frac{\Delta t}{6}(k_1 + 2k_2 + 2k_3 + k_4), \tag{5.9}$$

其中

$$\begin{cases} k_1 = f(\hat{h}_n, t_n), \\ k_2 = f\left(\hat{h}_n + \Delta t \dfrac{k_1}{2}, t_n + \dfrac{\Delta t}{2}\right), \\ k_3 = f\left(\hat{h}_n + \Delta t \dfrac{k_2}{2}, t_n + \dfrac{\Delta t}{2}\right), \\ k_4 = f(\hat{h}_n + \Delta t k_3, t_n + \Delta t), \end{cases} \tag{5.10}$$

式 (5.10) 中 $n = 0, 1, \cdots, N$.

关于四阶积分因子法的精度, 由于空间上使用了傅里叶变换, 时间上为四阶龙格-库塔步进格式, 因此空间上具有谱精度且时间上具有四阶精度.

根据上述方法, 我们给出几个简单例子[194].

不妨以如下形式的非线性薛定谔方程为例:

$$\begin{aligned} &\mathrm{i}h_t + \frac{1}{2}h_{xx} + |h|^2 h = 0, \quad x \in [-5, 5], \quad t \in [0, \pi/2], \\ &h(0, x) = 2\mathrm{sech}(x), \\ &h(t, -5) = h(t, 5), \\ &h_x(t, -5) = h_x(t, 5), \end{aligned} \quad (5.11)$$

此方程和非线性薛定谔方程 (1.1) 存在一个尺度变换 $x \to \sqrt{2}x$, 因此都可以看作经典的非线性薛定谔方程.

不妨假设 $f(x, t)$ 为

$$f := \mathrm{i}h_t + \frac{1}{2}h_{xx} + |h|^2 h, \quad (5.12)$$

然后在 $h(t, x)$ 上放置一个复值神经网络. 事实上, 如果 u 表示 h 的实部, v 是虚部, 我们将在 h 上放置一个多输出神经网络. 这将产生复值 (多输出) 物理信息神经网络 $f(t, x)$. 通过如下形式的最小化均方误差损失函数可以学习神经网络 $h(x, t)$ 和 $f(x, t)$ 的共享参数

$$\mathrm{MSE} = \mathrm{MSE}_0 + \mathrm{MSE}_b + \mathrm{MSE}_f, \quad (5.13)$$

其中

$$\begin{aligned} \mathrm{MSE}_0 &= \frac{1}{N_0} \sum_{i=1}^{N_0} \left| h(0, x_0^i) - h_0^i \right|^2, \\ \mathrm{MSE}_b &= \frac{1}{N_b} \sum_{i=1}^{N_b} \left(\left| h^i(t_b^i, -5) - h^i(t_b^i, 5) \right|^2 + \left| h_x^i(t_b^i, -5) - h_x^i(t_b^i, 5) \right|^2 \right), \\ \mathrm{MSE}_f &= \frac{1}{N_f} \sum_{i=1}^{N_f} \left| f(t_f^i, x_f^i) \right|, \end{aligned} \quad (5.14)$$

其中 $\{x_0^i, h_0^i\}_{i=1}^{N_0}$ 是初始数据, $\{t_b^i\}_{i=0}^{N_b}$ 是边界处的配置点, $\{t_f^i, x_f^i\}_{i=1}^{N_f}$ 是在 $f(x, t)$ 上的配置点. 因此, MSE_0 代表初始数据的损失函数, MSE_b 为周期边界条件的

损失函数, MSE_f 为系统损失项. 为了评估我们方法的准确性, 我们使用传统的拟谱方法模拟了方程 (5.11), 以创建一个高分辨率的数据集. 特别地, 从初始状态 $h(0,x) = 2\text{sech}(x)$ 出发, 假设周期边界条件 $h(t,-5) = h(t,5), h_x(t,-5) = h_x(t,5)$, 我们使用四阶积分因子法从时间 $t=0$ 到 $t=\dfrac{\pi}{2}$ 对方程 (5.11) 积分. 在我们的数据驱动设置下, 我们所观察到的隐藏层函数 $h(x,t)$ 在 $t=0$ 时刻的测量值为 $\{x_0^i, h_0^i\}_{i=1}^{N_0}$. 特别地, 训练集由 $h(0,x)$ 上 $N_0=50$ 个数据点以及周期边界条件上 $N_b=50$ 个随机采样点 $\{t_b^i\}_{i=1}^{N_b}$ 组成. 更进一步地, 我们假设方程 (5.11) 的解区域内有 $N_f=20000$ 个随机抽样配置点, 并且所有随机抽样点的位置由空间填充拉丁超立方抽样策略生成.

我们的目标是推断非线性薛定谔方程 (5.11) 在整个时空内的解. 我们选择使用每层 100 个神经元的 5 层深度神经网络和双曲切线激活函数共同表示隐藏函数 $h(x,t) = [u(x,t), v(x,t)]$. 一般来说, 为了适应 $u(x,t)$ 的预期复杂度, 应该赋予神经网络足够的逼近容量. 虽然可以使用贝叶斯优化等更系统的程序来调整神经网络的设计, 但在缺乏理论误差/收敛估计的情况下, 神经结构/训练程序和基本微分方程的复杂性之间的相互作用仍然是知之甚少.

在这个例子中, 我们的设置旨在突出所提方法的鲁棒性, 这与众所周知的过拟合问题有关. 特别地, 方程 (5.13) 中 MSE_f 中的项可以作为一种正则化理论来估计系统的误差. 因此, 物理信息神经网络的一个关键特性是, 它们可以使用小数据集进行有效训练. 这是在物理系统的研究中经常遇到的一种集合, 因为获取数据的成本可能是令人望而生畏的.

到目前为止, 连续时间神经网络模型的一个潜在限制来自于需要使用大量的配置点 N_f, 以便在整个时空域中强制实施物理信息约束. 虽然这对于一维或二维空间维度的问题来说没有什么重要的问题, 但它可能会在高维空间问题中产生严重的瓶颈, 因为全局执行物理约束 (即, 在我们的例子中是偏微分方程) 所需的配置点总数将呈指数增长. 使用稀疏网格或准蒙特卡罗采样方案可以在一定程度上解决这一限制, 但是我们提出了一种不同的方法, 利用经典龙格-库塔时间步进方案, 引入了一种更结构化的神经网络表示, 来规避配置点的需要.

2. 离散时间模型

将具有 q 阶段的龙格-库塔方法的一般形式应用于方程 (5.2), 得到

$$u^{n+c_i} = u^n - \Delta t \sum_{j=1}^{q} a_{ij} \mathcal{N}\left[u^{n+c_j}\right], \quad i=1,2,\cdots,q,$$
$$u^{n+1} = u^n - \Delta t \sum_{j=1}^{q} b_j \mathcal{N}\left[u^{n+c_j}\right],$$
(5.15)

其中对于所有的 $j = 1, 2, \cdots, q$, 都有 $u^{n+c_j}(x) = u(t^n + c_j \Delta t, x)$. 根据参数 $\{a_{ij}, b_j, c_j\}$ 的选择, 这种一般形式给出了隐式和显式的时间步长格式. 方程 (5.15) 可以等价于如下形式

$$
\begin{aligned}
u^n &= u_i^n, \quad i = 1, 2, \cdots, q, \\
u^n &= u_{q+1}^n,
\end{aligned}
\tag{5.16}
$$

其中

$$
\begin{aligned}
u_i^n &:= u^{n+c_i} + \Delta t \sum_{j=1}^{q} a_{ij} \mathcal{N}[u^{n+c_j}], \quad i = 1, 2, \cdots, q \\
u_{q+1}^n &:= u^{n+1} + \Delta t \sum_{j=1}^{q} b_j \mathcal{N}\left[u^{n+c_j}\right].
\end{aligned}
\tag{5.17}
$$

我们在以下形式中放置一个多维输出神经网络

$$
\left[u^{n+c_1}(x), \cdots, u^{n+c_q}(x), u^{n+1}(x)\right].
\tag{5.18}
$$

这个先前的假设和方程 (5.17) 会产生一个物理信息的神经网络, 它将 x 作为输入, 将以下式子作为输出

$$
\left[u_1^n(x), \cdots, u_q^n(x), u_{q+1}^n(x)\right].
\tag{5.19}
$$

接下来我们给出一个例子.

例 (Allen-Cahn 方程) 此例子旨在突出如何利用上述离散时间模型分析非线性偏微分方程. 为此, 我们考虑带有周期边界条件的 Allen-Cahn 方程

$$
\begin{aligned}
&u_t - 0.0001 u_{xx} + 5u^3 - 5u = 0, \quad x \in [-1, 1], \quad t \in [0, 1], \\
&u(0, x) = x^2 \cos(\pi x), \\
&u(t, -1) = u(t, 1), \\
&u_x(t, -1) = u_x(t, 1).
\end{aligned}
\tag{5.20}
$$

Allen-Cahn 方程是反应扩散领域中一个著名的方程, 它描述了多组分合金体系的相分离过程, 包含有序和无序相变. 对于 Allen-Cahn 方程, 方程 (5.17) 中的非线性算子为

$$
\mathcal{N}\left[u^{n+c_j}\right] = -0.0001 u_{xx}^{n+c_j} + 5\left(u^{n+c_j}\right)^3 - 5u^{n+c_j},
\tag{5.21}
$$

而神经网络 (5.18) 和 (5.19) 的共享参数可以通过最小化误差平方和来学习

$$\text{SSE} = \text{SSE}_n + \text{SSE}_b, \tag{5.22}$$

其中

$$\begin{aligned}
\text{SSE}_n &= \sum_{j=1}^{q+1} \sum_{i=1}^{N_n} \left| u_j^n \left(x^{n,i} \right) - u^{n,i} \right|^2, \\
\text{SSE}_b &= \sum_{i=1}^{q} \left| u^{n+c_i}(-1) - u^{n+c_i} \right|^2 + \left| u^{n+1}(-1) - u^{n+1} \right|^2 \\
&\quad + \sum_{i=1}^{q} \left| u_x^{n+c_i}(-1) - u_x^{n+c_i} \right|^2 + \left| u_x^{n+1}(-1) - u_x^{n+1} \right|^2,
\end{aligned} \tag{5.23}$$

其中 $\left\{ x^{n,i}, u^{n,i} \right\}_{i=1}^{N_n}$ 是时间步长 t^n 的数据. 在经典数值分析中, 由于显式格式的稳定性约束或隐式格式的计算复杂度约束, 这些时间步长通常被限制在很小的范围内. 随着龙格-库塔阶段 q 总数的增加, 这些约束变得更加严重, 并且对于大多数实际利益的问题, 一个人需要采取数千到数百万这样的步骤, 直到得到一个期望解. 与经典方法形成鲜明对比的是, 这里我们可以采用隐式龙格-库塔格式, 具有任意数量的阶段, 而实际上额外成本非常小. 这使我们能够采取非常大的时间步长, 同时保持稳定性和高预测精度, 因此允许我们在一个单一的步骤中求解整体解.

在本例中, 我们通过使用常规谱方法模拟 Allen-Cahn 方程 (5.20) 而生成了一个训练和测试数据集. 特别地, 从初始状态 $h(0,x) = x^2 \cos(\pi x)$ 出发, 假设周期边界条件 $u(t,-1) = u(t,1), u_x(t,-1) = u_x(t,1)$, 我们仍然使用文献 [53] 中的四阶积分因子法对方程 (5.11) 积分到时间 $t = 1$. 我们的训练数据集由 $N_n = 200$ 个初始数据点组成, 这些初始数据点从 $t = 0.1$ 时刻的精确解中随机采样得到, 我们的目标是使用大小为 $\Delta t = 0.8$ 的单个时间步长预测 $t = 0.9$ 时刻的解. 为此, 我们使用了一个具有 4 个隐藏层和每层 200 个神经元的离散时间物理信息神经网络, 而输出层预测了 101 个感兴趣的量, 对应于 $q = 100$ 的龙格-库塔阶段 $u^{n+c_i}, i = 1, 2, \cdots, q$ 以及在最终时刻的解 $u^{n+1}(x)$. 该方案的理论误差表明, 时间误差累积量为 $\mathcal{O}(\Delta t^{2q})$, 在我们这种情况下, 这意味着误差远低于机器精度, 即 $\Delta t^{2q} = 0.8^{200} \approx 10^{-20}$.

深度学习数值方法的局限性在于, 对于物理信息神经网络的连续时间模型, 当方程的初值条件不具备较高的辨识度时, 深度学习数值方法得到的数值结果可能会收敛到其他解. 并且当计算区域较大时, 少量的配置点采样会影响到深度学习数值方法的精度, 而当神经网络输入点的数量相应变多时, 大量的配置点则会使计算效率降低. 众所周知, 非线性薛定谔方程在平面波背景下的调制不稳定性是方程的基本属性, 是传统数值方法不能避免的. 因此, 改进长时间数值模拟结果的关键点在于边界条件和数值不稳定性的优化. 所以我们给出一种结合了传统四阶积分因子法的深度学习数值算法, 该算法局部作用于偏离的数值解上, 可以修正被破坏的边界, 进而可以通过已修正时间点上的解作为初值条件, 通过四阶积分因子法继续迭代计算, 从而得到相对较长时间上改进的数值模拟结果. 由于该算法是对偏离数值解的局部应用, 恰好避免了初值的辨识度和大量配置点对深度数值方法计算效率上带来的负面影响.

为了修正带有误差的数值解, 需要一个各个时刻上四阶积分因子法数值解的误差度量. 这里使用方程 (5.7) 项来刻画误差, 令

$$f := \mathrm{i}\, u_t + \frac{1}{2} u_{xx} + |u|^2 u, \tag{5.24}$$

则 f 值越接近 0, 误差越小. f 值可以通过数值微分计算得到. 当 f 值超过了设定的阈值时, 算法开始修正步骤. 在修正步骤中, 由于设定的损失函数中需要待修正数值解关于时间的偏导数, 因此算法选择待修正数值解时刻周围一个较小的连续时间范围进行修正, 由四阶积分因子法得到的偏离数值解将会作为修正的基准投入神经网络使用. 这里定义如下所示的神经网络损失函数以达到修正数值解误差的效果:

$$\mathrm{Loss} = \alpha \mathrm{MSE}_\mathrm{C} + \beta \mathrm{MSE}_\mathrm{B} + \gamma \mathrm{MSE}_{t_c}, \tag{5.25}$$

其中 MSE_{t_c} 表示神经网络输出与原带有误差的数值解之间的均方误差, MSE_B 和 MSE_C 分别表示边界上和配置点上的初边值损失项与系统损失项. 与物理信息神经网络连续时间模型不同的是, 神经网络输入的范围变为待修正数值解时刻的临近时间范围, 并且配置点的获取不再使用 Latin 超立方采样, 与待修正数值解对应的点将直接作为修正算法的配置点投入神经网络进行训练. 总而言之, 通过此种局部的深度学习数值方法可以对带有微小误差的数值解进行修正. 超参数 α, β, γ 的设置一定程度上会对修正算法的效果产生影响, 由于待修正数值解的误差较小, 只需在其基础上进行微小修正, 因此为了限制修正的程度, 本节选择较大的超参数 γ, 并选择待修正数值解及其周围前后各 n 个时刻上的解作为神经网络的修正基准, 本节相关数值模拟实验中均取 $n=5$, 即若设 $u(x, t_i)$ 为待修正数值解, 则 $t = t_{i-2}, t_{i-1}, \cdots, t_{i+2}$ 时刻上的数值解将作为修正的基准. 非线性薛定谔方程 (5.7) 的解可以表示为 $\mathrm{Re}(x,t)$ 和 $\mathrm{Im}(x,t)$, 则损失函数 $L(x,t;\theta)$ 可以由实部虚部共同表示.

损失函数的实部由下式给出

$$\mathrm{Re}(L(x,t;\theta)) = \mathrm{Re}(\alpha\mathrm{MSE}_{t_c} + \beta\mathrm{MSE}_\mathrm{B} + \gamma\mathrm{MSE}_\mathrm{C}), \tag{5.26}$$

其中 $\mathrm{Re}(\cdot)$ 表示实部, 则

$$\mathrm{Re}(\alpha\mathrm{MSE}_{t_c} + \beta\mathrm{MSE}_\mathrm{B}) = \frac{\alpha}{nN_x}\sum_{j=1}^{N_x}\sum_{i=1}^{n}|\mathrm{Re}(x_j,t_i) - v_{\mathrm{Re}}(x_j,t_i)|$$

$$+ \frac{\beta}{n}\sum_{i=1}^{n}|\mathrm{Re}(x^b,t_i) - u_{\mathrm{Re}}^b(x^b,t_i)|, \tag{5.27}$$

并且

$$\mathrm{Re}(\gamma\mathrm{MSE}_\mathrm{C}) = \frac{\gamma}{nN_x}\sum_{j=1}^{N_x}\sum_{i=1}^{n}[\mathrm{Re}_t(x_j,t_i) + 0.5\mathrm{Im}_{xx}(x_j,t_i)$$

$$+ (\mathrm{Re}^2(x_j,t_i) + \mathrm{Im}^2(x_j,t_i))\mathrm{Im}(x_j,t_i)]. \tag{5.28}$$

损失函数 $L(x,t;\theta)$ 的虚部由下式给出

$$\mathrm{Im}(L(x,t;\theta)) = \mathrm{Im}(\alpha\mathrm{MSE}_{t_0} + \beta\mathrm{MSE}_\mathrm{B} + \gamma\mathrm{MSE}_\mathrm{C}), \tag{5.29}$$

其中 $\mathrm{Im}(\cdot)$ 表示虚部, 则

$$\mathrm{Im}(\alpha\mathrm{MSE}_{t_c} + \beta\mathrm{MSE}_\mathrm{B}) = \frac{\alpha}{nN_x}\sum_{j=1}^{N_x}\sum_{i=1}^{n}|\mathrm{Im}(x_j,t_i) - v_{\mathrm{Im}}(x_j,t_i)|$$

$$+ \frac{\beta}{n}\sum_{i=1}^{n}|\mathrm{Im}(x^b,t_i) - u_{\mathrm{Im}}^b(x^b,t_i)|, \tag{5.30}$$

并且

$$\mathrm{Im}(\gamma\mathrm{MSE}_\mathrm{C}) = \frac{\gamma}{nN_x}\sum_{j=1}^{N_x}\sum_{i=1}^{n}[\mathrm{Im}_t(x_j,t_i) - 0.5\mathrm{Re}_{xx}(x_j,t_i)$$

$$- (\mathrm{Im}^2(x_j,t_i) + \mathrm{Re}^2(x_j,t_i))\mathrm{Re}(x_j,t_i)], \tag{5.31}$$

这里 $N_x = |\Omega|/\Delta x$, $|\Omega|$ 表示 x 取值范围的大小, $v(x,t)$ 表示 (x,t) 上的待修正数值解. $v_{\mathrm{Re}}(x,t)$ 和 $v_{\mathrm{Im}}(x,t)$ 分别表示 $v(x,t)$ 的实部和虚部, $u_{\mathrm{Re}}^b(x,t)$ 和 $u_{\mathrm{Im}}^b(x,t)$ 分别表示边界值的实部部分和虚部部分. 我们使用 Adam 算法最小化损失函数 $L(x,t;\theta)$.

提出的算法中包含两组超参数, 第一组是传统四阶积分因子法的参数, 即网格离散化时间空间步长 Δt 和 Δx, 第二组是修正步骤中的超参数, 即神经网络结构和损失函数中的参数.

5.2 多阶段预固定物理信息神经网络算法及其在耦合系统中的应用

除了标量系统之外, 我们还可以根据此方法分析耦合系统[155]. 详情如下: Dirichlet 边界条件的耦合聚焦非线性薛定谔方程为

$$
\begin{cases}
\mathrm{i}q_t + \dfrac{1}{2}q_{xx} + ||q||_2^2 q = 0, & x \in [-x_L, x_L], t \in [t_0, t_T], \\
q(x, t_0) = q^{t_0}(x), & x \in [-x_L, x_L], \\
q(x_L, t) = q(-x_L, t) = q^b(t), & t \in [t_0, t_T].
\end{cases}
\tag{5.32}
$$

对于此问题, 我们给出它的原始的物理信息神经网络算法, 此外, 还提出了预固定多阶段训练算法, 提高了原有物理信息神经网络方法的效率和准确性. 具体如下:

基于深度学习与可积系统理论, 图 5.1 展示了用于求解耦合非线性薛定谔方程的多层前馈神经网络结构——该网络包含 N 个隐藏层, 并采用物理信息神经网络的典型架构.

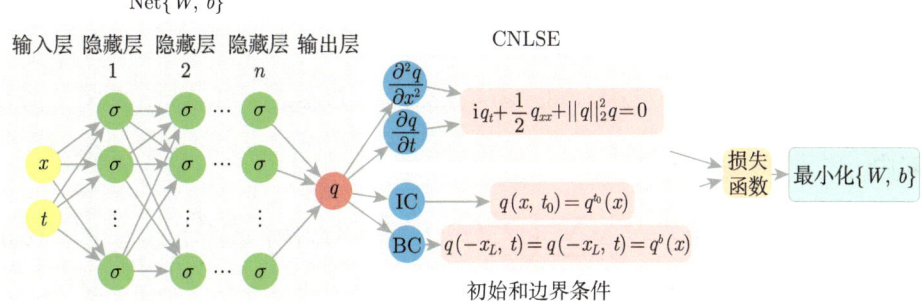

图 5.1 求解耦合非线性薛定谔方程的物理信息神经网络的典型架构

根据深度学习和可积系统相关知识, 假设第 j 层有 n_j 神经元, 则第 $j-1$ 层到第 j 层的具体仿射变换可以表示为

$$
x_j = \sigma(W_j x_{j-1} + b_j) \quad (j = 1, \cdots, N),
\tag{5.33}
$$

其中 σ 是激活函数, $x_j \in \mathbb{R}^{n_{j-1} \times n_j}$ 表示第 j 层的输出, $W_j \in \mathbb{R}^{n_{j-1} \times n_j}$ 是第 j 层的权重函数, $b_j \in \mathbb{R}^{n_{j-1} \times 1}$ 是第 j 层的偏差. 神经网络通过自动微分和反向传播策略在每次训练迭代后不断更新参数 $\theta = \{W_j, b_j\}_{j=1}^N$, 直到模型损失小于阈值 ϵ 或迭代步长大于最大步长 M.

特别地, 复值函数 $q(x,t)$ 可以表示为实部和虚部形式 $q(x,t) = u(x,t) + iv(x,t)$, 其中 $u(x,t) = (u_1(x,t), u_2(x,t))$ 和 $v(x,t) = (v_1(x,t), v_2(x,t))$ 是实值函数. 那么方程 (5.32) 可以转化为如下的形式:

$$
\begin{aligned}
&v_{j,t} - \frac{1}{2} u_{j,xx} - \left(|u_1|^2 + |v_1|^2 + |u_2|^2 + |v_2|^2\right) u_j = 0, \\
&u_{j,t} + \frac{1}{2} v_{j,xx} + \left(|u_1|^2 + |v_1|^2 + |u_2|^2 + |v_2|^2\right) v_j = 0, \quad j = 1, 2.
\end{aligned}
\tag{5.34}
$$

根据我们开始给出的物理信息神经网络方法, 分别定义残差约束 $f_u(x,t)$ 和 $f_v(x,t)$ 为

$$
\begin{aligned}
f_v &\equiv u_t + \frac{1}{2} v_{xx} + \left(u_1^2 + v_1^2 + u_2^2 + v_2^2\right) v, \\
f_u &\equiv v_t - \frac{1}{2} u_{xx} - \left(u_1^2 + v_1^2 + u_2^2 + v_2^2\right) u.
\end{aligned}
\tag{5.35}
$$

对于耦合非线性薛定谔方程来说, 物理信息神经网络方法有两个输入层 (x,t) 以及四个输出层 (u_1, u_2, v_1, v_2). 利用 PyTorch 自动微分, 可得到该解对时间 t 和空间 x 的导数. 为了逼近耦合非线性薛定谔方程的解, 对神经网络进行训练, 使其满足剩余约束, 起到正则化的作用. 结合初始条件和边界条件, 神经网络通过最小化损失函数来更新参数,

$$
\text{Loss} = \text{Loss}_f + \text{Loss}_{\text{IC}} + \text{Loss}_{\text{BC}}, \tag{5.36}
$$

其中

$$
\text{Loss}_f = \frac{1}{N_f} \sum_{j=1}^{N_f} \left(\left| f_u\left(x_f^j, t_f^j\right) \right|^2 + \left| f_v\left(x_f^j, t_f^j\right) \right|^2 \right), \tag{5.37}
$$

$$
\text{Loss}_{\text{IC}} = \frac{1}{N_0} \sum_{j=1}^{N_0} \left(\left| u\left(x_0^j, t_0\right) - u_0^j \right|^2 + \left| v\left(x_0^j, t_0\right) - v_0^j \right|^2 \right), \tag{5.38}
$$

$$
\text{Loss}_{\text{BC}} = \frac{1}{N_b} \sum_{j=1}^{N_b} \left(\left| u\left(x_L, t_b^j\right) - u_b^j \right|^2 + \left| v\left(x_L, t_b^j\right) - v_b^j \right|^2 \right.
$$

$$+ \left| u\left(-x_L, t_b^j\right) - u_b^j \right|^2 + \left| v\left(-x_L, t_b^j\right) - v_b^j \right|^2 \Big), \tag{5.39}$$

其中, $\{(x_f^j, t_f^j)\}_{j=1}^{N_f}$ 表示可采用经典拉丁超立方采样 (latin hypercube sampling, LHS) 技术进行采样的配置点. $\{(x_0^j, t_0)\}_{j=1}^{N_0}$ 为初始点, $\{(\pm x_L, t_b^j)\}_{j=1}^{N_b}$ 为随机采样的边界条件. 因此, 方程 (5.37) 为系统损失函数, 方程 (5.38) 对应初始数据的损失函数, 方程 (5.39) 为边界数据的损失函数.

物理信息神经网络方法的原理是利用人工神经网络在一个区域内逼近耦合非线性薛定谔方程的解. 隐藏层和神经元扮演着近似解的角色, 网络的结构决定了近似能力. 我们用损失函数方程 (5.38) 和 (5.39) 来拟合初始点和边界点, 从而确保数据驱动的解满足初始和边界条件. 采用自动判别技术测量配置点与耦合非线性薛定谔方程的偏差. 损失函数 (5.37) 可用于最小化配置点与非线性薛定谔方程的偏差, 使得非线性薛定谔方程保持在所属区域内.

更进一步地, 我们给出通过预先设定的多阶段训练来改进原始的物理信息神经网络方法.

原始的物理信息神经网络方法不能够准确无误地构造出耦合非线性薛定谔方程的一些解, 因此我们引入了预先设定的多阶段训练算法, 提高了原始方法的收敛速度以及逼近能力.

在该算法中, 根据到初始点 $\{(x_0^i, t_0^i)\}_{i=1}^{N_0}$ 的距离, 将区域划分为 n 部分. 这意味着算法有 n 个阶段用于训练, 每个阶段使用一个配置点子集. 使用配置点 $\{(x_f^j, t_f^j)\}_{j=1}^{N_f}$ 可以生成 n 个小子集 $\left\{S_k = \{(x_k^j, t_k^j)\}_{j=1}^{\frac{k}{n}N_f} \,\Big|\, k=1,\cdots,n\right\}$, 使得

$$S_{k-1} \subset S_k, \quad k = 2, \cdots, n \tag{5.40}$$

和

$$\frac{1}{\frac{k-1}{n}N_f} \sum_{j=1}^{\frac{k-1}{n}N_f} \min_{i=1,\cdots,N_0} \left\| (x_{k-1}^j, t_{k-1}^j) - (x_0^i, t_0^i) \right\|_2^2$$

$$< \frac{1}{\frac{k}{n}N_f} \sum_{j=1}^{\frac{k}{n}N_f} \min_{i=1,\cdots,N_0} \left\| (x_k^j, t_k^j) - (x_0^i, t_0^i) \right\|_2^2, \quad k = 2, \cdots, n. \tag{5.41}$$

换句话说, 每一阶段的配置点都包含以前阶段的所有配置点, 配置点到初始点的最小平均距离大于前一阶段.

改进算法的流程图如图 5.2(a) 所示. 对于 k ($k=1,\cdots,n$) 阶段, 使用一个物理信息神经网络模型来求解子集 S_k 中的耦合非线性薛定谔方程 (就像图中蓝色

的点, 见图 5.2(b1)). 在子集 S_k 损失模型小于阈值 ϵ 或迭代大于最大步长 M 后, 我们从 S_k 中选择 N_k 配置点 (像图中红色的点, 见图 5.2(b2)) 来得到预先固定的点 $E_k = \{(x_k^j, t_k^j)\}_{j=1}^{N_k}$, 它贡献出了由方程 (5.37) 计算出的最小损失. 然后利用训练好的模型在固定点 $\{(x_k^j, t_k^j)\}_{j=1}^{N_k}$ 处预测 $\{u_k^j, v_k^j\}_{j=1}^{N_k}$, 并在损失函数中加入新的固定项为

$$\text{Loss}_E = \frac{1}{N_k} \sum_{j=1}^{N_k} \left(\left| u\left(x_k^j, t_k^j\right) - u_k^j \right|^2 + \left| v\left(x_k^j, t_k^j\right) - v_k^j \right|^2 \right). \tag{5.42}$$

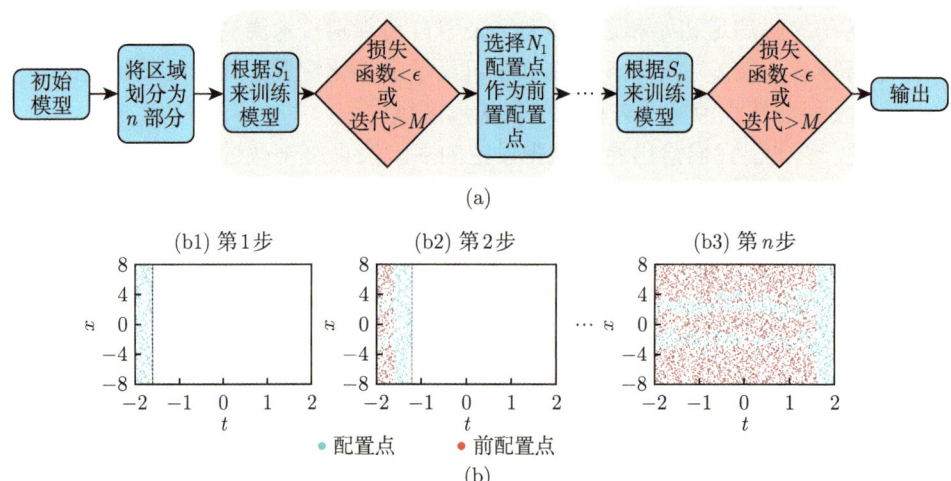

图 5.2 采用预先设定的多阶段训练改进的 PINN 方法.
(a) 改进的 PINN 算法的流程图, (b) 各阶段采样点的样例分布

为了克服模型训练过程中不平衡的反向传播梯度的挑战, 我们借鉴 GP 算法的想法, 提出一种自适应权值策略, 根据每个损失项重新调整学习率. 将改进的损失函数重新定义为

$$\text{Loss} = \text{Loss}_f + \sum_{i=1}^{3} \lambda_i \text{Loss}_i, \tag{5.43}$$

其中 $\lambda_1, \lambda_2, \lambda_3$ 是自适应权重, $\text{Loss}_1 = \text{Loss}_{\text{IC}}, \text{Loss}_2 = \text{Loss}_{\text{BC}}, \text{Loss}_3 = \text{Loss}_E$.

效率分析 假设原始的物理信息神经网络算法的并置点为 N_f, 对于预先固定的多阶段训练算法, 在第 k 阶段, 训练集 S_k 有 $\frac{k-1}{n} N_f$ 个配置点. 由于初始阶段的训练样本较少 $\left(\frac{k-1}{n} N_f < N_f\right)$ 且更接近初始值, 该算法可以快速收敛到

精确解. 因此, 该算法在初始阶段具有较好的收敛速度性能, 并且随着域的扩展收敛速度会逐渐减小.

准确度分析 在扩展域时, 在固定点处的约束可以保持之前的训练效果. 当域扩展到远离初始值和误差累积的地方时, 算法会重新评估预先不动点的合理性, 并在一个阶段结束后进行修正. 预先固定点修改后可以更接近精确解. 可以发现, 在平凡解部分经常出现预先不动点 (对于孤子解, 预先不动点经常出现在非孤子部分). 此外, 自适应权值策略可以克服不平衡的反向传播梯度, 提高精度. 因此, 该模型可以专注于发现解的非平凡动力学特征.

接下来我们着重分析数据驱动矢量孤子解在耦合非线性薛定谔方程仿真中的应用. 我们的目标之一是使用这些解来系统地验证表 5.1 中列出的不同算法的性能.

表 5.1 数值学习中的算法

算法	描述
A1	原始的物理信息神经网络
A2	多阶段训练策略
A3	误差测量策略
A4	GP 算法: 自适应权重策略
A5	预固定多阶段训练: 结合 A2, A3, A4 策略

我们也注意到对于不同的网络初始值, 神经网络可以收敛到不同的解. 因此, 常用的策略是对神经网络进行几次随机初始化训练 (如 5 次独立实验), 选择损失最小的网络作为最终解, 用平均值来描述每种方法的性能.

所有方法均以双曲正切 (tanh) 为激活函数. 所有算法均使用 Python 3.7 和 PyTorch 1.8.1 实现. 所有数值例子所报告的训练时间都是在配备 16 核 Inter i7-6700K 处理器和 128GB 内存的计算机上获得的.

接下来我们给出非退化的向量孤子解, 已知耦合非线性薛定谔方程非退化的向量孤子解:

$$q_{\mathrm{nd}}(x,t;\lambda_1,\lambda_2,c_1,c_2)$$
$$= \left[2\mathrm{i}b_1 c_1^* \frac{N_1}{M_1} \mathrm{e}^{-\mathrm{i}[a_1 x + (a_1^2 - b_1^2)t/2]}, 2\mathrm{i}b_2 c_2^* \frac{N_2}{M_1} \mathrm{e}^{-\mathrm{i}[a_1 x + (a_1^2 - b_2^2)t/2]}\right], \quad (5.44)$$

其中 $\lambda_j = a_j + \mathrm{i}b_j$, $j=1,2$, $a_1 = a_2$ 以及

$$N_1 = \left(\frac{b_1 - b_2}{b_1 + b_2} + |c_2|^2 \mathrm{e}^{2b_2(x+a_1 t)}\right) \mathrm{e}^{b_1(x+a_1 t)},$$

$$N_2 = \left(\frac{b_2 - b_1}{b_1 + b_2} + |c_1|^2 \mathrm{e}^{2b_1(x+a_1 t)}\right) \mathrm{e}^{b_2(x+a_1 t)},$$

$$M_1 = |c_1|^2 e^{2b_1(x+a_1 t)} + |c_2|^2 e^{2b_2(x+a_1 t)}$$
$$+ |c_1 c_2|^2 e^{2(b_1+b_2)(x+a_1 t)} + \frac{(b_1-b_2)^2}{(b_1+b_2)^2}, \tag{5.45}$$

其中我们有 $a_1, b_1, b_2 \in \mathbb{R}$ 和 $c_1, c_2 \in \mathbb{C}$. 孤子的速度为 $-a_1$. 参数 $b_1, b_2, |c_1|, |c_2|$ 对孤子的分布有影响. 根据解的表达式 (5.44) 可知, 只有参数变换为 $|c_1| \to |c_1| e^{-b_1 \delta}$ 和 $|c_2| \to |c_2| e^{-b_2 \delta}$ 时, 孤子的轮廓才会发生变化, 其中 δ 是任意的实数. 实际上, 物理实验是昂贵和耗时的. 数值实验为取代昂贵的物理实验提供了一种可能的方法. 在这项工作中, 我们尝试使用改进的深度学习数值实验来模拟非退化矢量孤子. 特别地, 如果 $|c_1| = |c_2| = \sqrt{\dfrac{|b_1-b_2|}{|b_1+b_2|}}$, 我们可以得到对称的非退化的向量孤子解.

我们预测了基于 5 层神经网络且每个隐藏层含有 30 个神经元的数据驱动解. 训练集包含 $N_0 = 200$ 个初始点、$N_b = 100$ 个边界点以及 $N_f = 5000$ 个配置点. 初始值可以通过方程 (5.44) 在 $t = -2$ 时给出, 边界值在 $x = \pm 8$ 时为 0. 我们将区域划分为 10 个部分, 这意味着算法 A5 总共有 10 个阶段进行训练. 我们设置了最小损失阈值 $\epsilon = 5 \times 10^{-5}$, 每一阶段的最大迭代次数 $M = 6000$ 和预固定点数 $N_j = \dfrac{0.8j}{10} N_f = 400j$ ($j = 1, \cdots, 10$), 这意味着在每一阶段的训练域中选择 80% 的配置点作为预固定点. 由于网络规模相对较小, 我们选择 L-BFGS 作为优化器, 这是一种基于准牛顿法的全批量梯度下降优化算法.

非退化束缚态孤子的分布主要分为三种不同类型, 通过算法 A5 的三种不同类型的数据驱动解如图 5.3 所示. 图 5.3(a) 展示了非对称的双驼峰孤子. 在有效量子双阱中, 矢量孤子中的分量 q_1 和 q_2 分别对应第一激发态和基态. 图 5.3(b) 展示了对称的单驼峰双驼峰孤子解. 在 q_1 分量中出现了对称的双驼峰第一激发态光孤子, 在 q_2 分量中出现了单驼峰基态光孤子. 此外, 当 $b_1 \approx b_2$ 时, 解 (5.44) 出现了近似对称的双驼峰亮孤子解, 相应的动力学特征由图 5.3(c) 给出. 在这种情况下, 两个峰对称分布在每个分量中. 很明显, 对于这三种情况, 只有一个节点的亮孤子 (第一激发态孤子) 出现在其中一个分量中.

根据图 5.4 可以看出两种不同方法中的绝对误差分布很类似, 但是改进的算法在数值上比原来的方法要小.

表 5.2 总结了更具体的不同算法的比较. 虽然这三个行为属于同一个解 (5.44), 但不同的参数设置导致了不同的孤子动力学行为, 从而导致训练时间的不同. 例 a、例 b、例 c 中, 数值算例的训练难度逐渐增大. 与原始的算法 A1 相比, 算法 A2 具有更短的训练时间, 算法 A3, A4 具有更小的相对 $\mathbb{L}_2$ 误差. 结合三种算法

的优势, 预先设定的多阶段训练算法 A5 在训练时间上与算法 A2 表现相近, 在精度上与算法 A3, A4 表现相近. 结果表明, 多级训练算法比原始算法具有更好的收敛速度和逼近能力.

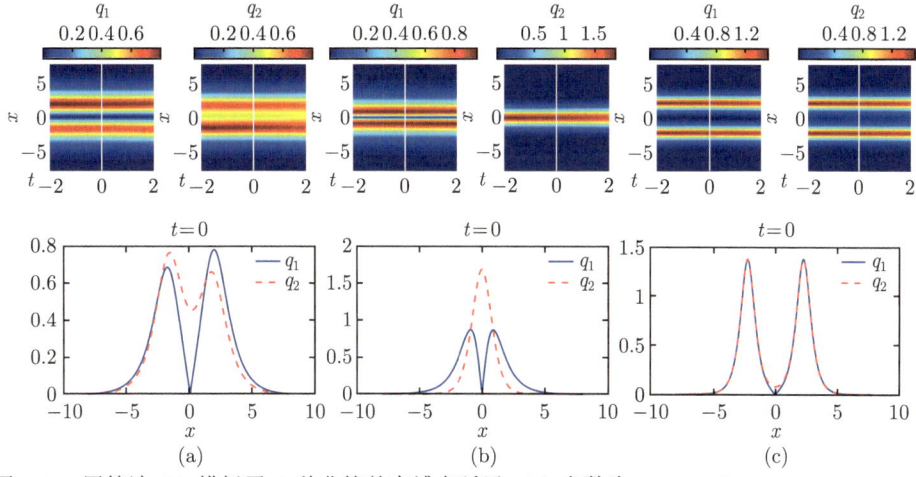

图 5.3 用算法 A5 模拟了 3 种非简并束缚态孤子: (a) 参数为 $a_1 = 0$, $b_1 = -1$, $b_2 = -1.1$, $c_1 = c_2 = 1$, $\delta = -1.3$ 时的非对称双驼峰孤子; (b) 参数为 $a_1 = 0$, $b_1 = -1$, $b_2 = -2.1$, $c_1 = c_2 = \sqrt{3}/3$, $\delta = 0$ 时的对称的单驼峰双驼峰孤子; (c) 参数为 $a_1 = 0$, $b_1 = -2$, $b_2 = -2.001$, $c_1 = c_2 = 1$, $\delta = -2.1$ 时的近似对称的双驼峰解. 上面图为二分量的密度图, 下面图为时间 $t = 0$ 时刻的密度图

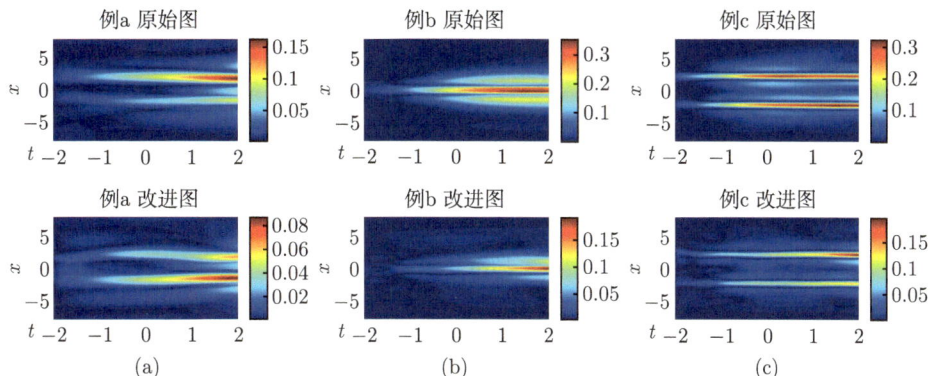

图 5.4 绝对误差的比较: (a) 非对称的双驼峰孤子; (b) 对称的单驼峰双驼峰孤子; (c) 近似对称的双驼峰孤子. 在每个图中, 上面图展示的是原始物理信息神经网络算法的绝对误差, 而下面图为改进算法中的绝对误差

如果在初始数据和边界条件上添加一个 0.5% 的小白噪声, 我们也可以得到如图 5.3 所示的类似的绘图, 这证明了非退化矢量孤子在小扰动下是稳定的. 这

些结果进一步保证了非简并矢量孤子在实际物理系统中观测到的可能性, 而不是在特殊的精确解中.

表 5.2 不同算法之间的比较 (5 次独立实验的平均值)

算法	例 a		例 b		例 c	
	相对 $\mathbb{L}_2$ 误差	时间/s	相对 $\mathbb{L}_2$ 误差	时间/s	相对 $\mathbb{L}_2$ 误差	时间/s
A1	3.89E-02	393.82	1.04E-01	1145.94	7.82E-02	2007.56
A2	3.98E-02	319.77	1.07E-01	722.35	7.21E-02	1714.46
A3	2.88E-02	346.19	7.05E-02	1075.31	6.15E-02	2036.28
A4	3.62E-02	374.88	9.08E-02	1075.55	6.36E-02	1929.74
A5	2.31E-02	310.30	3.11E-02	719.46	2.78E-02	1528.97

5.3 物理信息神经网络在其他方程中的应用

除了经典的标量以及耦合非线性薛定谔方程之外, 机器学习方法还可以用于带有对数非线性项的非线性薛定谔方程[262], 即

$$i\hbar\phi_t = -\frac{\hbar^2}{2m}\phi_{xx} + V(x)\phi + \sigma \ln\left(a|\phi|^2\right)\phi, \tag{5.46}$$

其中 $\phi = \phi(x,t)$ 是复值函数, $\hbar$ 是约化的 Planck 常数, m 是质量, σ 是聚焦 ($\sigma < 0$) 和散焦 ($\sigma > 0$) 相互作用的系数. $V(x)$ 通常是实值势函数, a 是正的实常数, 不失一般性, 可以选择 $a = 1$ 来给势能加一个常数. 式 (5.46) 可应用于量子力学、耗散系统、核物理、量子光学、岩浆输运现象、开放量子系统、有效量子引力、超流体理论和玻色-爱因斯坦凝聚体等各个方面. 我们利用上述物理信息神经网络深度学习方法研究具有复 $\mathcal{PT}$ 对称势的无量纲对数型非线性薛定谔方程的数据驱动解

$$i\phi_t = -\phi_{xx} + [V(x) + iW(x)]\phi + \sigma \ln\left(|\phi|^2\right)\phi, \tag{5.47}$$

相应的初边界条件为

$$\begin{aligned}\phi(x,0) &= \phi_0(x), \quad x \in [-L, L], \\ \phi(-L, t) &= \phi(L, t), \quad t \in [0, T],\end{aligned} \tag{5.48}$$

其中 $\phi = \phi_0(x)$ 是复值函数, $V(x), W(x)$ 是实值函数, 分别表示为外势和损益函数. 此外, 我们要求 $V(x)$ 和 $W(x)$ 满足对称性条件 $V(x) = V(-x), W(x) = -W(-x)$ 使得 $V(x) + iW(x)$ 是 $\mathcal{PT}$ 对称的. 为了满足物理研究人员的兴趣, 我们选择如下类型的势函数

$$V(x) = V_0 x^2, \quad W(x) = W_0 x. \tag{5.49}$$

5.3 物理信息神经网络在其他方程中的应用

由于方程 (5.47) 中的 ϕ 是复值函数, 因此我们可以将其写为 $\phi(x,t) = u(x,t) + \mathrm{i}v(x,t)$. 类似地, 引入相应的复值型物理信息神经网络 $F(x,t) = \mathrm{i}F_u(x,t) - F_v(x,t)$, 因此我们有

$$\begin{aligned}
F(x,t) &:= \mathrm{i}\phi_t + \phi_{xx} - [V(x) + \mathrm{i}W(x)]\phi - \sigma\phi\ln(|\phi|^2), \\
F_u(x,t) &:= u_t + v_{xx} - W(x)u - V(x)v - \sigma v \ln(u^2 + v^2), \\
F_v(x,t) &:= v_t - u_{xx} + V(x)u - W(x)v + \sigma u \ln(u^2 + v^2).
\end{aligned} \quad (5.50)$$

那么中枢神经网络 $\phi(x,t) = u(x,t) + \mathrm{i}v(x,t)$ 和 $F(x,t) = \mathrm{i}F_u(x,t) - F_v(x,t)$ 都可以用训练误差 (training loss, TL) 的最小值来训练, 也就是说初始数据 (TL_I), 边界数据 (TL_B) 以及整个方程 (TL_S) 的总和, 即

$$\mathrm{TL} = \mathrm{TL}_I + \mathrm{TL}_B + \mathrm{TL}_S, \quad (5.51)$$

其中均方误差为

$$\begin{aligned}
\mathrm{TL}_I &= \frac{1}{N_I}\sum_{j=1}^{N_I}\left(\left|u\left(x_I^j,0\right) - u_0^j\right|^2 + \left|v\left(x_I^j,0\right) - v_0^j\right|^2\right), \\
\mathrm{TL}_B &= \frac{1}{N_B}\sum_{j=1}^{N_B}\left(\left|u\left(-L,t_B^j\right) - u\left(L,t_B^j\right)\right|^2 + \left|v\left(-L,t_B^j\right) - v\left(L,t_B^j\right)\right|^2\right), \\
\mathrm{TL}_S &= \frac{1}{N_S}\sum_{j=1}^{N_S}\left(\left|F_u\left(X_S^j,t_S^j\right)\right|^2 + \left|F_v\left(x_S^j,t_S^j\right)\right|^2\right),
\end{aligned} \quad (5.52)$$

其中 $\{x_I^j, u_0^j, v_0^j\}_{j=1}^{N_I}$ 代表初始数据, $(\phi_0(x) = u_0(x) + \mathrm{i}v_0(x))$, $\{t_B^j, u(\pm L, t_B^j), v(\pm L, t_B^j)\}_{j=1}^{N_B}$ 代表边值数据, $\{x_S^j, t_S^j, F_u(x_S^j, t_S^j), F_v(x_S^j, t_S^j)\}_{j=1}^{N_S}$ 表示 $F(x,t) = \mathrm{i}F_u - F_v$ 上时空区域的收集点数据. 也就是说, TL_I 表示初始点的 $\mathbb{L}^2$ 范数误差, TL_B 表示周期边界条件下的 $\mathbb{L}^2$ 范数误差, TL_S 对应时空区域内部的 $\mathbb{L}^2$ 范数损失. 所有这些采样点都可以使用空间填充拉丁超立方采样策略来生成.

为了应用 PINN 方法求解带有上述初边值条件的方程 (5.47), 我们需要根据上述边值条件运用傅里叶谱方法生成一个 LNLS.mat 文件. 事实上, 我们在这里采用傅里叶谱方法进行数值模拟, 具体配置为: 256 个空间模态的特殊傅里叶离散方案, 以及步长为 $\Delta t = 10^{-4}$ 的四阶龙格-库塔时间积分器. 为了根据深度学习进一步研究方程 (5.47), 我们选择一个时间间隔相同的 201 个时间采样点, 其中 $\phi(x,t) = u(x,t) + \mathrm{i}v(x,t)$ 为 256×201 矩阵. 所有这些采样点将打包为 LNLS.mat

文件. 接下来, 我们将应用上述提到的物理信息神经网络深度学习算法来探索对数型非线性薛定谔方程的解, 具体研究如下:

我们发现具有 $\mathcal{PT}$ 对称谐振势的方程 (5.47) 的亮孤子解为

$$\phi(x,t) = Ae^{-\omega x^2}e^{-i[W_0 x/(4\omega)+\mu t]}, \tag{5.53}$$

其中 $A \in \mathbb{R}, A \neq 0$,

$$\omega = \frac{1}{4}\left(\sqrt{\sigma^2 + 4V_0} - \sigma\right) > 0, \quad \mu = 2\omega + \sigma \ln A^2 + \frac{W_0^2}{16\omega}. \tag{5.54}$$

当 $|x| \to \infty$ 时, 有 $|\phi(x,t)| \to 0$ 并且 $\int_{-\infty}^{\infty}|\phi(x,t)|^2 dx = A^2\sqrt{\frac{\pi}{2\omega}}$. 这里我们只给出聚焦时的情形, 散焦情形可以类似分析. 对于聚焦情形, 也就是说 $\sigma = -1$, 令其他参数为 $W_0 = 0.2, V_0 = 1, A = 1$. 首先我们根据精确解 (5.53) 选择初始条件 $\phi_0(x) = \phi(x,0) = u_0(x) + iv_0(x)$, 其中

$$\begin{aligned} u_0(x) &= e^{-\omega x^2}\cos\left(0.2x/(4\omega)\right), \quad v_0(x) = -e^{-\omega x^2}\sin\left(0.2/(4\omega)\right), \\ \omega &= \left(\sqrt{5}+1\right)/4, \end{aligned} \tag{5.55}$$

以及周期边界条件 $\phi(-L,t) = \phi(L,t)$ 使得我们可以使用傅里叶谱方法模拟方程 (5.47) 来生成高分辨率的数据集. 在此种数据条件驱动下, 我们可以观察到隐藏函数 $\phi(x,t) = u(x,t) + iv(x,t)$ 在初始时刻 $t=0$ 以及周期边界条件 $\{t_B^j, u(\pm L, t_B^j), v(\pm L, t_B^j)\}_{j=1}^{N_B}$ 的数据为 $\{x_I^j, u_0^j, v_0^j\}_{j=1}^{N_I}$. 训练集由 $N_I = 100$ 个数据点组成, 初始条件 $\{u_0(x), v_0(x)\}$ 是从高分辨率数据集随机推导出来的, $N_B = 200$ 是周期边界条件 $u(\pm L, t), v(\pm L, t)$ 上的随机样本点. 我们在这里选择 $N_S = 10000$ 个随机抽样的搭配点来研究解区域内的对数型非线性薛定谔方程 (5.47). 需要注意的是, 所有随机采样点的位置都是通过拉丁超立方采样策略获得的. 我们选择每层 50 个神经元的 11 层深度神经网络和双曲切线激活函数 $A_j = \tanh(w_j \times A_{j-1} + b_j)$ (w_j 是维数为 $A_j \times A_{j-1}$ 的矩阵, $A_0, A_{i+1}, b_{i+1} \in \mathbb{R}^2$), 共同表示隐函数 $\phi(x,t) = u(x,t) + iv(x,t)$. 我们选择空间间隔为 $[-5,5]$ (也就是说 $L=5$), 时间间隔为 $[0,5]$ (也就是说 $T=5$). 因此, 图 5.5(a1)—(d1) 说明了模拟的结果. 图 5.5(a1) 给出了初始边界条件具体位置下预测解 $|\phi(x,t)| = \sqrt{u^2(x,t) + v^2(x,t)}$ 的值. 此种条件下 $\phi(x,t)$ 的相对 $\mathbb{L}^2$ 范数误差为 1.1791×10^{-3}. 而 $u(x,t)$ 和 $v(x,t)$ 的相对误差分别为 1.4040×10^{-3} 和 1.3955×10^{-3}. 图 5.5(b1)—(d1) 展示了对于不同时刻精确解以及渐近解之间的对比图, 其相应的时间为 $t = 1.25, t = 2.5, t = 3.75$.

5.3 物理信息神经网络在其他方程中的应用

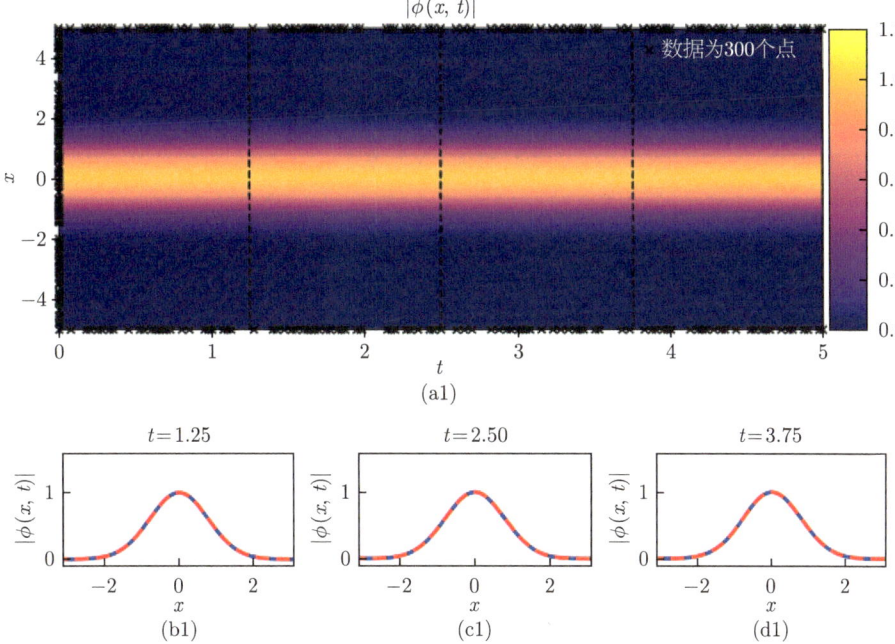

图 5.5 $\mathcal{PT}$ 对称条件下对数型非线性薛定谔方程的精确解. (a1) 为预测解 $\phi(x,t)$, (b1)—(d1) 分别为 $t=1.25, t=2.50, t=3.75$ 时刻预测解以及精确解之间的对比图

参 考 文 献

[1] 郭柏灵, 庞小峰. 孤立子. 北京: 科学出版社, 1987.

[2] 李翊神. 孤子与可积系统. 上海: 上海科技教育出版社, 1999.

[3] 王竹溪, 郭敦仁. 特殊函数概论. 北京: 北京大学出版社, 2000.

[4] 陈登远. 孤子引论. 北京: 科学出版社, 2008.

[5] ABANOV A, BETTELHEIM E, WIEGMANN P. Integrable hydrodynamics of Calogero-Sutherland model: Bidirectional Benjamin-Ono equation. J. Phys. A, 2009, 42: 1243–1247.

[6] ABLOWITZ M, FOKAS A, FOKAS A. Complex Variables: Introduction and Applications. Cambridge: Cambridge University Press, 2003.

[7] ABLOWITZ M, HERBST B. On homoclinic structure and numerically induced chaos for the nonlinear Schrödinger equation. SIAM J. Appl. Math., 1990, 50: 339–351.

[8] AGAFONTSEV D, ZAKHAROV V. Integrable turbulence and formation of rogue waves. Nonlinearity, 2015, 28: 2791–2821.

[9] AGAFONTSEV D, ZAKHAROV V. Intermittency in generalized NLS equation with focusing six-wave interactions. Phys. Lett. A, 2015, 379: 2586–2590.

[10] AGAFONTSEV D, ZAKHAROV V. Integrable turbulence generated from modulational instability of cnoidal waves. Nonlinearity, 2016, 29: 3551.

[11] AKHMEDIEV N, ANKIEWICZ A, TAKI M. Waves that appear from nowhere and disappear without a trace. Phys. Lett. A, 2009, 373: 675–678.

[12] AKHMEDIEV N, ELEONSKIJ V, KULAGIN N. Exact solutions of the first order nonlinear Schrödinger equation. Teor. Mat. Fiz., 1987, 72: 183–196.

[13] AKHMEDIEV N, SOTO-CRESPO J, ANKIEWICZ A. Extreme waves that appear from nowhere: On the nature of rogue waves. Phys. Lett. A, 2009, 373: 2137–2145.

[14] BALK A, NAZARENKO S, ZAKHAROV V. On the nonlocal turbulence of drift type waves. Phys. Lett. A, 1990, 146: 217–221.

[15] BALK A, NAZARENKO S, ZAKHAROV V. New invariant for drift turbulence. Phys. Lett. A, 1991, 152: 276–280.

[16] BALK A M. On the Kolmogorov-Zakharov spectra of weak turbulence. Phys. D, 2000, 139: 137–157.

[17] BELOKOLOS E, BOBENKO A, ENOLSKII V, et al. Algebro-Geometric Approach to Nonlinear Integrable Equations. Berlin, Heidelberg: Springer, 1994.

[18] BENETTIN G, FASSÒ F. From Hamiltonian perturbation theory to symplectic integrators and back. Proceedings of the NSF/CBMS Regional Conference on Numerical Analysis of Hamiltonian Differential Equations (Golden, CO, 1997), vol. 29, 1999: 73–87.

[19] BENNEY D, NEWELL A. Random wave closures. Stud. Appl. Math., 1969, 48: 29–53.

[20] BENNEY D, SAFFMAN P. Nonlinear interactions of random waves in a dispersive medium. Proc. Roy. Soc. London Ser. A, 1966, 289: 301–320.

[21] BENTO M, BERTOLAMI O, SEN A. Generalized Chaplygin gas, accelerated expansion and dark energy-matter unification. Phys. Rev. D, 2002, 66: 043507.

[22] BERGER K, MILEWSKI P. Simulation of wave interactions and turbulence in one-dimensional water waves. SIAM J. Appl. Math., 2003, 63: 1121–1140.

[23] BERTINI B, COLLURA M, DE NARDIS J, et al. Transport in out-of-equilibrium XXZ chains: Exact profiles of charges and currents. Phys. Rev. Lett., 2016, 117: 207201.

[24] BERTOLA M, EL G A, TOVBIS A. Rogue waves in multiphase solutions of the focusing nonlinear Schrödinger equation. Proc. A., 2016, 472: 20160340, 12.

[25] BILMAN D, BUCKINGHAM R. Large-order asymptotics for multiple-pole solitons of the focusing nonlinear Schrödinger equation. J. Nnonlinear Sci., 2019, 29: 2185–2229.

[26] BILMAN D, LING L, MILLER P. Extreme superposition: Rogue waves of infinite order and the Painlevé-III hierarchy. Duke Math. J., 2020, 169: 671–760.

[27] BILMAN D, MILLER P. A robust inverse scattering transform for the focusing nonlinear Schrödinger equation. Phys. D, 2017, 308: 87–93.

[28] BIONDINI G, EL G, HOEFER M, et al. Dispersive hydrodynamics: Preface. Phys. D, 2016, 333: 1–5.

[29] BIVEN L, NAZARENKO S, NEWELL A. Breakdown of wave turbulence and the onset of intermittency. Phys. Lett. A, 2001, 280: 28–32.

[30] BORN M, INFELD L. Foundations of the new field theory. Proc. Roy. Soc. London Ser. A, 1934, 144: 425–451.

[31] BRAZHNIKOV M, KOLMAKOV G, LEVCHENKO A. The turbulence of capillary waves on the surface of liquid hydrogen. J. Exp. Theor. Phys., 2002, 95: 447–454.

[32] BRAZHNIKOV M, KOLMAKOV G, LEVCHENKO A, et al. Capillary turbulence at the surface of liquid hydrogen. JETP Lett., 2001, 73: 398–400.

[33] BRAZHNIKOV M, KOLMAKOV G, LEVCHENKO A, et al. Measurement of the boundary frequency of the inertial interval of capillary wave turbulence at the surface of liquid hydrogen. JETP Lett., 2001, 74: 583–585.

[34] BRAZHNIKOV M, KOLMAKOV G, LEVCHENKO A, et al. Observation of capillary turbulence on the water surface in a wide range of frequencies. Europhys. Lett., 2002, 58: 510–516.

[35] CAI D, MAJDA A J, MCLAUGHLIN D W, et al. Spectral bifurcations in dispersive wave turbulence. Proc. Nat. Acad. Sci. USA, 1999, 96: 14216–14221.

[36] CARBONE F, DUTYKH D, EL G. Macroscopic dynamics of incoherent soliton ensembles: Soliton gas kinetics and direct numerical modeling. Europhys. Lett., 2016, 113: 30003.

[37] CASTRO-ALVAREDO O, DOYON B, YOSHIMURA T. Emergent hydrodynamics in integrable quantum systems out of equilibrium. Phys. Rev. X, 2016, 6: 041065.

[38] CHUNG Y, LUSHNIKOV P. Strong collapse turbulence in a quintic nonlinear Schrödinger equation. Phys. Rev. E, 2011, 84: 036602.

[39] CLAEYS T, GRAVA T. Universality of the break-up profile for the KdV equation in the small dispersion limit using the Riemann-Hilbert approach. Comm. Math. Phys., 2009, 286: 979–1009.

[40] CONGY T, EL G, ROBERTI G. Soliton gas in bidirectional dispersive hydrodynamics. Phys. Rev. E, 2021, 103: 042201.

[41] CONNAUGHTON C, NAZARENKO S, PUSHKAREV A. Discreteness and quasiresonances in weak turbulence of capillary waves. Phys. Rev. E, 2001, 63: 046306.

[42] COSTA A, OSBORNE A, RESIO D, et al. Soliton turbulence in shallow water ocean surface waves. Phys. Rev. Lett., 2014, 113: 108501.1–108501.5.

[43] CRAIK A D. Wave Interactions and Fluid Flows. Cambridge: Cambridge University Press, 1988.

[44] CROYDON D, SASADA M. Generalized hydrodynamic limit for the box-ball system. Comm. Math. Phys., 2021, 383: 427-463.

[45] LEVERMORE C D. The hyperbolic nature of the zero dispersion KdV limit. Comm. Partial Differential Equations, 1988, 13: 495–514.

[46] DEIFT P. Orthogonal Polynomials and Random Matrices: A Riemann-Hilbert Approach. Providence: American Mathematical Soc., 1999.

[47] DEIFT P, KRIECHERBAUER T, MCLAUGHLIN K, et al. Strong asymptotics of orthogonal polynomials with respect to exponential weights. Comm. Pure Appl. Math., 1999, 52: 1491–1552.

[48] DEIFT P, TRUBOWITZ E. Inverse scattering on the line. Comm. Pure. Appl. Math., 1979, 32: 121–251.

[49] DIAS F, IOOSS G. Capillary-gravity solitary waves with damped oscillations. Phys. D, 1993, 65: 399–423.

[50] DOYON B, SPOHN H. Dynamics of hard rods with initial domain wall state. J. Stat. Mech. Theory Exp., 2017, 2017: 073210.

[51] DOYON B, SPOHN H, YOSHIMURA T. A geometric viewpoint on generalized hydrodynamics. Nucl. Phys. B, 2018, 926: 570–583.

[52] DOYON B, YOSHIMURA T, CAUX J. Soliton gases and generalized hydrodynamics. Phys. Rev. Lett., 2018, 120: 045301.

[53] DRISCOLL T A, HALE N, TREFETHEN L N. Chebfun guide. 2014.

[54] DUBROVIN B. The inverse scattering problem for periodic finite-zone potentials. Funct. Anal. Appl., 1975, 9: 61–62.

[55] DUBROVIN B, MATVEEV V, NOVIKOV S. Non-linear equations of Korteweg-de Vries type, finite-zone linear operators, and Abelian varieties. Russian Math. Surveys, 1976, 31: 59–146.

[56] DUBROVIN B, NOVIKOV S. Periodic and conditionally periodic analogs of the many-soliton solutions of the Korteweg-de Vries equation. Zh. Eksp. Teor. Fiz, 1974, 67: 2131–2144.

[57] DUBROVIN B, NOVIKOV S. Hydrodynamics of weakly deformed soliton lattices. differential geometry and hamiltonian theory. Russian Math. Surveys, 1989, 44: 35–124.

[58] DUTYKH D, PELINOVSKY E. Numerical simulation of a solitonic gas in KdV and KdV-BBM equations. Phys. Lett. A, 2014, 378: 3102–3110.

[59] DYACHENKO A, KOROTKEVICH A, ZAKHAROV V. Weak turbulence of gravity waves. JETP Lett., 2003, 77: 546–550.

[60] DYACHENKO A, KOROTKEVICH A, ZAKHAROV V. Weak turbulent Kolmogorov spectrum for surface gravity waves. Phys. Rev. Lett., 2004, 92: 134501.

[61] DYACHENKO A, ZAKHAROV V, PUSHKAREV A, et al. Soliton turbulence in nonintegrable wave systems. Zh. Eksp. Teor. Fiz, 1989, 96: 2026–2031.

[62] DYACHENKO S, NEWELL A, PUSHKAREV A, et al. Optical turbulence: Weak turbulence, condensates and collapsing filaments in the nonlinear Schrödinger equation. Phys. D, 1992, 57: 96–160.

[63] DYACHENKO S, ZAKHAROV D, ZAKHAROV V. Primitive potentials and bounded solutions of the KdV equation. Phys. D, 2016, 333: 148–156.

[64] DYACHENKO S A, NABELEK P, ZAKHAROV D V, et al. Primitive solutions of the Korteweg-de Vries equation. Theoret. and Math. Phys., 2020, 202: 334–343.

[65] DYACHENKO A I, KOROTKEVICH A O, ZAKHAROV V E. Decay of the monochromatic capillary wave. JETP Lett., 2003, 77: 477–481.

[66] DYSTHE K, KROGSTAD H E, MÜLLER P. Oceanic rogue waves. Annu. Rev. Fluid Mech., 2008, 40: 287–310.

[67] DYSTHE K, TRULSEN K, KROGSTAD H E, et al. Evolution of a narrow-band spectrum of random surface gravity waves. J. Fluid Mech., 2003, 478: 1–10.

[68] EGOROVA I, GLADKA Z, KOTLYAROV V, et al. Long-time asymptotics for the Korteweg-de Vries equation with step-like initial data. Nonlinearity, 2013, 26: 1839–1864.

[69] EGOROVA I, GLADKA Z, TESCHL G. On the form of dispersive shock waves of the Korteweg-de Vries equation. Zh. Mat. Fiz. Anal. Geom., 2016, 12: 3–16.

[70] EL G A. The thermodynamic limit of the Whitham equations. Phys. Lett. A, 2003, 311: 374–383.

[71] EL G A. Critical density of a soliton gas. Chaos, 2016, 26: 023105.

[72] EL G A, HOEFER M, SHEARER M. Expansion shock waves in regularized shallow-water theory. P. Roy. Soc. A-Math. Phys., 2016, 472: 20160141.

[73] EL G A, KAMCHATNOV A. Kinetic equation for a dense soliton gas. Phys. Rev. Lett., 2005, 95: 204101.

[74] EL G A, KAMCHATNOV A, PAVLOV M, et al. Kinetic equation for a soliton gas and its hydrodynamic reductions. J. Nonlinear Sci., 2011, 21: 151–191.

[75] EL G A, KHAMIS E G, TOVBIS A. Dam break problem for the focusing nonlinear Schrödinger equation and the generation of rogue waves. Nonlinearity, 2016, 29: 2798–2836.

[76] EL G A, KRYLOV A, MOLCHANOV S, et al. Soliton turbulence as a thermodynamic limit of stochastic soliton lattices. Phys. D, 2001, 152-153: 653–664.

[77] EL G A, TOVBIS A. Spectral theory of soliton and breather gases for the focusing nonlinear Schrödinger equation. Phys. Rev. E, 2019, 101: 052207.

[78] TOVBIS A, WANG F. Spectral theory of soliton gases for the defocusing NLS equation. avxiv:2503.01132.

[79] FERAPONTOV E. Integration of weakly nonlinear hydrodynamic systems in Riemann invariats. Phys. Lett. A, 1991, 158: 112–118.

[80] FLASCHKA H, FOREST M, MCLAUGHLIN D. Multiphase averaging and the inverse spectral solution of the Korteweg-de Vries equation. Comm. Pure Appl. Math., 1980, 33: 739–784.

[81] FRISCH U, KOLMOGOROV A. Turbulence: The Legacy of A.N. Kolmogorov. Cambridge: Cambridge University Press, 1995.

[82] GALTIER S, NAZARENKO S, NEWELL A, et al. A weak turbulence theory for incompressible magnetohydrodynamics. J. Plasma Phys., 2000, 63: 447–488.

[83] GALTIER S, NAZARENKO S, NEWELL A, et al. Anisotropic turbulence of shear-Alfven waves. Astrophys. J., 2002, 564: L49–L52.

[84] GARDNER C, GREENE J, KRUSKAL M, et al. Method for solving the Korteweg-de Vries equation. Phys. Rev. Lett., 1967, 19: 1095–1097.

[85] GAVRILYUK S, NKONGA B, SHYUE K, et al. Stationary shock-like transition fronts in dispersive systems. Nonlinearity, 2020, 33: 5477–5509.

[86] GELASH A. Formation of rogue waves from a locally perturbed condensate. Phys. Rev. E, 2018, 97: 022208.

[87] GELASH A, AGAFONTSEV D. Strongly interacting soliton gas and formation of rogue waves. Phys. Rev. E, 2018, 98: 42210–42211.

[88] GELASH A, AGAFONTSEV D, ZAKHAROV V, et al. Bound state soliton dynamics underlying the spontaneous modulational instability. Phys. Rev. Lett., 2019, 123: 234102.

[89] GELASH A, ZAKHAROV V. Superregular solitonic solutions: A novel scenario for the nonlinear stage of modulation instability. Nonlinearity, 2014, 27: R1–R39.

[90] GENTY G, DE STERKE C, BANG O, et al. Collisions and turbulence in optical rogue wave formation. Phys. Lett. A, 2010, 374: 989–996.

[91] GIROTTI M, GRAVA T, JENKINS R, et al. Rigorous asymptotics of a KdV soliton gas. Comm. Math. Phys., 2021, 384: 733–784.

[92] GIROTTI M, GRAVA T, JENKINS R, et al. Rigorous asymptotics of a KdV soliton Gas. Comm. Math. Phys., 2021, 384: 733–784.

[93] GRAVA T. Riemann-Hilbert problem for the small dispersion limit of the KdV equation and linear overdetermined systems of Euler-Poisson-Darboux type. Comm. Pure Appl. Math., 2002, 55: 395–430.

[94] GRAVA T, KLEIN C. A numerical study of the small dispersion limit of the Korteweg-de Vries equation and asymptotic solutions. Phys. D, 2012, 241: 2246–2264.

[95] GRAVA T, TIAN F R. The generation, propagation, and extinction of multiphases in the KdV zero-dispersion limit. Comm. Pure Appl. Math., 2002, 55: 1569–1639.

[96] GRUNERT K, TESCHL G. Long-time asymptotics for the Korteweg-de Vries equation via nonlinear steepest descent. Math. Phys. Anal. Geom., 2009, 12: 287–324.

[97] GUREVICH A, KRYLOV A. Generation of a nondissipative shock wave. Dokl. Akad. Nauk SSSR, 1988, 301: 851.

[98] GUREVICH A, ZYBKIN K, EL G A. Development of stochastic oscillations in a one-dimensional dynamical system described by the Korteweg-de Vries equation. J. Exp. Theor. Phys., 1999, 88: 182–195.

[99] GUYENNE P, ZAKHAROV V, PUSHKAREV A, et al. Turbulence d'ondes dans des modèles unidimensionnels. Comptes Rendus de l'Académie Des Sciences-Series IIB-Mechanics, 2000, 328: 757–762.

[100] HAMMANI K, KIBLER B, FINOT C, et al. Emergence of rogue waves from optical turbulence. Phys. Lett. A, 2010, 374: 3585–3589.

[101] HASSELMANN K. On the non-linear energy transfer in a gravity-wave spectrum Part 1. General theory. J. Fluid Mech., 1962, 12: 481–500.

[102] HAUS H A, WONG W S. Solitons in optical communications. Rev. Modern Phys., 1996, 68: 423.

[103] HELFRICH K, MELVILLE W. Long nonlinear internal waves. Annu. Rev. Fluid Mech., 2006, 38: 395–425.

[104] HENRY E, ALSTROM P, LEVINSEN M. Prevalence of weak turbulence in strongly driven surface ripples. Europhys. Lett., 2000, 52: 27–32.

[105] HWANG P A, WANG D W, WALSH E J, et al. Airborne measurements of the wavenumber spectra of ocean surface waves. Part I: Spectral slope and dimensionless spectral coefficient. J. Phys. Oceanorg., 2000, 30: 2753–2767.

[106] LARGE N. Asymptotics in random matrices: The Riemann-Hilbert approach// Random Matrices, Random Processes and Integrable Systems. New York: Springer, 2011: 351–413.

[107] ITS A, MATVEEV V. Hill operators with a finite number of lacunae. Funkcional. Anal. i Priložen., 1975, 9: 69–70.

[108] ITS A, MATVEEV V. Hill operators with a finite number of lacunae. Funct. Anal. Appl, 1975, 9: 65–66.

[109] ITS A, MATVEEV V. On a class of solutions of the KdV equations. Prob. Matem. Phys., 1976, 9: 65–66.

[110] ITS A, KOTLYAROV V. Explicit formulas for solutions of a nonlinear schrödinger equation. Dokl. Akad. Nauk Ukrain. SSR Ser. A, 1976, 11: 965–968.

[111] JANSSEN P A. Nonlinear four-wave interactions and freak waves. J. Phys. Oceanogr., 2003, 33: 863–884.

[112] JENKINS R, MCLAUGHLIN K D. Semiclassical limit of focusing NLS for a family of square barrier initial data. Comm. Pure Appl. Math., 2014, 67: 246–320.

[113] KADOMTSEV B. Plasma Turbulence. New York: Academic Press, 1965.

[114] KAHMA K. A study of the growth of the wave spectrum with fetch. J. Phys. Oceanogr., 1981, 11: 1503–1515.

[115] KAMALIAN M, PRILEPSKY J, LE S, et al. Periodic nonlinear Fourier transform for fiber-optic communications, Part I: Theory and numerical methods. Opt. Express, 2016, 24: 18353.

[116] KAMALIAN M, VASYLCHENKOVA A, SHEPELSKY D, et al. Signal modulation and processing in nonlinear fibre channels by employing the Riemann–Hilbert problem. J. Lightwave Technol., 2018, 36: 5714–5727.

[117] KAMCHATNOV A. Nonlinear Periodic Waves and Their Modulations: An Introductory Course. Singapore: World Scientific, 2000.

[118] KANTHA L, PHILLIPS O, AZAD R. On turbulent entrainment at a stable density interface. J. Fluid Mech., 1977, 79: 753–768.

[119] KATS A, KONTOROVICH V. Drift stationary solutions in the theory of weak turbulence. Soviet JETP Lett., 1971, 14: 265.

[120] KAUP D J. A higher-order water-wave equation and the method for solving it. Progr. Theoret. Phys., 1975, 54: 396–408.

[121] KAY I, MOSES H. Reflectionless transmission through dielectrics and scattering potentials. New York University, Institute of Mathematical Sciences, Division of Electromagnetic Research, 1956. Res. Rep. No. EM-91.

[122] KHARIF C, PELINOVSKY E. Physical mechanisms of the rogue wave phenomenon. Eur. J. Mech. B Fluids, 2003, 22: 603–634.

[123] KOLMAKOV G V, POKROVSKY V L. Stability of weak turbulence spectra in superfluid helium. Phys. D, 1995, 86: 456–469.

[124] KOLMOGOROFF A. The local structure of turbulence in incompressible viscous fluid for very large Reynold's numbers. C. R. (Doklady) Acad. Sci. URSS (N.S.), 1941, 30: 301–305.

[125] KORTEWEG D, DE VRIES G. On the change of form of long waves advancing in a rectangular canal, and on a new type of long stationary waves. Philos. Mag., 1895, 39: 422–443.

[126] KRAYCH A, AGAFONTSEV D, RANDOUX S, et al. Statistical properties of nonlinear stage of modulation instability in fiber optics. Phys. Rev. Lett., 2019, 123: 093902.

[127] KRICHEVER I. The averaging method for two-dimensional "integrable" equations. Funktsional. Anal. i Prilozhen., 1988, 22: 37–52, 96.

[128] KUIJLAARS A B J, MCLAUGHLIN K T R, VAN ASSCHE W, et al. The Riemann-Hilbert approach to strong asymptotics for orthogonal polynomials on $[-1, 1]$. Adv. Math., 2004, 188: 337–398.

[129] KUNIBA A, MISGUICH G, PASQUIER V. Generalized hydrodynamics in box-ball system. J. Phys. A, 2020, 53: 404001.

[130] KUZNETSOV E A, RUBENCHIK A M, ZAKHAROV V E. Soliton stability in plasmas and hydrodynamics. Phys. Rep., 1986, 142: 103–165.

[131] KUZNETSOV E, SPECTOR M. Modulation instability of soliton trains in fiber communication systems. Theoret. and Math. Phys., 1999, 120: 997–1008.

[132] LAGARIS I E, LIKAS A, FOTIADIS D I. Artificial neural networks for solving ordinary and partial differential equations. IEEE Transactions on Neural Networks, 1998, 9: 987–1000.

[133] LAWDEN D. Elliptic Functions and Applications. New York: Springer-Verlag, 2013.

[134] LAX P. Integrals of nonlinear equations of evolution and solitary waves. Comm. Pure Appl. Math., 1968, 21: 467–490.

[135] LAX P. Hyperbolic systems of conservation laws and the mathematical theory of shock waves. Conference Board of the Mathematical Sciences Regional Conference Series in Applied Mathematics, No. 11, Society for Industrial and Applied Mathematics, Philadelphia, Pa., 1973.

[136] LAX P. Hyperbolic systems of conservation laws and the mathematical theory of shock waves. SIAM, 1973, 1–48.

[137] LAX P. Periodic solutions of the KdV equation. Comm. Pure Appl. Math., 1975, 28: 141–188.

[138] LAX P, LEVERMORE C. The small dispersion limit of the Korteweg-de Vries equation. I. Comm. Pure Appl. Math., 1983, 36: 253–290.

[139] LEE J H, PASHAEV O. Solitons of the resonant nonlinear Schrödinger equation with nontrivial boundary conditions: Hirota bilinear method. Theoret. and Math. Phys., 2007, 152: 991–1003.

[140] LI S, BIONDINI G. Soliton interactions and degenerate soliton complexes for the focusing nonlinear Schrödinger equation with nonzero background. Eur. Phys. J. Plus, 2018, 133: 400.

[141] LI Y S, ZHANG J E. Bidirectional soliton solutions of the classical Boussinesq system and AKNS system. Chaos Solitons Fractals, 2003, 16: 271–277.

[142] LUNDINA D. Compactness of the set of reflection-free potentials. J. Soviet Math., 1990, 48: 290–297.

[143] LVOV Y V, TABAK E G. Hamiltonian formalism and the Garrett-Munk spectrum of internal waves in the ocean. Phys. Rev. Lett., 2001, 87: 168501.

[144] MA Y, ABLOWITZ M. The periodic cubic Schrödinger equation. Stud. Appl. Math., 1981, 65: 113–158.

[145] MAIDEN M D, ANDERSON D V, FRANCO N A, et al. Solitonic dispersive hydrodynamics: Theory and observation. Phys. Rev. Lett., 2018, 120: 144101.

[146] MAJDA A J, MCLAUGHLIN D W, TABAK E G. A one-dimensional model for dispersive wave turbulence. J. Nonlinear Sci., 1997, 7: 9–44.

[147] MAMYSHEV P, CHERNIKOV S, DIANOV E. Generation of fundamental soliton trains for high-bit-rate optical fiber communication lines. IEEE J. Quantum Electronics, 1991, 27: 2347–2355.

[148] MARCHENKO V. Periodic problem of Korteweg-de Vries equation. Matem. Sbornik, 1974, 95: 331–356.

[149] MARCHENKO V. The Cauchy Problem for the KdV Equation With Non-Decreasing Initial Data//What Is Integrability? Berlin, Heidelberg: Springer, 1991: 273–318.

[150] MCKEAN H P, TRUBOWITZ E. Hill's operator and hyperelliptic function theory in the presence of infinitely many branch points. Comm. Pure Appl. Math., 1976, 29: 143–226.

[151] MCKEAN H P, TRUBOWITZ E. Hill's surfaces and their theta functions. Bull. Amer. Math. Soc., 1978, 84: 1042–1085.

[152] MCKEAN H, VAN MOERBEKE P. The spectrum of Hill's equation. Invent. Math., 1975, 30: 217–274.

[153] MIKHAILOVSKII A, NAZARENKO S, NOVAKOVSKII S, et al. Kolmogorov weakly turbulent spectra of some types of drift waves in plasmas. Phys. Lett. A, 1988, 133: 407–409.

[154] MITSCHKE F, HALAMA I, SCHWACHE A. Soliton gas. Chaos Solitons Fractals, 1999, 10: 913–920.

[155] MO Y, LING L, ZENG D. Data-driven vector soliton solutions of coupled nonlinear Schrödinger equation using a deep learning algorithm. Phys. Lett. A, 2022, 421: 127739.

[156] MOSER J. Integrable Hamiltonian Systems and Spectral Theory. Pisa: Scuola Normale Superiore, 1981.

[157] MUSHER S, RUBENCHIK A, ZAKHAROV V. Weak Langmuir turbulence. Phys. Rep., 1995, 252: 177–274.

[158] MUSSOT A, KUDLINSKI A, KOLOBOV M, et al. Observation of extreme temporal events in CW-pumped supercontinuum. Opt. Express, 2009, 17: 17010–17015.

[159] NABELEK P, ZAKHAROV D, ZAKHAROV V. On symmetric primitive potentials. J. Integrable Syst., 2019, 4: xyz006.

[160] NABELEK P, ZAKHAROV V. Solutions to the Kaup-Broer system and its (2+1) dimensional integrable generalization via the dressing method. Phys. D, 2020, 409: 132478.

[161] NAZARENKO S. Wave Turbulence. Berlin, Heidelberg: Springer, 2011.

[162] NAZARENKO S, LVOV Y, WEST R. Weak turbulence theory for the Gross-Pitaevskii equation//Quantized Vortex Dynamics and Superfluid Turbulence. Berlin, Heidelberg: Springer, 2001: 283–289.

[163] NAZARENKO S, NEWELL A, GALTIER S. Non-local MHD turbulence. Phys. D, 2001, 152/153: 646–652.

[164] NEWELL A. Solitons in Mathematics and Physics. Philadelphia: SIAM, 1985.

[165] NEWELL A, NAZARENKO S, BIVEN L. Wave turbulence and intermittency. Phys. D, 2001, 152/153: 520–550.

[166] NOVIKOV S. A periodic problem for the Korteweg-de Vries equation. I. Funkcional. Anal. i Priložen., 1974, 8: 54–66.

[167] NOVIKOV S, MANAKOV S, PITAEVSKII L, et al. Theory of Solitons: The Inverse Scattering Method. New York: Springer Science & Business Media, 1984.

[168] OHTA Y, YANG J. General high-order rogue waves and their dynamics in the nonlinear Schrödinger equation. Proc. R. Soc. Lond. Ser. A Math. Phys. Eng. Sci., 2012, 468: 1716–1740.

[169] OKADA S, ELLIOTT D. The finite Hilbert transform in $\mathcal{L}^2$. Math. Nachr., 2010, 153: 43–56.

[170] ONORATO M, OSBORNE A, SERIO M, et al. Freak waves in random oceanic sea states. Phys. Rev. Lett., 2001, 86: 5831–5834.

[171] ONORATO M, OSBORNE A, SERIO M, et al. Freely decaying weak turbulence for sea surface gravity waves. Phys. Rev. Lett., 2002, 89: 144501.

[172] ONORATO M, PROMENT D, EL G, et al. On the origin of heavy-tail statistics in equations of the nonlinear Schrödinger type. Phys. Lett. A, 2016, 380: 3173–3177.

[173] ONORATO M, RESIDORI S, BORTOLOZZO U, et al. Rogue waves and their generating mechanisms in different physical contexts. Phys. Rep., 2013, 528: 47–89.

[174] OSBORNE A. Behavior of solitons in random-function solutions of the periodic Korteweg-de Vries equation. Phys. Rev. Lett., 1993, 71: 3115-3118.

[175] OSBORNE A. Nonlinear Ocean Waves and the Inverse Scattering Transform. Oxford: Elsevier/Academic Press, 2010.

[176] OSBORNE A. Breather turbulence: Exact spectral and stochastic solutions of the nonlinear Schrödinger equation. Fluids, 2019, 4: 72.

[177] OWHADI H. Bayesian numerical homogenization. Multiscale Model. Simul., 2015, 13: 812–828.

[178] PĂRĂU E, DIAS F. Nonlinear effects in the response of a floating ice plate to a moving load. J. Fluid Mech., 2002, 460: 281–305.

[179] PASTUR L, FIGOTIN A. Spectra of Random and Almost-Periodic Operators. Berlin: Springer, 1992.

[180] PAVLOV M. Nonlinear Schrödinger equation and the Bogolyubov-Whitham method of averaging. Theoret. and Math. Phys., 1987, 71: 584–588.

[181] PAVLOV M, TARANOV V, EL G A. Generalized hydrodynamic reductions of the kinetic equation for a soliton gas. Theoret. and Math. Phys., 2012, 171: 675–682.

[182] PEREGRINE D H. Water waves, nonlinear Schrödinger equations and their solutions. J. Austral. Math. Soc. Ser. B, 1983, 25: 16–43.

[183] PHILLIPS O M. The equilibrium range in the spectrum of wind-generated waves. J. Fluid Mech., 1958, 4: 426–434.

[184] POMEAU Y, RICA S. Model of superflow rotons. Phys. Rev. Lett., 1993, 71: 247–250.

[185] PSICHOGIOS D C, UNGAR L H. A hybrid neural network-first principles approach to process modeling. AIChE Journal, 1992, 38: 1499–1511.

[186] PUSHKAREV A. On the Kolmogorov and frozen turbulence in numerical simulation of capillary waves. Eur. J. Mech. B Fluids, 1999, 18: 345–351.

[187] PUSHKAREV A, RESIO D, ZAKHAROV V. Weak turbulent approach to the wind-generated gravity sea waves. Phys. D, 2003, 184: 29–63.

[188] PUSHKAREV A N, ZAKHAROV V E. Turbulence of capillary waves. Phys. Rev. Lett., 1996, 76: 3320-3323.

[189] PUSHKAREV A N, ZAKHAROV V E. Turbulence of capillary waves: Theory and numerical simulation. Phys. D, 2000, 135: 98–116.

[190] RAISSI M, KARNIADAKIS G E. Hidden physics models: Machine learning of nonlinear partial differential equations. J. Comput. Phys., 2018, 357: 125–141.

[191] RAISSI M, PERDIKARIS P, KARNIADAKIS G E. Inferring solutions of differential equations using noisy multi-fidelity data. J. Comput. Phys., 2017, 335: 736–746.

[192] RAISSI M, PERDIKARIS P, KARNIADAKIS G E. Machine learning of linear differential equations using Gaussian processes. J. Comput. Phys., 2017, 348: 683–693.

[193] RAISSI M, PERDIKARIS P, KARNIADAKIS G E. Numerical Gaussian processes for time-dependent and nonlinear partial differential equations. SIAM J. Sci. Comput., 2018, 40: A172–A198.

[194] RAISSI M, PERDIKARIS P, KARNIADAKIS G E. Physics-informed neural networks: A deep learning framework for solving forward and inverse problems involving nonlinear partial differential equations. J. Comput. phys., 2019, 378: 686–707.

[195] RANDOUX S, WALCZAK P, ONORATO M, et al. Intermittency in integrable turbulence. Phys. Rev. Lett., 2014, 113: 113902.

[196] RANDOUX S, WALCZAK P, ONORATO M, et al. Nonlinear random optical waves: Integrable turbulence, rogue waves and intermittency. Phys. D, 2016, 333: 323–335.

[197] REDOR I, BARTHÉLEMY E, MICHALLET H, et al. Experimental evidence of a hydrodynamic soliton gas. Phys. Rev. Lett., 2019, 122: 214502.1–214502.6.

[198] REDOR I, BARTHÉLEMY E, MORDANT N, et al. Analysis of soliton gas with large-scale video-based wave measurements. Exp. Fluids, 2020, 61: 216.

[199] ROZHDESTVENSKI B L, ANENKO N N I. Systems of Quasilinear Equations and Their Applications to Gas Dynamics. Providence: American Mathematical Soc., 1983.

[200] SCHMIDT M, ERNE S, NOWAK B, et al. Nonthermal fixed points and solitons in a one-dimensional Bose gas. New J. Phys., 2012, 14: 075005.

[201] SCHRODER E, ANDERSEN J, LEVINSEN M, et al. Relative particle motion in capillary waves. Phys. Rev. Lett., 1996, 76: 4717–4720.

[202] SCOTT A. Nonlinear Science. Oxford: Oxford University Press, 1999.

[203] SHABAT A B. About reflectionless potentials//Dinamika Sploshnoi Sredy. Novosibirsk: Institute of Hydrodynamics Press, 1970.

[204] SHURGALINA E, PELINOVSKY E. Nonlinear dynamics of a soliton gas: Modified Korteweg-de Vries equation framework. Phys. Lett. A, 2016, 380: 2049–2053.

[205] SLUNYAEV A, KHARIF C, PELINOVSKY E, et al. Nonlinear wave focusing on water of finite depth. Phys. D, 2002, 173: 77–96.

[206] SOLLI D, ROPERS C, KOONATH P, et al. Optical rogue waves. Nature, 2007, 450: 1054–1057.

[207] SPRENGER P, HOEFER M. Discontinuous shock solutions of the Whitham modulation equations as zero dispersion limits of traveling waves. Nonlinearity, 2020, 33: 3268–3302.

[208] SPRENGER P, HOEFER M A, EL G A. Hydrodynamic optical soliton tunneling. Phys. Rev. E, 2018, 97: 032218.

[209] SPRINGER G. Introduction to Riemann Surfaces. Reading: Addicon-Wesley Publishing Company, Inc., 1957.

[210] SRIDHAR S, GOLDREICH P. Towards a theory of interstellar turbulences. 1. Weak Alfvtnie turbulence. Astrophys. J, 1994, 432: 612–621.

[211] SURET P, KOUSSAIFI R, TIKAN A, et al. Direct observation of Rogue waves in optical turbulence using time microscopy. arXiv preprint arXiv: 1603.01477, 2016.

[212] SURET P, TIKAN A, BONNEFOY F, et al. Nonlinear spectral synthesis of soliton gas in deep-water surface gravity waves. Phys. Rev. Lett., 2020, 125: 264101.

[213] TAJIRI M, WATANABE Y. Breather solutions to the focusing nonlinear Schrödinger equation. Phys. Rev. E, 1998, 57: 3510–3519.

[214] TAKI M, MUSSOT A, KUDLINSKI A, et al. Third-order dispersion for generating optical rogue solitons. Phys. Lett. A, 2010, 374: 691–695.

[215] TANAKA M. Verification of Hasselmann's energy transfer among surface gravity waves by direct numerical simulations of primitive equations. J. Fluid Mech., 2001, 444: 199–221.

[216] TANAKA M, YOKOYAMA N. Effects of discretization of the spectrum in water-wave turbulence. Fluid Dynam. Res., 2004, 34: 199–216.

[217] TIMOFEYEV A, KADOMTSEV B. Voprosy teorii plasmy (topics in plasma theory), 17, 1989: 157.

[218] TOBA Y. Local balance in the air-sea boundary processes: III. On the spectrum of wind waves. J. Oceanogr. Soc. Jap., 1973, 29: 209–220.

[219] TOVBIS A, EL G A. Semiclassical limit of the focusing NLS: Whitham equations and the Riemann-Hilbert problem approach. Phys. D, 2016, 333: 171–184.

[220] TOVBIS A, VENAKIDES S, ZHOU X. On semiclassical (zero dispersion limit) solutions of the focusing nonlinear Schrödinger equation. Comm. Pure Appl. Math., 2004, 57: 877–985.

[221] TRACY E, CHEN H. Nonlinear self-modulation: An exactly solvable model. Phys. Rev. A, 1988, 37: 815–839.

[222] TRICOMI F. Integral Equations. New York: Courier Corporation, 1985.

[223] TRILLO S, DENG G, BIONDINI G, et al. Experimental observation and theoretical description of multisoliton fission in shallow water. Phys. Rev. Lett., 2016, 117: 144102.

[224] TRILLO S, KLEIN M, CLAUSS G, et al. Observation of dispersive shock waves developing from initial depressions in shallow water. Phys. D, 2016, 333: 276–284.

[225] TROGDON T, DECONINCK B. A Riemann-Hilbert problem for the finite-genus solutions of the KdV equation and its numerical solution. Phys. D, 2013, 251: 1–18.

[226] TSAREV S. The geometry of Hamiltonian systems of hydrodynamic type. The generalized hodograph method. Math. USSR-Izv., 1991, 37: 397–419.

[227] VANDEN-BROECK J, DIAS F. Gravity-capillary solitary waves in water of infinite depth and related free-surface flows. J. Fluid Mech., 1992, 240: 549–557.

[228] ZAKHAROV V E, SHAHAT A B. Exact theory of dimensional self-focusing and one dimensional self modulation of waves in nonlinearmedia. Phys. JETP, 1972, 34: 62–69.

[229] VU D L, YOSHIMURA T. Equations of state in generalized hydrodynamics. SciPost Phys., 2019, 6: 23.

[230] WALCZAK P, RANDOUX S, SURET P. Optical rogue waves in integrable turbulence. Phys. Rev. Lett., 2014, 114: 143903.

[231] WALCZAK P, RANDOUX S, SURET P. Optical rogue waves in integrable turbulence. Phys. Rev. Lett., 2015, 114: 143903.

[232] WANG W, KEVREKIDIS P. Transitions from order to disorder in multiple dark and multiple dark-bright soliton atomic clouds. Phys. Rev. E, 2015, 91: 032905.

[233] WHITHAM G. Linear and Nonlinear Waves. New York: John Wiley and Sons, 1999.

[234] WILLEMSEN J. University aspects of the hasselmann nonlinear-interaction. Phys. Rev. Lett., 1991, 67: 1964–1967.

[235] WILLEMSEN J. Dynamicsl time scales generated by a model nonlinear Hamiltonian. Phys. Rev. Lett., 1993, 71: 1172–1175.

[236] WRIGHT W, BUDAKIAN R, PUTTERMAN S. Diffusing light photography of fully developed isotropic ripple turbulence. Phys. Rev. Lett., 1996, 76: 4528–4531.

[237] YANG J. Nonlinear waves in integrable and nonintegrable systems. Philadelphia: Society for Industrial and Applied Mathematics, 2010.

[238] ZAKHAROV D, DYACHENKO S, ZAKHAROV V. Bounded solutions of KdV and non-periodic one-gap potentials in quantum mechanics. Lett. Math. Phys., 2016, 106: 731–740.

[239] ZAKHAROV D, ZAKHAROV V, DYACHENKO S. Non-periodic one-dimensional ideal conductors and integrable turbulence. Phys. Lett. A, 2016, 380: 3881–3885.

[240] ZAKHAROV V. Weak turbulence spectrum in a plasma without a magnetic field. Soviet. Phys. JETP, 1967, 24: 455–459.

[241] ZAKHAROV V. Kinetic equation for solitons. Soviet Phys. JETP, 1971, 33: 538–540.

[242] ZAKHAROV V. Kolmogorov spectra in weak turbulence problems//Basic Plasma Physics: Selected Chapters. Amsterdam: North-Holland.

[243] ZAKHAROV V. Turbulence in integrable systems. Stud. Appl. Math., 2009, 122: 219–234.

[244] ZAKHAROV V, BALK A, SCHULMAN E. Conservation and scattering in nonlinear wave systems//Important Developments in Soliton Theory. Berlin, Heidelberg: Springer, 1993: 375–404.

[245] ZAKHAROV V, DIAS F, PUSHKAREV A. One-dimensional wave turbulence. Phys. Rep., 2004, 398: 1–65.

[246] ZAKHAROV V, FADDEEV L. Korteweg-de Vries equation: A completely integrable Hamiltonian system. Funktsional'nyi Analiz i ego Prilozheniya, 1971, 5: 18–27.

[247] ZAKHAROV V, FILONENKO N. Energy spectrum for stochastic oscillations of the surface of a liquid//Doklady Akademii Nauk, vol. 170. Moscow: Russian Academy of Sciences, 1966: 1292–1295.

[248] ZAKHAROV V, FILONENKO N. Weak turbulence of capillary waves. J. Appl. Mech. Tech. Phys., 1967, 8: 37–40.

[249] ZAKHAROV V, GELASH A. Nonlinear stage of modulation instability. Phys. Rev. Lett., 2013, 111: 054101.

[250] ZAKHAROV V, GUYENNE P, PUSHKAREV A, et al. Wave turbulence in one-dimensional models. Phys. D, 2001, 152: 573–619.

[251] ZAKHAROV V, KUZNETSOV E. Optical solitons and quasisolitons. J. Exp. Theor. Phys., 1998, 86: 1035–1046.

[252] ZAKHAROV V, L'VOV V, FALKOVICH G. Wave Turbulence. New York: Springer-Verlag. 1992.

[253] ZAKHAROV V, MANAKOV S. Construction of higher-dimensional nonlinear integrable systems and of their solutions. Funct. Anal. Appl., 1985, 19: 89–101.

[254] ZAKHAROV V, SCHULMAN E. On additional motion invariants of classical Hamiltonian wave systems. Phys. D, 1988, 29: 283–320.

[255] ZAKHAROV V, SCHULMAN E. Integrability of nonlinear systems and perturbation theory//What is integrability? Berlin: Heidelberg Springer, 1991: 185–250.

[256] ZAKHAROV V, SHABAT A, ZAKHAROV V, et al. Interaction between solitons in a stable medium. J. Exp. Theor. Phys., 1973, 37: 823.

[257] ZAKHAROV V, SHULMAN E. The scattering matrix and integrability of classical wave systems possessing an additional integral of motion//Doklady Akademii Nauk, vol. 283. Moscow: Russian Academy of Sciences, 1985: 1325–1328.

[258] ZAKHAROV V E, ZAKHAROV D V. Generalized primitive potentials. Dokl. Math., 2020, 101: 117–121.

[259] ZAKHAROV V E. Weakly nonlinear waves on the surface of an ideal finite depth fluid. Providence, RI: Amer. Math. Soc., 1998: 167–197.

[260] ZHANG J, LI Y. Bidirectional solitons on water. Phys. Rev. E, 2003, 67: 163061–163068.

[261] MARCHENKO V A, OSTROVSKII I V. Characterization of spectrum of Hill's operators. Math. USSR Sb., 1975, 97: 540–586.

[262] ZHOU Z, YAN Z. Solving forward and inverse problems of the logarithmic nonlinear Schrödinger equation with PT-symmetric harmonic potential via deep learning. Phys. Lett. A, 2021, 387: 127010.

[263] ZOU L, LUO X, ZENG D, et al. Measuring the rogue wave pattern triggered from Gaussian perturbations by deep learning. Phys. Rev. E, 2022, 105: 054202.

"非线性发展方程动力系统丛书"已出版书目

1 散焦 NLS 方程的大时间渐近性和孤子分解 2023.3 范恩贵 王兆钰 著
2 变分方法与非线性发展方程 2024.3 丁彦恒 郭柏灵 郭琪 肖亚敏 著
3 粗糙微分方程及其动力学 2024.6 高洪俊 曹琪勇 马鸿燕 著
4 朗道-利夫希茨流 2025.5 黎泽 徐继涛 赵立丰 著
5 Zakharov-Kuznetsov 方程 2025.6 郭柏灵 巫军 张颖 班颖哲 著
6 可积湍流 2025.9 郭柏灵 张晓恩 闫振亚 凌黎明 编著